★畜禽科学用药丛书★

养猪科学用药指南

（第2版）

易本驰　张　汀　主编

河南科学技术出版社

·郑州·

图书在版编目（CIP）数据

养猪科学用药指南/易本驰，张汀主编．—2版．—郑州：
河南科学技术出版社，2014.7
（畜禽科学用药丛书）
ISBN 978 - 7 - 5349 - 7178 - 5

Ⅰ.①养… Ⅱ.①易… ②张… Ⅲ.①猪病 - 用药法 - 指南
Ⅳ.①S858.28 - 62

中国版本图书馆 CIP 数据核字（2014）第 146965 号

出版发行：河南科学技术出版社
　　　　　地址：郑州市经五路 66 号　　邮编：450002
　　　　　电话：（0371）65737028　65788613
　　　　　网址：www.hnstp.cn
策划编辑：陈　艳
责任编辑：陈　艳
责任校对：柯　姣
封面设计：张　伟
版式设计：栾亚平
责任印制：张　巍
印　　刷：开封智圣印务有限公司
经　　销：全国新华书店
幅面尺寸：140 mm×202 mm　　印张：15　字数：430 千字
版　　次：2014 年 7 月第 2 版　　2014 年 7 月第 4 次印刷
定　　价：28.00 元

如发现印、装质量问题，影响阅读，请与出版社联系调换。

《养猪科学用药指南》
编写人员名单

主　编　易本驰　张　汀

副主编　左春生　焦凤超

参编者　（按姓氏笔画排序）

　　　　　左春生　李迎晓　何　敏　张　汀

　　　　　陈　敏　易本驰　焦凤超

前　言

因治疗、预防疾病和促进动物生长之目的，养猪生产中广泛使用兽药，特别是抗微生物药物使用现象比较普遍，甚至出现逢病就用药、匆匆投药、频繁更换药物等不合理用药现象，不仅增加了防疫费用和养殖成本，而且还会造成猪体毒性反应、细菌耐药性、药物残留等，既制约了养猪业的可持续发展，也严重威胁着人类的健康。如何准确合理、经济有效、科学规范地使用兽药，是广大畜牧兽医工作者、养猪场技术人员和广大的养猪专业户十分关注的问题。

为了帮助养猪场在猪病防治过程中做到合理用药，科学用药，对症下药，适度用药，河南省科技成果转化项目——豫南地区规模化猪场抗菌药物无公害应用技术转化与示范项目组成员在成果转化与推广过程中，结合自己长期从事养猪生产、猪病防治工作实践、兽药研究与应用的经验，从养猪生产实际出发，充分考虑国内养猪用药的种类和使用情况，提出了健康养猪理念，对我们编著、出版的原《科学养猪用药指南》进行修订，编写了《养猪科学用药指南》（第2版）。本书共十三章，分别就常用兽药的理化性质、作用用途、用法用量等进行了介绍，并就某些兽药在使用中存在的问题给予了专家提示。同时应广大猪场技术人员要求，为了提高养猪生产管理者的专业水平和更加科学合理地用药，本书还以专家推荐的形式写入如受体知识、激素知识、毒剂知识、矿物质元素缺乏症、植物药添加剂在养猪业的应用等拓展内容。为使养猪生产管理者对兽药滥用的危害有所了解，本书还另辟一章内容：兽医毒理知识。

本书由信阳农林学院易本驰编写第一章并负责全书统稿；信阳农林学院陈敏编写第二、第三章；信阳农林学院焦凤超编写第四、第十三章；河南太平种猪场张汀编写第五、第七章并负责全书书稿审定；信阳农林学院左春生编写第六、第十章；信阳农林学院何敏编写第八、第十一章；信阳农林学院李迎晓编写第九、第十二章。编者竭尽所能，将书稿反复推敲、编撰。在编写过程中不求最新，但求对养猪生产有所帮助，特别是对管理经验不足的人员，在猪病防治用药中有一定的指导意义；编写内容着重介绍常用兽药，一些不常用或业已淘汰的兽药不再赘述。为保证质量，除作者努力外，还采用了一些优秀教材和著作的成果以及网络上被广为推崇的观点、理念，在此表示衷心谢意。由于水平所限，如有疏漏、谬误之处，恳请广大读者批评指正。

编者

2013 年 7 月

目　录

第一章　健康养猪用药概述 ……………………………（1）

　第一节　健康养猪用药基本常识 ………………………（1）

　第二节　健康养猪用药方法 ……………………………（10）

　第三节　健康养猪用药的剂量与换算 …………………（17）

　第四节　兽药的管理与有效期 …………………………（19）

　第五节　影响养猪用药效果的原因分析 ………………（22）

　第六节　健康养猪与药物残留 …………………………（27）

　第七节　健康养猪与合理用药 …………………………（34）

第二章　健康养猪与兽医毒理 …………………………（40）

　第一节　概述 ……………………………………………（40）

　第二节　中毒原因与毒物分类 …………………………（44）

　第三节　毒物的毒性作用机制 …………………………（47）

　第四节　药物及化学物质的残留 ………………………（49）

　第五节　毒理学安全试验 ………………………………（51）

第三章　健康养猪与消毒 ………………………………（56）

　第一节　消毒的基本常识 ………………………………（56）

　第二节　健康养猪与合理消毒 …………………………（62）

　第三节　健康养猪常用消毒药 …………………………（73）

第四章　健康养猪与生物制品 …………………………（109）

　第一节　概述 ……………………………………………（109）

第二节　健康养猪常用生物制品 ……………… （112）

第五章　健康养猪与微生态制剂 ……………… （140）

第一节　微生态制剂 …………………………… （140）

第二节　酵母、酵母细胞壁和抗菌肽 ……… （146）

第三节　常见产品 ……………………………… （150）

第六章　健康养猪与抗微生物药物 …………… （156）

第一节　抗微生物药及正确选用 …………… （156）

第二节　抗生素 ………………………………… （161）

第三节　氟喹诺酮类抗菌药 ………………… （201）

第四节　磺胺类抗菌药 ………………………… （212）

第五节　抗真菌药物 …………………………… （224）

第六节　复方抗菌制剂 ………………………… （227）

第七节　抗菌药物的合理配伍 ……………… （229）

第八节　抗生素的应用及替代品研发方向 …… （240）

第七章　健康养猪与抗病毒药物 ……………… （249）

第一节　抗病毒药物概述 …………………… （249）

第二节　抗病毒药物在兽医临床应用与存在的
　　　　问题 ……………………………………… （254）

第三节　常用的抗病毒药物 ………………… （258）

第八章　健康养猪与抗寄生虫药 ……………… （265）

第一节　抗蠕虫药 ……………………………… （267）

第二节　杀虫药 ………………………………… （283）

第九章　健康养猪与激素类药物 ……………… （289）

第一节　肾上腺皮质激素类药物 …………… （289）

第二节　性激素类药 …………………………… （294）

第三节　促性腺激素 …………………………… （297）

第十章　健康养猪解毒与抗过敏 ……………… （304）

第一节　解毒药 ………………………………… （304）

第二节　抗过敏药 ……………………………（312）

第十一章　健康养猪与饲料添加剂 …………………（316）

第一节　维生素添加剂 ………………………（317）

第二节　矿物质元素添加剂 …………………（329）

第三节　氨基酸类 ……………………………（340）

第四节　酶制剂 ………………………………（341）

第五节　抗氧化剂和防霉防腐剂 ……………（345）

第六节　我国饲料添加剂发展现状、问题及
对策 …………………………………（354）

第十二章　健康养猪与器官系统用药 ………………（359）

第一节　用于神经系统的药物 ………………（359）

第二节　用于血液循环系统的药物 …………（379）

第三节　用于呼吸系统的药物 ………………（389）

第四节　用于消化系统的药物 ………………（393）

第五节　用于泌尿系统与子宫的药物 ………（406）

第十三章　健康养猪与植物药物 ……………………（413）

第一节　概述 …………………………………（413）

第二节　常用植物药 …………………………（419）

第三节　常用方剂 ……………………………（438）

附　录 …………………………………………………（453）

附录1　兽药配伍禁忌表 ……………………（453）

附录2　中华人民共和国农业部公告第560
号 ……………………………………（458）

附录3　兽药休药期表 ………………………（461）

参考文献 ………………………………………………（467）

第一章
健康养猪用药概述

第一节　健康养猪用药基本常识

将一类物质（含饲料药物添加剂）用于预防、治疗猪疾病或用以调节猪体生理功能，同时规定其作用、用途、用法和用量，这就是健康养猪中不可或缺的兽药。健康养猪所用的兽药包括血清、疫（菌）苗、诊断液等生物制品；兽用中药材、中成药；化学原料药及其制剂；抗生素、生化药品等。饲料添加剂是为满足特殊需要而加入到猪日粮中的微量营养性或非营养性物质。饲料药物添加剂是饲料中的药物成分，属广义兽药的范畴。

兽药使用合适，可达到防病治病或促进猪生长的目的，但不合适使用兽药，就会对猪的健康造成损害，甚至可导致死亡。因此，健康养猪使用兽药时必须全面地了解药物性能，充分发挥其有利的作用，避免和克服不利的损害。

一、健康养猪用药剂型

兽药的原料一般不能直接用于动物疾病的防治，必须加工成安全、稳定和便于使用的剂型。兽药的有效性主要是本身特有的药理作用，但仅有药理作用而无合理的剂型，也会妨碍其药效的发挥，甚至出现毒副反应。适当的剂型有利于药物的贮存和使用，能够提高药物的生物利用度，降低不良反应，发挥最佳的疗效。兽药剂型种类繁多，常用兽药剂型有：

1. 片剂 片剂指药物与适宜的辅料均匀混合后压制而成圆片状或异形片状的固体制剂。片剂以内服普通片为主，也有泡腾片、缓释片、控释片、肠溶片等。

2. 注射剂（针剂） 注射剂是指药物与适宜的溶剂或分散介质制成的供注射体内用的溶液型注射液、乳状液型注射液、混悬型注射液和注射用无菌粉末或浓溶液的无菌制剂。可用于肌内注射、静脉注射、静脉滴注等。

（1）溶液型注射剂。指药物溶解于适宜溶剂中制成稳定的、可供注射给药的澄清液体制剂。

（2）乳状液型注射剂。指以脂溶性药物（挥发油、植物油等）为原料，加入乳化剂和注射用水经乳化制成的油/水型、水/油型或复合型的可供注射给药的乳浊液；或以水溶性药物为原料，加入乳化剂和矿物油经乳化制成的乳浊液。

（3）混悬型注射剂。指难溶性固体药物的微粒分散在液体分散介质中，形成混悬液，具有延长药效的作用。

（4）注射用无菌粉末（粉针）。指药物制成的供临用前用适宜的无菌溶液配制成澄清溶液或均匀混悬液的无菌粉末或无菌块状物。

（5）注射用浓溶液。指药物制成的供临用前稀释作静脉滴注用的无菌浓溶液。

3. 酊剂 酊剂指将药物用规定浓度的乙醇浸出或溶解而成的澄清液体制剂，也可用流浸膏稀释制成，供内服或外用。

4. 胶囊剂 胶囊剂指将药物或加有辅料的药物充填于空心胶囊或密封于软质囊材中的固体制剂，主要供内服用。

（1）硬胶囊（通称胶囊）：采用适宜的制剂技术，将药物或加适宜辅料制成粉末、颗粒、小片或小丸等充填于空心胶囊中的胶囊剂。

（2）软胶囊：将一定量的液体药物直接包封，或将固体药物溶解或分散在适宜的赋形剂中制备成溶液、混悬液、乳状液或半固体，密封于球形或椭球形的软质囊材中的胶囊剂。囊材由胶囊用明胶、甘油或其他适宜的药用材料单独或混合制成。

（3）缓释胶囊：指在水中或规定的释放介质中缓慢地非恒速释放药物的胶囊剂。

（4）控释胶囊：指在水中或规定的释放介质中缓慢地恒速或接近恒速释放药物的胶囊剂。

（5）肠溶胶囊：指硬胶囊或软胶囊用适宜的肠溶材料制备而得，或用经肠溶材料包衣的颗粒或小丸充填胶囊而制成的胶囊剂。

5. 可溶性粉剂　可溶性粉剂指药物或与适宜的辅料经粉碎、均匀混合制成的可溶于水的干燥粉末状制剂。专用于动物饮水给药。

6. 预混剂　预混剂指药物与适宜的基质均匀混合制成的粉末状或颗粒状制剂。预混剂通过饲料按一定的药物浓度给药。

7. 颗粒剂　颗粒剂指药物与适宜的辅料制成具有一定粒度的干燥颗粒状制剂。分为可溶颗粒（又称颗粒）、混悬颗粒、泡腾颗粒、肠溶颗粒、缓释颗粒和控释颗粒等，供内服用。

8. 内服溶液剂、混悬剂、乳剂

（1）内服溶液剂：指药物溶解于适宜溶剂中制成供内服的澄清液体制剂。

（2）内服混悬剂：指难溶性固体药物，分散在液体介质中，制成供内服的混悬液体制剂，也包括干混悬剂或浓混悬液。

（3）内服乳剂：指两种互不相溶的液体，制成供内服的稳定的水包油型乳液制剂。

此外，还有外用液体制剂、乳房注入剂、阴道用制剂、滴眼剂、眼膏剂、软膏剂、乳膏剂、糊剂等不同用途制剂。

二、兽药对猪体的作用

1. 兽药作用的基本形式　兽药对猪生理功能的影响，表现为功能的增强或减弱；增强称为兴奋，减弱称为抑制。兽药的兴奋或抑制作用不是独立表现的，在同一猪体内，同一药物对不同器官可产生不同的作用。如中枢神经兴奋药咖啡因对心脏呈现兴奋、加强收缩，而对血管则有扩张、松弛作用。

兴奋和抑制是互相矛盾的两个方面，在一定条件下可以互相转化。如过量的中枢兴奋药能引起中枢神经系统由过度兴奋、惊厥而转入抑制状态。

2. 兽药的选择作用　药物在一定剂量下，对某些组织或器官产生特别明显的作用，而对其他组织或器官的作用弱，这种现象称为兽药的选择作用。如镇静催眠药安定主要作用于中枢神经系统；治疗慢性心功能不全的强心苷，主要作用于心脏。

药物的选择性有高有低。选择性高的药物，不良反应一般较少，疗效较好，如具有催产作用的缩宫素选择性作用于子宫体平滑肌；而选择性低的药物，不良反应通常较多，毒性较大，如阿托品在松弛胃肠平滑肌的同时可松弛眼肌和呼吸道并减少汗液和消化腺的分泌，当把其一种作用作为治疗作用时，其他作用就成为副作用。

兽药作用的选择性是相对的，与剂量密切相关。小剂量时只作用于个别器官，大剂量时则引起较多的器官发生反应。例如，中枢兴奋药尼可刹米治疗剂量时可选择性兴奋延髓呼吸中枢，使呼吸加深加快；但大剂量时可兴奋包括延髓在内的整个中枢神经系统，引起惊厥甚至死亡。

与选择性作用相反，某些药物几乎没有选择性，具有普遍细胞作用，可直接影响一切活组织中的原生质，亦称为原生质毒或原浆毒。如消毒药作用没有选择性，具有原浆毒，因此只能用于体表或环境、器具的消毒，不能体内应用。

3. 兽药作用的临床表现　使用兽药防治猪疾病时，兽药对猪体可以产生有利的作用，恢复其受破坏的功能，以达到治疗的目的。同时，兽药对猪也可能产生有害作用。兽药的临床作用分为治疗作用和不良反应两大类。

（1）治疗作用：即在治疗猪病中，兽药能针对治疗目的而产生有利于猪体恢复健康的作用。在治疗过程中，兽药所起的作用，可能是消灭致病原，也可能是缓解疾病症状，所以兽药的治疗作用又分为对因治疗和对症治疗。

1）对因治疗。它对防治猪病，特别是防治传染病和寄生虫病具有重要意义。人们一直利用抗生素和抗寄生虫药物治疗相关传染病和寄生虫病，取得了很好的效果。一般情况下，病因消除，由其引起的疾病症状也可逐渐消失。

2）对症治疗。这种作用主要是消除疾病的某种症状，特别是那些病因不明、症状严重、可能危及生命的症候，实施对症治疗是十分必要的。如体温升高、疼痛、水肿等症状，可应用解热镇痛药和利尿药，以缓解症状，减轻疾病的痛苦和危害，促进病猪恢复健康。

对因治疗和对症治疗各有特点，两者相辅相成，不可偏废。临床上多采取综合防治措施，既使用消灭或抑制病原体的兽药如抗菌药、抗寄生虫药等，又使用解除各种严重症状（高热、脱水等）的兽药作辅助治疗。这种"标本兼治"的方法为治疗疾病创造了有利条件。在猪病治疗过程中应灵活运用"急则治其标（对症），缓则治其本（对因）"的治病原则，把握好对因和对症治疗的辩证关系。

（2）不良反应：兽药在发挥治病作用的同时，还能产生与治疗疾病无关的作用，这些作用被称为不良反应。它包括副作用、毒性作用和过敏反应继发性反应、后遗效应等。

1) 副作用：是兽药在治疗剂量下，伴随治疗作用出现的与治疗无关的表现。某些兽药往往具有多种药效作用，在治病时我们利用了其一种作用，而其他作用则以副作用的形式出现。兽药的副作用一般是可以预见的，我们在用药时应周密考虑、认真对待这些副作用，设法避免，千万不可顾此失彼。

2) 毒性作用：也称毒性反应，可引起猪体某些实质器官如心、肝、肾等的损害，或中枢神经系统的功能紊乱。毒性作用多数是兽药用量过大或疗程过长所致。所以，用药时要严格掌握药物剂量和连续用药时间，特别对毒副作用较大的药品更应严格控制，并根据病猪情况随时调整用药剂量，避免出现毒性反应。有些兽药具有潜在的毒性作用，即使在不出现明显可见的中毒症状时，仍然对猪体产生难以发现的毒害反应（如致突变、致癌、致畸胎等），在使用时要引起高度重视，设法减轻或消除。

3) 过敏反应：又称变态反应，是指猪体受兽药刺激而发生异常的免疫反应，引起生理功能的障碍或组织损伤。药物多为外来异物，虽不是全抗原，但有些可作为半抗原，如抗生素、磺胺药等与血浆蛋白或组织蛋白结合后形成全抗原，便可引起猪体体液性或细胞性免疫反应。出现流涎、盗汗、呼吸困难、心跳加快以致休克等症状。这种反应与剂量无关，反应性质各不相同，很难预知，致敏原可能是药物本身，或其在体内的代谢产物，也可能是药物制剂中的杂质。药物过敏反应实际经常发生，但在猪病防治过程中，可能由于缺乏细致的观察和记录，似乎没人类那样普遍。

4) 继发性反应：是由兽药治疗作用引起的不良后果。在养猪生产中十分常见的继发性反应是长期应用或滥用广谱抗生素药物，药物使敏感的菌株受到抑制，菌群间相对平衡受到破坏，以致一些不敏感的细菌或耐药的细菌如真菌、葡萄球菌、大肠杆菌等大量繁殖，引起肠道或全身感染。这种继发性感染特称为"二重感染"。

5）后遗效应：指停药后血药浓度已降至最低有效浓度以下时的残存药理效应。可能由于药物与受体的牢固结合，靶器官药物尚未消除，或者由于药物造成不可逆的组织损害所致。例如，长期应用皮质激素，使肾上腺皮质功能长时间不能恢复至正常水平；高热疾病大量应用抗生素和退热剂后造成的顽固性不食，是猪病治疗中经常出现的现象。后遗效应不仅能产生不良反应，有些药物还能产生对机体有利的后遗效应、如抗生素后效应、抗生素后白细胞促进效应等，可提高吞噬细胞的吞噬能力。

三、兽药在猪体内的经过

兽药从进入猪体至排出体外的过程，称为药物的体内过程。它包括兽药在猪体内的吸收、分布、转化（及兽药在体内发生的化学变化）和排泄。

药物在体内吸收、分布、转化及排泄的过程中，首先必须跨越多层生物膜，进行多次转运，这种过程叫作药物跨膜转运。一般有两种跨膜转运方式：一是简单扩散，二是特殊转运。药物通过细胞膜时，按物理的扩散和过滤方式进行转运，即药物从高浓度向低浓度透过细胞膜称简单扩散，也称被动转运。凡属脂溶性药物、水溶性小分子和不离解的药物，常以这种方式穿过生物膜的孔道而进行转运。大多数药物在机体内部以简单扩散的方式进行转运。某些非脂溶性、大分子的物质，如葡萄糖、氨基酸、金属化合物的转运，需要通过细胞膜一侧的载体的参与才能完成，称为特殊转运，也称主动转运。即被转运的药物先与载体（生物膜的膜种蛋白质成分）在膜的一侧结合成复合物，这种结合是可逆性的，共同转运至膜的另一侧，将药物释放后，载体重新回到原位，再与药物结合并继续转运。这些将药物或营养物质由膜的低浓度侧向高浓度侧转运的过程需消耗能量。在小肠吸收中，葡萄糖、氨基酸等非脂溶性大分子化合物，即通过这种载体转运方式进行转运。

1. 兽药的吸收 兽药从给药部位通过各种途径进入血液循环的过程，称为兽药的吸收。大多数药物必须通过吸收后才能发挥作用。药物吸收的快慢难易，与药效出现的迟早和强度有关。吸收快的药物，作用出现迅速；吸收慢的药物，作用出现缓慢而持久。影响药物吸收的因素有药物的理化特征、给药途径和吸收环境等，其中以给药途径关系最大。

（1）肌肉组织及皮下吸收：指经肌内和皮下注射，药物通过毛细血管壁，以被动转运的方式进行吸收的过程。由于注射部位的组织有丰富的毛细血管，血流量多，而且药物通过毛细血管壁的速度远比透过其生物膜快，所以吸收也较迅速，出现作用较快。

（2）胃肠的吸收：指多数药物内服后，以简单扩散的方式透过胃肠壁细胞膜进入血液的过程。药物的理化特性与吸收环境可直接影响药物吸收，如弱酸性药物在酸性胃液作用下，不离解，呈脂溶性，能透过胃壁细胞膜，容易被吸收；而弱碱性药物则需要到达肠道内的碱性环境中才能被吸收。

在对猪病治疗时，药物的吸收可根据需要而采取某些加快或延缓的措施。例如将肾上腺素加入普鲁卡因溶液中皮下注射，可延缓普鲁卡因的吸收而延长其局部麻醉作用。

2. 药物在猪体内的分布 药物被吸收之后，经血液循环到达各组织器官的过程称为药物在体内的分布。影响药物分布的因素很多，包括：与血浆蛋白的结合率、生理屏障、组织器官血流量、药物与某些组织器官的亲和力等。大部分药物吸收后都可不同程度地与血浆蛋白形成可逆性结合，暂时贮存于血液中，而影响其体内分布。当游离型药物的血液浓度降低时，结合部分会释放出一些游离的药物而进行体内分布。生理屏障的存在同样会影响到药物的分布，如存在毛细血管和脑组织之间的血脑屏障，只允许小分子药物如磺胺嘧啶等的通过，而只有脑膜有炎症时青霉素才能通过。组织器官的血流量越大，药物分布相对也会增多。

3. 药物在猪体内的转化 药物在体内发生的分子结构变化，称为药物转化，亦称生物转化或代谢。有些药物在体内不发生分子结构的变化，而以原来的形式被排泄，但大部分药物在排泄之前，有不同程度的结构变化。药物在体内发生转化，其主要目的是使药物失去活性和易于从体内排出，但少部分药物通过转化后反而得到活性，如在体外无抗菌作用的乌洛托品进入体内后，在酸性的尿液中可分解出甲醛和氨气而具有尿道抗菌作用。

药物在体内的转化方式主要有氧化、还原、水解和结合等。药物转化的部位主要在肝脏。促进药物转化的酶有肝微粒体混合功能酶系（肝药酶）和一些非微粒体代谢酶。

4. 药物的排泄 药物在体内以其原形或代谢产物排出体外的过程，称为药物的排泄。其排出途径主要是消化道和肾脏，具有挥发性的药物可经呼吸道排出，也有经皮肤的汗腺（如氯化钠）、乳腺（如碘、砷、磺胺）等排出的。其中以肾脏排泄最为重要，是通过肾小球的过滤和肾小管细胞的排解及分泌。

了解药物在体内的消除方式和速度，对合理使用药物、避免药物中毒及解毒具有重要意义。如从乳腺排出的药物会影响吮乳仔猪。排泄较慢的洋地黄、砷制剂等容易在体内积存而引起蓄积性中毒。相反，排泄较快的药物，必须增加用药次数才能维持其在体内的有效浓度。

5. 药物的半衰期 药物的半衰期通常是指药物在血浆中的浓度从最高值下降到一半的时间，即药物在体内消除其原有血中浓度一半所需的时间。它是药物在体内消除速度快慢的重要指标。为了维持比较稳定的有效血浓度，给药间隔时间不宜超过药物半衰期。但为了防止药物的蓄积中毒，给药间隔又不能短于该药的半衰期。因此，要选择合理的给药间隔时间和剂量范围。

当血浆浓度允许2倍量的范围内变动而无不良反应时，可以先给2个维持剂量，后经1个半衰期，再给1个维持剂量。如某药半衰期为6小时，在体内产生疗效所需最小量为50毫克，就先给100毫克，以后每6小时给50毫克，这样可持续保持血中的有效药物治疗浓度。有些药物在体内消除缓慢，并在持续给药的情况下产生蓄积作用，临床上应有计划地利用这种作用，使药物在体内达到有效浓度，并维持其用药剂量，达到治疗目的。但要注意防止蓄积过多而产生蓄积性中毒的情况，特别是肝、肾功能不全的病猪，要注意剂量、给药间隔时间及疗程，在用药过程中还要密切观察药效。

6. 峰浓度和峰时间　给药后达到的最高血药浓度称为血药峰浓度（简称峰浓度），与给药剂量、给药途径、给药次数及达到时间有关。达到峰浓度时所需时间称为达峰时间（简称峰时），取决于吸收速率和消除速率。峰浓度、峰时间是决定生物利用度的重要参数。

7. 生物利用度　生物利用度是指药物以一定剂型从给药部位吸收进入全身循环的速率和程度，是决定药物量效关系的首要因素，临床可根据生物利用度寻找促进吸收或延缓消除的药物。

第二节　健康养猪用药方法

一、个体用药方法

个体用药的方法主要有内服、注射、涂皮、子宫灌注、点眼、滴鼻等，以内服、注射给药法最为常用。

1. 内服　内服是将片剂、丸剂、胶囊剂、粉剂或溶液剂经口腔或食道投入胃肠，使药物作用于胃肠或经胃肠吸收作用于全身的给药方法。其优点是安全、经济、剂量容易掌握，既适合于肠道病的治疗，也适合于全身疾病的治疗；缺点是吸收较慢，且不规则，吸收过程受消化道内酸碱度和各种酶的影响。猪常用的内服法有以下几种：

（1）胃管投药法：本法较适合于投服大量的液体药物，当患有咽喉疾病时不宜使用。投服前将猪保定确实，尤其要固定好头部。选用不同粗细和长度且软硬适宜的橡胶管或塑料管投药。将开口器从口角一侧插入口腔，再持胃管（橡胶管、塑料管或医用导尿管），自开口器中间的小孔内插入（开口器的圆孔应位于口腔正中），在舌的背面向咽部推进，随着猪的吞咽动作，趁势将胃管插入食道内。判定准确无误后，可接上注射器针筒或漏斗将药液灌下。

胃管插入、抽出时应缓慢，不宜粗暴；应确保胃管插入食道后再灌药，严防药液误入气管引起异物性肺炎。

（2）器具投药法：本法主要用于投服少量有异味的药物，如溶液或将粉剂、研碎的片剂加适量水调制成的半固体、溶液或混悬液及中药的煎剂等。体格小的猪灌服少量药液时用药匙（汤匙）或注射器（不接针头），体格大的猪可用橡皮瓶或长颈瓶灌药。由助手双腿夹住猪的颈部，两手抓住两耳并稍向上提起头部，术者一手用开口器或木棒打开口腔，另一手持药匙或药瓶将药液缓缓倒入口腔。每次灌药量不宜过多，切勿过急，以防误咽。灌药过程中，当病猪发生强烈咳嗽时，应暂停灌药，并使其头部低下，让药液咳出。

（3）直接投服法：此法适用于给成年禽内服片剂、丸剂和粉剂等固体药剂及剂量较小的液体药剂。养猪生产较少使用，乳猪需要时可将药片用长镊子放入舌根背面，然后握住嘴让其自行咽下。

2. 注射给药

（1）皮下注射：指将药液注射于皮下结缔组织内，使药液经毛细血管、淋巴管吸收进入血液循环的方法。此法适用于易溶解、无强刺激性的药品及疫苗。

注射部位：在耳根或股内侧皮下。

注射方法：局部剪毛消毒后，左手拇指及食指提取皮肤使成一皱褶，右手持注射器将针头沿皱褶的基部垂直刺入 1.5～2 厘米。注入药液后以乙醇棉压迫针孔，拔出注射针头，最后用5%碘酊消毒。

【专家提示】 正确刺入皮下时，针头可在皮下自由活动；注射前先抽动活塞，若有回血，说明针头刺入血管，应稍稍拔针，不见回血时再注入药液；当注射药量较大时，可分点注射。

（2）肌内注射：又称肌肉注射，即将药液注射于肌肉内。肌肉内血管分布较多，药液吸收较皮下注射快，刺激性弱和难吸收的药液（如油剂、混悬剂）及某些疫苗，均可肌内注射。但刺激性很强的药物如氯化钙等不能进行肌内注射。

注射部位：凡肌肉丰满或无大血管的肌肉部位，均可进行肌内注射，多在颈部肌肉。

注射方法：局部剪毛消毒后，左手固定皮肤，右手持注射器垂直皮肤刺入肌肉，回抽活塞确认无回血时，即可注入药液。注射完毕，拔出针头，用乙醇或碘酊局部消毒。

【专家提示】 针刺深度以2～4厘米为宜，针头不要全刺入，以免折断或损伤血管。

（3）静脉注射：即将药液直接注入血管，药物随血流快速分布全身的方法。其特点是奏效迅速，药物排泄较快，作用时间短。适用于补液、输血和局部刺激性大的药液如氯化钙、高渗糖盐水等的给药，也适用于急性严重病例的急救。

注射部位：在耳大静脉或前腔静脉。

注射方法：局部剪毛消毒后，左手按压注射点近心端的静脉血管，使静脉努张；右手持注射针头沿与静脉纵轴平行迅速刺入血管，见血液流出时，松开左手，连接好注射器或输液管，检查有回血后徐徐注入或滴注药液。注药完毕，左手拿乙醇棉球紧压针孔，拔出针头，最后涂以碘酊消毒。

【专家提示】　看准静脉后再刺入针头，避免多次扎针而引起血肿；确保针头进入血管后再注入药液；注射前应排尽注射器或输液管中空气，严防气泡进入血管；注药完毕后，应用乙醇棉球充分按压；混悬液、油类制剂、能引起溶血或凝血的物质，均不宜静脉注射。

（4）腹腔注射：指将药液注入腹膜腔内，适用于腹腔脏器疾患的治疗。腹膜吸收能力强，吸收速度快，当心脏衰弱、血液循环障碍、静脉注射有困难时，可通过本法进行补液。

注射部位：在耻骨前缘前方 3~5 厘米腹白线的侧方。

注射方法：可提取或横卧保定，局部消毒后，将注射针头垂直皮肤刺入，依次穿透腹肌及腹膜。当针头刺入腹腔时，顿觉无阻力，有落空感，然后回抽注射器活塞，观察是否刺入脏器或血管，如无血液或尿液，表示未伤及肝、肾、膀胱等脏器，即可进行注射。

【专家提示】　腹腔注射的药液量较大时，应加热至 37~38℃，因温度过低会刺激肠管引起痉挛性腹痛；为利于吸收，药液一般应为等渗或低渗液；如发现膀胱积尿时，应轻压腹部，促进排尿，待排完后再注射；若针头刺入肠管，应捏住针头胶管取针，防止肠内容物渗入腹腔。

3. 直肠、阴道及乳管内灌注　直肠、阴道及乳管内灌注可以发挥药物的局部作用，如解除便秘、防治阴道和乳腺的炎症等。另外，直肠给药还可用于不能内服或静脉注射的病猪作营养性补液。直肠给药前应先清除积粪，灌肠时要防止药液压力过大引起肠管破裂。

4. 皮肤给药 皮肤给药是将药物涂敷于皮肤局部，常用的剂型有膏剂、搽剂、糊剂等，可起保护、消炎、杀菌、杀虫等药物作用。由于皮肤有角质上皮和油脂分泌，影响药物的吸收，但对脂溶性药物渗透性较好。在消灭体表寄生虫时，应考虑药物对皮肤的穿透能力和毒性，一次用药的面积不宜过大，特别是破损的皮肤，能增加药物的吸收，易引起中毒死亡。

二、群体用药方法

1. 混饮给药 混饮给药是将药物溶解到饮水中，让猪通过饮水摄入药物，适用于传染病、寄生虫病的预防及猪群发病时的治疗，特别适用于食欲明显降低而仍能饮水的情况。在规模化养猪生产中，部分猪场只有一套自动供水系统，没有独立的加药供水系统，混饮法给药受到很大的限制。

（1）自由混饮法：即将药物按一定浓度加入到饮水中混匀，供猪只自由饮用，适用于在水溶液中较稳定的药物。此法给药时，药物的吸收是一个相对缓慢的过程，其摄入药量受气候、饮水习惯的影响较大。

（2）口渴混饮法：适于集约化饲养的猪群（只有一套自动饮水系统的猪场难以实现）。其方法是：在用药前猪群禁水一定时间（寒冷冬季3~4小时，炎热夏季1~2小时），使其出现口渴状态，再喂以加有药物的饮水，药液量以在1~2小时饮完为宜，饮完药液后换饮清水。该法对一些在水中容易破坏或失效的药物如弱毒疫苗，可减少药物损失，保证药效；对一些抗生素及合成抗菌药物（一般将一天治疗量药物加入到1/5全天饮水量的水中，供口渴猪只1小时左右饮完），可取得高于自由混饮有效血药浓度和组织药物浓度，更适用于较严重的细菌性、霉形体性传染病治疗。

【专家推荐】

（1）药物的溶解度。混饮给药应选择易溶于水且不易被破坏的药物，某些不溶于水或在水中溶解度很小的药物，则需采取加热或加助溶剂的办法以提高溶解度。一般来说，加热时药物的溶解度增加，但当溶液温度降低时又会析出沉淀，所以，加热后应尽可能在短期内用完。混饮给药仅适用于对热稳定、安全性好的药物，某些毒性大、溶解度低的药物，不宜混饮给药，也不宜加热助溶后混饮给药（如喹乙醇）。

（2）酸碱配伍禁忌。某些本身不溶或难溶于水的药物，其市售品为可溶性的酸性或碱性盐，混饮给药尤其是同时混饮两种或两种以上药物时，应避免同时用药的酸碱配伍禁忌，如盐酸环丙沙星在水溶液中呈酸性，而当与碱性药物如碳酸氢钠、氨茶碱同时混饮时，可因溶解度改变而析出沉淀。

（3）掌握药物混饮浓度、混饮量。混饮浓度一般以百分浓度或每升水含药的毫克数表示，用药时应根据饮水量，严格按规定的用药浓度配制药液，以避免浓度过低无效，浓度过高引起中毒。供猪饮用的药液量以当天饮完为准，夏季饮水量增多，配药浓度可适当降低，但药液量应充足，以免引起缺水；冬季饮水量一般减少，配药浓度可适当增加，但不宜过多。

2. 混饲给药　混饲给药是将药物均匀混入饲料中，使猪在采食时同时摄入药物，是现代集约化养猪业常用的给药方法之一。混饲给药简便易行，既适合于细菌性传染病、寄生虫病等预防用药，也适合于尚有食欲的猪群治疗用药。但对病重、食欲明显降低甚至废绝时不宜使用。

【专家提示】

（1）掌握药物的混饲拌料浓度。混饲浓度常用百分浓度、每千克毫克或每吨克表示，也有以每千克体重多少毫克的个体给药量，间接表示群体用药量。此时应算出整猪群的总体重，再算出全部用药总量并均匀拌入当天要消耗的饲料中，拌药的饲料量以当天食完为宜，不宜过多或过少。

特别提示，一种药物的混饮浓度与混饲浓度多不相同，不能互相套用。应根据药物说明书规定的用途及相应的用法用量使用。

（2）药物与饲料必须混匀。这是保证猪群摄入药量基本均等，达到安全有效用药目的的关键。尤其是对一些用量小、安全范围窄的药物，如喹乙醇等，一定要与饲料混合均匀，否则就会引起一部分摄入药量过多的猪中毒，另一部分猪因吃不到足量的药物，而达不到防治疾病的应有效果。一般采用逐级混合法，即把全部用量的药物加入到少量的饲料中混匀，然后再拌入到所需的全部饲料中混。大批量饲料混药时，宜多次逐级递增混合。

3. 气雾给药　气雾给药是使用相应器械，使药物气雾化，分散成一定直径的微粒，弥散到空间中，让猪通过呼吸道吸入体内，或作用于猪体表（皮肤、黏膜）的一种给药方法。该法适用于治疗仔猪支气管肺炎、猪喘气病、猪肺疫、猪传染性胸膜肺炎等呼吸道传染病，气雾给药特别适合大型养猪场，但需要一定的气雾设备，同时用药期间猪舍应能密闭。

【专家提示】

（1）应选择适宜的药物。要求选择对呼吸道无刺激性，且能溶解于呼吸道分泌物中的药物，否则不宜使用。

（2）掌握气雾用药的剂量。气雾给药的剂量与其他给药途径不同，一般以每立方米空间用多少药物来表示。为准确掌握气雾用药量，首先应计算猪舍空间的体积，再计算出总用药量。

（3）严格控制雾粒大小，确保用药效果。微粒越细，越容易进入肺泡，但与肺泡表面的黏着力小，容易随呼气排出；微粒越大，则大部分落在空间或停留在上呼吸道的黏膜表面，不易进入肺的深部，则吸收较差。临床应根据用药目的，适当调节气雾微粒大小。如果要治疗深部呼吸道或全身感染，气雾微粒宜控制在 0.5~5 微米，故应使用雾粒直径较小的雾化器；若要治疗上呼吸道炎症或使药物主要作用于上呼吸道，则应选择雾粒较大的雾化器。

第三节　健康养猪用药的剂量与换算

一、兽药的用量

药物的剂量通常是指防治疾病的用量。因为药物要有一定的数量被机体吸收后，才能达到一定的药物浓度，而只有达到一定的药物浓度才能出现药物作用，如果剂量过小，在机体内不能获得有效浓度，药物就不能发挥其有效作用；相反，如果剂量过大，超过一定的浓度，药物的作用可出现质的变化，对机体就会产生不同程度的毒性，所以必须严格掌握药物的剂量范围。

在评价药物治疗作用与毒性反应的实验研究中，常测定 ED_{50}、LD_{50} 两个剂量值。ED_{50} 即半数有效量，是指在猪群中引起半数（50%）猪阳性反应（有效）的剂量；LD_{50} 即半数致死量，是指在猪群中引起半数猪死亡的剂量。LD_{50}/ED_{50} 的比值称作治疗指数（TI），可用来表示药物的安全性。TI 值越大，药物越是安全有效。临诊上所说的剂量即所谓常用量，是指对成年猪能产生明显治疗作用而又不致引起严重不良反应的剂量。极量是治疗剂量的最大限度，可以看作是"最大治疗量"。为保证用药安全，对某些剧毒药规定了极量。在特殊情况下需要应用超过极量的剂量时，应在处方上划一警惕性的标记。

药物剂量可以按成年猪个体的用量来表示。有些药物也常按每千克体重来表示，临用时需要根据体重来计算。除了体重、病情外，猪的品种、年龄、给药途径对药物用量有很大影响。

二、猪个体用药的剂量换算

在集约化养猪的疾病控制中，一个最关键的措施就是群防群治，即将药物添加到饲料或饮水中来防治疾病。这种投药方式的特点是：①能使用药达到对疾病群防群治的作用。②方便经济。对于流行性疾病，不需要花时间和精力对每只猪进行注射或内服。③减少刺激，降低猪应激性疾病的发生。④长期添加用药可达到对在某个猪场扎根的顽固性细菌性疾病的根治。因此，熟悉一种药物的口服剂量与饲料添加的剂量换算十分重要。

一般口服剂量是以每千克体重使用药物量来表示，而饲料添加给药是要确定单位重量饲料中添加药物的量，即以饲料中的药物浓度表示，没有涉及体重这一因素。实际上如果知道了一种药物的口服剂量，就可以算出药物在饲料或饮水中的添加量。例如某药预防猪病的口服剂量为每千克体重 5 毫克（5 毫克/千克），1 日 1 次，换算成饲料中添加量是多少？猪的每日饲料消耗量等于其体重的 5%（平均值），1 千克体重消耗饲料 50 克，根据口服剂量，即 50 克饲料中应含 5 毫克（0.005 克/50 克），相当于1 吨饲料中加药物 100 克。又如，口服剂量为 10 毫克/千克，1 日 2 次，即一天每千克体重用药 20 毫克，根据上述方法，饲料中的药物浓度为 20 毫克/50 克，即每吨饲料中加药物 400 克。

三、用药次数和给药时间

每天用药的次数和给药的间隔时间，需要参考药物在体内的半衰期而定。一般来说，吸收快、排泄也快的药物需要短时间多次给药；吸收慢、排泄慢的药物，则间隔时间可以长些。

为了达到治疗的目的，通常需要连续用药一定时间，这一过程称为疗程。疗程长短主要视病情而定，对大多数疾病来说，必须在症状好转或病原体被消灭后，才停止给药。例如，磺胺类药物一般以 3~4 天为 1 个疗程。适时给药有时是决定药物能否发生应有作用的重要因素。例如苦味健胃药、收敛止泻药、胃肠解痉药、肠道抗感染药、利胆药应空腹或半空腹服用。凡刺激性强的药物，应在饲喂后服用。

此外，对于即将出栏上市的猪用药，还规定有"休药期"。"休药期"是指猪停止给药到允许屠宰或允许上市的间隔时间。应严格执行"休药期"的规定，以避免生猪及其产品中药物的残留超标而危害人类健康。

第四节　兽药的管理与有效期

一、兽药管理

兽药的质量直接关系着对猪病的防治效果、养猪生产和人体健康，兽药生产、经营、使用等必须依法进行监督、管理。1987年 5 月，国务院发布了《兽药管理条例》，它是我国第一部由国家颁布的兽药行政法规。1988 年 6 月，农业部发布了《兽药管理条例实施细则》，以后又相继颁布了《兽药生产许可证》《兽药经营许可证》《兽药制剂许可证》《进出口兽药管理办法》《新兽药及兽药新制剂管理办法》《兽用新生物制品管理办法》等一系列的药政法规，对兽药研制、生产、经营、进出口等活动在法律的保护和制约下健康发展，有着十分重要的作用。

二、兽药标准

兽药标准即兽药的质量标准，是国家对兽药质量规格和检验方法所作的技术规定，是兽药生产、经营、使用、检验和监督管理部门共同遵循的法定技术依据。兽药的标准过去分为国家标准、部颁标准（也是国家标准）、专业标准（也是国家标准）和地方标准。2004 年颁布的《兽药管理条例》取消了兽药地方标准，现在全国兽药标准统一实行"国家标准"。

国家标准　我国现在实行的兽药国家标准即《中华人民共和国兽药典》（简称《兽药典》），是我国兽药的国家标准，具有法律的约束力。《兽药典》至今已颁布了四版，即 1990 版、2000 版、2005 版和 2010 版。1990 版和 2000 版都分为一部（化学药品）和二部（中药材及其成方制剂），2005 版和 2010 版分为一部（化学药品）、二部（中药材及其成方制剂）和三部（生物制品）。由于新兽药的发现和使用比《兽药典》改版快，故在两种版本期间可编订《兽药规范》，是《兽药典》颁布实施前有关兽药的国家标准，收载《兽药典》没有收入，但各地仍有生产和使用的品种，以及兽药典之后农业部又陆续颁布的新品种，具有《兽药典》同样的法律约束力。专业标准即《兽药暂行质量标准》，由中国兽药监察所制定、修订，农业部审批、发布。

三、兽药的贮存

兽药是特殊的商品，要确保猪用药的安全，必须注意兽药的质量。药物的保存与药物的质量关系极大，但往往容易被忽视，造成药物变质、失效、贻误病情，甚至引起意外事故。因此在药物保存中必须根据药物的特性，在做好分类（可分为普通药、毒药、剧毒药、危险药品等）保存的同时，还应采用不同的贮藏方法。

兽药的稳定性就是兽药的性质是否容易变化，是反映兽药质量的重要方面，不易发生变化的稳定性强，反之则稳定性差。药品的稳定性主要取决于药品的成分、化学结构以及剂型等内在因素，外界因素如空气、温度、湿度、光线等是引起药品性质发生变化的条件。药品在贮存过程中有可能发生某些性质变化，应认真做好兽药的贮存保管工作。

各种兽药在购入时，除应注意有完整正确的标签（包括品名、规格、生产厂名、地址、注册商标、批准文号、批号、有效期等）及说明书（应有有效成分及含量、作用与用途、用法与用量、毒副反应、禁忌、注意事项等）外，不立即使用的还应特别注意包装上的贮存方法和有效期。兽药的贮存方法主要有以下几种：

1. 密封保存

（1）原料药：凡易吸潮发霉变质的原料药如葡萄糖、碳酸氢钠、氯化铵等，应在密封干燥处存放；许多抗生素类及胃蛋白酶、胰酶、淀粉酶等，不仅易吸潮，且受热后易分解失效，应密封干燥凉暗处存放；有些含有结晶水的原料药，如硫酸钠、硫酸镁、硫酸铜、硫酸亚铁等，在干燥的空气中易失去部分或全部结晶水，应密封阴凉处存放，但不宜存放于过于干燥或通风的地方。

（2）散剂：散剂的吸湿性比原料药大，一般均应在干燥处密封保存。但含有挥发性成分的散剂，受热后易挥发，应在干燥阴凉处密封保存。

（3）片剂：除另有规定外，片剂都应密闭在干燥处保存，防止发霉变质。中药、生化药物或蛋白质类药物的片剂易吸潮松散，发霉虫蛀，更应密封于干燥阴凉处保存。

2. 避光存放 某些原料药（如恩诺沙星、盐酸普鲁卡因）、散剂（如含有维生素 D、维生素 E 的添加剂）、片剂（如维生素 C、阿司匹林片）、注射剂（如氯丙嗪、肾上腺素注射液）等，遇光、遇热可发生化学变化生成有色物质，出现变色变质，导致药效降低或毒性增加，应放于避光容器内，密封于干燥处保存。片剂可保存于棕色瓶内，注射剂可放于遮光的纸盒内。

3. 置于低温处 受热易分解失效的原料药，如抗生素、生化制剂（辅酶 A、胰岛素、垂体后叶素等注射剂），最好放置于 2~10℃低温处。易爆易挥发的药品如乙醚、挥发油、氯仿、过氧化氢等，以及含有挥发性药品的散剂（受热后易挥发），均应密闭阴凉干燥处存放。

各种生物制品如疫苗、菌苗等，应按规定的温度贮存。许多生物制品的适宜保存温度为 -15℃（冻干菌苗）、0~4℃（高免血清等，若需长期保存，亦应保存于 -15℃）。

四、有效期与失效期

有效期系指药品在规定的贮藏条件下能保证其药效质量的期限，即使用有效期限。失效期系指药品到此日期即超过安全有效范围，已失效的药品不能使用。

在药物标签上都注明有有效期，其表示方法有下面 3 种：

（1）只标明有效期：如"有效期 2015 年 3 月"，即可使用到 2015 年 3 月 31 日为止。

（2）只标明失效期：如"失效期 2015 年 12 月"，即可使用到 2015 年 12 月 31 日止。

（3）标明批号及有效期：可从批号推算出有效期限，如批号"131107"，有效期 2 年，即可使用到 2015 年 11 月 7 日为止。

所以在购买和使用药物时，都必须认清其有效期与失效期，避免造成不应有的损失。

第五节　影响养猪用药效果的原因分析

影响养猪用药效果的原因来自于兽药本身、猪的状态、饲养管理和环境因素等方面。

1. 兽药方面

（1）药物的理化特性与化学结构。药物的物理性质如溶解度和旋光性对药物作用的影响很大。通常易溶解的药物比难溶解的药物易被吸收且作用快，难溶解的药物较难吸收，作用的发挥也缓慢而持久。

药物的物理、化学性质相近，但旋光性不同（右旋、左旋、消旋体）对药物作用的影响也非常明显。例如，肾上腺素在增加血压效力作用上，右旋体为1，消旋体为10，左旋体为20，一般而言，左旋体的药理作用较强。有的药物如氯霉素只有左旋体才有药效。

（2）药物的剂量。给药时对动物产生一定作用的用量称剂量。剂量是防治疾病的常用量。药物要有一定的剂量，才能在机体吸收后，达到一定的药物浓度而呈现药物作用。剂量与疗效的关系一般表现为剂量越大，浓度越高，作用越强，疗效也越显著。药物的剂量太小，不能产生有效作用；剂量太大，超过机体耐受限度，则可能引起中毒甚至死亡。为了充分发挥药物的作用，避免产生不良反应，必须掌握药物的剂量使用范围。

药物的安全范围是指最小有效量与极量之间的范围，其范围愈大，药物愈安全。选定药物剂量时，既要考虑药物的安全范围，又要根据病畜的种类、体重、病情及病因等具体情况做出决定，并在用药后观察药效，按病情需要在一定范围内予以调整。

（3）药物的剂型。一定的化学结构固然能影响药物的作用，但还不是决定药物作用的唯一因素。有效的药物必须采用合理的剂型，在给药和体内过程中提供最佳条件以充分发挥药物的作用。根据药典或药品规范将药物制成一定规格并可以直接用于动物的药物制品称为制剂，按形态分为液体剂型、半固体剂型、固体剂型等。

剂型是影响药物吸收的一个重要因素，在很大程度上决定体内的吸收，影响药物在血中浓度及维持时间，从而影响药物的作用。兽医实践中，在应用某些抗菌药防治传染病时，为了产生速效及随后能减少给药次数、维持药物在体内的有效浓度，往往先应用易吸收的速效制剂，随后选用长效制剂。

（4）给药方案。给药方案包括给药剂量、途径、时间间隔和疗程。①给药途径。给药途径不同主要影响生物利用度和药效出现快慢，静脉注射出现药效最快，其次依次为肌内注射、皮下注射和内服。除根据疾病治疗需要选择给药途径外，还应根据药物的性质，如氨基糖苷类抗生素内服难吸收，做全身治疗时必须注射给药。②给药间隔时间。确定给药间隔时间主要根据药物的半衰期和最低有效浓度。一般情况下在下次给药前要维持血中最低有效药物浓度。③疗程。某些药物给药一次即可奏效，如某些抗寄生虫药，但大多数药物必须按一定的剂量和时间间隔多次给药，才能达到治疗效果，称为疗程。例如，抗生素一般要求 2～3 天为 1 个疗程，磺胺药则要求 3～5 天为 1 个疗程。在 1 个疗程内，重复给药的间隔时间取决于药物在体内消除的快慢。疗程的长短视病情而定，对大多数疾病（主要是传染病）来说，药物必须用至症状消失后才能停药，以免复发。但也要考虑到药物的不良反应，不可无限制地延长用药时间。一般情况下，连续用药 1～2 个疗程尚无显著疗效时，应当总结经验，改用其他药物。

（5）联合用药及药物相互作用。在临诊实践中，为了获得更好的疗效，常将两种以上药物合并使用，称为配伍用药或联合用药。配伍用药后，各药的作用相似，用药后药效增强，即为协同作用。在配伍用药中也有各药作用相反，引起药效的减弱或抵消，称拮抗作用。临诊上常利用药物的拮抗作用，以减轻或避免某一药物副作用的产生或解除某一药物的毒性反应。但减弱疗效或增加毒性的配伍使用应尽量避免。药物的配伍禁忌可分为药理配伍禁忌（药理作用互相抵消或毒性增加）、物理配伍禁忌（潮解、液化或析出晶体等物理变化）和化学配伍禁忌（呈现沉淀、产气、燃爆和水解等化学变化）。

2. 猪体状态　不同的个体、性别和年龄等，对药物的反应均有一定差异。

（1）年龄、性别。一般而言，幼龄、老龄猪和母猪的药物代谢酶活性低，所以对有些药物的感受性比较高。怀孕后期母猪子宫组织对某些药物的敏感性升高，服用泻药容易引起流产。

（2）个体差异。不同个体对药物的敏感性也存在差异。其表现形式主要是机体对药物的反应呈高敏性、耐受性等。

①高敏性：某些个体对某种药物的作用特别敏感，应用小剂量就能产生强烈的反应，甚至引起中毒。而大多数个体则需很大剂量才能产生同样反应。

②耐受性：某些个体对某种药物的作用敏感性特别低，即使使用中毒量也不会引起中毒，这种反应称耐受性。

对有高敏性或耐受性的个体，在用药时就要根据情况适当减少或增加剂量，必要时改用其他药物。

病原微生物对药物的耐受性称为耐药性或抗药性，在一般情况下，某一细菌对某一抗菌药物所获得的耐药性是单一的，但有时也能对其他同类抗菌药物获得同样的耐药性，这种现象称为交叉耐药性。如细菌对四环素产生耐药性后，往往对土霉素也能耐药。为了避免病原微生物对药物产生耐药性，在用药过程中尽量避免用量不足和长期反复使用同一药物，并及时更换对病原微生物敏感性高的药物。

（3）机体的病理状态。当机体处在病理状态时，由于中枢神经、内分泌系统及其他重要器官的功能受到影响，因而也能影响药物的作用。如呼吸处于抑制状态时，对呼吸兴奋药尼可刹米等的反应比较显著；解热药氨基比林可使高热患猪体温下降，但不影响正常动物的体温。

严重中毒的猪，因其功能失去平衡，需用拮抗性解毒药并维持血中有效浓度，直至康复为止。肝、肾是药物的重要转化器官和排泄器官。肝、肾功能障碍，常影响药物的转化和排泄，往往使药物作用加强和延长，容易出现药物的毒性反应，是兽医临诊用药时极容易忽视的问题。

3. 饲养管理和环境因素　药物的作用是通过机体表现的，因此机体的功能状态与药物的作用有密切的关系，例如药物的作用与机体的免疫力、网状内皮系统的吞噬能力有密切的关系。有些病原微生物的最后消除还要依靠机体的防御机制。所以，机体的健康状态对药物的效应可以产生直接或间接的影响。

机体的健康主要取决于饲养和管理水平。饲养方面要注意饲料营养全面，根据不同的生理时期需要合理调整饲粮的成分，以免出现营养不良或营养过剩。管理方面应考虑动物群体的大小，防止密度过大，圈舍建设要注意通风、采光和适当的活动空间，要为动物的健康生长创造较好的条件。上述要求对患病动物更为必要，疾病的恢复不能单纯依靠药物。一定要配合良好的饲养管理，加强护理，提高机体的抵抗力，使药物的作用得以更好的发挥。

环境生态的条件对药物的作用也能产生直接或间接的影响。例如，不同季节、温度和湿度均可影响消毒药、抗寄生虫药的疗效。环境中大量的有机物可大大减弱消毒药的作用；通风不良、空气污染（如高浓度的氨气）可增加动物的应激反应、加重病情，影响药效。

【专家推荐】

受体知识：受体是存在于细胞膜上、胞浆内或细胞核内的大分子蛋白质，可特异地与某些药物或体内生物活性物质结合，并能识别、传递信息，产生特定的生物效应。能与受体特异性结合的物质称为配体，如神经递质、激素、自体活性物质（如组胺等）和化学结构与之类似的药物。受体能准确识别并与某些立体特异性配体结合，其特定部位称为受点。该部位的立体构象具有严格的立体专一性,因而选择性强。目前已知的受体种类较多,依据其存在部位可归纳为:细胞膜受体,如乙酰胆碱、肾上腺素、组胺、胰岛素等物质的受体;细胞浆受体,如肾上腺皮质激素、性激素等物质的受体。各种受体在体内有其特定的分布部位和功能。有些细胞可同时存在几种受体,如心肌细胞上存在胆碱受体、肾上腺素受体、组胺受体等。药物与受体结合多数是通过氢键、离子键或范德华力结合,不甚牢固,容易解离,系可逆性结合,作用时间较短;少数药物以共价键结合,比较牢固,不易解离,作用持久。

第六节　健康养猪与药物残留

兽药残留已逐渐成为人们普遍关注的一个社会热点问题。近年来兽药残留引起食物中毒和影响畜禽产品出口的报道越来越多。药物残留不仅可以直接对人体产生急慢性毒性作用,引起细菌耐药性的增加,还可以通过环境和食物链的作用间接对人体健康造成潜在危害。多数人认为,兽药残留是监管部门的事,与我们特别是养猪生产者没有什么关系。其实近几年兽药残留不仅影响我国养猪业的发展和走向国际市场,而且在很多省市市场,生猪的进入也受到严密的监视。疾病的发生、诊疗的复杂化等在一定程度上与兽药残留有着千丝万缕的联系,如果养猪生产者不能自觉地采取有效措施,减少和控制兽药残留的发生,养猪生产必将进入一个死胡同而走向衰亡。以下就养猪生产中的兽药残留问题做一简单分析,希望能引起生产者的重视,确保生产和产品的安全。

一、兽药残留的现状

兽药残留主要是由于不合理使用药物治疗疾病和作为饲料添

加剂而引起。发达国家很早就对兽药残留问题开始关注。大多数国家在评价和使用添加剂时均以 JECFA（食品添加剂联合专家委员会）的建议作为指导原则。JECFA 是一个毒理学的国际专家小组，于 1987 年第 32 次会议报告了有关兽药残留的毒性评价，将目前的兽药残留分为七类：抗生素类，驱肠虫药类，生长促进剂类，抗原虫药类，灭锥虫药类，镇静剂类和 β – 肾上腺素能受体阻断剂。我国虽已制定《动物性食品中兽药残留最高限量》标准，但尚未得到有效实施。滥用和超标使用兽药尤其是抗菌药物的状况十分严重。

前些年，我国畜禽产品由于药残超标而被某些国家退货、销毁的事件时有发生。1998 年 4 月，从内地出口到香港的生猪，其内脏食后导致 17 人中毒，其原因是内脏中含有违禁药"盐酸克伦特罗——瘦肉精"。此外，我国出口的畜禽产品还多次出现含安眠酮类、雌性激素、抗生素等药物残留超标而被取消出口的事件。

二、兽药残留形成的原因

1. 不按规定正确使用饲料药物添加剂

（1）药物添加剂使用不规范。饲料生产方面，2001 年农业部发布了《饲料药物添加剂使用规范》，规范中明确规定了可用于制成饲料药物添加剂的兽药品种及相应的休药期。但有些饲料生产企业受经济利益驱动，人为向饲料中添加违禁药物，还有一些饲料生产企业为了保密或为了逃避报批，在饲料中添加了一些兽药，但不标明，如果用户一直用到猪的出栏上市，便造成猪肉药物残留。这些是药物残留形成的重要因素。

（2）养猪户对药残认识不足。许多养猪户对控制兽药残留认识不足，缺乏药残观念，且饲养过程不规范、不科学。普遍存在圈舍简陋、饲料营养失调、生产管理放任自流，以致动物健康受损，抗病力下降，各种疾病均可感染，最终依靠药物，形成无药不能饲养的局面，更有甚者竟将用药期内的患病猪急宰销售。

（3）超量用药。主要是指饲料中药物添加剂超量使用，原因是我国饲料及浓缩料等大多含有药物饲料添加剂。常用药物的耐药性日趋严重而导致添加量越来越高，甚至比规定高 2~3 倍，以及重复添加促生长药也是造成超量用药的原因。部分养猪户为了追求高额利润，不遵守休药期的规定，把刚用过药的猪或肉出售，更是导致了兽药残留的存在。

2. 环境污染导致药物残留　主要指工业"三废"、农药和有害的城市生活垃圾，这些有害物质进入农田，不仅直接伤害作物，导致减产、绝收，同时还会破坏水质，影响土壤。其中所含有害重金属、无机物、农药等经食物链进入猪和人体，引起多种疾病，如汞中毒、白肌病等。大多数植物饲料原料来自于种植业，由于病虫害的长期危害使得农药被广泛的使用，某些残存于植物体或果实中的农药经动物食入后滞留于动物体内。

3. 兽药残留监管不力　即使注重对养猪生产的卫生、饮水和防疫，但如果药检部门对生产销售和使用违禁药品管理不严，缺乏兽药残留检验机构和必要的检测设备，兽药残留标准不够完善，仍然会导致药残的发生。我国兽医卫生和有关行政部门通常只对畜禽产品是否有传染病、寄生虫病、外观卫生和是否注水等较为关注，而对药物残留问题还缺乏足够的认识，而且药物残留的检测仪器和设备价格昂贵，检测成本高。我国发布的兽药残留检测标准比较少，仅有几十个，这与实际需要相差甚远。

三、兽药残留的危害

动物性食品中的药物残留对人体的危害性主要表现为各种慢性、蓄积毒性、过敏反应、"三致"（致突变、致畸和致癌）作用、免疫毒性、发育毒性以及激素样作用。

1. 过敏反应和变态反应　养猪生产用于治疗或药物添加剂的抗菌药物中，常引起人产生过敏反应的药物主要有青霉素类、磺胺类、四环素类和某些氨基糖苷类药物，其中以青霉素及其代谢物引起的过敏反应最为常见，也最为严重。过敏反应症状多种多样，轻者表现为麻疹、发热、关节肿痛及蜂窝织炎等。严重时可出现过敏性休克，甚至危及生命。当这些抗菌药物残留于肉食品中进入人体后，就使部分敏感人群致敏，再次接触这些抗生素就会发生过敏反应。

2. 毒性作用　若一次摄入残留物的量过大，会出现急性中毒反应。但在动物组织中药物残留水平一般很低，仅少数能发生急性中毒，绝大多数药物残留通常产生慢性、蓄积毒性作用。在猪的药物注射部位和一些靶器官（如肝、肺）常含有高浓度的残留药物，人食用后出现中毒的机会将大大增加。药物及药物残留多引起食用者产生远期毒性作用及潜在"三致"（致癌、致畸、致突变）作用。如硝基呋喃类、砷制剂等都已被证实具有致癌作用，苯丙咪唑类抗蠕虫药具有潜在的致突变性和致畸性。氯霉素能对人的骨髓细胞、肝细胞产生毒性作用，导致严重的再生障碍性贫血。四环素类药物能与骨骼中的钙等结合，抑制骨骼和牙齿的发育，治疗量的四环素类药物可能具有致癌作用。卡那霉素主要损坏前庭和耳蜗神经，导致眩晕和听力减退，并具有潜在的致癌作用。磺胺二甲嘧啶具有诱发甲状腺增生，并具有致肿瘤倾向，人长期食用含这些药物残留的动物性食品后，均有可能引起肿瘤发生。

3. 细菌耐药性增加　近年来，由于抗菌药物的广泛使用，细菌耐药性不断加强，而且很多细菌已由单药耐药发展到多重耐药。耐药菌株可能将给兽医临诊和医学临床治疗带来严重后果，并且降低药物的市场寿命。对人体的健康影响主要有两个方面：易于诱导耐药菌株和可能干扰肠道内的正常菌群。给动物长期使用亚治疗量的药物（尤其是人畜共用的抗菌药物）后，易诱导耐药菌株尤其是携带多抗性 R 质粒的菌株产生。这些耐药菌株的耐药基因能通过食物链在动物、人和生态系统中的细菌中相互传递，由此可导致致病菌（大肠杆菌、沙门杆菌、肠球菌等）对抗菌药物耐药，引起人类和动物细菌感染性疾病治疗的失败；同时，许多研究显示，动物性食品中抗菌药物的残留可使人胃肠道内的部分敏感菌受到抑制，致使菌群平衡破坏，有些条件性致病菌趁机繁殖，或使体外病菌易于侵入，导致疾病发生。

四、兽药残留的控制措施

1. 从畜牧生产环节控制　我国的兽医卫生状况、防疫体系、药物残留的控制现状，已成为许多发达国家关注的焦点。养猪生产中只有合理选择使用兽药和生物制品，才能有效防治疾病，控制产品中药物残留，生产出符合现代肉类食品卫生标准（无疫病、无激素、无违禁药物残留、无农药残留）的食品。

（1）养猪生产应建立和完善自身的用药监测、监控体系。建立企业或行业自控体系，控制用药源头，制定药品生产厂家和药品供应商资质认定原则。自觉要求所有为其供应药品的生产厂家或供应商提供完善的资质材料，包括企业营业执照、兽药生产许可证、兽药（注册）批准文号、GMP 证书、进口兽药登记许可证、兽药产品（化学）成分、厂家无违禁药残保证书；制定选择药品原则。应根据《兽药管理条例》和国家有关规定，制定选择药品的原则，即选择对人和动物毒副作用小、高效、安全、性价比合理，对猪场常见病原菌敏感有效的药品；不含国家明令禁止使用的激素类、兴奋剂、催眠镇静剂和某些抗生素类药物。

加强药品药效、药残监测。自觉监督养猪场用药情况，保证养猪用药合理有效，杜绝产品中违禁药物残留。

（2）遵守相关的法律、法规。为了规范兽药的生产、经营和使用，有效控制兽药等有害物质在畜产品中的残留，我国近年来颁布了一系列的法律、规章、办法。与控制兽药及其他有害物质残留有关的有：《兽药管理条例》《饲料及饲料添加剂管理条例》《饲料及饲料添加剂使用规范》《食品动物禁用的兽药及其他化合物清单》《禁止在饲料和动物饮水中使用的药物品种目录》《禁用药物名录》《允许使用药物名录》《兽药停药期规定》等。这些法规、规章、办法对什么兽药可以使用，什么兽药禁止使用，哪种动物适用哪种兽药，什么兽药通过什么途径给药，给药的剂量，停药期是多长时间，都有十分明确的规定。

（3）科学合理地使用兽药。严格遵守兽药的使用对象、使用期限、使用剂量以及休药期等，严禁使用违禁药物和未被批准的药物；严禁或限制使用人畜共用的抗菌药物或可能具有"三致"作用和过敏反应的药物，尤其是禁止将它们作为饲料添加剂使用。对允许使用的兽药要遵守休药期规定，特别是对饲料药物添加剂必须严格执行使用规定和休药期规定；按照农业部颁发的饲料药物添加剂使用规定用药，饲料药物添加剂应先制成预混剂再添加到饲料中，不得将成药或原料药直接拌料使用；同一种饲料尽量避免多种药物合用，否则因药物相互作用可引起药物在体内残留时间延长；在生产加工饲料过程中，应将不加药饲料和加药饲料分开生产；养猪户应正确使用饲料，切勿将含药的前中期饲料错用于饲养后期或在饲料中自行再添加药物或含药饲料添加剂，确有疾病发生应在专业人员指导下合理用药；在休药期结束前不得将猪屠宰后供人食用；改善饲养观念和提高饲养管理技术，我国是畜牧业生产大国，由于许多饲养者文化水平偏低，饲养基础薄弱，多数只追求数量型生产，完全依赖于兽药来防治疾病或作为促生长剂，盲目地使用兽药或兽药添加剂，造成畜产品中兽药残留严重。目前我国畜牧业生产力水平仍很落后，所以应该尽快学习和借鉴国外先进的饲养管理技术，以提高我国畜牧业饲养管理水平，创造良好饲养环境，减少疾病的发生，同时使用非残留或低残留的药物，从而有效地使畜产品中兽药残留量降到最低或无残留。

2. 加快兽药残留的立法，完善相应的配套体系

（1）健全法律法规。改革开放以来，我国虽然在法律、法规的建设上加大了力度，但是法律体系仍不够健全，与发达国家相比仍有很大差距。比如无公害农产品有毒有害物质超标怎么办？没有处罚依据。

（2）加强兽药残留分析方法的研究。建立药物残留分析方法是有效控制动物性食品中药物残留的关键措施。我国目前的兽药检测方法大多是仪器法，存在检测成本高、检测周期长等缺点，不适宜大规模普查、监控。

（3）加强兽药残留监控、完善兽药残留监控体系。应加快国家、部以及省地级兽药残留机构的建立和建设，使之形成自中央至地方完整的兽药残留检测网络结构。加大投入开展兽药残留的基础研究和实际监控工作，初步建立起适合我国国情并与国际接轨的兽药残留监控体系，实施国家残留监控计划，力争将残留危害减小到最低程度。

（4）严格规范兽药的安全生产和使用。监督企业依法生产、经营、使用兽药，禁止不明成分以及与所标成分不符的兽药进入市场，加大对违禁药物的查处力度，一经发现应严厉打击；严格规定和遵守兽药的使用对象、使用期限、使用剂量和休药期等。加大对饲料生产企业的监控，严禁使用农业部规定以外的兽药作为饲料添加剂。

3. 研发、推广和使用无公害、无污染、无残留的非抗生素类药物及其添加剂　非抗生素类药物很多，如微生物制剂、中草药和无公害的化学物，都可达到治疗、防病的目的。尤其以中草药添加制剂和微生物制剂的生产前景最好。中草药制剂可提高动物的免疫力,只有提高了自身免疫功能,才能提高机体对外界致病菌的抵抗力。总之,只有采取适合我国的国情,发展具有中国特色的具有保护生态环境的无公害、无残留、无污染的特色产品,才能从根本上解决药物的残留及对人体的危害。

第七节　健康养猪与合理用药

一、药物混饲或混饮使用的原则

1. 预防剂量的控制　预防剂量一般为治疗剂量的 $1/4 \sim 1/2$,在多数情况下,饲料添加药物是作为预防疾病使用,一般添加的时间较长,所以必须严格控制药物剂量,以免造成蓄积中毒。特别值得提出的是不要将用于治疗的口服剂量换算成饲料添加量用于长期预防。

2. 配合饲料中原有的添加药物确认　现代养猪配合饲料生产中大多数加有一定量的预防性药。所以在向饲料厂家生产的配合饲料中添加自己拟定的药物品种时必须十分谨慎,避免同一药物重复添加而造成猪只的药物中毒,特别是抗寄生虫类药物更须注意。

3. 饲料混合　将药物添加到饲料中预防治疗疾病,其浓度非常低,通常为 $1 \times 10^{-6} \sim 500 \times 10^{-6}$。相对饲料来讲,药物所占的比例很小,要将这"小量"的药物均匀地混合到"大量"的饲料中去,并不是那么容易。因药物与饲料混合不均匀造成中毒或防治无效的事故时有发生,给养殖业造成极大的经济损失,因此,混合时必须严格依照生产工艺执行,对于某些药物原粉,应先将药与适量的饲料混合制成预混料,然后再与全价料混合。

4. 添加方式　可以将药物添加到饲料中,也可以添加到饮水中用药。添加到饲料中一般适合于预防，添加到饮水中用药一般适合于治疗。因为猪在发生传染性疾病时，由于病情原因致使食欲下降，严重时废绝，此时药物通过饲料进入猪体内的药量不足，一般达不到理想的治疗效果。但病猪特别是热性传染病，猪的饮水比较正常，有时略有增加，此时通过饮水添加用药则可达到预期效果。应该说明的是在一般条件下，猪的饮水量为饲料量的2倍，依此推理，饮水中添加药物剂量（以浓度计）应为饲料中添加剂量的1/2。通过饮水添加用药，其药物应是水溶性的；否则，药物会在饮水中沉积下来，造成用药不均而引起中毒或治疗无效。

二、健康养猪合理用药

为了充分发挥药物防病治病的效果，降低药物的毒副作用，减少细菌耐药性的产生，提高药物治疗效果，应切实做到合理应用药物，严格执行临床用药的基本原则。

1. 严格掌握适应证，正确选药　对疾病做出正确的诊断是选择药物的前提，有了确切的诊断，方可了解病原，从而选择对病原高度敏感的药物。细菌的分离与鉴定以及药敏试验筛选是选择抗菌药物的有效方法，应尽量避免对无确诊指征或指征不强情况下选用药物。在一个猪场发生较严重的传染病时，为了正确选药，最好请各方面的专家会诊，初步确定疾病的性质，如果怀疑为细菌性疾病或寄生虫疾病则应及时提出首选药物，以使病情得到及时控制；对未能确诊或疗效不佳的病例，应尽早分离病原菌和药敏试验，以供选药时参考。

2. 用药时剂量和疗程要足，避免耐药性产生　抗菌药物用量过大，常造成药物浪费，产生不良反应。相反，用量不足或疗程过短，则容易出现细菌耐药性，目前以金黄色葡萄球菌、大肠杆菌、绿脓杆菌、痢疾杆菌耐药性为主。

严格掌握用药要点，有充足的剂量和恰当的疗程。如磺胺类药物属抑菌药，首次剂量一般加倍。多数抗菌药物一般连续 3～5 天为 1 个疗程，而在症状消失后再用药 1～2 天，以求彻底治疗。停药过早，容易招致复发及细菌产生耐药性，对于某些慢性疾病和容易在一个猪场反复发作感染的顽固性疾病，必须采取群防群治。易在一个猪场"扎根"的顽固性疾病如：猪痢疾密螺旋体病（血痢）、猪慢性萎缩性鼻炎、猪弓形虫病、猪沙门杆菌病、猪大肠杆菌病、猪喘气病等，一般应在饲料中添加预防剂量的药物数周或数月。给药途径应根据药物的剂型和病情的需要，针剂常用于急性严重病例治疗；内服常用于慢性疾患，特别是消化道感染或驱虫；饲料与饮水加药常用于群体预防，也可用于群体治疗。

3. 科学地联合用药 联合用药的目的是发挥药物的协同作用，以增强疗效，扩大抗菌范围，延续或减少抗药性的产生，降低毒副作用。但不合理的联合用药，不仅不能达到上述目的，反而增加不良反应的发生率，所以联合用药必须有明确的指征。联合用药必须符合如下指征：病因不明的严重感染，用单一药物难于控制病情者，如败血症、亚急性细菌性心内膜炎等；单一药物不能控制的严重混合感染；长期使用一种抗菌药，细菌易产生耐药者；抗菌药物不易渗入感染病灶部位时，如青霉素＋SD 治疗流行性脑脊髓膜炎；单一抗菌药不能有效控制的感染，如青霉素和链霉素联合治疗肠球菌感染；为了减少不良反应等。

联合用药应有明确的针对性，防止盲目的组合。抗菌药物大致分为四大类：Ⅰ类：繁殖期或速效杀菌剂，如 β - 内酰胺类；Ⅱ类：静止期杀菌剂，如氨基糖苷类；Ⅲ类：速效抑菌剂，如四环素类、大环内酯类、氯霉素等；Ⅳ类：慢效抑菌剂，如磺胺类。Ⅰ类与Ⅱ类联用后获协同作用的机会增多，如青霉素和链霉素；Ⅰ类与Ⅲ类联合可产生拮抗作用；Ⅰ类与Ⅳ类联用呈无关作用；Ⅱ类与Ⅲ类联用可产生协同和累加作用；Ⅲ类与Ⅳ类联用也产生累加作用；Ⅰ类、Ⅱ类与Ⅲ类联合应用，常发生协同和累加作用。临床正确联合使用抗菌药应注意：抗菌谱一致的同一类药物，一般不作联用（如氨基糖苷类药物之间）；作用机制（靶点）相似的药物不能合用，如氯霉素、大环内酯类、林可霉素类等出现竞争性拮抗（50S 亚基）。

联合应用抗微生物药并不都是有利的，其弊端包括药物间的拮抗作用，以及增加副作用，增加细菌耐药菌株出现的机会，增加生产成本，因此对联合用药必须权衡利弊，合理利用。同时，还应注意药物之间的理化性质、药效学，药动学之间的配伍禁忌与相互作用；联合用药仅适用于少数情况，且一般二药联合即可，无需三药或四药联合。

三、健康养猪如何做到合理用药

1. 切忌主观臆断，盲目用药　凭主观印象侥幸用药，随意加大药量和配伍药物等都是不可取的。如一发现腹泻，就买泻痢停、氟哌酸之类的抗菌药，殊不知引起腹泻的病因是多种多样的，那种少一点没关系，多一点更好，甚至剂量越大越好的观点更是有害的。

2. 明确所用药物的毒副作用　通过看说明或向兽医咨询所用药物的毒副作用，以便有足够的心理准备。毒副作用和过敏反应较大的药物尽量不用，必须使用时要掌握解救方法及必备的救治药品。

3. 到正规兽药店购药　购药到有"兽药经营许可证"的药店购买，并留心察看使用说明、批号、产地、有效期及使用方法，包装不要轻易乱扔，待药用完一定时期无异常时再处理掉。切不可贪图便宜请江湖游医，买假冒伪劣兽药，否则造成事故不好追究。

4. 避免重复用药 防止因同时使用同一成分而不同名称的药物造成中毒，不可随意联合使用药物。

5. 防止细菌产生耐药性，控制耐药菌传播 严格掌握抗菌药的适应证，剂量要充足，疗程要适当，以保证有效血药浓度控制耐药菌株发展；必要时可采取联合用药；诊断不确切不宜轻易应用抗菌药物，避免长期预防性给药。污染场所彻底消毒、有效抗菌药物分批交换使用，对扑灭疾病、防止耐药菌株形成和传播均有效。

6. 联合用药必须有明确的临床指征 包括病情危急的严重感染，一种抗菌药物不能控制的混合感染，细菌有产生耐药性可能，抗菌药不易透入的感染病灶。

7. 不能简单地"见好就收" 有明显好转说明药效良好，并不一定彻底痊愈，故不可简单地就此停药，以免产生耐药菌株引起二重感染，为暂时省钱以后却要花更多的钱。应遵医嘱，按疗程、病愈标准等停药。

8. 按规范的给药方法给药 如肌内注射时，对注射器和针头必须消毒，做好相应的保定工作，注射部位应进行剪毛消毒，摇匀药液，排尽空气等。

9. 防止影响免疫反应 抗菌药物对某些活菌苗的主动免疫过程有干扰作用，因此，在使用疫苗前、后数天内，以不用抗菌药为宜；或等药效消失后，再另行免疫，以确保抗体产生。万不得已使用时，应重新免疫。

10. 把握全局，强调综合性治疗 抗菌药物的使用为机体歼灭细菌创造一定条件。在使用抗菌药物的同时应改善饲养管理，增加机体抵抗力，必要时纠正水、电解质和酸碱平衡紊乱。

11. 创造有利的圈舍及外界环境 依据药性和病症特点，采取通风、晒太阳、升降温、加换垫料、清扫卫生和降低噪声等以提高用药效果。

12. 给群体用药要搅拌均匀，细心监护　搅拌均匀（载体由少到多，分几次拌匀）；饲喂时要细心监护，防止强壮者多食中毒，弱小者食少不治病。也可采用分组给药等方法。

13. 正确对待书籍资料中的药方及广告　应全面客观地分析其可靠性和实用性，必要时可向有关单位或人员咨询。若可信可因病情辩证施用，不必生搬硬套，更不能盲目更换其中的药物。如快速养猪法中，第一天用左旋咪唑驱虫，第二天用碳酸氢钠洗胃等。若擅自换用敌百虫驱虫，则因间隔时间较短，残留在体内的敌百虫与碳酸氢钠反应生成敌敌畏而至中毒。

不可过于相信药品广告宣传。

第二章
健康养猪与兽医毒理

第一节 概 述

一、兽医毒理的常用术语

【毒物】 在一定条件下，一定量的某种物质与机体接触或进入机体，由于该物质自身特性，在组织器官发生物理的、化学的或生物学作用，引起机体功能性或器质性病理变化，甚至造成死亡，这一物质就称为毒物。一般用于治疗动物疾病的药物在一定剂量和浓度时不对机体造成危害，但使用方法不当、剂量过大或浓度过高也会对动物机体造成伤害。因此，中毒剂量（或浓度）的药物也属于广义的毒物范畴。例如氯化钠是动物机体组织及生理功能所不可缺少的物质，也可用来治疗某些动物疾病，但当使用剂量过大或浓度过高时，动物也会出现中毒。

【毒素】 由生物体产生的一类有毒物质称为毒素。由于大多数毒素的化学结构还不清楚，所以通常按产生毒素的生物体不同来命名。由植物产生的能引起动物中毒的毒素称为植物毒素，如棉籽饼粕中的棉酚；由细菌产生的毒素称为细菌毒素，其中由细菌合成后存留于菌体内部，经菌体崩解才能释放出的毒素称为内毒素，如沙门杆菌毒素，而细菌合成后排出菌体之外的毒素称为外毒素，如破伤风梭菌毒素；由真菌产生的毒素称为真菌毒素，如黄曲霉菌毒素；由低等动物产生的毒素称为动物毒素，如蝎毒；由动物叮、咬、刺、蛰释放的毒素称为毒液，如蛇毒、蜂毒等。

【毒性】　毒性是指毒力，即某一毒物对生物体损害的能力。毒物对生物体的损害能力越大，其毒力也越强。使用不同的毒物采取相同的方式给同种动物，致使产生同等程度的中毒反应，则使用剂量越小的毒物毒性越强，使用剂量越大的毒物毒性越弱。

【毒作用】　毒作用指毒物对动物体的生物学损害作用，或毒物引起动物的异常病理现象或变化。

【中毒】　毒物进入动物机体后，侵害机体的组织和器官，破坏机体的正常生理功能，引起机体发生功能性或器质性病理变化的过程叫中毒。所引起的动物疾病叫中毒病。根据中毒病发生的急缓不同可分为急性中毒、亚急性中毒和慢性中毒。

【致死量】　致死量（LD）指能够引起实验动物急性中毒死亡的剂量或浓度，又称致死浓度（LC）。通常使用致死量或致死浓度来评价某种物质的毒性，致死量或致死浓度越小，该物质的毒性就越强。一般采用半数致死量（LD_{50}）表示毒物的毒性更为准确。

【绝对致死量】　绝对致死量（LD_{100}）指能够引起所有实验动物死亡的最小剂量或浓度，又称绝对致死浓度（LD_{100}）。

【半数致死量】　半数致死量（LD_{50}）指能够引起 1/2 实验动物死亡的剂量或浓度，又称半数致死浓度（LD_{50}）。由于实验中各组不能够将剂量或浓度控制在刚好使实验动物死亡一半，所以通常使用多组实验动物所得的不同的死亡结果（数据）进行统计处理，才能得出相对准确的半数致死量（LD_{50}）或半数致死浓度（LD_{50}）。

【最小致死量】 最小致死量（MLD）指刚刚能够引起实验动物个别死亡的剂量或浓度，又称最小致死浓度（MLC）。

【最大耐受量】 最大耐受量（LD_0）指能够使所有实验动物全部存活而不发生死亡的最大剂量或浓度，又称最大耐受浓度（LC_0）。某种物质的最大耐受量都要低于它的最小致死量。

【最高无毒剂量】 最高无毒剂量（ED_0）是指某种物质在一定时间内按一定的方式给予实验动物后，使用一定的检测、检验、检查方法和指标测定，该物质不能对动物体造成血液性、化学性、病理性及临床症状等方面的伤害作用的最大剂量，又称最大无作用剂量。它是评价某种物质毒性高低和药物安全性的重要指标之一，也可以用来指导确定药物的最大使用剂量等。

【最低毒剂量】 最低毒剂量（LTD）是指能够引起极少数个体刚刚出现轻微毒性作用的最小剂量，又称最小作用剂量或阈剂量。某一物质的最低毒剂量都要高于它的最高无毒剂量。

【高敏感性】 高敏感性是指某种物质对于一般动物不引起毒性作用的剂量，而对某些动物或个体能够引发极严重的毒性反应，甚至造成死亡，后者对于这种物质就是高敏感性。如在饲料中添加3毫克/千克浓度的马杜拉霉素可有效地预防或治疗鸡的球虫感染，而同等浓度含量的饲料就会引起家兔严重的中毒，甚至死亡，所以家兔对马杜拉霉素具有高敏感性。

【低敏感性】 低敏感性与高敏感性相反，某种物质对一般动物都能引起毒性作用的剂量，对某些动物或个体反而不能引起毒性反应，后者对这种物质具有低敏感性。

【致突变作用】 致突变作用是指毒物引起动物的遗传物质（主要为DNA）在一定条件下发生突变，又叫诱变作用。如果这种突变发生在生殖细胞，则可遗传到下一代；如果这种突变发生在体细胞，可引起本身的结构或功能的改变。毒物导致机体的突变主要是基因的突变。能够诱发突变的物质称为诱变原。

【致畸作用】 致畸作用是指毒物通过母体而影响胎儿的发育，使胚胎的细胞分化或器官发育不能正常进行，导致胎儿的器官形态结构出现异常（畸形），又叫致畸胎作用。能够导致胎儿畸形的物质称为致畸物或致畸原。

【致癌作用】 致癌作用是指能引起动物发生恶性肿瘤，增加肿瘤发生率和死亡率的作用称为致癌作用。具有致癌作用的物质称为致癌物。通常将致癌、致畸、致突变简称为"三致"。

【致敏作用】 致敏作用是指有些物质具有抗原性，与机体接触后可导致机体产生特异性的免疫抗体，当机体再次接触同样物质时，就会出现超出寻常的免疫反应，反应性增高，即发生过敏反应或变态反应，造成组织的损伤及不同程度的临床症状。这种具有致敏作用的物质称为致敏原或致敏物。

二、兽医毒理研究的内容及方法

1. 兽医毒理学研究的内容 兽医毒理学研究的内容十分广泛，主要有：①化合物的结构、理化性质与其和动物毒性之间的关系。②毒物及其对动物的毒性。包括：毒物的种类、分类、一般性质、毒性作用、中毒机制。③毒物引起动物中毒的原因、对动物机体毒害的表现、发病规律等。④毒物动力学。即毒物在动物体内的吸收、分布、生物转化及排泄的规律，毒物作用的部位（靶器官、受体、酶等），毒物与动物品种的关系，毒物与剂量的关系等。⑤动物中毒病的诊断技术与毒物检验技术。包括：中毒的特征、临床症状、病理剖检变化、组织学变化、毒物的定性定量分析、动物组织材料及其他材料中的毒物分析等。⑥动物中毒病的有效防治措施。⑦有毒物质、药物和化学药品等在食用动物组织中的残留、确定是否禁用、使用范围和目的、允许使用的动物种类、休药期、制定允许残留量标准、提出监测与控制药物在动物组织残留的措施等。⑧对药物、饲料添加剂进行毒理学安全性评价。

2. 兽医毒理学研究的方法　兽医毒理学常用的研究方法有6个方面：①中毒原因的分析方法。通过对中毒原因的分析，可以发现各种引起中毒的因素，为有效地预防和治疗动物毒物中毒起到指导作用。②临床病征分析方法。研究分析毒物对动物的伤害及所引起动物临床症状的变化，确定某种毒物引起动物中毒后的某种特征性临床特征，以此来帮助对可疑中毒性疾病进行初步诊断和早期防治。③病理学研究方法。通过对染毒动物的病理学剖检分析，确定某一毒物对动物某一组织器官器质性变化的影响及特征性变化与伤害，可为动物中毒机理及中毒病的诊断提供更可靠的依据。④组织学研究方法。可通过对动物组织学的观察来研究某一物质对动物组织学的影响和伤害，以便研究动物中毒机制，更有利于诊断和防治。⑤毒物分析方法。利用现代化学分析方法分析毒物的化学组成、结构、理化性质以及动物性食品中某种毒物的残留量等。⑥动物实验方法。通过毒物对实验动物生理学、生化学、病理学等方面的作用与伤害，研究毒物对动物的毒性、毒性作用、中毒机制、毒物在动物体内的代谢过程、中毒剂量、毒物残留、残留毒物对动物及人体的伤害，从而确定其安全性、安全剂量、休药期、禁用药等，并制定综合防治措施。

第二节　中毒原因与毒物分类

一、中毒原因

1. 自然因素　包括自然界存在或自然生成的有毒矿物、有毒植物、有毒动物叮咬等引起的中毒。①有毒矿物中毒。有些矿物岩石、土壤、饮水中含有对动物有毒的矿物质元素（如氟等），可通过饮水等而中毒。矿石、土壤中毒素虽不能直接通过采食造成中毒，但有些有毒元素（如硒等）可通过在这些地方生长的植物吸收后，再被动物采食而中毒。因此，有毒矿物中毒都具有明显的地方性、区域性。②有毒植物中毒。有些植物中含有某种特有的成分，对动物是有毒害作用的，有些甚至是致命的毒害，动物误食后可导致中毒（如夹竹桃中毒）。已知的有毒植物成分有：生物碱、生物苷、非蛋白氨基酸、毒肽、毒蛋白、酚类及其他有机化合物等。③有毒动物叮咬引起的中毒。有些动物体内具有一定的毒素，通过叮、咬、蜇、刺等将毒液注入其他动物体内而使之中毒（如蛇毒、蜂毒、蝎毒等中毒）。

2. 人为因素 多因管理不当、失职、误用或过量使用药物等而发生，极少数为故意投毒。诸如：①饲料因受潮发霉产生霉菌毒素。②农药、化肥、杀鼠药等因管理不当引起动物误食或因饲喂刚施用过农药化肥的作物、青草等引起中毒。③由于治疗动物寄生虫病选用驱杀药不当、剂量过大、频繁多次使用或使用对某种动物比较敏感的药物而引起中毒。如使用敌百虫驱杀动物体内、外寄生虫时用药最过大或浓度过高都会引起动物中毒。④工业污染。工农业生产中产生的大量废弃物（废气、废水、废渣等）如不经处理或处理不当排放到环境中，会对饲料、饲草、饮水、空气等造成不同程度的污染，引起动物中毒。⑤维生素、微量元素以及抗病促生长物质等饲料添加物质使用过量，会造成不同程度的中毒。如因食盐添加过多会发生食盐中毒等。⑥在使用煤炉取暖的养殖场，会出现煤气中毒。⑦菜籽及其饼粕、棉籽及其饼粕、大豆及其饼粕等饲料中的毒素未经脱毒处理或饲喂过量而引起中毒。⑧人为的投毒。由于某些原因故意投放毒物，此类事件发生较少。

3. 自体代谢产物 动物自体代谢产物引起的中毒叫作自体中毒，包括泌尿系统疾病引起的尿液排泄障碍导致的尿毒症、消化道疾病引起消化不全产物及消化道病原微生物产生的毒素导致的自体中毒、其他代谢性疾病引起代谢产物蓄积出现的中毒（如奶牛酮血症、代谢性酸中毒）等，都已列在相关疾病中进行介绍。

二、毒物分类

1. 按毒物来源分类 毒物可分为内源性毒物和外源性毒物。其中，内源性毒物是在动物机体的代谢过程中形成的对动物机体有毒害作用的代谢产物，在正常情况下内源性毒物可由动物本身的解毒和排泄机制解除或排泄掉，一般不会对动物机体造成临床可见的伤害作用，只有在动物的解毒或排泄机制发生障碍时才会引起毒物的蓄积而发生中毒（又称自体中毒）。外源性毒物则是在动物机体之外的环境中存在的毒物，一般此类毒物需要与动物机体接触或进入动物机体内部才能造成对动物机体的毒害作用，是引起动物中毒性疾病主要物质。

2. 按伤害动物主要组织器官分类 可分为血液毒（一氧化碳、亚硝酸盐等）、肝脏毒（有机砷化物、磷等）、肾脏毒（升汞、草酸等）、心脏毒（洋地黄、夹竹桃等）、神经毒（硫化氢、吗啡等）、眼毒（甲醇、烟碱等）、子宫毒（烟碱、剧泻药等），这些毒物会造成相应组织或器官的严重伤害。

3. 按毒物作用的性质分类 可分为刺激性毒物（氨等）、腐蚀性毒物（强酸、强碱等）、麻醉性毒物（吗啡、醚等）、窒息性毒物（一氧化碳、硫化氢等）、致癌性毒物（砷化物、溜油等）。

4. 按毒物的理化性质分类 可分为有机毒物（甲醇、吗啡等）、无机毒物（氟、砷等）、有毒气体（一氧化碳、硫化氢等）。

5. 按毒物的种类分类 可分为植物性毒物（棉酚、芥子苷等）、动物性毒物（蛇毒、蝎毒等）、矿物性毒物（铅、砷等）、霉菌性毒素（黄曲霉毒素等）。

6. 按毒物的毒性分类　可分为极毒毒物（氰化钾、氟乙酰胺等）、剧毒毒物（有机磷农药、一氧化碳等）、低毒毒物（磺胺类药物、石炭酸等）。

第三节　毒物的毒性作用机制

1. 组织结构的损伤　有些毒物可直接作用于组织细胞，使组织细胞结构造成损伤，改变正常功能而中毒。如四氯化碳能直接破坏肝细胞的线粒体结构，使肝细胞内的谷丙转氨酶（GPT）释放到血液中，呈现血清谷丙转氨酶的增高；氨等在与动物机体局部接触后，未被吸收之前，对接触部位局部产生刺激作用和腐蚀作用，使局部出现不同程度的炎症反应，如充血、肿胀、分泌物增加、不适感等，强酸、强碱等甚至对接触局部还具有腐蚀作用，引起局部组织的损伤、灼伤。

2. 阻止氧的吸收、转运和利用　有些毒物可阻止机体对氧的吸收、转运和利用，使机体发生缺氧，导致组织的代谢障碍而中毒。如一氧化碳以极高的亲和力竞争性与血红蛋白结合，使之失去携氧能力，导致机体缺氧而中毒；亚硝酸盐可使血红蛋白氧化成高铁血红蛋白，失去携氧能力，导致机体缺氧而中毒；能够抑制呼吸中枢的毒物可导致呼吸抑制，不能进行气体交换而缺氧。

3. 影响酶的活性　有些毒物可通过影响机体某些酶的活性，使依赖于这些酶参与的生化反应受到影响，以至于影响机体的生理功能而中毒。例如，氢氰酸中的氰离子可与细胞色素氧化酶的 Fe^{3+} 结合，使该酶的活性受到抑制而导致组织细胞缺氧；有机磷化合物可与胆碱酯酶结合，并抑制该酶的活性，使之不能分解神经递质——乙酰胆碱而导致中毒；氟乙酰胺与三羧酸循环中的乙酰辅酶 A 缩合后生成的氟柠檬酸与柠檬酸发生颉颃，导致三羧酸循环中断、产能中止而中毒；氟离子可与镁离子结合形成复合物，使镁离子失去激活三磷酸腺苷酶和烯醇酶的作用，导致三磷酸腺苷酶的高能磷酸键的供能发生障碍及丙酮酸代谢发生障碍而中毒。

4. 与机体内活性物质产生颉颃作用　有些毒素可与机体内某些活性物质发生竞争性颉颃作用，使与之作用的底物失去应有的功能而发生中毒。如草木樨中的双香豆素可与维生素 K 颉颃而抑制维生素 K 的凝血机制，导致血凝障碍或出血。

5. 影响机体的代谢　有些毒物进入机体后不直接呈现毒性作用，而是对机体的代谢过程或代谢功能产生影响，使机体代谢发生改变，失去原有的代谢平衡，导致相应生理功能的损害而中毒。如镍化合物可刺激脑垂体激素的分泌，致使胰岛素的分泌受到抑制，进而呈现血糖升高。

6. 影响免疫功能　有些毒物可使机体免疫反应过程的某一个或多个环节发生障碍，降低或抑制机体的某些免疫机制，导致免疫功能低下，容易发生感染性疾病或对其他疾病的抵抗能力降低。如氯霉素可导致机体的免疫机制抑制。

7. 致敏作用　有些毒物具有抗原性，与机体接触后也可导致机体产生特异性的免疫反应，当机体再次接触这种毒物时，就会发生过敏反应或变态反应，造成组织的损伤及不同程度的临床症状。如青霉素、链霉素等药物可导致机体过敏；某些花粉也可引起机体过敏。

8. 破坏遗传信息，致畸、致突变　有些毒物也可作用于机体的染色体或遗传基因（DNA），具有致畸、致突变作用，影响胎儿的形成、发育，甚至引起死胎、畸形，有的可导致肿瘤的发生。如霉菌毒素可导致动物的死胎、胎儿畸形等。

9. 致癌作用　有些毒物，尤其是化学毒物，具有较强的致癌作用，可致使动物组织发生恶性癌变，导致恶性肿瘤的发生。如芳香胺类的联苯胺、偶氮燃料、香精、色素等。

第四节 药物及化学物质的残留

一、药物及化学物质残留的概念

在目前养殖业生产中，兽药及化学物质在控制和防治动物疾病、降低发病率和死亡率、促进畜禽的生长、增加畜禽体重、提高饲料利用率、最终达到提高养殖效益等方面起到了至关重要的作用。而使用的兽药和化学物质被动物吸收后要经过血液循环转运分布到动物的各组织器官，有些药物在这些组织中可直接产生药理作用或毒性作用，有的在组织中贮存或改变自己的结构和性质，进而通过机体的各种防御机制或代谢活动，经尿液或胆汁等排出体外。由于药物及化学物质种类繁多，结构和理化性质差别也很大，动物吸收后代谢或排出体外的时间也各不相同，使得有些药物或化学物质在动物体内不同组织器官中存留较长的时间，甚至到屠宰时也不能完全排出，以至于残留在屠宰后的动物组织器官中，便形成药物残留。如果食品动物出现药残，人食用具有药残的动物食品后，其残留的药物便进入人体，对人体健康产生不同程度的影响或造成伤害。例如，2006年上海有人因食用了残留克仑特罗（瘦肉精）的猪肉而出现了中毒现象，甚至危及生命。因此，应有效地控制动物食品的药物残留。

二、药物及化学物质残留的原因

近年来，药物及化学物质的残留问题越来越受到公众的关注。造成药物残留的主要原因有：①大剂量使用药物。畜牧业生产中普遍采用的大剂量抗生素类和激素类等药物治疗动物疾病，造成了动物食品中抗生素、激素等药物在动物体内的浓度增高、代谢或排泄时间延长，使休药期相应延长而残留。②长期使用亚治疗剂量的药物。将亚治疗剂量的药物长期以添加剂的形式添加到饲料或饮水中，用于非治疗性的防治或促生长，造成药物的残留与产生耐药性。③使用违禁药物。使用有关法规禁用的药物治疗动物疾病或使用禁止用于促生长的药物作促生长剂，造成药物残留。④不遵守休药期。有些药物在屠宰上市前需要一定的休药期，在未达到规定的休药期或终生使用便屠宰上市，造成药物残留。⑤使用药物掩饰动物疾病。在动物发病时，使用药物减缓或掩饰发病动物的疾病症状或变化，逃避宰前检查而造成药物残留。⑥药物产品说明未注明禁用范围或休药期，造成使用不当而残留。⑦药物及化学物质管理不当，误用、错用、误食等，造成药物残留。⑧滥用药物。有相当的养殖者不懂得动物的疾病、兽药作用机制及动物疾病的防治方法，只要动物出现不适，无论何病，都使用大剂量抗生素等药物，结果病未治好，增加了药费，还造成药物残留。

三、控制动物药残的措施

有关药物及化学物质残留问题，目前已备受世界各国的关注，制定了严格的监控监测机制和绿色壁垒。如美国和欧洲国家已实施计划监控，并定期向社会公布市场监测结果。日本也制定了严格的动物食品最高药残标准，如肉鸡食品中抗球虫药氯羟吡啶的残留量不得超过1毫克/千克。我国也规定了食品动物禁用药物及允许使用药物的休药期，并制定了有效的监控监测措施。①加强兽药生产的管理。国家制定严格的兽药生产审批、管理条例，加强兽药生产监督检查机制。兽药生产企业要严格按国家有关兽药生产经营法律法规、管理条例规范生产兽药。只有达到动物食品安全性和药残标准的才允许生产，从源头根本杜绝高残留药物的出现。②合理使用兽药。在生产中合理使用兽药，尤其合理使用抗生素药物，对减少耐药性、控制动物食品中药物残留尤为重要。控制或限制常用医用抗菌药物及易产生耐药性的抗生素药物在畜牧业生产中的应用范围。可以限制性地使用不作医用的、具有独特抗菌作用的、不易吸收的、不易在动物食品中残留的、有一定促进动物生长作用的药物作促生长剂。③严禁使用禁用药物。不使用国家规定禁用的、易产生耐药性的、动物食品中易残留的药物。④严格遵守药物的休药期和最高残留限量。根据药物在动物体内的代谢规律、排泄速率及残留情况，制定食品动物严格的休药期和最高药物残留限量，并加强监测。不在休药期内屠宰上市，超过规定最高药残限量的动物食品要严格管理和销毁，禁止超药残食品进入市场。⑤对药物进行安全性毒理学评价。必须按规定对药物（含添加剂）及饲料中各种有毒、有害物质进行安全性毒理学评价，检验其毒性，确定为安全有效后方可生产应用。⑥加强兽药经营管理。对兽药经营销售环节进行严格的管理检查，规范兽药、添加剂等的经营与销售，断绝违规药物进入养殖业生产的中间环节。⑦加强对动物生产饲料及动物食品的药物、化学物质的监测。对动物生产原料（饲料、添加剂、兽药、饮水等）进行严格的监督检查，按照规定允许的药物种类、剂量、浓度控制使用，不允许使用规定之外的药物或超标使用。对动物食品应进行严格的药残监测，药残超标的动物食品应无害化处理或销毁，杜绝超药残动物食品进入市场。

第五节　毒理学安全试验

一、毒理学安全试验的意义

近代农业生产和日常生活中不断需要大量新的化合物,目前,在人类生活环境中已有500多万种化学物质，并且每年都还有千种以上的新化学物质问世，这些繁多的药物及化学物质在对人类带来极大帮助及经济价值的同时，对我们的生活环境也造成了极大的污染，对人类自身健康也造成了威胁，出现了不少的中毒事件，出现了多种困污染引发的人类疾病。判断药物及化学物质是否对人体有危害，不能直接用人体进行试验，只能用实验动物进行各种药物的毒性试验，依据试验结果并经综合分析后，对试验药物的安全性进行评价。为评价药物及化学物质的安全而进行的各种毒性试验，称安全试验。任何物质，如果未进行安全性试验，决不允许直接应用于兽医临床和畜牧业生产。只有通过安全性试验确定为安全有效的物质才允许在兽医临床及畜牧业生产中应用。

二、毒理学安全试验

毒理学安全试验主要是将受试物质按一定的时间、一定的剂量通过饲喂或口服、饮水、肌内注射、静脉注射等方法给予实验动物，观测实验动物的变化，评定其安全性、毒性特点、中毒剂量、毒理机制等。通常采用的毒性试验主要包括安全试验设计、急性毒性试验、亚急性毒性试验、慢性毒性试验、蓄积性毒性试验、繁殖试验、致畸、致突变、致癌试验等和安全性毒理学评价等。在毒性试验中，试验不同其观测指标也有别，主要有动物的饮食量、精神状况、生长发育、行为姿态、临床症状、血尿等生化指标，以及各组织器官功能变化、病理组织学变化、生殖功能、胚胎发育等。

1. 急性毒性试验 急性毒性试验是将受试物一次性给予实验动物后，观察所产生的毒性反应。观察时间一般为1周，必要时可延长至28天。通过急性毒性实验可以确定实验动物对受试物的毒性反应、中毒剂量、致死量等，从而确定受试物对实验动物的毒性、毒性作用，也为其他毒性试验的设计提供参考数据。通常采用LD_{50}来表示急性毒性试验的结果，以LD_{50}来判断受试物的毒性大小。LD_{50}值愈小，表示受试物毒性愈高，反之毒性愈低。

2. 亚急性毒性试验　亚急性毒性试验是多次将受试物给予实验动物后，观察所产生的毒性反应。试验期一般为实验动物生命期的1/30 ~ 1/10，有时也采取30 ~ 90天的试期。通常大鼠为3 ~ 6个月，犬为4 ~ 12个月。通过亚急性毒性试验可以判断受试物有无蓄积性毒性作用；受试物的靶器官和靶组织有无病理变化；实验动物能否对受试物产生耐药性；对出现毒性作用的最小剂量和不出现毒性作用的最大剂量做出初步估计。从而确定是否再继续进行慢性毒性试验，为慢性毒性试验所选用的剂量提供参考资料。

3. 慢性毒性试验　慢性毒性试验是指将受试物长期给予实验动物，观察所产生的毒性反应。试验期一般为实验动物的整个生命期（终生）或生命期的大部分，通常在90天以上。一般大鼠为24个月，犬和灵长类动物为7 ~ 10年，必要时可将试验期延长到几代。通过慢性毒性试验可以了解短期不能观测到的反应，并确定最大无毒性作用剂量。为制定人体日摄入量提供参考依据。

4. 蓄积性毒性试验　蓄积性毒性试验是指多次使用低于最小中毒剂量的受试物给予实验动物，观察所产生的毒性反应。当给予受试物的剂量和间隔时间超过实验动物机体的代谢解毒和排泄能力（受试物进入机体的速度大于机体消除受试物的速度）时，就会使受试物在机体内逐渐蓄积，如实验动物体内蓄积的受试物的量足以使动物出现毒性反应，就称为蓄积性毒性作用。蓄积性毒性作用不是绝对的，它与给予受试物的剂量大小及给予的间隔时间有密切关系。给予的剂量过小，达不到动物机体的消除速度极限，不会造成蓄积；间隔时间较长，动物机体足以在两次间隔的时间内将增加的剂量消除掉，也不会出现蓄积。蓄积性毒性作用是亚急性毒性作用和慢性毒性作用的基础，如果不出现受试物的蓄积，也就不存在亚急性毒性作用和慢性毒性作用。

5. 致突变试验　致突变试验是用来检查受试物是否有引起实验动物遗传物质突变作用的试验。如受试物能引起实验动物生殖细胞中遗传基因的突变，就会使实验动物的后代出现可以观察到的并可遗传的变化，从而导致胎儿的畸形（与致畸作用有一定相关性）或遗传疾病。如果受试物能够引起实验动物体细胞基因的突变，也可导致癌变的发生（与致癌作用有一定相关性）。

6. 致癌试验　致癌试验是检查受试物或其代谢产物是否有致癌或诱发肿瘤的慢性毒性试验，通常和慢性毒性试验同时进行。如果某种受试物的给予量极微，在慢性毒性试验中出现中毒现象，需要再单独进行致癌试验。

7. 致畸形试验　致畸形试验是用来检查受试物是否能引起动物胚胎的细胞分化和器官形成异常，出现肉眼可见的外部形态结构的变化，造成组织器官的缺陷或畸变的试验。致畸形试验主要检查受试物对胚胎发育过程，特别是对胚胎器官的分化过程产生的影响所造成的畸形，而不是检查受试物对生殖细胞中遗传物质引发突变所造成的畸形（致突变试验中监测）。除观察受试物对实验动物的毒性作用外，主要观察受试物对胚胎生长发育的影响、对胎儿各部位形态的观察、有无胚胎发育迟缓、功能不全（含死胎）等。

8. 繁殖试验　繁殖试验是用来检查受实物是否对实验动物的生殖功能有影响的试验。除观察受试物对实验动物的毒性作用外，主要观察实验动物的各项生殖指标。

9. 代谢试验　代谢试验是用来监测受试物在实验动物机体内部吸收、分布、贮存、转运、转化及排泄过程的试验方法。通过代谢试验，可以了解受试物在动物体内的吸收情况、分布规律、转化程度、排泄途径与速度等代谢规律，从而了解受试物的毒性作用、蓄积性、中毒机制等。能有效地预防动物中毒病的发生，利于毒物中毒后的诊断和治疗等。

第三章

健康养猪与消毒

第一节　消毒的基本常识

一、什么是消毒

存在于自然界中的微小生物，包括真菌、细菌、霉形体、放线菌、螺旋体、立克次体、衣原体和病毒等，属于微生物的范畴，它们中的一部分对猪是有益的，与猪的正常生长发育密切相关，但也有一些微生物对猪是有害的，可以引起各种疾病。有害微生物称为病原微生物或致病微生物。它们一旦侵入猪的机体，不仅会引起传染病的发生和流行，还会造成皮肤、黏膜（如眼、鼻等）等部位的局部感染。所以，病原微生物的存在是养猪生产的重要威胁，必须想办法将其消灭。要消灭和根除病原微生物，必不可少的办法就是消毒。消毒是兽医卫生防疫中的一项重要工作，是预防和扑灭传染病的最重要措施。了解和掌握有关消毒的知识和技能是养猪生产技术人员和管理人员必须具备的基本素质之一。

用于杀灭或抑制病原微生物生长繁殖的一类药物称为消毒药，消毒药与抗生素和其他抗菌药物不同，这类药物没有明显的抗菌谱。在临床应用达到有效浓度时，往往对猪的机体组织或器官也会产生损伤作用，一般不作为全身给药，主要用于环境、猪舍、猪的排泄物、用具和手术器械等非生物表面的消毒。消毒根据用途和消毒药的浓度、特性等分为以下几种。

1. 灭菌 灭菌指将病原微生物和非病原微生物全部杀死。如燃烧、煮沸、流动蒸汽和高压蒸汽等物理方法是灭菌最有效的措施，只适用于少数物体如手术器械、玻璃器皿、纱布绷带等，不适用于与猪接触的周围环境中的大多数物体如猪舍、墙壁、饮饲设备等。

2. 消毒 消毒指使用物理的、化学的和生物的方法杀灭物体及环境中的病原微生物，而对非病原微生物及其芽孢、孢子并不严格要求全部杀死。通常多指用化学药品——消毒剂（药）进行的化学消毒。在提高药物浓度和作用时间条件下，消毒药也可达到灭菌的效果。

3. 防腐 防腐指使用化学药品或其他方法抑制病原微生物的繁殖和发育。防腐是指防止腐败或发酵，也就是不杀死微生物，而仅抑制其生长、代谢和繁殖。用于防腐的化学药品称为防腐剂（药）。一般防腐药不会对猪体细胞引起明显损害，因而可用在活体组织上抑制细菌。在提高药物浓度和作用时间条件下，防腐药也可达到杀灭病原微生物的效果，但此时对猪体细胞也会产生一定的损伤。

当发生传染病时，对环境进行临时性的消毒和终末消毒；无疫病时对环境进行预防性消毒等都可以选用化学方法，即应用消毒药。因此，消毒药在防治猪传染病和提高养猪生产经济效益上，具有十分重要的意义。

二、消毒的重要意义

在养猪业快速发展，特别是向集约化和规模化发展的今天，各种传染性疾病的防制更显示其重要性。越是密集饲养，猪只互相之间接触的机会越频繁，病原微生物传播的速度也越快，一但暴发传染病，再采取措施则为时已晚。在猪场及猪的周围环境中实行定期消毒，使病原微生物数量减少到最低限度，以预防其浸入猪体，从而控制各种传染病的发生和扩散是非常必需和有效的措施。此外，目前消毒药的使用日益广泛，已从单纯的环境消毒，发展到猪的体表、空气、饮水和饲料等的消毒。随着规模化养猪业的发展，不断研发出一些高效、抗菌范围广、低毒、刺激性和腐蚀性较小的新型消毒药。近年来，消毒药的正确使用也已成为养猪界普遍关注的问题。

过去曾被视为低毒或无毒的一些消毒药，近年来却发现在一定条件下（如长期使用等），仍然具有相当强的毒副作用。从安全角度考虑，消毒药的刺激性、腐蚀性、对环境的污染等的重要性，不亚于其急性毒性。由于消毒药的频繁使用，消毒人员的健康、猪肉产品中药物残留、环境保护以及生态平衡等问题已逐渐成为公众关心的问题。

三、如何选择消毒药

理想的消毒药应具备以下特点：

（1）抗菌谱广、杀菌能力强，且在有体液、脓液、坏死组织和其他有机物质存在时，既能保持抗菌活性，又能与清洁剂配伍应用。

（2）消毒作用产生迅速，其溶液的有效寿命长。

（3）具有较高的脂溶性和分布均匀的特点，从而可增强其杀菌效力。

（4）对人和猪安全。防腐药不应对机体的组织有毒，也不妨碍创口愈合；消毒药应没有残留表面活性。

（5）药物本身应无臭、无色和无着色性，性质稳定，可溶于水。

（6）无易燃性和爆炸性。

（7）对金属、橡胶、塑料、衣物等无腐蚀作用。

（8）价廉而易得。

完全符合上述条件的消毒药可能没有，但选购时应尽量多地满足条件，根据使用目的，避重就轻，使消毒药在低浓度时就能抑杀微生物，对组织或物品无损害，价格合理，性能稳定，无异味，最好在外界有蛋白质、渗出液等存在时，也能产生迅速有效的抗菌作用，以达到最佳的消毒效果。

四、消毒药的作用机制

消毒防腐药的主要作用机制大致可归纳为以下三种。

（1）菌体蛋白变性、使其沉淀。大部分消毒药是通过这一机制起作用的，这种作用不具选择性，可损害一切活体组织，这类消毒药不仅能杀菌，也能破坏猪体组织，因此仅适用于环境消毒。酚类、醛类、醇类、重金属盐类等是通过这一机制产生作用的。

（2）改变菌体细胞膜的通透性。表面活性剂等的杀菌作用是通过降低菌体的表面张力，增加菌体细胞膜的通透性，从而引起重要的酶和营养物质漏失，水向菌体内渗入，使菌体溶解和破裂。

（3）干扰或破坏细菌必需的酶系统。当消毒药的化学结构与菌体内的代谢物相似时，可竞争或非竞争性地与酶结合，从而抑制酶的活性，导致菌体的代谢抑制；也可通过氧化、还原等反应破坏酶的活性基团。

五、影响消毒药作用的因素

消毒药的消毒作用不仅取决于其自身的理化性质，而且受许多相关因素的影响。为充分发挥消毒药的消毒作用，在使用时应注意以下几个问题：

1. 病原微生物 不同类型和处于不同状态的微生物，在形态结构和理化特性上各不相同，故对同一种消毒药的敏感性不同，如革兰氏阳性菌对消毒药一般比革兰氏阴性菌敏感；病毒对碱类很敏感，对酚类的抵抗力很强；适当浓度的酚类化合物几乎对所有不产生芽孢的繁殖型细菌均有杀灭作用，但对处于休眠期的芽孢作用不强。

2. 消毒药的浓度 任何一种消毒药的消毒效果都取决于它与微生物接触的浓度，能够起到杀菌作用的浓度称为最低有效浓度。一般规律是浓度低作用弱，浓度高作用强，但是浓度过高，不仅造成浪费，还会对人和猪带来刺激性。所以，要取得良好的消毒效果，应采用适当的有效浓度。

3. 作用时间 消毒药与微生物接触起抑杀作用需要一定的时间。时间过短难以呈现效果。一般来说，作用时间越长灭菌效果越好，当然也要看消毒药本身的特性及消毒对象，消毒时应按具体药物的规定进行。为取得良好的消毒效果，应选择有效寿命长的消毒药液，并选用合适的消毒时间。

在其他条件相同时，消毒药的杀菌效力一般随其溶液浓度的增加而增强，或者说，呈现相同杀菌效力所需的时间，一般随消毒药液浓度的增加而缩短。

4. 环境温度 消毒药的消毒效果与环境温度呈正相关，即温度越高，杀菌力越强。据统计，环境温度每增加10℃时，消毒效果增强 1～1.5 倍。对消毒药消毒效果的检测，通常是在15～20℃气温下进行，以与实际的环境温度相近。对热稳定的药物，最好用其热溶液进行消毒。

5. pH 值 消毒环境或病变部位的 pH 值对有些消毒药作用的影响较大。如戊二醛在酸性环境中较稳定，但杀菌能力较弱；

当加入 0.3% 碳酸氢钠，使其溶液 pH 值为 7.5 ~ 8.5 时，杀菌活性显著增强，不仅能杀死多种繁殖型细菌，还能杀死芽孢。含氯消毒剂作用的最佳 pH 值为 5 ~ 6。以分子形式作用的酚、苯甲酸等，当环境 pH 值升高时，其分子的解离程度相应增加，杀菌效果随之减弱或消失。环境 pH 值升高可使菌体表面负电基团增多，带正电荷的消毒药消毒防腐作用增强，如季铵盐类、洗必泰、染料类等。

6. 有机物的存在　消毒环境中粪、尿或创面上的脓、血、体液等有机物的存在，对消毒效力的影响非常大，因为有机物与消毒防腐药结合形成不溶性化合物或与其吸附，或发生化学反应，或对微生物起机械保护作用。有机物越多，对消毒防腐药消毒效力影响越大。因此在消毒前务必清扫消毒场所、清洗用具或清理创面。使药物能充分发挥消毒效果。

7. 水质硬度　硬水中的钙镁离子能与季铵盐类、洗必泰或碘类等结合形成不溶性盐，从而降低其消毒效果。

8. 配伍禁忌　养猪生产中常见到两种消毒药合用，或者消毒药与清洁剂或除臭剂合用时，消毒效果有所降低，这是由于物理或化学性配伍禁忌造成的。例如，阴离子表面活性剂与阳离子表面活性剂合用时，发生置换反应，使消毒效果减弱，甚至完全消失；高锰酸钾、过氧乙酸等氧化剂与碘酊等还原剂之间发生氧化还原反应，不仅减弱消毒作用，而且会加重对皮肤的刺激性和毒性。

9. 消毒制度与管理　养猪生产中每个环节的消毒工作，都必须有严格的制度，如定期消毒制度，发生疫情时的消毒制度，各种常规消毒制度等，以保证消毒效果。要有相应的管理制度，在进行消毒时，能够让消毒人员具有高度的责任心，严格执行消毒操作规程和要求，认真、仔细、全面完成消毒任务，杜绝由于操作不当或马虎而影响消毒效果的现象。

10. 其他因素 消毒物表面的形状、结构和化学活性，消毒液的表面张力，消毒药的剂型以及在溶液中的解离度等，都会影响消毒作用。

第二节　健康养猪与合理消毒

一、消毒的方法

1. 物理消毒法 物理消毒法是指用物理方法杀灭或消除病原微生物及其他有害微生物的方法。其特点是作用迅速、消毒物品不遗留有害物质。常用的物理消毒法有自然净化、机械除菌、热力灭菌和紫外线辐射等。

2. 化学消毒法 化学消毒法是用化学消毒药对猪舍的内外墙、地面、屋顶和用具进行喷洒、浸洗、浸泡和熏蒸；对猪体表、空气、饮水等进行消毒。化学消毒法使用方便，不需要复杂的设备，但某些消毒药品有一定的毒性和腐蚀性。为保证消毒效果，减少毒副作用，须按要求的条件和使用说明严格执行。

3. 生物学消毒法 生物消毒是将粪便、垫料、垃圾等污物集中起来，堆积在远离猪舍、无渗漏的深坑中压实，用塑料薄膜和泥土密封发酵，利用某些生物消灭致病微生物的方法。特点是作用缓慢，效果有限，但费用较低。多用于大规模废物及排泄物的卫生处理。常用的方法有生物热消毒技术和生物氧化消毒技术。

物理、生物、化学消毒方法，在实际生产中紧密结合使用，是取得消毒成功的关键。消毒的最终目标是消除或杀灭猪舍内外的一切病原微生物，确保猪群的健康成长。

4. 新消毒法 目前国外出现两种新的消毒方法：

（1）泡沫消毒法。将消毒药液变成泡沫，用于墙壁、天花板和器具的表面消毒。泡沫黏着在动物体表面不易流失。由于泡沫可在物体表面停留稍长时间，加之泡沫本身的重叠，延长了消毒液与物体表面接触的时间，达到充分消毒的目的。但此法使用的消毒剂仅限于易变泡沫的表面活性剂。金属器具应选用配有防锈剂的消毒药。

（2）无水喷雾法。是将消毒剂的原液以极小的微离子形式喷雾。不用水稀释，消毒效果很好，不产生污水，有许多优越性。日本正在对喷雾量和安全性作进一步研究。

二、消毒的种类

根据消毒的目的不同，消毒可以分为预防性消毒、临时性消毒和终末消毒等三类。

1. 预防性消毒　没有明确的传染病存在，对可能受到病原微生物及其他有害微生物污染的场所和物品进行的消毒称为预防性消毒。如在平时的饲养管理中对猪舍、场地、用具和饮水等进行的定期消毒。预防性消毒通常按拟定的消毒制度如期进行，通常的消毒程序是清扫、洗刷，然后喷洒消毒药物，如 10% ~ 20% 鲜石灰水、10% 漂白粉溶液等。

2. 临时性消毒　当传染病发生时，对疫源地进行的消毒称为临时性消毒。其目的是及时杀灭或清除传染源排出的病原微生物。临时性消毒是针对疫源地进行的，消毒的对象包括病猪、病猪停留的场所、房舍，病猪的各种分泌物和排泄物，剩余饲料、管理用具以及管理人员的手、鞋、口罩和工作服等。

临时消毒应尽早进行，消毒方法和消毒剂的选择取决于消毒对象和传染病的种类。一般由细菌引起的，选择价格低廉、作用强的消毒剂；由病毒引起的则应选择碱类、氧化剂中的过氧乙酸、卤素类等。病猪舍、隔离舍的出入口处，应放置浸泡消毒药液的麻袋片或草垫。

3. 终末消毒 在病猪解除隔离、痊愈或死亡后，或者在疫区解除封锁前，为了彻底地消灭传染病的病原体而进行的最后消毒称为终末消毒。多数情况下，终末消毒只进行一次，不仅对病猪周围的一切物品、猪舍等要进行消毒，有时还要对痊愈的猪体表进行消毒。消毒时，先用消毒液如3%的来苏儿溶液进行喷洒，然后清扫猪舍。最后，猪舍为水泥地面的用消毒液仔细刷洗，场地为泥土地则深翻地面，撒上漂白粉（每平方米用0.5千克），再以水湿润压平。

三、消毒药的应用

近年来，我国养猪业高度集约化发展，猪病也越来越复杂，消毒防疫工作在养猪生产中也就显得更加重要。消毒是防制和扑灭各种动物传染病的重要措施，也是兽医综合卫生工作中的一个重要环节。

1. 空间消毒 猪舍、产房、仓库等的空间消毒，可采用紫外线照射、药物熏蒸或喷雾进行消毒。如猪舍、产房、仓库、贮藏室的地面、墙壁可用2%氢氧化钠（烧碱）或来苏儿喷洒消毒，门窗、屋顶可用0.01%新洁尔灭消毒，然后再用熏蒸消毒。室温在16℃以上，可用乳酸、过氧乙酸或甲醛熏蒸消毒，也可用漂白粉干粉撒在地上，每隔3天淋水一次，让氯挥发出来进行空气消毒，但室内不能有猪存在；若室温在0℃以下，可用2%～4%次氯酸钠溶液，加2%碳酸钠溶液喷雾或喷洒在室内，密闭2小时以上，然后通风换气。仓库、贮藏室用2%甲醛溶液或5%～20%漂白粉液喷洒。

2. 饮水消毒 用河水、塘水作为饮用水时，必须经过过滤或用明矾沉淀后，再按每吨水加含有效氯21%的漂白粉2～4克消毒后，方可饮用。未经过滤和沉淀的水，应加入漂白粉6～10克，并作用10分钟后方可饮用。也可用氯胺消毒，每升水2～4

毫克，0.1%高锰酸钾溶液或每升水加入2%碘酊5～6滴，还可用抗毒威、百毒杀等，但需注意饮水免疫时，不能向饮水中加消毒剂，以免影响免疫效果。

3. 猪舍的消毒　猪舍消毒时必须先将舍内所有部位的灰尘、垃圾清扫干净，然后选用消毒剂进行消毒。喷洒消毒时，消毒液的用量为每平方米1升，并按一定的顺序进行，一般从离门远处开始，以地面、墙壁、顶壁的顺序喷洒，最后再将地面喷洒一次。喷洒后将猪舍门窗关闭2～3小时，然后开窗通风换气，再用清水冲洗食槽、地面等，将残余的消毒剂清除干净。猪舍消毒常用的消毒液有20%石灰乳、5%～20%漂白粉溶液、30%草木灰水、1%～4%氢氧化钠溶液、3%～5%来苏儿、4%福尔马林溶液。

4. 运动场地消毒　运动场地一般半年进行一次清理消毒，清理消毒时，宜将场地表层土清除5～10厘米，然后用10%～20%漂白粉溶液喷洒或撒上漂白粉（每平方米0.5～2.5千克），再用净土压平。以后每月用2%氢氧化钠溶液或10%～20%石灰乳喷洒消毒一次。

5. 猪场及猪舍出入口处的消毒　猪场及猪舍出入口处必须设消毒池（槽），以对出入人员和进出车辆进行消毒。消毒池内盛放2%氢氧化钠溶液、10%～20%石灰乳或5%来苏儿溶液、3%雅好生溶液等。消毒池的长度不小于轮胎的周长，宽度与门宽相同，池内消毒液应经常更换，使用时间最长不要超过一周。

6. 饲养设备的消毒　食槽、水槽、饮水器、猪栏等冲洗干净后，选用含氯制剂或过氧乙酸，不要使用残留气味大的消毒剂，因消毒剂的气味会影响猪的采食或饮水。消毒时，将其浸于1%～2%漂白粉液或0.5%的过氧乙酸中30～60分钟，或浸入1%～4%氢氧化钠溶液中6～12小时，然后用清水将食槽、水槽、饮水器等冲洗干净。对食槽、水槽中残余的饲料、饮水等也应进行消毒。

7. 体表消毒 实践证明，不管猪舍消毒得多么彻底，如果忽略了体表的消毒，就不可能防止病原微生物的侵入。因为大部分病原微生物是来自猪的自身，如果不消毒猪的体表，尽管在进猪、入栏前对猪舍进行彻底消毒，其效果也不过只能维持一两周时间。而且，只要有猪的存在，猪舍的污染程度就会日益加重。因此，猪的体表消毒除可杀灭其体表及舍内和空气中的细菌、病毒等，防止疫病的感染和传播外，还具有清洁体表和猪舍、抑制舍内氨气的产生和降低氨气浓度等功效。

体表喷雾消毒的关键是选择杀菌作用强而对猪无害的消毒剂，如0.1%新洁尔灭、0.1%过氧乙酸、超氯、速效碘、百毒杀等。

8. 粪便消毒 粪便消毒常采用生物消毒法，即堆积粪便利用生产的生物热进行消毒，亦可应用漂白粉、生石灰、草木灰等消毒。

施用消毒剂切忌墨守成规或随意乱用，必须明确消毒对象，按药品药理作用选药。

表3–1供大家选择消毒药时参考。

表3–1 消毒药物选用一览表

消毒种类	选择药物
猪舍室内空气消毒	高锰酸钾、甲醛、过氧乙酸、乳酸
饮水消毒	漂白粉、氯胺、抗毒威、百毒杀、过氧乙酸
猪舍地面消毒	石灰乳、漂白粉、草木灰、氢氧化钠、菌毒王、威力碘
运动场地面消毒	漂白粉、石灰乳、农福、雅好生
消毒池消毒	氢氧化钠、来苏儿、石灰乳、雅好生
饲养设备消毒	漂白粉、过氧乙酸、百毒消
带猪消毒	百毒杀、强力消毒王、超氯、速效碘、紫外线
粪便消毒	漂白粉、生石灰、草木灰

【专家推荐】 健康养猪如何正确消毒。

凡养猪人都明白养猪场消毒的重要性，都清楚消毒是猪场预防疫病感染和暴发的重要措施，是猪场稳定生产的保证。近几年在经历了几场疫病之后，虽然猪场员工的消毒意识普遍增强，但仍然有部分从业人员对消毒的知识不甚了解，消毒操作不规范或不注重消毒的细节，致使消毒工作流于形式，没有起到应有的作用，给生猪生产造成了巨大的经济损失。

1. 消毒剂选择是基础 选择消毒药时，不但要符合广谱、高效、稳定性好的特点，而且必须选择对猪只无刺激或刺激性小、毒性低的药物。强酸、强碱及甲醛等刺激性、腐蚀性强的药物，虽然对病原菌杀灭作用强，但对猪只有害，不适宜作为带猪消毒的消毒剂，可以作为环境消毒剂使用。带猪消毒建议选用强效碘、百菌消、强力消毒王、二氧化氯等药物，效果比较理想。不是每一种消毒药对所有病原都有效，在生产中应对不同的消毒目标有针对性的选择消毒药，如预防口蹄疫时，碘制剂效果较好；预防感冒时，过氧乙酸是首选；预防传染性胃肠炎时，高温和紫外线更实用。使用的消毒药应经常更换，这样才能起到理想的消毒效果。

2. 消毒程序设计要合理严密

（1）环境净化与消毒。包括车辆消毒（用3%～5%的来苏儿液或0.3%加0.5%的过氧乙酸溶液消毒）、道路消毒（经常打扫卫生，每月用氢氧化钠溶液消毒1次）、场地消毒（及时清除猪粪、尿、杂草等，凡堆放过粪、尿的地方用0.5%的过氧乙酸溶液消毒）。

（2）工作人员消毒。工作人员是将病原带入场区的主要媒介。在猪场门口、每栋猪舍入口设消毒池，池内加入3%～5%来苏儿液或10%～20%的漂白粉溶液供工作人员进入时蘸脚，或者让工作人员进入生产区前先洗脚、更换防疫服等。

(3) 猪舍消毒。消毒前应彻底消除圈舍内猪只的分泌物及排泄物。临床患病猪只的分泌物及排泄物中含有大量的病原微生物，哪怕临床健康猪只的分泌物及排泄物中也存在大量的条件致病菌。经过彻底清扫，可以大量减少猪舍环境中病原微生物的数量。消毒要先清理、冲洗，待干燥后用 0.5% 的过氧乙酸溶液喷洒，再用熏蒸法或火焰法（也可选用氢氧化钠消毒）进行消毒。

(4) 带猪消毒。带猪消毒不但能杀灭或减少猪只生存环境中的病原微生物，而且净化了猪舍内的空气，夏季还兼有降温作用，所以带猪消毒是控制疫病发生、流行的最重要手段。生产中可选用过氧乙酸、次氯酸钠、百毒杀等进行带猪消毒，一般每周消毒 1 次。

(5) 饮水消毒。饮水消毒用漂白粉 3 ~ 5 毫克/千克或用 0.025% 的百毒杀溶液消毒，每周消毒 1 次。

(6) 死猪和粪便处理。死于传染病的猪宜远离猪场深埋或焚烧；死于非传染病的猪宜高温处理。猪粪应堆积发酵或入化粪池。

3. 配制适宜的药物浓度和足够的溶液量 关于消毒药的用量，一般是每平方米面积用 1 升药液；生产上一般不计算，只是用消毒药将舍内全部喷湿即可，如果喷湿后地面马上干燥，则消毒效果很差，因为消毒药末与隐藏在地面深层的病原接触。因此，消毒液要配置适宜的浓度、使用足够的溶液量、消毒药物雾化良好才能保证消毒效果。

(1) 适宜的浓度。消毒液的浓度过低达不到消毒的效果；浓度过大不但造成药物的浪费，而且对猪只的刺激性、毒性增强，易引起猪只的不适。所以，必须根据使用说明书的要求，配制适宜的浓度。

(2) 足够的溶液量。带猪消毒应使猪舍内物品及猪只等消毒对象达到完全湿润，否则消毒药就不能与细菌或病毒等病原微生物直接接触而发挥作用。

（3）雾化要好。喷雾要保证雾滴小到气雾剂的水平，使雾滴在舍内空气中悬浮时间较长，既节省药物，又净化了舍内的空气，增强灭菌效果。

4. 消毒的时间与频率

（1）消毒的时间。带猪消毒应选择在每天中午气温较高时进行。寒冷季节，由于气温较低，为了减缓消毒所致舍温下降对猪只的冷应激，要选择在中午前后进行消毒。夏秋季节，中午气温较高，舍内带猪消毒在防控疫病的同时兼有降温的作用，选择中午前后进行消毒也是科学的。况且，温度与消毒的效果呈正相关，应选择在一天温度较高的时间段进行消毒。这里说的消毒时间，不是消毒所用的时间，而是病原体与消毒药接触的有效时间；因为病原体往往存在于其他物质中，消毒药与病原接触需要先渗透，而渗透需要时间，有时渗透时间会很长。

（2）消毒的频率。一般情况下，猪舍内消毒一周一次为宜。在疫病流行期间或猪场面临疫病流行的威胁时，应增加消毒次数，达到每周2~3次或隔日一次。

5. 选择合理的消毒方式

（1）浸泡消毒。是指将需要消毒的物体浸泡在消毒液中进行消毒。这种方法消毒彻底，如手术用的器械、车辆进场时车轮过消毒池、饲养员进猪舍时脚踩消毒盆和消毒药洗手等，都属于浸泡消毒。

（2）喷雾消毒。这是猪场使用最多的一种消毒方法，用于空气、地面、墙壁、笼具等的消毒，消毒面积大，速度快。喷雾消毒使用的器械有农药喷雾机，也有电动冲洗机。

（3）紫外线消毒。紫外线可以破坏细胞，杀死病原体，对物体表面和空气中的病原体杀灭效果好。

（4）蒸煮消毒。利用水或汽的高温，可以使病原体的组织变性，起到杀灭细菌或病毒的作用。

（5）熏蒸消毒。一般是将甲醛和高锰酸钾混合，释放出的甲醛气体起到消毒作用；这种方法用于其他消毒方式难以消毒的缝隙、空气等。是其他消毒方式的有效补充。

6. 具体的消毒步骤和方法　正常的消毒要分清、冲、喷三个步骤。如果是空舍消毒还需要增加熏、空两个环节。这五个步骤，养猪人都明白。但关键是能否执行到位，再好的措施执行不到位也不会有好效果。

（1）清。细菌、病毒等一般都附着在如粪便、污物、分泌物等上面。如果不清理就消毒，会产生三个后果，一是因消毒药物剂量不足使消毒不彻底；二是增加消毒费用；三是增加舍内湿度。清是指清理，是把脏物清理出去。

（2）冲。冲是冲洗，是把清理剩下的脏物用水冲走。特别是对临产母猪上床的消毒，当猪体很脏时，可以使用洗衣粉等清洁剂，以保证清洗彻底，绝不让一点脏物带进产房。

（3）喷。喷也就是喷雾或喷洒消毒。尽管我们采用清、冲的办法将猪舍脏物清理出去，但并不能做得很彻底；喷洒消毒使用的药量更大，速度也更快，而且设备也便于购置；喷雾消毒设备由于其价位太高及喷药速度过慢，难以在大型猪场使用，喷雾消毒只适用于消毒频繁而且需要控制湿度的产房或保育舍使用。

（4）熏。熏蒸消毒一般使用甲醛熏蒸，封闭是至关重要的。甲醛是无色的气体，比空气重，假如猪舍有漏气的地方，甲醛气体难免从漏气的地方跑走，消毒需要的甲醛浓度就不足了；如果消毒过后，进入猪舍没有呛鼻的气味，眼睛没有生涩的感觉，说明猪舍一定有跑气的地方。因为甲醛对人畜具有毒害作用，当下这种消毒只用于空圈消毒，且使用前要充分通风换气。

（5）空。空是一个容易被人们忽视的消毒方式。空的意思是把猪舍变干燥，经历过清、冲、喷、熏的病原，处于一个非常不适应的干燥环境中，会很快死亡。

7. 生产中的实战消毒措施

（1）场区入口处的消毒池长度等于车轮周长的2.5倍，宽度与整个入口相同，消毒设施必须保持常年有效，消毒池的氢氧化钠浓度达到3%以上。场区入口处设专职人员，负责进出人员、车辆和物品的消毒、登记及监督工作，负责维持消毒池、消毒盆内消毒剂的有效浓度。

（2）进入猪场的一切人员，须经"踩、照、洗、换"四步消毒程序（踩氢氧化钠消毒垫，用散射紫外线照射5~10分钟，以消毒液洗手，更换场区工作服、鞋等并经过消毒通道）方能进入场区，必要的外来人员来访依上述程序并穿全身防护服才能入场。

（3）进入生产区的人员，在生产区消毒间消毒液洗手后，更换生产区衣物、雨鞋后，经2%~3%氢氧化钠消毒池消毒后方可进入生产区；进舍需要在外更衣室脱掉所穿衣物，在淋浴室用温水彻底淋浴后，进入内更衣室，穿舍内工作服、雨鞋方可进舍。

（4）生产车辆必须在场区入口处进行消毒，经2%~3%氢氧化钠溶液消毒池后，用另一种消毒剂喷雾消毒，消毒范围包括车辆底盘、驾驶室地板、车体。进入生产区的车辆必须再次经喷雾消毒。

（5）进入场区的物品，在紫外线下照射30分钟或采用喷雾、浸泡、擦拭等方式消毒后方可入场；进入生产区的物品要再次用消毒液喷雾或擦拭到最小外包装后方可进入生产区使用。

（6）外购猪车辆一律禁止入场，装猪前严格喷雾消毒；售猪后，对使用过的装猪台、磅秤，及时进行清理、冲洗、消毒。

（7）每间猪舍入口处设一消毒脚盆并定期更换消毒液，人员进出各舍时，双脚踏入消毒盆。各舍每周打扫卫生后带猪喷雾消毒 1 次，全场每两周喷雾消毒 1 次，不留死角（舍外生产区、出猪台、死猪深埋池等）；视不同消毒要求和环境选用不同种类的消毒剂，基本上每 3 个月更换 1 次。

8. 生产中消毒易出现问题的环节

（1）空舍消毒。一是进行干燥清扫。空舍或空栏后，彻底清除栏舍内的残料、垃圾和墙面、顶棚、水管等处的尘埃，并整理舍内用具。当有疫病发生时，必须先进行消毒，再进行必要的清扫工作，防止病原的扩散。二是对栏舍、设备和用具进行清洗。对所有表面进行低压喷洒并确保其充分湿润，喷洒的范围包括地面、猪栏、进气口、风扇匣、各种用具等，尤其是饲槽和饮水器，有效浸润时间不低于 30 分钟。此步骤能最大限度地去除有机物和细菌。使用高压冲洗机彻底冲洗地面、食槽、饮水器、猪栏、进气口、风扇匣、各种用具、粪沟等，直至上述区域显得干净清洁为止。三是对栏舍、设备和用具进行消毒。使用选定的广谱消毒药彻底消毒栏舍内所有表面及设备、用具。必要时可先用 2% ~ 3% 氢氧化钠液对猪栏、地面、粪沟等喷洒浸泡，30 ~ 60 分钟后低压冲洗；后用另外一种广谱消毒液（如 0.3% 过氧乙酸）喷雾消毒。此方法要注意使用消毒药时的稀释度、药液用量和作用时间。消毒后栏舍保持通风、干燥，空置 5 ~ 7 天。入猪前 1 天再次喷雾消毒。

（2）产房仔猪铺板的消毒。产房保温箱一般使用木制垫板，因木质比较软，且有缝隙，一般的清洗、冲洗消毒往往不彻底，病原可能已经钻入疏松的木板里面，建议对木板的消毒采用浸泡消毒的方式：在猪场里建一个与木板面积相应的浸泡池，木板在冲洗干净后，放入 5% 的氢氧化钠溶液中浸泡 30 分钟以上，让氢氧化钠溶液渗入到木板里面，以将里面的病原体杀死。

（3）产房、保育舍铸铁地板缝隙的消毒。许多产房和保育舍，采用铸铁漏缝地板，这种地板有一个缺点：板与板之间的缝隙很难冲洗干净，需要将板掀起来，冲洗干净后再放好。虽然加大了员工工作量，但只有这样才能彻底消毒。

（4）售猪人员的消毒。售猪人员在售猪过程中，难免与拉猪车接触，如果售猪结束后直接进猪舍工作，就有将病原带进猪舍的可能。冬季口蹄疫和传染性胃肠炎的大面积流行与售猪车消毒不严格有直接关系，必须引起重视。可以采取以下措施：一是把磅秤作为隔离带，场内人员把猪赶上磅秤，称好后，交给收猪人员负责赶上车；二是明确分工，在磅秤附近赶猪或过秤的人员固定，只在该区域活动，其他人员只负责从猪舍赶到磅秤，不与收猪人员接触；三是有专用售猪衣服和鞋，售猪时，参与售猪的每个饲养员都更换售猪用的衣服和鞋，售猪结束后清洗消毒后收藏备用；饲养人员仍穿原来的工作服和鞋进舍工作；四是售猪结束后，马上派专人对售猪场地进行彻底清洗消毒；五是平时将售猪区域变成隔离区，一般人员不得进入。

以上列出了各项具体消毒措施，猪场可通过采取这些措施来减轻病原微生物对猪场的影响。建议根据本场的实际情况，灵活地掌握这些措施，并切实抓好落实，这不但能降低猪的发病率和死亡率，而且能提高猪的生产性能，为猪场赢得丰厚的利润。

第三节 健康养猪常用消毒药

一、酚类

酚类是一种表面活性物质，能够损伤菌体细胞膜，较高浓度时也可使蛋白质变性，故有杀菌作用。此外，酚类还可通过抑制细菌脱氢酶和氧化酶的活性，而产生抑菌作用。

在适当浓度下，酚类对大多数不产生芽孢的繁殖型细菌和真菌均有杀灭作用，但对芽孢和病毒作用不强。酚类的抗菌活性不易受环境中有机物和细菌数目的影响，常用作排泄物消毒。酚类的化学性质稳定，在贮存或遇热时不会改变药效。目前养猪使用的酚类消毒药大多含两种或两种以上具有协同作用的化合物，以扩大其抗菌作用范围。酚类化合物仅用于环境及用具消毒，由于酚类污染环境，研究开发低毒高效的酚类消毒药受到重视。

苯 酚

【理化性质】 本品为无色或微红色针状结晶或结晶性块状，有特臭、易潮解，水溶液显弱酸性，遇光或在空气中颜色逐渐变深。本品在乙醇、氯仿、乙醚、甘油、脂肪油或挥发油中易溶，在水中溶解，在液体石蜡中略溶。

【作用用途】 苯酚为原浆毒。0.1%～1%溶液有抑菌作用；1%～2%溶液有杀菌和杀真菌作用；5%溶液可在48小时内杀死炭疽芽孢。苯酚的杀菌效果与温度呈正相关。碱性环境、脂类、皂类等能减弱其杀菌作用。苯酚是外科最早使用的一种消毒防腐药，但由于对动物和人有较强的毒性，不能用于创面和皮肤的消毒。

【用法用量】 本品在0.1%～1.0%的浓度范围内可抑制一般细菌的生长，1%浓度时可杀死细菌，但要杀灭葡萄球菌、链球菌则需3%浓度，杀死霉菌需1.3%以上浓度。芽孢和病毒对本品的耐受性很强，所以一般无效。常用1%～5%浓度对房屋、猪舍、场地等环境进行消毒，3%～5%浓度对用具、器械进行消毒。应用方法为喷洒或浸泡，用具、器械浸泡消毒应在30～40分钟及以上，但食槽、饮水器浸泡消毒后用净水冲洗后方能使用。

【专家提示】

(1) 1%的苯酚即可麻痹皮肤、黏膜的神经末梢，高浓度时会产生腐蚀作用，并易透过皮肤、黏膜吸收而引起中毒，其中毒症状为中枢神经系统先兴奋后抑制，最终引起呼吸中枢麻痹而死亡，所以应用时应加以注意。

（2）因有特殊臭味，饲料运输车辆及贮藏仓库不宜使用。苯酚被认为是一种致癌物，不可随意使用。

（3）对误食中毒的猪可用植物油（忌用液体石蜡）灌服；内服硫酸镁导泻；对症治疗，给予中枢兴奋剂和强心剂等。皮肤、黏膜接触部位可用 50% 乙醇或者水、甘油、植物油清洗。眼可先用温水冲洗，再用 3% 硼酸液冲洗。

甲 酚

【理化性质】 本品为几乎无色、淡紫红色或淡棕黄色的澄清液体，有类似苯酚的臭气，并微带焦臭。久贮或在日光下，色渐变深。略溶于水，形成混浊的溶液，饱和水溶液显中性或弱酸性。

【作用用途】 甲酚为原浆毒，抗菌作用比苯酚强 3～10 倍，毒性大致相等，但消毒用药液浓度较低，比苯酚安全。可杀灭一般繁殖型病原菌，对芽孢无效，对病毒作用不可靠。是酚类中最常用的消毒药，由于甲酚的水溶解度较低，通常用肥皂乳化配制成 50% 甲酚皂溶液。

【用法用量】

（1）甲酚皂溶液，俗称来苏儿。每 1 000 毫升中含甲酚 500 毫升、植物油 173 克、氢氧化钠约 27 克和水适量。本品为黄棕色至红棕色的黏稠液体；带甲酚的臭气。本品能与乙醇混合成澄清液体。排泄物和污染物消毒时配成 10% 溶液；猪舍、场地、器械、器具及其他物品消毒时配成 3%～5% 溶液。

（2）甲酚磺酸，为甲酚经磺化而得，既降低了甲酚的毒性，又提高了其水溶性和杀菌力。环境消毒时配成 0.1% 溶液作用相当于3%甲酚皂溶液。

【专家提示】

（1）甲酚有特臭，不宜在肉食品加工车间应用，以免影响食品质量。

（2）由于色泽污染，不宜用于棉、毛纤织品的消毒。

（3）本品对皮肤有刺激性，若用其1%～2%溶液消毒饮水和皮肤时，务必精确计量。

复合酚

复合酚又名菌毒敌、畜禽灵、农乐。

【理化性质】　复合酚为酚及酸类复合型消毒剂，由苯酚（41%～49%）和醋酸（22%～26%）加十二烷基苯磺酸等配制而成的水溶性混合物。为深红褐色黏稠液，有特臭。

【作用用途】　复合酚是我国生产的一种兽医专用广谱、高效、新型消毒剂，为取代酚的复合制剂。可杀灭细菌、霉菌和病毒，对多种寄生虫卵也有杀灭作用。还能抑制蚊、蝇等昆虫和鼠害的滋生。主要用于猪舍、栏具、场地、运输工具及排泄物的消毒，药效可维持7天。

【用法用量】　消毒用水溶液。喷洒消毒浓度为0.35%～1.0%，稀释用水的温度应不低于8℃。在环境较脏、污染较严重时，可适当增加药物浓度和用药次数。

【专家提示】

（1）切忌与其他消毒药或碱性药物混合应用，以免降低消毒效果。

（2）严禁使用喷洒过农药的喷雾器械喷洒本品，以免引起猪的意外中毒。

农 福

农福即复方煤焦油酸溶液，又称农富。

【理化性质】 本品为淡色或淡黑色黏性液体。其中含高沸点煤焦油酸39%～43%，醋酸18.5%～20.5%，十二烷基苯磺酸23.5%～25.5%，间甲酚<5%，石油醚<5%。为深褐色液体，具有煤焦油和醋酸的特异酸臭味。

【作用用途】 同复合酚。

【用法用量】 本品多以喷雾法和浸洗法应用。喷洒猪舍的墙壁、地面时用1%～1.5%的水溶液，器具的浸泡及车辆的浸洗用1.5%～2%的水溶液。

【专家提示】 农福原为进口消毒剂，农富为我国研制成的新产品，均为复合酚类消毒剂，有菌毒灭、菌毒敌、毒菌净等不同商品名，含量亦有差异，使用前应仔细阅读说明书；喷雾消毒时，应注意保护人体皮肤，不要与消毒液接触。

六氯酚

【理化性质】 本品不溶于水，易溶于肥皂溶液中。多制成药皂使用。

【作用用途】 本品对多数革兰氏阳性菌（包括葡萄球菌）有较强的杀菌作用，对革兰氏阴性菌杀菌作用稍差。2%～5%六氯酚曾广泛加入抗菌药皂，用于皮肤消毒。但一次效果不比普通肥皂好，多次用其擦洗皮肤，会在皮肤表面残留一层药膜，从而使其抑菌作用时间延长。用后如果以其他肥皂擦洗皮肤，可迅速除去皮肤上的六氯酚残留。

【专家提示】 六氯酚易吸收，若过量应用，猪只会出现神经毒性症状，并可见大脑和脊髓的髓磷脂可逆性空疱样变；人的皮肤反复地接触高浓度六氯酚，也会引起吸收中毒，导致神经系统紊乱。为避免对人的潜在神经毒性，美国食品药物管理局（FDA）规定：凡含六氯酚高于0.75%的产品均需凭处方购买；误食六氯酚会引起人急性中毒。

二、酸类

酸类消毒剂有无机酸和有机酸两大类。无机酸的杀菌作用取决于离解的氢离子。酸类包括硝酸、盐酸和硼酸等。2%的硝酸溶液或盐酸溶液具有很强的抑菌和杀菌作用，但浓度大时有很强的腐蚀性，使用时应特别注意。硼酸的杀菌作用较弱，常用其1%～2%浓度用于黏膜如眼结膜等部位的消毒。

有机酸类的杀菌作用靠非电离的分子透过细菌的细胞膜而对细菌起杀灭作用，如甲酸、醋酸和乳酸等均有抑菌或杀菌作用。

硼　酸

【理化性质】　硼酸由天然的硼砂（硼酸钠）与酸作用而得。为无色微带珍珠光泽的结晶或白色疏松的粉末，有滑腻感，无臭。在水中溶解，水溶液显弱酸性反应。乙醇、沸水、沸乙醇或甘油中易溶。

【作用用途】　本品为防腐药。对细菌和真菌有微弱的抑制作用，本品是通过释放氢离子而发挥抑菌作用。刺激性极小，常用作洗眼或冲洗黏膜。

【用法用量】　用2%～4%的溶液，冲洗眼、口腔黏膜等；3%～5%溶液冲洗新鲜未化脓的创口。也可用硼酸磺胺粉（1:1）治疗创伤；硼酸甘油（31:100）治疗口、鼻黏膜炎症；硼酸软膏（5%）治疗溃疡、压疮等。

醋　酸

【理化性质】　醋酸为无色透明的液体，有强烈的特臭，味极酸，能与水、乙醇或甘油任意混合。

【作用用途】　醋酸为防腐药。杀菌、抑菌作用与乳酸相同，但消毒效果不如乳酸。刺激性小，消毒时猪只不需移出室外。用于空气消毒，可预防感冒和流感。5%醋酸溶液有抗绿脓杆菌、嗜酸杆菌和假单胞菌属的作用；稀释后内服可治疗消化不良。

【用法用量】　市售醋酸含纯醋酸36%～37%，常用含纯醋酸5.7%～6.3%的稀醋酸，食用醋含纯醋酸2%～10%。稀醋酸加热蒸发用于空气消毒，每100立方米用20～40毫升；如用食用醋加热熏蒸，每100立方米用300～1 000毫升。

【专家提示】

（1）醋酸有刺激性，避免与眼睛接触，若遇与高浓度醋酸接触，立即用清水冲洗。

（2）有腐蚀性，应避免接触金属器械。

过氧乙酸

【理化性质】　本品为无色透明液体，易溶于水和有机溶剂，呈弱酸性，易挥发，有刺激性气味。当过热、遇有机物或杂质时本品容易分解。急剧分解时可发生爆炸，但浓度在40%以下时，于室温贮存不易爆炸。宜密闭避光保存。

【作用用途】　本品为具有高效、速效和广谱杀菌作用，对细菌、病毒、霉菌和芽孢均有效。对组织有一定的刺激腐蚀性。作为消毒防腐剂，其作用范围广，用药量小，毒性低，使用方便，对猪的刺激性小。除金属制品外，可用于大多数用具和物品的消毒，常用作带猪消毒，猪舍内熏蒸消毒，也可用于饲养人员手臂消毒。

【用法用量】　市售消毒用过氧乙酸多为20%浓度的制剂。

（1）浸泡消毒：0.04%～0.2%溶液用于饲养用具和饲养人员手臂消毒，也可用于耐酸塑料、玻璃、搪瓷和橡胶制品的短时浸泡消毒。

（2）空气消毒：可直接用20%成品，每立方米空间1～3毫升。最好将20%成品稀释成4%～5%溶液后，加热熏蒸。当温度在15℃以上，相对湿度为70%～80%时，室内熏蒸用药每立方米1毫升，作用60分钟，可使细菌繁殖体、病毒和细菌毒素的污染减少，达到消毒目的。对细胞芽孢，每立方米需用3毫升，作用90分钟。当温度为0～5℃时，只有将相对湿度提高到90%～100%，且每立方米用5毫升，作用120分钟左右，才能达到消毒目的。

（3）喷雾消毒：5%过氧乙酸溶液每立方米2.5毫升喷雾消毒密封的实验室、无菌室、仓库等。

（4）喷洒消毒：用0.5%过氧乙酸溶液对猪舍室内空气、墙壁、地面、门窗、饲槽、车辆等进行喷洒消毒。

（5）带猪消毒：0.3%过氧乙酸溶液每立方米30毫升，带猪消毒。

（6）饮水消毒：每升饮水加20%过氧乙酸溶液1毫升，让猪饮服，30分钟用完。

【专家提示】

（1）本品性质不稳定，容易自然分解，其水溶液应新鲜配制，并于配制后3天用完。

（2）增加湿度可增强本品杀菌效果，进行空气消毒时应增加舍内相对湿度。当温度为15℃时以60%～80%的相对湿度为宜；当温度为0～5℃时相对湿度应为90%～100%。

（3）进行空气和喷雾消毒时应密闭消毒环境的门窗、气孔和通道，空气消毒密封1～2小时，喷雾消毒密封30～60分钟。

三、碱类

碱类的杀微生物作用取决于离解的氢氧根离子浓度，氢氧根离子浓度越高，杀灭作用越强。由于氢氧根离子可以水解蛋白质和核酸，使微生物的结构和酶系统受到损害，同时还可分解菌体中的糖类，因此碱类对微生物有较强的杀灭作用，尤其是对病毒和革兰氏阴性杆菌的杀灭作用更强。养猪生产中常用作预防和消灭病毒性传染病的消毒剂。

氢氧化钠（钾）

【理化性质】　本品白色块状、棒状或片状结晶，吸湿性强，容易吸收空气中的二氧化碳气体形成碳酸盐。极易溶于水，易溶于乙醇，应密封保存。

【作用用途】　本品对细菌的繁殖体、芽孢和病毒都有很强的杀灭作用，对寄生虫卵也有杀灭作用，浓度增加和温度升高可明显增强杀菌作用，但低浓度时对组织有刺激性，高浓度时有腐蚀性。常用于预防病毒或细菌性传染病的环境消毒或污染猪场的消毒。

【用法用量】　2%热溶液用于被病毒和细菌污染的猪舍、饲槽和运输车船等的消毒。3%～5%溶液用于炭疽杆菌的消毒。5%溶液亦可用于腐蚀皮肤赘生物、新生角质等。

【专家提示】

（1）高浓度氢氧化钠溶液可灼伤组织，对铝制品、棉、毛织物、漆面等具有损坏作用，使用时应特别注意。

（2）工业用粗制烧碱或固体碱含氢氧化钠94%左右，由于价格低廉，常代替精制氢氧化钠作为消毒剂应用，消毒效果良好。

四、醇类

醇类为使用较早的一类消毒药。醇的杀菌作用随相对分子质量的增加而加强，但随相对分子质量的增大，水溶性逐渐降低。

丙醇以上的醇类很难配成适当浓度的溶液使用，因此高级醇一般不作为消毒防腐药，养猪生产中常用的是乙醇；异丙醇虽可代替乙醇进行皮肤和体温计消毒，但其毒性较乙醇高。

　　醇类消毒药的优点是：性质稳定，作用迅速，无腐蚀性，无残留作用，可与其他药物配成酊剂而起增效作用。缺点是：不能杀灭细菌芽孢，抗菌作用受蛋白影响大，抗菌有效浓度较高。

乙　醇

　　【理化性质】　乙醇为无色澄明液体，微有特臭，味灼烈。易挥发，易燃烧，燃烧时显淡蓝色火焰，加热至约78℃即沸腾。本品与水、甘油、氯仿或乙醚能任意混合。变性乙醇为在乙醇中添加有毒物质，如甲醇、甲醛等，使其不能饮用。

　　【作用用途】　乙醇是目前临床上使用最广泛，也是较好的一种皮肤消毒药。能杀死繁殖型细菌，对结核分枝杆菌、囊膜病毒也有杀灭作用，但对细菌芽孢无效。乙醇可使细菌胞浆脱水，并进入蛋白肽链的空隙破坏构型，使菌体蛋白变性和沉淀。乙醇可溶解类脂质，不仅易渗入菌体破坏其胞膜，而且能溶解动物的皮脂分泌物，从而发挥机械性除菌作用。

　　纯乙醇的杀菌作用微弱，因它能使组织表面形成一层蛋白凝固膜，妨碍渗透，起保护作用而影响杀菌。常用75%乙醇（俗称消毒乙醇）消毒皮肤（如注射部位、术野和伤口周围的皮肤消毒）以及器械（刀、剪、体温计等）浸泡消毒，亦可用作溶媒。当乙醇的浓度低于20%时，杀菌作用微弱；而高于95%时，则作用不可靠。乙醇对黏膜的刺激性大，不能用于黏膜和创面抗感染。

　　乙醇能扩张局部血管，改善局部血液循环，用稀醇涂擦久卧病猪的局部皮肤，可预防压疮的形成；浓乙醇涂擦可促进炎性产物吸收，减轻疼痛，用于治疗急性关节炎、腱鞘炎和肌炎等。用无水乙醇纱布压迫手术出血创面 5 分钟，可立即止血。

【用法用量】　常用 70% ~75% 乙醇进行皮肤、手臂、注射部位、注射针头及小件医疗器械的消毒，不仅能迅速杀灭细菌，还具有清洁局部皮肤，溶解皮脂的作用。

临床上常用 95% 医用乙醇配制成各种浓度的乙醇。

五、醛类

醛类消毒药的化学活性很强，在常温、常压下很易挥发，又称挥发性烷化剂。杀菌机制主要是通过烷基化反应使菌体蛋白变性，酶和核酸等的功能发生改变，从而呈现强大的杀菌作用。常用的有甲醛、聚甲醛、戊二醛等。

醛类作用与醇类相似，但其杀菌作用较醇类强。其中以甲醛的杀菌作用最强。

甲醛溶液

【理化性质】　本品为无色或几乎无色的透明液体，含甲醛 40%，有刺激性臭味。能与水或乙醇任意混合。凝固蛋白和溶解类脂，与蛋白质的氨基结合而使蛋白质变性，产生强大的广谱杀菌作用。长期存放在冷处（9℃以下）因聚合作用而混浊，可加入 10% ~12% 甲醇或乙醇防止聚合变性。

【作用用途】　甲醛在气态或溶液状态下，均能凝固细菌菌体蛋白和溶解类脂，还能与蛋白质的氨基酸结合而使蛋白质变性，是广泛使用的防腐消毒剂。本品杀菌谱广泛且作用强，对细菌繁殖体及芽孢、病毒和真菌均有杀灭作用。主要用于猪舍、仓库及器械的消毒，因有硬化组织的作用，可用于固定生物标本、保存尸体。

【用法用量】　5% 甲醛乙醇溶液，可用于术部消毒。10% ~20% 甲醛溶液可用于治疗蹄叉腐烂。10% ~20% 福尔马林，可做喷雾、浸泡消毒，也可做熏蒸消毒。室内、器具消毒，每立方米空间用甲醛溶液20毫升，加等量水，然后加热使甲醛变为气体。熏蒸消毒必须有较高的室温和相对湿度，一般室温不低于15℃，相对湿度应为60%~80%，消毒时间为8~10小时。对保育室、垫料、保育箱则需熏蒸消毒30分钟。甲醛溶液内服可作为防腐止酵剂，治疗肠膨胀1次量1~3毫升，加水稀释20~30倍。

【专家提示】

（1）用甲醛溶液熏蒸消毒时，应与高锰酸钾混合。两者混合后立即发生反应、沸腾并产生大量气泡，所以，使用的容器容积要比应加甲醛的容积大10倍以上。使用时应先加高锰酸钾，再加甲醛溶液，而不要把高锰酸钾加到甲醛溶液中。熏蒸时消毒人员应离开消毒场所，将消毒场所、猪舍密封。此外，甲醛的消毒作用与甲醛的浓度、温度、作用时间、相对湿度和有机物的存在量有直接关系。在用甲醛进行熏蒸消毒时，应先把欲消毒的室（器）内清洗干净，排净室内其他污浊气体，再关闭门窗或排气孔，并保持25℃左右温度、60%~80%相对湿度。

（2）甲醛气体有强致癌作用，尤其肺癌，近年来已渐少用于消毒；消毒后在物体表面形成一层具腐蚀作用的薄膜。

（3）动物误服甲醛溶液，应迅速灌服稀氨水解毒；药液污染皮肤，应立即用肥皂和水清洗。

戊二醛

【理化性质】 本品为油状液体，沸点为187~189℃，易溶于水和乙醇，呈酸性反应。

【作用用途】 对繁殖型革兰氏阳性和阴性菌作用迅速，对耐酸菌、芽孢、某些霉菌和病毒也有抑制作用。在酸性溶液中较为稳定，在碱性环境尤其是当pH值为5~8.5时杀菌作用最强。

【用法用量】 浓戊二醛溶液为20%或25%戊二醛水溶液；

稀戊二醛溶液为 2% 戊二醛水溶液，系由浓戊二醛溶液稀释制成。常用 2% 碱性溶液（加 0.3% 碳酸氢钠溶液），用于浸泡橡胶或塑料等不宜加热消毒的器械或制品，浸泡 10～20 分钟即可达到消毒目的。

【专家提示】

（1）避免与皮肤、黏膜接触，如接触后应及时用水冲洗干净。

（2）使用过程中，不应接触金属器具。

（3）本品在碱性溶液中杀菌作用强，但稳定性差，2 周后即失效，配制消毒药时应注意定期更换。

六、氧化剂

氧化剂是一类含有不稳定的结合氧的化合物，遇有机物或酶即释出初生态氧，破坏菌体蛋白质或酶而起杀菌作用，但同时对组织、细胞也有不同程度的损伤和腐蚀作用。本类药物主要对厌氧菌作用强，其次是对革兰氏阳性菌和某些螺旋体有抑杀作用。

过氧化氢溶液

过氧化氢溶液又名双氧水，含过氧化氢应在 2.5%～3.5%。市售品还有浓过氧化氢溶液，含过氧化氢应在 26.0%～28.0%。

【理化性质】 过氧化氢溶液为无色澄清液体，无臭或有类似臭氧的臭气。遇氧化物或还原物即迅速分解并发生泡沫，遇光、热易变质。置棕色玻璃瓶，遮光，在阴凉处保存。

【作用用途】 过氧化氢有较强的氧化性，在与组织或血液中的过氧化氢酶接触时，迅速分解，释出新生态氧，对细菌产生氧化作用，干扰其酶系统的功能而发挥抗菌作用。由于作用时间短，且有机物能大大减弱其作用，因此杀菌力很弱。在接触创面时，由于分解迅速，会产生大量气泡，机械地松动脓块、血块、坏死组织及与组织粘连的敷料，有利于清洁创面。

【用法用量】 冲洗口腔黏膜用 0.3%～1%溶液。3%的过氧化氢溶液常用于清洗化脓性创伤，去除痂皮，尤其对厌氧性感染更有效，3%以上高浓度溶液对组织有刺激和腐蚀性。过氧化氢具有除臭和止血作用，可用其5%溶液（用浓过氧化氢溶液稀释而成）涂于出血的细小创面上止血。

【专家提示】

（1）不要用手直接接触高浓度过氧化氢溶液，避免发生刺激性灼伤。

（2）不能与有机物、碱、生物碱、碘化物、高锰酸钾或其他较强氧化剂配伍应用。

（3）不能注入胸腔、腹腔等密闭体腔或腔道或气体不易逸散的深部脓疡，以免产气过速而导致栓塞或扩大感染。

高锰酸钾

【理化性质】 本品为黑紫色、细长的棱形结晶或颗粒，带蓝色的金属光泽，无臭。与某些有机物或易氧化的化合物研磨或混合时，易引起爆炸或燃烧。在水中溶解，在沸水中易溶，水溶液呈深紫色。

【作用用途】 本品为强氧化剂，遇有机物或加热、加酸或碱等均能释出新生氧（非游离态氧，不产生气泡）呈现杀菌、除臭、解毒作用。在发生氧化反应时，其本身还原为棕色的二氧化锰，后者可与蛋白质结合成蛋白盐类复合物，因此高锰酸钾在低浓度时对组织有收敛作用；高浓度时有刺激和腐蚀作用。高锰酸钾的抗菌作用较过氧化氢强，但它极易被有机物分解而减低作用。在酸性环境中杀菌作用增强，如2%～5%溶液能在24小时内杀死芽孢；在1%溶液中加1.1%盐酸，则能在30秒内杀死炭疽芽孢。

【用法用量】 0.1%溶液可用于饮水消毒，杀灭肠道病原微生物。0.1%～0.2%溶液能杀死多数繁殖型细菌，常用于创面冲洗；为减少对肉芽组织的刺激性，可用其0.03%溶液。0.05%～0.1%溶液可用于冲洗膀胱、阴道和子宫等腔道黏膜。

2%～5%溶液用于浸泡病猪污染的器具、饮水器，或洗刷食槽、饮水器、浸泡器械等。

本品与福尔马林合用可用于猪舍、产房、保育室等空气熏蒸消毒。

吗啡、士的宁等生物碱、苯酚、水合氯醛和氯丙嗪等合成药，磷和氰化物等，均可被高锰酸钾氧化而失去毒性。临床上用0.05%～0.1%溶液洗胃解毒。过去曾以1%溶液用于冲洗毒蛇咬伤的局部解毒，但仅能破坏创口中的部分蛇毒毒液。5%溶液有较强的收敛、止血作用。

【专家提示】

（1）严格掌握不同适应症采用不同浓度的溶液；药液需新鲜配制，避光保存，久置变棕色而失效。

（2）由于高浓度的高锰酸钾对组织有刺激和腐蚀作用，不应反复用高锰酸钾溶液洗胃。

（3）误服可引起一系列消化系统刺激症状，严重时出现呼吸和吞咽困难、蛋白尿等。应用本品中毒后，应用温水或添加3%过氧化氢溶液洗胃，并内服牛奶、豆浆或氢氧化铝凝胶，以延缓吸收。

七、卤素类

卤素和易放出卤素的化合物，具有强大的杀菌作用，其中氯的杀菌力最强。卤素对菌体细胞原浆有高度亲和力，易渗入细胞，使原浆蛋白的氨基或其他基团卤化，或氧化活性基团而呈现杀菌作用。氯和含氯化合物的强大杀菌作用，是由于氯化作用破坏菌体或改变细胞膜的通透性，或者由于氧化作用抑制各种巯基酶或其他对氧化作用敏感的酶类，从而导致细菌死亡。

碘

【理化性质】 碘为灰黑色或蓝黑色、有金属光泽的片状结晶或块状物，密度大、脆，有特臭。在常温中能挥发，在水中几乎不溶，但可溶于碘化钾或碘化钠的水溶液中。在乙醇、乙醚或二硫化碳中易溶，在氯仿中溶解，在四氯化碳中略溶。

【作用用途】 碘有强大的杀菌作用，可杀灭细菌芽孢、真菌、病毒、原虫。碘主要以分子（I_2）形式发挥杀菌作用，其原理主要是碘化和氧化菌体蛋白的活性基因，并与蛋白的氨基结合而导致蛋白质变性和抑制菌体的代谢酶系统。

碘在水中的溶解度很小，但在有碘化物存在时，因形成可溶性的三碘化合物，其溶解度增高数百倍，又能降低其挥发性。据此，在配制碘溶液时，常加适量的碘化钾，以促进碘在水中的溶解。在碘水溶液中具有杀菌作用的成分为元素碘（I_2）、三碘化物的离子（I_3^-）和次碘酸（HIO），其中 HIO 的量较少，但杀菌作用最强；I_2 次之；解离的 I_3^- 的杀菌作用极微弱。

在酸性条件下，游离碘增多，杀菌作用较强；在碱性条件下，反之。

碘酊是常用最有效的皮肤消毒药。一般皮肤消毒用 2% 碘酊，手术部位消毒用 5% 碘酊。由于碘对组织有较强的刺激性，其强度与浓度成正比，故碘酊涂抹皮肤待稍干后，宜用 75% 乙醇擦去，以免引起发疱、脱皮和皮炎。碘甘油刺激性较小，用于黏膜表面消毒。2% 碘溶液不含乙醇，适用于皮肤浅表破损和创面，以防止细菌感染。在紧急情况下用于饮水消毒，每升水中加入 2% 碘酊 5~6 滴，15 分钟后可供饮用，水无不良气味，且水中各种致病菌、原虫和其他生物可被杀死。

【用法用量】

（1）碘酊：含碘 2%、碘化钾 1.5%，加水适量，以 50% 乙醇配制。为红棕色的澄清液体，用于术前和注射前的皮肤消毒。

（2）浓碘酊：含碘 10%、碘化钾 7.5%，以 95% 乙醇配制。为暗红褐色液体。具强大刺激性，用作刺激药，外用涂搽于患部皮肤，治疗腱鞘炎、滑膜炎等慢性炎症。将浓碘酊与等量 50% 乙醇混合即得 5% 碘酊，用于术野消毒。

（3）碘溶液：含碘 2%、碘化钾 2.5% 的水溶液。用于皮肤浅表破损和创面消毒。

（4）碘甘油：含碘 1%、碘化钾 1%，以甘油配制。涂患处，用于治疗口腔、舌、齿龈、阴道等黏膜炎症与溃疡。

【专家提示】

（1）对碘过敏（涂抹后曾引起全身性皮疹）者禁用。

（2）碘酊须涂于干燥的皮肤上，如涂于湿皮肤上不仅杀菌效力降低，且易引起发疱和皮炎。

（3）配制碘液时，若碘化物过量（超过等量）加入，可使游离碘变为过碘化物，反而导致碘失去杀菌作用。

（4）碘可着色，沾有碘液的天然纤维织物不易洗净。

（5）与含汞药物配伍禁忌，各种含汞药物（包括中成药）无论以何种途径用药，如与碘剂（碘化钾、碘酊、含碘食物海带和海藻等）相遇，均可产生碘化汞而呈现毒性作用。

（6）配制的碘液应存放在密闭容器内。若存放时间过久，颜色变淡（碘可在室温下升华），应补足碘浓度后再使用或重新配制。

碘　伏

碘伏又称强力碘。

【理化性质】　碘伏为棕红色液体，具有亲水、亲脂两重性。

溶解度大，无味，无刺激性。

【作用用途】 碘伏系表面活性剂与碘结合的产物，杀菌作用持久，能杀死病毒、细菌、芽孢、真菌及原虫等。在使用含有效碘为每升 50 毫克时，10 分钟能杀死各种细菌；含有效碘为每升 150 毫克时，90 分钟可杀死芽孢和病毒。常用于猪舍、饲槽、饮水、皮肤和器械等的消毒。

【用法用量】 5% 溶液喷洒消毒猪舍，每立方米用药 3~9 毫升；5%~10% 溶液刷洗或浸泡消毒室内用具、手术器械等；每升饮水加原药液 15~20 毫升，饮用 3~5 天，可消毒防治肠道传染病。

雅好生

【理化性质】 雅好生即复合碘溶液，为碘、碘化物与磷酸配制而成的水溶液，含有效碘 1.8%~2.2%。呈褐红色黏性液体，未稀释液体可存放数年，稀释后应尽快用完。

【作用用途】 雅好生有较强的杀菌消毒作用，对大多数细菌、霉菌、病毒有杀灭作用。可用于猪舍、运输工具、饮水器具、产房（床）、器械消毒和污物处理等。

【用法用量】

（1）产房（床）及设备：需进行 2 次消毒，第一次应用 0.45% 溶液消毒，待干燥后，再应用 0.15% 溶液消毒一次即可。

（2）猪舍地面消毒：应用 0.45% 溶液喷洒或喷雾消毒，消毒后应定时再用清水冲洗。

（3）饮水消毒：饮水器应用 0.5% 溶液定期消毒，饮水可用每 10 升饮水加 3 毫升雅好生消毒。

（4）猪舍入口消毒池：应用 3% 溶液浸泡消毒垫进行出入猪舍人员消毒。

（5）运输工具、器具、器械消毒：应将消毒物品用清水彻底冲洗干净，然后用1%溶液喷洒消毒。

【专家提示】　本品在低温时，消毒效果显著，应用时温度不能高于40℃，不能与强碱性药物及肥皂水混合使用。

百菌消

【理化性质】　百菌消即碘酸混合液，为碘、碘化物、硫酸及磷酸制成的水溶液，含有效碘2.75%～2.8%。呈深棕色的液体，有碘特臭，易挥发。

【作用用途】　百菌消有较强的杀灭细菌、病毒及真菌的作用。用于外科手术部位、猪舍、用具等的消毒。

【用法用量】　用1:100～1:300浓度溶液可杀灭病毒；1:300浓度可用于手术室及伤口消毒；1:400～1:600浓度可用于猪舍及用具消毒；1:2500浓度可用于饮水消毒。

漂白粉

漂白粉又名含氯石灰。由氯通入消石灰制得。为次氯酸钙、氯化钙和氢氧化钙的混合物。本品含有效氯（有杀菌能力的氯）不得少于25.0%。

【理化性质】　本品为灰白色颗粒性粉末，有氯臭。在水或乙醇中部分溶解，水溶液显碱性反应，有漂白作用。在空气中吸收水分与二氧化碳而缓缓分解，丧失有效氯。包装袋封存于凉暗干燥处。不可与易燃、易爆物放一起。

【作用用途】　含氯石灰加入水中也生成次氯酸，后者释放活性氯和初生氧而呈现杀菌作用，其杀菌作用快而强，但不持久。

次氯酸钙 + 水→ 氯化钙 + 氢氧化钙 + 次氯酸

1%澄清液作用0.5～1分钟即可抑制像炭疽杆菌、沙门菌、猪丹毒和巴氏杆菌等多数繁殖型细菌的生长；1～5分钟抑制葡菌球菌和链球菌。30%漂白粉混悬液作用 7 分钟后，炭疽芽孢即停止生长。实际消毒时，漂白粉与被消毒物的接触至少需 15 ~ 20 分钟。漂白粉的杀菌作用受有机物的影响。漂白粉中所含的氯可与氨和硫化氢发生反应，故有除臭作用。

漂白粉为价廉有效的消毒药，广泛应用于猪舍、圈栏、场地、车辆、排泄物等的消毒。其 1% ~5% 澄清液，还可用于消毒玻璃器皿和非金属用具。

【用法用量】 猪舍等消毒：临用前配成 5% ~20% 混悬液或 1% ~5% 澄清液；玻璃器皿和非金属用具消毒：临用前配成 1% ~5% 澄清液；饮水消毒：每 50 升水加 1 克漂白粉。

【专家提示】

（1）漂白粉对皮肤和黏膜有刺激作用，消毒人员应注意防护。

（2）对金属有腐蚀作用，不能用于金属制品的消毒。

（3）可使有色棉织物褪色，不可用于有色衣物的消毒。

（4）忌与酸、胺盐、硫酸和许多有机化合物配伍，遇盐酸释放氯气（有毒）。

氯胺－T

氯胺－T 又名对甲苯磺酰氯胺钠、氯氨基甲苯砜钠、氯亚明。

【理化性质】 氯胺－T 为含氯的有机化合物，白色或淡黄色晶状粉末，有氯臭，露置空气中逐渐失去氯而变黄色，含有效氯 11% 以上。溶于水，遇醇分解。

【作用用途】 本品遇有机物可缓慢释放出氯而呈现杀菌作用，杀菌谱广。对细菌繁殖体、芽孢、病毒、真菌孢子都有杀灭作用，但作用较弱而持久，对组织的刺激性也小，特别是加入铵盐，可加速氯的释放，增强杀菌效果。

【用法用量】　用于饮水消毒时，每 1 000 升水加入 2 ~ 4 克氯胺 – T；0.2% ~ 0.3% 溶液可用作黏膜消毒；0.5% ~ 2% 溶液可用于皮肤和创伤的消毒；3% 溶液用于排泄物的消毒。

【专家提示】　本品不得与任何金属容器接触，以防降低药效和产生药害。本品应避光、密闭、阴凉处保存。

二氯异氰尿酸钠

二氯异氰尿酸钠又名优氯净，含有效氯 60% ~ 64.5%。

【理化性质】　二氯异氰尿酸钠为白色晶粉，有浓氯臭。性稳定，在高热、潮湿地区贮存时，有效氯含量下降约 1%。易溶于水，溶液呈弱酸性。水溶液稳定性较差，在 20℃ 左右下，一周内有效氯约丧失 20%；在紫外线作用下更加速其有效氯的丧失。

【作用用途】　本品杀菌谱广，对繁殖型细菌和芽孢、病毒、真菌孢子均有较强的杀灭作用。由于本品的水解常数较高，故其杀菌力较大多数氯胺类消毒药为强。氯胺类化合物在水溶液中仅有一部分水解为次氯酸而起杀菌作用。

溶液的 pH 值愈低，杀菌作用愈强。加热可加强杀菌效力。有机物对杀菌作用影响较小。主要用于猪舍、排泄物和水等消毒。有腐蚀和漂白作用。毒性与一般含氯消毒药相同。近年有报道，有机氯毒性的危害性大于无机氯，且可能有致癌作用，因此，采用有机含氯消毒剂作长期人畜饮用水消毒是不适宜的。

0.5% ~ 1% 水溶液用于杀灭细菌和病毒；5% ~ 10% 水溶液用于杀灭芽孢，临用前现配。可采用喷洒、浸泡和擦拭方法消毒，也可用其干粉直接处理排泄物或其他污染物品。

【用法用量】　猪舍消毒：每 1 立方米常温 10 ~ 20 毫克，气温低于 0℃ 时 50 毫克；饮水消毒：每 1 升水 4 毫克，作用 30 分钟。

三氯异氰尿酸

【理化性质】　本品为白色结晶性粉末或粒状固体，具有强烈的氯气刺激味，含有效氯在85%以上，水中的溶解度为1.2%，遇酸或碱易分解。

【作用用途】　本品是一种极强的氧化剂和氯化剂，具有高效、广谱、较为安全的消毒作用，对细菌、病毒、真菌、芽孢等都有杀灭作用，对球虫卵囊也有一定杀灭作用。用于环境、饮水、饲槽等的消毒。

【用法用量】　粉剂。用粉剂配制4~6毫克/千克浓度饮水消毒，用200~400毫克/千克浓度的溶液进行环境、用具消毒。

次氯酸钠

【理化性质】　本品为澄明微黄的水溶液，含5%次氯酸钠，性质不稳定，遇光易分解，应避光密封保存。

【作用用途】　本品有强大的杀菌作用，但对组织有较大的刺激性，故不用作创伤消毒剂。常用于猪舍、用具及环境消毒。

【用法用量】　次氯酸钠溶液0.01%~0.02%水溶液用于用具、器械的浸泡消毒，消毒时间为5~10分钟；0.3%水溶液每立方米空间30~50毫升用于猪舍内气雾消毒；1%水溶液每立方米空间200毫升用于猪舍及周围环境喷洒消毒。

强力消毒王

【理化性质】　强力消毒王是一种新型复方含氯消毒剂。主要成分为二氯异氰尿酸钠，并加入阴离子表面活性剂等。本品有效氯含量大于20%。

【作用用途】　本品消毒杀菌力强，易溶于水，正常使用时对人、猪无害，对皮肤、黏膜无刺激、无腐蚀性，并具有防霉、去污、除臭的效果，且性质稳定、持久、耐贮存；可带猪喷雾消毒或拌料饮水；对由细菌和病毒、霉菌所引起的疾病均有显著的效果。

1. 本品特性

（1）广谱、高效，能杀灭多种病毒、细菌和霉菌，如口蹄疫病毒、猪丹毒杆菌、大肠杆菌、沙门杆菌等。

（2）对杀灭寄生虫卵有特效。

（3）能杀灭和抑制蚊、蝇等昆虫，阻止鼠类的滋生。

（4）具有清洁环境和杀菌消毒的两大功效。

（5）安全、方便、经济、快捷、无毒副作用。

2. 用途

（1）用于猪瘟、口蹄疫、炭疽等烈性传染病的预防消毒及爆发性疫区、养殖点的紧急消毒。

（2）用于自来水、井水、河水等饮用水及污染水的净化消毒。

（3）用于农场、养殖场等的环境卫生消毒。

（4）用于猪舍等环境的消毒，带猪消毒。

（5）用于混饲或饮水（免疫前后 3 天停用）。对预防霍乱、呼吸道病和杀灭大肠杆菌等效果极佳，且使用方便。

（6）用于饲养器具及各种车辆、工具、工作人员的服装及手的消毒。

【用法用量】　根据消毒范围及对象，参考规定比例取一定量的消毒药品，先用少量水溶解成混悬液、再加水逐渐稀释到规定比例，具体方法及用量见表 3 - 2。

表3-2 强力消毒王的使用方法

消毒范围	配比	使用方法	作用时间（分）
猪舍、环境	1:800	喷雾	30
带猪消毒	1:1 000	喷洒，30 毫升/米³	10
猪瘟等传染病	1:500	500 毫升/米³ 喷雾	
器具	1:2 000	浸泡	10
消毒池	1:800	4 天更换 1 次	
饮水	5～15 克/米³		15

【专家提示】

（1）不要与有机物、有害农药、还原剂混用，严禁使用喷洒过有害农药的喷雾器具喷洒本药。

（2）现用现配。

二氧化氯

【理化性质】 二氧化氯（ClO_2）常态下为黄至红黄色气体，具有强烈的刺激性气味，其有效氯含量高达 26.3%。固态二氧化氯为黄红色晶体，液态二氧化氯为红棕色。常态下本品在水中的饱和溶解度为 5.7%，是氯气的 5～10 倍，且在水中不发生水解。本品有很强的氧化作用。

【作用用途】 本品为非常活泼的氧化剂，作用强，其纯品含有效氯高，故习惯上将其归入含氯消毒药。二氧化氯杀菌依赖于氧化作用，其氧化能力较氯强 2.5 倍，可杀灭细菌的繁殖体及芽孢、病毒、真菌及其孢子。一般多用于饮水消毒。

二氧化氯消毒具有如下优点：①用量小；②可同时除臭、去味；③可氧化酚类等污染物质；④本品易从水中去除，不具残留毒性；⑤pH 值愈高时，杀菌效果愈佳。

由于二氧化氯沸点低（11℃），高于 10% 浓度的二氧化氯气体，极易引起爆炸，因而贮存、运输不便，使用受到一定限制。

【用法用量】 养猪生产中应用的二氧化氯有两类：一类是稳定性二氧化氯溶液（加有稳定剂的合剂），无色、无味、无臭的透明水溶液，腐蚀性小，不挥发。在 -5~95℃下较稳定。含量一般为 5%~10%，使用时需加入固体活化剂（酸活化），即释放出二氧化氯；另一类是固体二氧化氯，为二元包装，其中一包为亚氯酸钠，另一包为增效剂及活化剂，使用时分别溶于水后混合，即迅速产生二氧化氯。

（1）稳定性二氧化氯溶液：含二氧化氯 10%，使用时与等量活化剂混匀应用，单独使用无效。

1）空间消毒：按 1:250 比例，每立方米 10 毫升喷洒，使地面保持潮湿 30 分钟。

2）饮水消毒：每 100 千克水加 5 毫升，搅拌后作用 30 分钟即可饮用。

3）排泄物、粪便除臭消毒：按 100 千克水加 5 毫升，对污染严重的可适当加大剂量。

（2）固体二氧化氯：规格分别为 100 克、200 克包装，内装 A、B 药袋各 50 或 100 克。配制时取 A、B 两袋药各 50 克，A 药混水 1 000 毫升、B 药混水 500 毫升，搅拌溶解制成 A、B 液，再将 A 液与 B 液混合静置 5~10 分钟，即得红黄色液体为母液，按用途将母液稀释使用。

【专家提示】

（1）配制溶液时，不宜用金属容器；消毒液宜现配现用，久置无效。

（2）应在露天阴凉处配制消毒液，且配制时做好面部防护或避开消毒液。

（3）忌与酸类、有机物、易燃物混放。

超　氯

【作用用途】　本品具有高效、速效、广谱杀菌作用，兼有除臭、驱蝇、除霉之功效，还具有无毒、无刺激、无腐蚀、无残留等特点。主要用于猪舍、器具、病猪体表、饮水等消毒，亦可用于除恶臭、防除蝇蛆等。

【用法用量】　超氯消毒剂分 A、B 两袋分装，使用时先将清水 500 毫升放于广口容器内，再按 A、B 顺序分别将超氯消毒剂倒入容器内搅匀，即制成含有效成分为 0.8% 浓度的溶液，然后在 5 分钟内将该药再按使用倍数稀释（现用现配），一次用完。

猪舍、环境、带猪消毒 300～500 倍稀释喷洒、喷雾；常规饮水处理 800～1 000 倍稀释。

抗毒威

【理化性质】　本品为新型含氯混合广谱消毒剂，呈白色粉末，易溶于水，水溶液中性，性质稳定，毒性低，对人畜无害。

【作用用途】　本品可有效杀灭病毒及霉形体、大肠杆菌、沙门杆菌、葡萄球菌、巴氏杆菌等猪场常见致病菌。常用作猪场地面、器具和饮水消毒，用以预防各种病毒或病原菌引起的传染病。

【用法用量】　常配成水溶液用作消毒剂。

按 1:400 稀释用于喷洒猪舍或运动场地面、栏具、仓库等的消毒。带猪消毒，每 5～7 天消毒一次，每平方米地面用 1 升水溶液。亦可用该浓度浸泡饲养器具等，作用 10 分钟。

可将粉剂按 1:1 000 比例搅拌于饲料中，用以抑制消化道病原菌生长繁殖。

饮水消毒可按 1:5 000 比例加到饮水中经常让猪群饮用，亦可抑制消化道病菌生长。

【专家提示】

（1）抗毒威为预防性消毒剂，可长期使用。

（2）抗毒威用于拌料或饮水消毒时，结合抗生素应用，对控制病情效果更好。

（3）因抗毒威对细菌和病毒均有杀灭作用，因此在接种活疫苗前后两天，不宜使用，两天后可恢复正常使用。

（4）抗毒威用于疫病污染的猪群时，应适当加大药物浓度。病区喷洒或冲洗可用1∶200稀释液，全面消毒，每日2次。病猪饮水可按1∶500稀释，让其自由饮用，最好配以有关抗生素或抗病毒制剂。

聚维酮碘

聚维酮碘为1-乙烯基-2-吡咯烷酮均聚物与碘的复合物，含有效碘应为9.0%~12.0%。

【理化性质】　聚维酮碘为黄棕色无定形粉末或片状固体，微臭，可溶于水，水溶液呈酸性。

【作用用途】　本品为消毒防腐药，是一种高效低毒的杀菌药物，对细菌、病毒和真菌均有良好的杀灭作用。本品的作用机制主要是通过不断释放游离碘，破坏菌体新陈代谢而使细菌等微生物失活。用于手术部位、皮肤、黏膜消毒。

【用法用量】

（1）聚维酮碘溶液：市售品有100毫升，含1克、5克、7.5克和10克4种规格，为红棕色液体，当溶液变为白或淡黄色，即失去杀菌活性。

皮肤消毒及治疗皮肤病5%溶液；乳头浸泡消毒0.5%~1%溶液；黏膜及创面冲洗消毒0.1%溶液（均以聚维酮碘计）。

（2）聚维酮软膏：10%软膏，为乳剂型基质的棕红色软膏。用于治疗皮肤炎症或溃疡。

八、染料类

染料分为碱性和酸性两大类。它们的阳离子或阴离子能分别与细菌蛋白质的羧基和氨基相结合，影响其代谢而呈抗菌作用。常用的碱性染料，对革兰氏阳性菌有效，而一般酸性染料的抗菌作用则很微弱。

甲　紫

甲紫为氯化四甲基、氯化五甲基、氯化六甲基、副玫瑰苯胺的混合物。

【理化性质】　甲紫为深绿紫色的颗粒性粉末或绿紫色有金属光泽的碎片，微臭。在乙醇或氯仿中溶解，在水中略溶。

【作用用途】　甲紫与龙胆紫和结晶紫是一类性质相同的碱性染料，对革兰氏阳性菌有强大的选择作用，也有抗真菌作用。对组织无刺激性。临床上常用其1%～2%水溶液或醇溶液治疗皮肤或黏膜的创面感染和溃疡。0.1%～1%水溶液用于烧伤，因有收敛作用，能使创面干燥，也用于皮肤表面真菌感染。

【用法用量】　临床上常用的甲紫溶液系含甲紫0.85%～1.05%溶液，俗称紫药水。外用治疗皮肤或黏膜的创伤、烧伤和溃疡。

乳酸依沙吖啶

【理化性质】　本品为黄色结晶性粉末，无臭、味苦。在水中略溶，热水中易溶，水溶液不稳定，遇光渐变色。在乙醇中微溶，在沸无水乙醇中溶解。

【作用用途】　乳酸依沙吖啶属吖啶类（或黄色素类）染料，为染料类中最有效的防腐药，属碱性染料。碱基在未解离成阳离子前，不具抗菌活性，当本品解离出依沙吖啶，在其碱性氨基上带正电荷时，才对革兰氏阳性菌呈现最大的抑菌作用，对各种化脓菌均有较强的作用。抗菌活性与溶液的 pH 值和药物的解离常数有关。以 0.1% ~ 0.3% 水溶液冲洗或以浸药纱布湿敷，治疗皮肤和黏膜的创面感染。在治疗浓度时对组织无损害，抗菌作用产生较慢，但药物可牢固地吸附在黏膜和创面上，作用可维持一天之久。当有有机物存在时，活性增强。

九、重金属盐类

重金属如汞、银、锌等的化合物都能与细菌蛋白质结合，使之沉淀，从而产生抗菌作用。其抗菌作用强度取决于重金属离子的浓度、性质以及细菌的特性。高浓度的重金属盐有杀菌作用；低浓度能抑制细菌酶系统的活性基团，故有抑菌作用。重金属盐类的杀菌力还随着温度的增高而加强，一般而言，温度升高 10℃ 杀菌能力可提高 2 ~ 3 倍。

红　汞

【理化性质】　红汞为绿色鳞片状结晶或颗粒，易溶于水和乙醇。

【作用用途】　本品防腐作用较弱，刺激性小，可外用及浅表创面消毒。

【用法用量】　2% 溶液（红药水）：用于皮肤、黏膜和创伤消毒，禁与碘酊同时涂用。

另外还有黄氧化汞、氧化氨基汞、硝甲酚汞、硫柳汞等重金属盐消毒剂，在养猪生产中极少应用。

十、表面活性剂

表面活性剂是一类能降低水和油的表面张力的物质，又称除污剂或清洁剂。此类物质能吸附于细菌表面，改变菌体细胞膜的通透性，使菌体内的酶、辅酶和代谢中间产物逸出而呈杀菌作用。这类药物分为阳离子表面活性剂、阴离子表面活性剂与不游离的非离子表面活性剂 3 种。常用的为阳离子表面活性剂，其抗菌谱较广，显效快，对组织无刺激性，能杀死多种革兰氏阳性和阴性菌，对多种真菌和病毒也有作用。阳离子表面活性剂抗菌作用在碱性环境中作用强，在酸性环境中作用弱，故应用时不能与酸类消毒剂及肥皂、合成洗涤剂合用。

阴离子表面活性剂仅能杀死革兰氏阳性菌。非离子表面活性剂无杀菌作用，只有除污和清洁作用。

苯扎溴铵

苯扎溴铵又名溴苄烷胺、新洁尔灭。为溴化二甲基苄基烃铵的混合物；同类药物苯扎氯铵，又名氯苄烷胺、洁尔灭，为氯化二甲基苄基烃铵的混合物，两者均属季铵盐类消毒剂。

【理化性质】　本品常温下为黄色胶状体，低温时可逐渐形成蜡状固体，臭芳香、味极苦。本品在水中易溶，水溶液呈碱性反应，振摇时产生多量泡沫。耐加热加压，性质稳定，可保存较长时间效力不变。

【作用用途】　本品为常用的一种阳离子表面活性剂。具有杀菌和去污作用。对多数革兰氏阳性和阴性菌有效，接触数分钟即能杀死；对病毒效力差，不能杀死结核杆菌、霉菌和炭疽芽孢。

【用法用量】　0.1%溶液用于皮肤和术前手臂消毒（浸泡5分钟）、手术器械消毒（煮沸15分钟后浸泡30分钟）；0.15%～2%溶液可用于猪舍内空间的喷雾消毒；0.01%溶液用于创面、黏膜（阴道膀胱等）及深部感染伤口的冲洗消毒；感染性创面宜用0.1%溶液局部冲洗后湿敷。

【专家提示】

（1）禁与肥皂及其他阴离子活性剂、碘化物和过氧化物等合用，术者用肥皂洗手后，务必用水冲净后再用本品。

（2）配制器械消毒液时，需加0.5%亚硝酸钠；其水溶液不得贮存于聚乙烯制作的容器内，以避免与增塑剂起反应而使药液失效。

（3）可引起人体药物过敏。

洗必泰

【理化性质】 本品为白色或几乎白色的结晶性粉末，无臭，味苦。在乙醇中溶解，在水中微溶，在酸性溶液中解离。

【作用用途】 本品又名氯己定，为阳离子表面活性剂，是广谱杀菌剂，对革兰氏阳性细菌、阴性细菌和真菌均有杀灭作用。抗菌作用强于苯扎溴铵，其作用迅速且持久，毒性低，无局部刺激作用。本品不易被有机物灭活，但易被硬水中的阴离子沉淀而失去活性。与苯扎溴铵联合应用对大肠杆菌有协同杀菌作用，两药的混合液呈相加消毒效力。洗必泰水溶液常用于黏膜、皮肤、术野、剖面、器械、用具等的消毒。

【用法用量】 国内生产有双醋酸洗必泰和双盐酸洗必泰。国外用双葡萄糖酸洗必泰，其作用优于前两种。

0.02%溶液用于术前泡手，3分钟即可达消毒目的；0.05%溶液用于冲洗创伤；0.05%乙醇溶液用于术野皮肤消毒，0.1%溶液浸泡器械（其中应加0.5%亚硝酸钠）一般浸泡10分钟以上；0.5%溶液喷雾或涂擦无菌室、手术室、猪舍、用具等。

【专家提示】

（1）肥皂、碱性物质和其他阴离子表面活性剂均可降低氯己定的杀菌效力。

（2）禁忌与甲醛、碘酊、高锰酸钾、硫酸锌、升汞配伍应用。

（3）本品水溶液宜贮存于中性玻璃瓶中，每两周重配一次。

（4）本品可引起人接触性皮炎。

（5）用作器械消毒时，需加0.5%亚硝酸钠。

医学临床报道，氯己定溶液轻微刺激黏膜，禁用于灌洗膀胱，以防引起血尿。

消毒净

【理化性质】　本品为白色结晶性粉末，无臭，味苦，微有刺激性，易受潮，溶于水和乙醇，水溶液易起泡沫，对热稳定，应密封保存。

【作用用途】　本品为阳离子表面剂。抗菌谱同洗必泰，但消毒力较洗必泰弱而较新洁尔灭强。常用于手、皮肤、黏膜、器械、猪舍等的消毒。

【用法用量】　本品0.05%溶液可用于冲洗黏膜，0.1%溶液可用于手指和皮肤的消毒，也可浸泡消毒器械（如为金属器械，应加入0.5%亚硝酸钠）。

【专家提示】　本品不可与合成洗涤剂或阴离子表面活性剂接触，以免失效。在水质硬度过高的地区应用时，药物浓度应适当提高。

度米芬

【理化性质】　本品为白色或微黄色片状结晶，无臭或微带特臭，味苦，在水中易溶，振摇水溶液会产生泡沫。

【作用用途】　本品为阳离子表面活性剂。对革兰氏阳性和革兰氏阴性细菌均有杀菌作用，但对革兰氏阴性细菌需较高浓度；对芽孢、抗酸杆菌病毒效果不显著；有抗真菌作用。在中性或弱碱性溶液中效果最好；在酸性溶液中效果明显下降。用于创面、黏膜、皮肤和器械消毒。

【用法用量】　创面、黏膜消毒配成 0.02% ~ 0.05% 溶液；皮肤、器械消毒配成 0.05% ~ 0.1% 溶液。

【专家提示】

（1）禁与肥皂、盐类和其他合成洗涤剂混合用，避免使用铝制容器。

（2）消毒金属器械需加 0.5% 亚硝酸钠防锈。

（3）可引起人接触性皮炎。

癸甲溴铵溶液

癸甲溴铵溶液俗称百毒杀，为癸甲溴铵的丙二醇溶液。癸甲溴铵化学名为二癸二甲基溴化铵，属季铵盐类。

【理化性质】　本品为无色或微黄色黏稠性液体；振摇时产生泡沫。能溶于水，性质稳定，不受环境酸碱度、水质硬度、粪污血液等有机质及光热影响。可长期保存，适应范围广泛。

【作用用途】　本品为阳离子表面活性剂，属双链季铵盐消毒剂，杀菌活性比一般单链季铵盐化合物强数倍。能迅速渗入细胞膜，改变其通透性，具有较强的杀菌作用。对细菌、病毒及真菌都有杀灭作用。由于本品对人畜无毒、无刺激性和副作用，既可用于猪的正常饮水消毒、带猪消毒，亦可用于传染病发生时的紧急消毒。此外，还可用于肉制品、乳制品及器械的消毒。

【用法用量】　液体剂型，有 50% 和 10% 两种浓度。两者适用范围相同，但后者剂量应加大 5 倍。具体使用范围、稀释倍数及用法见表 3 - 3。

表3－3　百毒杀的使用方法

消毒范围	稀释倍数		使用方法
	百毒杀（50%）	百毒杀－S（10%）	
常规饮水处理	10 000～20 000	2 000～4 000	定期或长期
传染病发生时饮水	5 000～10 000	1 000～2 000	连续饮用7天
猪舍、环境、器具和带猪消毒	3 000	600	喷洒、喷雾、冲洗浸泡
猪场平时预防消毒	3 000～5 000	600～1 000	喷雾、冲洗
猪场发生疾病时消毒	1 000	200	喷雾、冲洗
防治猪皮肤病腐蹄病	500	100	浸泡、擦洗、喷洒

辛氨乙甘酸溶液

辛氨乙甘酸溶液俗称菌毒清。为二正辛基二乙烯三胺，单正辛基二乙烯三胺与氯乙酸反应生成的甘氨酸盐酸盐溶液，加适量的佐剂配制而成。含辛基二乙烯三胺甘氨酸盐酸盐应为4.5%～5.5%。

【理化性质】　本品为黄色澄明液体；有微腥臭，味微苦；强力振摇则发生多量泡沫。

【作用用途】　本品为双性离子表面活性剂。对化脓球菌、肠道杆菌等及真菌有良好的杀灭作用，对细菌芽孢无杀灭作用。对结核杆菌，1%溶液需作用12小时，杀菌作用不受有机物的影响。用于环境、器械和手的消毒。

【用法用量】　猪舍、场地、器械消毒加水稀释100～200倍；手消毒加水稀释1 000倍。

【专家提示】

（1）不可与其他消毒药合用。

（2）不适用于粪便、污秽物及污水的消毒。

十一、其他消毒防腐剂

环氧乙烷

【理化性质】　本品在低温时为无色透明液体，易挥发（沸点 10.7℃）。遇明火易燃烧、爆炸，在空气中，其蒸气达 3% 以上就能引起燃烧。能溶于水和大部分有机溶剂，有毒。

【作用用途】　本品为广谱、高效杀菌剂，对细菌、芽孢、真菌、立克次体和病毒，以至于昆虫和虫卵都有杀灭作用。同时，还具有穿透力强、易扩散、消除快、对物品无损害无腐蚀等优点。主要用于怕热、怕湿物品的消毒，也可用于猪舍、仓库、无菌室、产房等空间消毒。

【用法用量】　本品可杀灭繁殖型细菌，每立方米用 300 ~ 400 克，作用 8 小时；消毒芽孢和霉菌污染的物品，每立方米用 700 ~ 950 克，作用 24 小时。一般放置在消毒袋内进行消毒。消毒时相对湿度为 30% ~ 50%，温度不低于 18℃，最适温度为 38 ~ 54℃。

【专家提示】　本品对人畜有一定致癌毒性，应避免接触。贮存或消毒时禁止有火源，应将 1 份环氧乙烷和 9 份二氧化碳的混合物贮于高压钢瓶中备用。

瑞得士 –203 消毒杀菌剂

瑞得士 –203 消毒杀菌剂是由双链季铵盐和增效剂复方配制而成的一种新型消毒剂，具有以下特点：

（1）低浓度、低温，快速杀灭各种病毒、细菌、霉菌、真菌、寄生虫卵、藻类、芽孢及各种病原微生物。

（2）在推荐使用浓度下对人和猪绝对安全，无毒、无味、无色，能带猪消毒，对人的皮肤和猪的直接接触无刺激性。

（3）杀菌力不受有机物（如尘土、粪便、乳、血等）、水质硬度以及酸碱度、光、温度、湿度等因素的影响。

（4）具有良好的穿透力和清洁作用。

（5）药效长久，一般药效保持在10天以上。

（6）功能多，施用一次可同时发挥灭菌消毒、清洗、脱臭等功效。

瑞得士-203消毒杀菌剂有40型、5型、2型、1型和05型之分，其中40型浓度最高，是5型的8倍，2型的16倍，1型的32倍，05型的64倍。

现以40型和5型为例配制消毒液，见表3-4。

表3-4　瑞得士-203消毒杀菌剂的使用方法

消毒范围	稀释倍数		使用方法
	40型	5型	
常规饮水处理	24 000～32 000	3 000～4 000	定期或长期
传染病发生时饮水	16 000～24 000	2 000～3 000	连续饮用
猪场平时预防消毒	3 200～4 800	400～600	猪舍、产舍、保育舍喷洒、冲洗
猪场发生疾病时消毒	1 600～3 200	200～400	
防治猪皮肤病腐蹄病	500	100	浸泡、擦洗、喷洒

第四章
健康养猪与生物制品

第一节 概 述

猪用生物制品是根据免疫学原理，用微生物（细菌、病毒、立克次体以及微生物的毒素等）、动物的血液或组织制成的，用以预防、治疗及诊断传染病的一类制品。包括供预防传染病发生的菌苗、疫苗、类毒素；供治疗或紧急预防用的抗菌血清、抗毒素、噬菌体和干扰素；供诊断传染病用的各种抗原、抗体和诊断液等。这里着重介绍供预防传染病用的菌苗、疫苗和类毒素。菌苗是指用细菌、支原体和螺旋体等制成的生物制品；疫苗是用病毒或立克次体制成的生物制品；类毒素是用细菌外毒素加甲醛减毒制成的生物制品。习惯上将这3种制品统称为疫苗。

一、疫苗

（一）疫苗分类

1. 灭活苗 将培养好的抗原溶液用甲醛溶液、烷化剂（如AEI 和 BEI）或 β-丙酰内酯等灭活剂进行处理而制成的疫苗。这种疫苗中的抗原失去了致病能力但仍保持免疫原性，它有两个优点：一是病原丧失了致病能力，不会引起易感猪群的发病；二是稳定性好，不会因处理不当而失效，易保管。

2. 活苗（弱毒苗） 在特定条件下，人工定向培育，使微生物毒力减弱，但仍保持良好的免疫原性，或筛选自然弱毒株制成的疫苗。这种疫苗保存了充分的感染力，而没有强毒株那样的致病作用。活疫苗中的弱毒株在猪体内自然继代，其毒力会逐渐增强，所以在防疫过程中严防散落，在处理报废活疫苗时应深埋或火化。

3. 类毒素 将细菌外毒素用适量的 0.4% 甲醛处理一定时间后，外毒素失去活性，但仍保持其抗原性，此即类毒素。在类毒素中加入适量钾明矾形成沉淀，此即为明矾沉淀类毒素，它在体内不易被吸收，长期刺激机体产生大量抗毒素，有利于疾病预防，如破伤风类毒素。

4. 生物技术疫苗 生物技术疫苗是利用生物技术制备的分子水平的疫苗。包括基因工程亚单位疫苗、合成肽疫苗、DNA疫苗、基因缺失疫苗和重组活载体疫苗等。

（二）疫苗保存

不同的生物制品要求不同的保存温度和方法。冻干疫苗多在 -15℃ 以下低温保存，能保存 1～2 年，而添加耐热保护剂的冻干制品也可在 2～8℃ 保存 1 年甚至更久；油乳剂灭活苗在 2～8℃ 保存效果最好，有效期约 1 年，严禁冷结，建议在 1 年内用完。疫苗在运输和保存中应避免强光、暴晒、高温造成损坏。疫苗加水（或稀释液）以后，应放在冷暗处，2～4 小时用完。

（三）使用疫苗注意事项

疫苗是预防和控制传染病的一种不可替代的重要措施，只有正确使用才能使猪体产生足够的免疫力，从而达到抗御外来病原攻击的目的。

（1）接种疫苗前必须掌握本地及其周边地区疫情和流行病的发生情况，提前使用相应疫苗；被接种猪群要健康。

（2）必须制定和执行合理的免疫程序。

（3）要选购有效疫苗。选择运输、保存条件都很好，且声誉高、可靠的疫苗供应商。疫苗必须在有效期内，疫苗的标签、包装都应完好无损。

（4）要正确使用疫苗。接种疫苗的器械、用具如注射器、针头、滴管等要洗净灭菌；稀释疫苗要用指定稀释液，并按规定方法进行；注射过程中要做好消毒、防污染工作；稀释后的疫苗一定要在限定时间内（一般为1个小时）用完。

（5）接种疫苗前后，对猪群要加强饲养管理，减少应激反应。

（6）使用活菌苗前后不能用抗菌药物，以免影响免疫效果。如猪丹毒弱毒疫苗等在使用前后不允许使用任何抗微生物药物。

二、抗病血清

抗病血清是抗菌、抗病毒、抗毒素血清的总称。凡是用细菌类毒素或毒素免疫同源或异源大动物所取得的免疫血清，称为抗毒素（或抗毒血清），如破伤风抗毒素。凡是用细菌免疫同源或异源大动物所取得的免疫血清，称为抗菌血清，如抗出血性败血症多价血清、抗炭疽血清等。凡是用病毒免疫同源动物所取得的免疫血清，称为抗病毒血清，如抗猪瘟血清。

抗病血清内含有大量的特异性抗体，将其输入猪体后，受体动物能立即获得抵抗该传染病的能力，因此，在已发生某种传染病或受某种传染病威胁的猪群，可用抗病血清进行治疗或紧急预防接种。抗病血清的抗病力维持时间很短，在注射抗病血清1～2周后，应再注射相应疫苗，以获得较长期的免疫力。抗病血清中所含的抗体具有特异性，因而只能用作相应传染病的治疗或紧急预防。

三、诊断液

1. 诊断抗原　由病原微生物（包括寄生虫）制备抗原用于检测相应抗体，即检测待检血清中有无特异性抗体存在。

2. 诊断血清　诊断血清是用制备的抗血清（抗体）检测抗原，诊断血清内有经标定的已知抗体，用以检查可疑组织内有无该种疫病特异性抗原（病原微生物或其代谢产物）存在。

3. 变态反应原　变态反应原是利用病原微生物或其代谢产物制成的一种具有特异性的诊断液，如布氏杆菌水解素等。

第二节　健康养猪常用生物制品

猪瘟活疫苗（兔源）

本品系用猪瘟兔化弱毒株接种家兔或乳兔,收获感染家兔的脾脏及淋巴结（简称脾淋）或乳兔的肌肉及实质脏器制成乳剂,加适宜稳定剂,经冷冻真空干燥制成。

【理化性质】　本品为淡红色海绵状疏松团块，易与瓶壁脱离，加稀释液后迅速溶解。

【作用用途】　本品用于预防猪瘟。

【用法用量】　肌内或皮下注射。

（1）按瓶签注明的头份加生理盐水稀释，每头猪1毫升。

（2）在无猪瘟流行地区，断奶后无母源抗体的仔猪，注射1次即可。有疫情威胁时，仔猪可在21~30日龄和65日龄左右时各注射1次。

（3）断奶前仔猪可接种4头份疫苗，以防母源抗体干扰。

【免疫期】　注射疫苗4日后，即可产生坚强的免疫力。断奶后无母源抗体仔猪的免疫期，脾淋苗为1年6个月；乳兔苗为1

年。

【保存】　-15℃以下保存，有效期为1年。

【专家提示】

（1）注苗后应注意观察，如出现过敏反应，应及时注射抗过敏药物。

（2）疫苗应在8℃以下的冷藏条件下运输；使用单位收到冷藏包装的疫苗后，如保存环境超过8℃而在25℃以下时，应在10日内用完；使用单位所在地区的气温在25℃以上时，如无冷藏条件，应采用冰瓶领取疫苗，随领随用。

（3）疫苗稀释后，如气温在15℃以下，6小时内用完；如气温在15～27℃，则应在3小时内用完。

猪瘟活疫苗（细胞源）

本品系用猪瘟兔化弱毒株接种易感细胞培养，收获细胞培养物，加适宜稳定剂，经冷冻真空干燥制成。

【理化性质】　本品为乳白色海绵状疏松团块，易与瓶壁脱离，加稀释液后迅速溶解。

【作用用途】　本品用于预防猪瘟。

【用法用量】　同猪瘟活疫苗（兔源）。

【免疫期】　注射疫苗4天后，即可产生免疫力。断奶后无母源抗体仔猪的免疫期为1年。

【保存】　-15℃以保存，有效期为1年6个月。

猪瘟、猪丹毒二联活疫苗

本品系用猪瘟兔化弱毒株接种易感细胞培养，收获细胞培养物，与猪丹毒弱毒菌液按规定比例配制，加适当稳定剂，经冷冻真空干燥而成。

【理化性质】　本品为灰白色或淡褐色海绵状疏松的团块，

加稀释液后迅速溶解呈均匀混悬液。

【作用用途】 本品用于猪瘟、猪丹毒病预防。

【用法用量】 按瓶签注明头份，每份用等量生理盐水进行稀释（每头份加入 1 毫升稀释液），不论猪只大小，一律肌内注射 1 毫升。

【免疫期】 猪瘟免疫持续期为 1 年；猪丹毒免疫持续期为 6 个月。

【保存】 -15℃保存，有效期为 1 年；2~8℃保存，有效期为 6 个月；20℃保存，有效期为 10 天。

猪瘟、猪肺疫二联活疫苗

本品系用猪瘟兔化弱毒株接种易感细胞培养，收获细胞培养物，与猪多杀性巴氏杆菌弱毒菌液按规定比例配制，加适当稳定剂，经冷冻真空干燥而成。

【理化性质】 本品为灰白色或淡褐色海绵状疏松的团块，加稀释液后溶解成均匀的混悬液。

【作用用途】 本品用于猪瘟、猪肺疫的预防。

【用法用量】 按瓶签注明头份，每份用 20% 氢氧化铝胶生理盐水进行稀释（每头份加入 1 毫升稀释液），不论猪只大小，一律肌内注射 1 毫升。

【免疫期】 猪瘟免疫持续期为 1 年，猪肺疫免疫持续期为 6 个月。

【保存】 -15℃保存，有效期为 1 年；0~8℃保存，有效期为 6 个月；20℃保存，有效期为 10 天。

猪瘟、猪丹毒、猪多杀性巴氏杆菌病三联活疫苗

本品系用猪瘟兔化弱毒株接种乳兔或易感细胞，收获含毒乳兔组织或细胞培养病毒液，以适当比例和猪丹毒杆菌弱毒菌液、

猪源多杀性巴氏杆菌弱毒菌液混合，加适宜稳定剂，经冷冻真空干燥制成。

【理化性质】 本品为淡红色或淡褐色海绵状疏松团块，易与瓶壁脱离，加稀释液后迅速溶解。

【作用用途】 本品用于预防猪瘟、猪丹毒、猪多杀性巴氏杆菌病。

【用法用量】 肌内注射。

（1）稀释液。

（2）断奶半个月以上猪，按瓶签注明头份，不论大小，每头1毫升。

（3）断奶半个月以前仔猪可以注射，但必须在断奶两个月左右再注射液苗1次。

（4）初生仔猪、瘦弱猪、病猪均不应注射本品。

【免疫期】 猪瘟免疫期为1年，猪丹毒和猪肺疫免疫期为6个月。

【保存】 -15℃以下保存，有效期为1年；2~8℃保存，有效期为6个月。

【专家提示】

（1）注苗后可能出现过敏反应，应注意观察。

（2）应冷藏运输与贮藏。

（3）疫苗稀释后，应在4小时内用完。

（4）免疫前7日、免疫后10日内均不应喂含抗生素的饲料。

猪伪狂犬病灭活疫苗

本品系用猪伪狂犬病毒鄂A株接种于地鼠肾细胞（BHK$_{21}$）培养，收获感染病毒液，经甲醛溶液灭活后，加油佐剂混合乳化制成。

【理化性质】 本品为均匀白色乳剂。

【作用用途】 本品用于预防由伪狂犬病毒引起的母猪繁殖障碍、仔猪伪狂犬病和种猪不育症。

【用法用量】 颈部肌内注射。育肥仔猪，断奶时每头 3 毫升；种用仔猪，断奶时每头 3 毫升，间隔 28～42 日，加强免疫接种 1 次，每头 5 毫升。以后每隔半年加强免疫接种 1 次。妊娠母猪，产前 1 个月加强免疫接种 1 次。

【免疫期】 为 6 个月。

【保存】 2～8℃保存，有效期为 1 年。

【专家提示】

(1) 使用前摇匀，使疫苗的温度恢复到室温。

(2) 启封后应当天用完。

(3) 切勿冻结。

猪伪狂犬病活疫苗

含猪伪狂犬病病毒（HB - 98 株）双基因缺失株，每头份病毒含量 $\geq 10^{5.0}$ TCID50（TCID50 为病毒感染力的滴定）。

【理化性质】 本品为乳白色海绵状疏松团块，加专用稀释液或生理盐水稀释后迅速溶解。

【作用用途】 本品用于预防猪伪狂犬病。

【用法用量】 ①按瓶签注明头份，用专用稀释液或灭菌生理盐水稀释，皮下或肌内注射 1 毫升（1 头份）。②推荐免疫程序为：PRV 抗体阴性仔猪，在出生后 1 周内滴鼻或肌注免疫；具有 PRV 母源抗体的仔猪，在 45 日龄左右（肌内注射）。经产母猪，每 4 个月免疫 1 次。后备母猪，6 月龄左右肌内注射 1 次，间隔 1 个月后加强免疫 1 次，产前 1 个月左右再免疫 1 次。种公猪每年春、秋季各免疫 1 次。

【专家提示】

(1) 疫苗在运输、保存、使用过程中，应防止疫苗接触高温、消毒剂和阳光照射。

（2）应对注射部位进行严格消毒。

（3）疫苗稀释后限 2 小时内用完。

（4）剩余的疫苗及用具，应经消毒处理后废弃。

猪伪狂犬病基因缺失疫苗

本品系伪狂犬病病毒双基因（gE、TK）缺失株 SA3-2，在易感细胞上增殖，收获后加保护剂冷冻真空干燥而成。

【理化性质】 本品为淡黄色疏松固体。

【作用用途】 本品用于预防动物伪狂犬病。

【用法用量】 按疫苗瓶标签注明的头份，用蒸馏水（或专用稀释水）稀释后进行肌内注射，妊娠母猪产前 3 周免疫 2 头份；乳猪第一次注射 1 头份剂量，断乳后再注射 1 头份。

【保存】 -15℃ 以下保存，有效期为 18 个月，在 0~4℃ 保存，有效期为 9 个月。

【专家提示】

（1）本疫苗用于疫区及受到疫病威胁的地区，在疫区点内，除已发病的动物外，对无症状的易感动物亦可进行紧急预防接种。

（2）稀释的疫苗应在当日用完，剩余的疫苗消毒后废弃。

（3）注射部位应严格消毒。

猪传染性胃肠炎、猪流行性腹泻二联灭活疫苗

本品系用猪传染性胃肠炎和猪流行性腹泻病毒分别接种 PKl5 和 Vero 细胞培养，收获感染细胞液，经甲醛溶液灭活后，等量混合，加氢氧化铝胶浓缩制成。用于预防猪传染性胃肠炎和猪流行性腹泻。

【理化性质】 本品为粉红色均匀混悬液。静置后上层为红

色澄清液体，下层为淡灰色沉淀，振摇后，即成均匀混悬液。

【作用用途】　本品用于预防猪传染性胃肠炎和猪流行性腹泻。

【用法用量】　后海穴（尾根与肛门中间凹陷的小窝部位）注射。注射疫苗的进针深度按猪龄大小为 0.5 ~ 4 厘米，3 日龄仔猪为 0.5 厘米，随猪龄增大则进针深度加大，成猪为 4 厘米，进针时保持与直肠平行或稍偏上。妊娠母猪于产仔前20 ~ 30 日注射疫苗 4 毫升，所生仔猪于断奶后 7 日内注射疫苗 1 毫升；体重 25 千克以下仔猪每头 1 毫升；25 ~ 50 千克猪 2 毫升；50 千克以上猪 4 毫升。

【免疫期】　主动免疫接种后 14 日产生免疫力，免疫期为 6 个月。仔猪被动免疫的免疫期是哺乳期至断奶后 7 日。

【保存】　2 ~ 8℃保存，有效期为 1 年。

【专家提示】

（1）疫苗在运输过程中防止高温和阳光照射，在免疫接种前应充分振摇。

（2）给妊娠母猪接种疫苗时要进行适当保定，以避免引起流产。

猪传染性胃肠炎、猪流行性腹泻二联活疫苗

疫苗中含猪传染性胃肠炎病毒华毒株和猪流行性腹泻病毒 CV777 株，病毒含量≥$10^{7.0}$TCID50/毫升。

【理化性质】　本品为黄白色海绵状疏松团块，易与瓶壁脱离，加稀释液后迅速溶解，无异物。

【作用用途】　本品用于预防猪传染性胃肠炎和猪流行性腹泻。主动免疫接种后 7 天产生免疫力，免疫期为 6 个月。仔猪被动免疫的免疫期至断奶后 7 天。

【用法用量】　后海穴（尾根与肛门中间凹陷的小窝部位）

注射，按瓶签注明的头份用无菌生理盐水稀释成每1.5毫升含1头份。进针时保持与直肠平行或稍偏上。妊娠母猪于产仔前20~30天每头注射1.5毫升；其所生仔猪于断奶后7~10天每头注射0.5毫升。未免疫母猪所产3日龄以内仔猪每头注射0.2毫升。体重25~50千克育成猪每头注射1毫升，体重50千克以上成猪每头注射1.5毫升。进针深度：3日龄仔猪0.5厘米，随猪龄增大而加深，成猪4厘米。

【保存】　-20℃以下保存，有效期为24个月；2~8℃保存，有效期为12个月。

【专家提示】

（1）运输过程中应防止高温和日光照射。

（2）妊娠母猪接种疫苗时要进行适当保定，以避免引起机械性流产。

（3）疫苗稀释后限1小时内用完。

（4）接种时针头保持与脊柱平行或稍偏上，以免将疫苗注入直肠内。

猪乙型脑炎灭活疫苗

本品系用猪乙型脑炎病毒HW_1株脑内接种小白鼠，收获感染的小白鼠脑组织制成悬液，经甲醛溶液灭活后，加油佐剂混合乳化制成。

【理化性质】　本品为白色均匀乳剂。

【作用用途】　本品用于预防猪乙型脑炎。

【用法用量】　肌内注射。种猪于6~7月龄（配种前）或蚊虫出现前20~30日注射疫苗两次（间隔10~15日），经产母猪及成年公猪每年注射1次，每次2毫升。在乙型脑炎重疫区，为了提高防疫密度，切断传染锁链，对其他类型猪群也应进行预防接种。

【免疫期】 10 个月。

【保存】 2~8℃保存，有效期为 1 年。

【专家提示】 疫苗用前摇匀，启封后须当天用完。

猪细小病毒病灭活疫苗

本品系用猪细小病毒接种胎猪睾丸细胞培养。收获细胞培养物，经 AEI 灭活后，加油佐剂混合乳化制成。

【理化性质】 本品为乳白色乳状液。静置后，下层略带淡红色。

【作用用途】 本品用于预防由猪细小病毒引起的母猪繁殖障碍病。

【用法用量】 深部肌内注射。每头 2 毫升。

【免疫期】 6 个月。

【保存】 2~8℃保存，有效期为 7 个月。

【专家提示】 切忌冻结。本疫苗在疫区或非疫区均可使用，不受季节限制。在阳性猪场，对 5 月龄至配种前 14 日后备母猪、后备公猪均可使用；在阴性猪场，配种前母猪任何时间均可免疫。怀孕母猪不宜使用。

猪口蹄疫 O 型灭活疫苗

本品系用免疫原性良好的猪 O 型口蹄疫 OZK/Z93 强毒株，接种 BHK_{21} 细胞培养，收获感染细胞液，应用生物浓缩技术浓缩，经 BEI 灭活后，加油佐剂混合乳化制成。用于预防猪 O 型口蹄疫。

【理化性质】 本品为乳白色或浅红色均匀乳状液，久置后，上层可有少量（不超过 1/20）油质析出，摇之即成均匀乳状液。

【作用用途】 本品用于预防猪 O 型口蹄疫，注射疫苗后 15 日产生免疫力。

【用法用量】 耳根后肌内注射。体重 10~25 千克猪每头 1 毫升；25 千克以上猪每头 2 毫升。

【免疫期】 6 个月。

【保存】 2~8℃保存，有效期为 1 年。

【专家提示】 疫苗应在 2~8℃冷藏运输，不得冻结；运输和使用过程中，应避日光直接照射。疫苗使用前应充分摇匀。

口蹄疫 O 型、A 型、亚洲 I 型三价灭活疫苗

含灭活的 O 型、A 型、Asia1 型口蹄疫病毒，灭活前每种病毒的滴度至少为 $10^{6.5}$LD50/0.2 毫升或 $10^{7.5}$TCID50/毫升。

【理化性质】 本品为乳白色或淡红色黏滞性乳状液。

【作用用途】 本品用于预防猪 O 型、A 型、亚洲 I 型口蹄疫。

【用法用量】 耳根后肌内注射。体重 10~25 千克的仔猪，每头 2 毫升。体重 25 千克以上的猪，每头 3 毫升。

【保存】 2~8℃避光保存，有效期 1 年。

【专家提示】 疫苗只是消灭和控制口蹄疫的重要措施之一，在接种的同时还应当对疫区采取封锁、隔离、消毒等综合防治措施，对非疫区也应进行综合防治。

猪繁殖与呼吸综合征活疫苗

本品系用猪繁殖与呼吸综合征病毒经传代细胞培养，加适当稳定剂，经冷冻真空干燥制成。

【理化性质】 本品为淡黄色或乳白色海绵状疏松的团块，加稀释液迅速溶解成均匀的混悬液。

【作用用途】 本品用于预防猪繁殖与呼吸综合征。

【用法用量】 按瓶签注明头份，用稀释液稀释。

（1）仔猪：12 日龄首免 0.5 头份，30 日龄二免 1 头份。

（2）后备母猪和哺乳母猪：均在配种前 2 周免疫 1 头份。

【免疫期】　6 个月。

【保存】　–15℃保存，有效期为 18 个月。

猪繁殖与呼吸综合征灭活疫苗

本品系用猪繁殖与呼吸综合征病毒经传代细胞培养，灭活后，加油乳剂混合乳化制成。

【理化性质】　本品为乳白色乳剂。

【作用用途】　本品主要用于防治种猪、后备母猪和经产母猪的繁殖与呼吸综合征。

【用法用量】　未经免疫的种公猪配种前 10 ~ 15 天，每头肌内注射 2 毫升，间隔 20 天后，同样剂量接种 1 次；已经免疫过的种公猪每半年注射 1 次，每头 2 毫升，肌内注射。

【免疫期】　6 个月。

【保存】　2 ~ 8℃保存，有效期 1 年。

猪丹毒灭活疫苗

本品系用免疫原性良好的猪丹毒杆菌，接种于适宜培养基培养，将培养物经甲醛溶液灭活后，加氢氧化铝胶浓缩制成。

【理化性质】　本品静置后，上层为橙黄色澄明液体，下层为灰白色或浅褐色沉淀，振摇后呈均匀混悬液。

【作用用途】　本品用于预防猪丹毒。

【用法用量】　皮下或肌内注射。体重 10 千克以上的断奶猪 5 毫升，未断奶仔猪 3 毫升，间隔 1 个月后，再注射 8 毫升。

【免疫期】　6 个月。

【保存】　2 ~ 8℃保存，有效期为 1 年 6 个月。

【专家提示】　瘦弱，体温或食欲异常猪不宜注射；注射后一般无不良反应，偶可于注射处出现硬结，但能逐渐消失。

猪丹毒 GC_{42} 活疫苗

本品采用猪丹毒杆菌弱毒株 GC_{42}，接种于适宜培养基，将培养物加适宜稳定剂，经冷冻真空干燥制成。

【理化性质】　本品为淡褐色海绵状疏松团块，易与瓶壁脱离，加入稀释液后可迅速溶解成均匀的混悬液。

【作用用途】　本品用于预防猪丹毒，供断奶后猪使用。

【用法用量】　皮下注射（ GC_{42} 疫苗亦可用于内服）。按瓶签注明头份，用20%氢氧化铝胶生理盐水稀释，每头猪皮下注射1毫升。 GC_{42} 疫苗内服时，剂量加倍。

（1）注射法：每头猪皮下注射1毫升（含苗7亿个）。

（2）口服法：每头猪2毫升（合菌14亿个）。采用散食或流食给药。散食喂法是，取适量新鲜饲料（如麦麸、米糠、玉米糠等），加少量冷水搅拌湿润，将稀释好的菌苗加入饲料里，充分拌匀后，撒在饲槽里，让猪自由采食。流食喂法是，取适量冷水（每头猪250毫升左右）加少量饲料，制成流体状态，将稀释好的菌苗滴在流食内并拌匀，倒在饲槽内让猪自由采食。

【免疫期】　注射后7日、口服后9日开始产生免疫力，免疫期为6个月。

【保存】　-15℃保存，有效期为1年；2~8℃保存，有效期为9个月。

【专家提示】

（1）本疫苗稀释后应放阴暗处，限4小时内用完。

（2）本品内服前应停食4小时，用冷水稀释疫苗，拌入少量新鲜饲料中，仔猪自由采食。

（3）抗生素的应用能抑制或消除本菌苗的免疫作用，在用苗前1周和用苗后10日内停止使用抗菌药物，必须使用时，在停药1周后须补做一次免疫。

(4) 用口服法给药时，拌苗用饲料及水禁忌酸，不能用酸败及发酵饲料；不能用热水、热食；免疫前须将用具用碱水洗净；猪群最好按大小分开喂苗，使每头猪都能吃到规定剂量的菌苗；须空腹喂苗，最好是清晨饲喂，免疫后经 30 分钟方可常规喂食。

猪丹毒 G_4T_{10} 弱毒菌苗

本品采用猪丹毒杆菌弱毒株 G_4T_{10} 制成。

【理化性质】 本品为疏松固体，加入稀释液后可迅速溶解成均匀的混悬液。

【作用用途】 本品预防猪丹毒。

【用法用量】 按瓶签记载头份数，加入 20% 氢氧化铝胶生理盐水溶解，使每毫升含活菌不少于 5 亿。振摇溶解后，不论体重或月龄大小，一律皮下或肌内注射 1 毫升。

【免疫期】 断奶后 15 天以上的猪，接种 7 天后可产生较强的免疫力，免疫期为 6 个月。

【不良反应】 注射后 7 天内有的猪出现食欲减少、体温略高等反应，但多于 3 天后逐渐消失。

【保存】 −15℃ 保存，有效期为 1 年；0～8℃ 保存，有效期为 9 个月；25～30℃ 保存不超过 10 天。

【专家提示】 不能用口服法免疫。

猪多杀性巴氏杆菌病灭活疫苗

本品系用免疫原性良好的荚膜 B 群多杀性巴氏杆菌，接种于适宜培养基培养，将培养物经甲醛溶液灭活后，加氢氧化铝胶制成。

【理化性质】 本品静置后，上层为淡黄色的澄明液体，下层为灰白色沉淀，振摇后呈均匀混悬液。

【作用用途】 本品用于预防猪多杀性巴氏杆菌病。

【用法用量】 皮下或肌内注射。断奶猪，5毫升。

【免疫期】 注射后14天产生可靠的免疫力，免疫期6个月。

【保存】 2~8℃保存，有效期为1年。

猪多杀性巴氏杆菌病活疫苗

本品系用禽源多杀性巴氏杆菌CA弱毒株，接种适宜培养基培养，将培养物加入适宜稳定剂，经真空干燥制成。

【理化性质】 本品为淡褐色海绵状疏松团块，加稀释液后迅速溶解。

【作用用途】 本品用于预防猪多杀性巴氏杆菌病（A型）。

【用法用量】 肌内或皮下注射。按瓶签注明的头份，用20%氢氧化铝胶生理盐水稀释，每头断奶后的仔猪1毫升（含1头份）。

【免疫期】 为6个月。

【保存】 2~8℃保存，有效期为9个月。

【专家提示】 本疫苗稀释后，存放冷暗处，并限4小时内用完。注射本品前7天、注射后10天内不能使用抗微生物药。

猪肺疫内蒙古系弱毒菌苗

【理化性质】 本品为乳白色或乳黄色的块状物，质地疏松，加水能迅速溶解成均质乳浊液。

【作用用途】 本品预防猪肺疫。

【用法用量】 先将未经发酵的新鲜饲料按正常喂量的半量倒入饲槽内，冬季以温料为宜（以不烫手为准）。菌苗按瓶签标明的头份用冷开水或井水（pH值6.8~7.4为宜）稀释后，依所喂头份加入饲料中，充分拌匀后让猪吃食。注意让每头猪均能吃到一定数量的菌苗（3亿），待将混有菌苗的饲料吃净后，再把余下的半量饲料倒入饲槽，让猪吃完为止。

【免疫期】 饲喂后 7 天可获得坚强的免疫力，免疫期为 10 个月。

【保存】 -15℃以下保存，有效期暂定为 1 年；2~8℃为 6 个月；16~28℃阴暗干燥处保存，有效期暂定为 1 个月。

【专家提示】 如有个别猪没有吃进混有菌苗的饲料，则应单独补喂 1 次；如有的猪吃食不好，可在喂饲菌苗前停食 1 顿；本菌苗只能口服，严禁注射；菌苗稀释后限 6 小时内用完，过期作废；病弱猪及临产猪不宜服用。

猪肺疫 EO-630 弱毒菌苗

【理化性质】 本品为有色疏松固体，加入稀释剂后即迅速溶解成均匀的混悬液。

【作用用途】 本品用于预防猪肺疫。

【用法用量】 按瓶签标记的头份数，加入 20% 氢氧化铝胶生理盐水稀释，振摇溶解后，对断奶后 15 天以上的猪，一律肌内注射 1 毫升。

【不良反应】 注射后，可能有少数猪出现减食或体温升高等反应，1~2 天即可恢复。个别反应严重的，可采取治疗措施。

【免疫期】 接种后 7 天产生较强的免疫力，免疫期 6 个月。

【保存】 -15~-10℃冷冻保存，有效期为 1 年；0~8℃冷暗干燥处保存，有效期为 6 个月；20~25℃阴暗干燥处保存，有效期仅为 10 天。

【专家提示】 本品为活菌苗，除执行有关规定外，尚须注意：

（1）注射本苗前，应了解当地的疫情。疫情威胁区的猪、病弱猪和初生仔猪均不宜注射。

（2）使用前 1 周或注射后 10 天内，均不应饲喂或注射抗菌药物。

（3）稀释后的菌苗，须于 4 小时内用完。

猪肺疫 C$_{20}$ 弱毒菌苗

【理化性质】 本品为灰白色海绵状疏松团块，易与瓶壁脱离，加稀释液后迅速溶解。

【作用用途】 本品用于预防猪肺疫。

【用法用量】 本苗只能口服，一律口服 5 亿个菌苗。

【免疫期】 暂定为 6 个月。

【保存】 0~10℃保存，有效期暂定为 1 年；-15℃以下保存，有效期暂定为半年。

猪丹毒、猪多杀性巴氏杆菌病二联灭活疫苗

本品系用免疫原性良好的猪丹毒杆菌Ⅱ型和猪源多杀性巴氏杆菌 B 群菌株分别接种于适宜培养基培养，将培养物经甲醛溶液灭活后，加氢氧化铝胶浓缩，接适当比例混合制成。

【理化性质】 本品静置后，上层为橙黄色的澄明液体，下层为灰褐色沉淀，振摇后呈均匀的混悬液。

【作用用途】 本品用于预防猪丹毒和猪多杀性巴氏杆菌病。

【用法用量】 皮下或肌内注射。体重 10 千克以上断奶猪 5 毫升；未断奶猪 3 毫升，间隔 1 个月后，再注射 3 毫升。

【保存】 2~8℃保存，有效期为 1 年。

【专家提示】

（1）瘦弱，体温或食欲异常猪不宜注射。

（2）注射后一般无不良反应，偶可于注射处出现硬结，但能逐渐消失。

仔猪梭菌性肠炎灭活疫苗

本品系用免疫原性良好的 C 型产气荚膜梭菌，接种于适宜培养基培养，将培养物经甲醛溶液灭活脱毒后，加氢氧化铝胶制成。

【理化性质】 本品静置后，上层为橙黄色澄明液体，下层为灰白色沉淀，振荡后呈均匀混悬液。

【作用用途】 本品用于免疫妊娠后期母猪，新生仔猪通过初乳而获得被动免疫，预防仔猪梭菌性肠炎（红痢）。

【用法用量】 肌内注射。母猪在分娩前 30 天和 15 天各注射 1 次，每次 5 ~ 10 毫升。如前胎已用过本疫苗，于分娩前 15 天左右注射 1 次即可，剂量为 3 ~ 5 毫升。

【保存】 2 ~ 8℃保存，有效期为 1 年 6 个月。

【专家提示】 免疫对象为临产母猪，操作须格外小心，以免引起流产。其余均与其他厌氧菌苗要求相同。

猪链球菌氢氧化铝菌苗

本品采用 C 群猪链球菌制成。

【理化性质】 本品静置时，上部为茶褐色透明液体，下部呈浓厚的沉淀，振摇后呈均匀混悬液。

【作用用途】 本品用于预防猪链球菌病。

【用法用量】 不论猪只大小，一律肌内或皮下注射 5 毫升（浓缩菌苗为 3 毫升）。

【免疫期】 注射后 21 天产生免疫力，免疫期暂定为 4 ~ 6 个月。

【保存】 2 ~ 15℃冷暗干燥处保存，有效期暂定为 1 年。

【专家提示】 防止冻结，用前须振摇。

猪败血性链球菌病活疫苗

本品系用猪源兽疫链球菌弱毒株，接种于适宜培养基培养，收获培养物加入适宜稳定剂，经冷冻真空干燥制成。

【理化性质】 本品为淡棕色海绵状疏松团块，易与瓶壁脱离，加稀释液后迅速溶解。

【作用用途】 用于预防由兰氏 C 群的兽疫链球菌引起的猪败血性链球菌病。

【用法用量】 皮下注射或内服免疫。按瓶签注明的头份，加入 20% 氢氧化铝胶生理盐水或生理盐水稀释溶解，每头猪注射 1 毫升，内服 4 毫升。

【免疫期】 免疫期为 6 个月。

【保存】 −15℃ 以下保存，有效期为 1 年 6 个月；2~8℃ 保存，有效期为 1 年。

【专家提示】

（1）疫苗须采取冷藏包装运输，禁忌日光照射。

（2）本菌苗系弱毒活菌苗，使用后应注意器械和容器的消毒。稀释后限 4 小时内用完。

（3）内服时拌入凉饲料中饲喂，且提前停食停饮 3~4 小时。不宜与抗菌药物或含抗生素的制剂合用。用苗前 1 周、后 10 日内均须停止应用抗菌药。否则，经过 1 周后补免。

猪链球菌病灭活疫苗（马链球菌兽疫亚种 + 猪链球菌 2 型）

疫苗中含有灭活的马链球菌兽疫亚种 ATCC35246 株和猪链球菌 2 型 HA9801 株培养物，每头份至少含各菌株 1×10^9 个菌落形成单位（CFU）。

【理化性质】 疫苗静置后，底部有微黄色或灰白色沉淀，上层为透明液体，摇匀后无结块，呈均匀混悬液。

【作用用途】 本品用于预防 C 群马链球菌兽疫亚种和 R 群猪链球菌 2 型感染引起的猪链球菌病，适用于断奶仔猪和母猪。二次免疫后免疫期为 6 个月。

【用法用量】 肌内注射，仔猪每次接种 2 毫升，母猪每次接种 3 毫升。仔猪在 21～28 日龄首免，免疫 30 日后按同剂量进行第 2 次免疫。母猪在产前 45 日首免，产前 30 日按同剂量进行第 2 次免疫。

【保存】 在 2～8℃避光保存，有效期为 1 年。

【专家提示】

（1）本品有分层属正常现象，用前应使疫苗恢复至室温，用时请摇匀，一经开瓶限 4 小时用完。

（2）疫苗切勿冻结。

（3）疫苗过期、变色或疫苗瓶破损，均不得使用。

（4）注射器械用前要灭菌处理，注射部位应严格消毒。

（5）仅用于健康猪。

（6）接种后废弃物应集中处理，不可随意乱扔。

仔猪副伤寒活疫苗

本品系用免疫原性良好的猪霍乱沙门杆菌弱毒株，接种于适宜培养基培养，收获培养物加适宜稳定剂，经冷冻真空干燥制成。

【理化性质】 本品为灰白色海绵状疏松团块，易与瓶壁脱离，加稀释液后迅速溶解。

【作用用途】 本品用于预防仔猪副伤寒。

【用法用量】 内服或耳后浅层肌内注射。适用于 1 月龄以上哺乳或断乳仔猪。按瓶签注明的头份内服或注射，但瓶签已注明限于内服者不得注射。

（1）内服法按瓶签注明的头份，临用前用冷开水稀释，每头份 5~10 毫升灌服。或稀释后均匀地拌入少量新鲜冷饲料中，任猪自行采食。

（2）注射法按瓶签注明的头份，用 20% 氢氧化铝胶生理盐水稀释，每头猪 1 毫升。

【不良反应】　口服一般没有反应或反应轻微。注射法免疫，注射后 1~2 天有的猪出现减食、体温升高、局部肿胀以及呕吐、腹泻等症状。一般 1~2 天后即自行恢复，危重者可注射肾上腺素救治。

【保存】　-15℃ 保存，有效期为 1 年；2~8℃ 保存，有效期为 9 个月。

【专家提示】

（1）稀释后的疫苗限 4 小时内用完，用时要随时振摇均匀。

（2）体弱的病猪不宜使用。

（3）对经常发生仔猪副伤寒的猪场和地区，为加强免疫力，仔猪在断乳前后应各注射 1 次，间隔 21~28 天。

（4）内服时，宜于喂食前投服。

（5）猪对注射法的反应较大，但一般 1~2 天后可自行恢复，严重时可注射肾上腺素。

仔猪腹泻基因工程 K88-K99 双价灭活疫苗

本品系用基因工程技术人工构建的大肠埃希氏菌 C600/PTK8899 菌株，接种于适宜培养基培养，收获 K88、K99 两种纤毛抗原，甲醛溶液灭活后，经冷冻真空干燥制成。

【理化性质】　本品为淡黄色海绵状疏松团块，易与瓶壁脱离，加稀释液后迅速溶解。

【作用用途】　本品用于预防仔猪黄痢。仔猪通过吮食初乳获得 K88、K99 母源抗体，被动获得抗大肠埃希菌感染力。

【用法用量】　耳根部皮下注射。疫苗 1 头份加无菌水 1 毫升溶解，与20%氢氧化铝胶生理盐水2毫升混匀，或直接用2毫升去用稀释液稀释，怀孕母猪在临产前21天左右注射一次即可。为确保免疫效果，应尽可能使所有仔猪都吮足初乳。

【保存】 2～8℃保存，有效期为1年。

仔猪大肠埃希菌病三价灭活疫苗

本品系用分别带有K88、K99、987P纤毛抗原的大肠埃希菌，接种于适宜培养基培养，将培养物经甲醛溶液灭活后，加氢氧化铝胶制成。

【理化性质】 本品静置后，上层为白色的澄明液体，下层为乳白色沉淀物，振摇后呈均匀混悬液。

【作用用途】 本品用于免疫妊娠母猪，新生仔猪通过吮吸母猪的初乳而获得被动免疫。预防仔猪黄痢。

【用法用量】 肌内注射。妊娠母猪在产仔前40天和15天各注射1次，每次5毫升。

【保存】 2～8℃保存，有效期为1年。

【专家提示】

（1）本品在运输过程中避免阳光照射，环境温度不超过30℃；用前应使疫苗恢复至室温，充分摇匀；疫苗切勿冻结，一经开瓶，须当日用完。

（2）仔猪出身后应吃足初乳，保持饲养环境卫生。

仔猪腹泻K88－LTB双价基因工程活疫苗

本品是采用重组的大肠杆菌K88－LTB基因构建而成的菌株接种于适宜培养基培养，收获培养物加适宜稳定剂，经冷冻真空干燥制成。

【理化性质】 本品为灰白色海绵状疏松团块，易与瓶壁脱离，释液后迅速溶解。

【作用用途】　本品用于预防肠毒素大肠杆菌引起的新生仔猪1周内的黄痢，15~20日龄前的白痢。

【用法用量】　按瓶签注明头份，用无菌生理盐水溶解。口腹免疫每头500亿活菌，在怀孕母猪预产期前15~25天进行，将每头份疫苗与2克小苏打一起拌入少量饲料中，空腔喂给母猪，随后再作常规喂食；肌内注射免疫，每头100亿活菌，在母猪预产期前10~20日进行。

疫情严重的猪场或地区，在产前7~10天再加强免疫1次，方法同上。

【保存】　-15℃保存，有效期暂定为7个月；0~4℃保存，有效期暂定3个月；18~22℃保存，有效期暂定1个月。

【专家提示】　疫苗稀释后应在6小时内用完；母猪免疫前后3日内不应使用抗生素；为确保仔猪获得免疫力，应让它们充分吸取母猪的初乳。

猪水肿病多价灭活疫苗

本品系采用抗原性良好的多株不同血清型大肠杆菌培养灭活，经超滤浓缩后加佐剂制成。

【理化性质】　本品静置后上层为橙黄色透明液体，下层为灰白色沉淀，充分摇匀后呈现出浅黄色均匀混浊液体。

【作用用途】　本品用于预防猪水肿病。

【用法用量】　仔猪断奶前14天每头颈部肌内注射2毫升，用前充分摇匀。

【保存】　2~8℃保存，切勿冻结，有效期为1年。

猪回肠炎活疫苗

本品系采用抗原性良好的活菌株制备的冻干制品。

【作用用途】　本品用于预防猪回肠炎。

【用法用量】 口服。

（1）仔猪：10 日龄到断奶前 3～4 天，灌服 1 头份（2 毫升/头份）。

（2）后备猪：购进后备猪后 7 天或售出一个月口服 1 头份（2 毫升/头份）。

（3）种猪群：首次免疫的场建议普免 1 次，感染压力大时，6 个月后重复 1 次。

【保存】 2～8℃，有效期 3 年。

猪肺炎支原体病活疫苗

本品系用猪肺炎支原体兔化弱毒株，接种于鸡胚或乳兔，收获鸡胚卵黄囊或乳兔肌肉，加适宜稳定剂，经冷冻真空干燥制成。

【理化性质】 鸡胚苗为淡黄色；肌肉苗为微红色，海绵状疏松团块，易与瓶壁脱离，加稀释液后迅速溶解。

【作用用途】 用于预防猪肺炎支原体病（猪喘气病）。

【用法用量】 右胸腔内注射，肩胛骨后缘 3～7 厘米两肋骨间进针。按瓶签注明的头份，用无菌生理盐水稀释。每头猪 5 毫升。

【免疫期】 6 个月。

【保存】 –20～–15℃保存，有效期为 11 月；2～8℃保存，有效期为 30 天。

【专家提示】 注射疫苗前 3 天、注射后 30 天内禁止使用土霉素、卡那霉素等对猪肺炎支原体有抑杀作用的药物。疫苗运输应放在含冰冷藏箱内，稀释后当天用完。

猪支原体肺炎灭活疫苗（P–5722–3 株）

商品名瑞倍适–旺，原为美国辉瑞公司生产，现为哈药集团产品，为灭活的猪肺炎支原体 P – 5722 – 3 株。

【理化性质】　本品为乳白色乳剂。

【作用用途】　本品用于预防猪支原体肺炎。

【用法用量】　用于 1 周龄或 1 周龄以上猪肌内注射，每头 1 头份（2 毫升）。首次接种后，每隔半年加强接种 1 次。

【不良反应】　接种后，个别猪可能出现过敏反应，此时，可用肾上腺素进行抢救，并采取适宜的辅助治疗措施。

【保存】　2～8℃保存，有效期为 2 年。

【专家提示】

（1）仅用于接种健康猪；接种时，应执行常规无菌操作；使用前应充分摇匀，疫苗瓶开启后，应一次用完。

（2）疫苗严禁冻结或长时间暴露在高温下。

（3）屠宰前 21 日内禁止使用。

猪传染性胸膜肺炎油乳剂灭活疫苗

本品系用抗原性良好的几种血清型猪胸膜肺炎放线杆菌，经适宜培养基培养收获菌液浓缩加佐剂配制而成。

【理化性质】　本品为乳白色乳剂。

【作用用途】　本品用于预防猪的接触传染性胸膜肺炎。

【用法用量】　用前摇匀，新生仔猪在 2 月龄时免疫接种 1 次，2 周后加强免疫 1 次，可预防胸膜肺炎的急性爆发，减少死亡。接种剂量为每头 2 毫升。

【免疫期】　6 个月。

【保存】　2～8℃保存，有效期为 1 年。

猪传染性萎缩性鼻炎灭活疫苗

本品系用猪支气管败血博代菌 I 相菌 A50 – 4 菌株接种改良鲍姜琼脂扁瓶培养，收获培养物，经甲醛溶液灭活后，加油佐剂混合乳化制成。

【理化性质】 本品为乳白色乳剂。久置后,上层有少量油析出,但振摇后即成均匀乳剂。

【作用用途】 本品用于预防猪传染性萎缩性鼻炎。

【用法用量】

(1) 在商品猪场,以吸吮初乳获得被动免疫力预防仔猪发生鼻腔病变为主,在产仔前1个月对妊娠母猪颈部皮下注射疫苗2毫升,通过初乳防止仔猪发生传染性萎缩性鼻炎。

(2) 在种猪场,以被动免疫结合主动免疫(母仔免疫)预防败血博代杆菌感染仔猪为主。妊娠母猪免疫方法同商品猪。对免疫母猪所生仔猪于7日龄和21~28日龄时分别颈部皮下注射0.2毫升和0.4毫升。同时,每个鼻孔滴入不加佐剂的菌液,7日龄时各0.25毫升(各50亿菌);21~28日龄时各0.5毫升(各100亿菌)。不加佐剂的菌液,在临用前将原苗用含有0.01%硫柳汞的灭菌磷酸盐缓冲盐水稀释为含200亿菌/毫升的菌液。

【保存】 2~8℃保存,有效期为1年。

【专家提示】 防止冻结。

猪传染性萎缩性鼻炎二联油乳剂灭活疫苗

本品系用败血波氏杆菌和D型巴氏杆菌培养后,经灭活加油佐剂混合乳化制成。

【理化性质】 本品为乳白色乳剂。

【作用用途】 本品用于预防猪败血波氏杆菌和D型巴氏杆菌引起的猪传染性萎缩性鼻炎。

【用法用量】

(1) 经过基础免疫(颈部皮下注射1毫升)的妊娠母猪均于每次产仔前1个月颈部皮下注射油乳剂灭活菌苗2毫升。

（2）种猪场，所产仔猪在 3 ~ 4 周龄注射 0.5 毫升。在转群或出售前再加强注射 1 次。

【免疫期】 6 个月。

【保存】 2 ~ 8℃保存，有效期为 1 年；25 ~ 31℃保存，有效期为 1 个月。

猪鹦鹉热衣原体病灭活疫苗

本品系用免疫原性良好的猪流产鹦鹉热衣原体强毒株 CPD_{13} 接种鸡胚卵黄囊培养。收集卵黄囊膜，经捣碎适度稀释后用甲醛溶液灭活，加油佐剂混合制成。

【理化性质】 本品为乳白色乳剂，久置后上层有少量油质（1/20）析出，用前摇匀。

【作用用途】 本品用于预防由鹦鹉热衣原体引起的母猪流产、死胎或弱胎，注射疫苗后 18 ~ 21 天产生免疫力。

【用法用量】 耳根部皮下注射，每头猪 2 毫升。

【免疫期】 1 年。

【保存】 2 ~ 8℃保存，有效期为 1 年。

【专家提示】 疫苗使用前应充分摇匀。不可冻结以防破乳分层，运输或使用中避免高温和阳光暴晒。

布氏杆菌病活疫苗

本品系用猪种布杆菌弱毒 S2 株接种于适宜培养基培养，收获培养物加适宜稳定剂，经冷冻真空干燥制成。

【理化性质】 本品为微黄色海绵状疏松团块，易与瓶壁脱离，加稀释液后迅速溶解形成均匀的混悬液。

【作用用途】 本品用于猪布氏杆菌病。

【用法用量】 用口服法、注射法以及气雾法给药均可获得良好的免疫效果。首先在无菌条件下，按标签所示的活菌数，加入适量灭菌生理盐水或缓冲生理盐水稀释。

（1）口服法：本菌苗最适于作口服接种，而且不受怀孕的限制，可在配种前 1～2 个月进行，也可在怀孕期使用。每年服苗一次，持续数年不会造成血清学反应长期不消失的现象。饮服或喂服均可。猪服 2 次，每次 200 亿活菌，间隔 1 个月。如果猪群较大，可按全群头数计算所需菌苗量，拌入水中，供全群饮服，或拌入饲料中让全群采食。猪群头数少时，可用注射器将稀释好的菌苗按剂量逐一注入其口内。

（2）注射法：仅用于非怀孕猪，怀孕猪注射能引起流产。分 2 次皮下注射，每次 2 毫升（含 200 亿活菌），间隔 1～1.5 个月。

【免疫期】 1 年。

【保存】 于 0～8℃ 冷暗干燥处保存，有效期为 1 年。

【专家提示】

（1）注射法免疫，母猪宜在配种前 1～2 个月注射，公猪在性成熟前注射。病弱、孕猪不可注射。

（2）菌苗稀释后须当日用完，隔夜不得再用。

（3）加水饮服或灌服或用常水稀释喷雾时，应用凉水，以免杀死细菌。若拌入饲料中，应避免使用含有添加抗生素的饲料、发酵饲料或热饲料。免疫动物在服苗前后 3 日，应停止使用抗生素添加剂饲料和发酵饲料。

（4）本菌苗具有一定的残余毒力，对人体有一定的致病力，使用时要注意人员的防护，不要徒手拌菌苗。作气雾免疫时，尽量在密闭的室内进行，避免群众围观，工作人员要戴手套和口罩，工作完毕后，必要时可服用四环素加以防护。

（5）严防菌液散布。稀释菌苗和注射菌苗的用具，用后须煮沸消毒；饮水免疫用的水槽，可日晒消毒，且远离水源，禁止将菌苗倒入河水中，也不能在河水或小溪中洗涤接种菌苗的用具。

抗猪瘟血清

【理化性质】　本品为略带棕红色的透明液体，久置后有少量灰白色沉淀。

【作用用途】　本品用于预防与治疗猪瘟。

【用法用量】　皮下、肌内或静脉注射。预防量：体重 8 千克以下的猪 15 毫升，8 ~ 16 千克的猪 15 ~ 20 毫升，16 ~ 30 千克 20 ~ 30 毫升，30 ~ 45 千克 30 ~ 45 毫升，45 ~ 60 千克 45 ~ 60 毫升，60 ~ 80 千克 60 ~ 75 毫升，80 千克以上 70 ~ 100 毫升。治疗量按预防量加倍，可重复应用，对危重病猪疗效不佳。

【专家提示】

（1）治疗时，采用静脉注射疗效较好。如皮下或肌内注射剂量大，可分点注射。用注射器吸取血清时，不可把瓶底沉淀摇起。

（2）冻结过的血清不可使用。

（3）个别猪注射本品后可能发生过敏反应，因此最好先少量注射，观察 20 ~ 30 分钟后，如无反应，再大量注射。发生严重过敏反应（过敏性休克）时，可皮下或静脉注射 0.1% 肾上腺素 2 ~ 4 毫升。

第五章

健康养猪与微生态制剂

第一节　微生态制剂

一、概述

　　动物微生态制剂是在微生态理论指导下，利用动物体内有益的、活的正常微生物或其促生长物质经特殊工艺制成的制剂，其具有补充、调整和维持动物肠道微生态平衡，达到防治疾病、促进健康及提高生产性能的作用。广义的动物微生态制剂既包括正常微生物成员，即益生菌（素），还包括一些能促进正常微生物群生长繁殖所需物质的制剂，如低聚糖等益生元。

　　目前应用于动物的微生态制剂菌种已突破 40 种，我国农业部 1999 年 6 月公布了粪链球菌、枯草芽孢杆菌、乳链球菌、啤酒酵母等 12 种可直接饲喂动物、允许使用的饲料级微生态制剂菌种，如调痢生（大肠杆菌制剂）、促菌生（腊样芽孢杆菌制剂）、乳酶生（乳酸枝链球菌）、促康生（芽孢杆菌、乳酸杆菌和酵母菌复合制剂）、益康宁（三种芽孢杆菌和乳酸杆菌混合制剂）等。

　　微生物制剂有单菌株产品和多菌株产品之分。多菌株产品的优点是可适用于不同条件。

二、微生态制剂的种类

1. 乳酸杆菌类　分泌乳酸及短链脂肪酸、可促进动物对饲料的消化。乳酸杆菌在肠道内繁殖一代需 50 分钟以上，能抑制病原菌生长、刺激有益菌生长。

2. 双歧杆菌类　能产生乳酸、合成维生素等，促进饲料消化能力强，在一定程度上能抑制病原菌、提高抗感染能力。但稳定性较低，肠道内繁殖速度较慢。

3. 酵母菌类　为动物提供蛋白质，能合成大量的 B 族维生素，帮助消化、刺激有益菌生长，但无抑制病菌和分泌乳酸的能力，稳定性及繁殖速度较低。

4. 优杆菌类　分泌乳酸，促进饲料消化，能抑制病原菌，刺激有益菌的生长。繁殖一代需 50 分钟以上，稳定性较低。

5. 芽孢杆菌类　为需氧菌，在无氧条件下不繁殖。能促进肠道有益菌群生长，对有害菌有抑制作用，具有较高的稳定性。

6. 粪链球菌　分泌多量的乳酸及其他短链脂肪酸和类杀菌素，可刺激非特异性免疫系统产生大肠杆菌干扰素。其中 SF - 68 型菌每 19 分钟可以繁殖一代，具有很强的竞争优势，能抑制有害菌、促进有益菌生长、帮助消化，稳定性很高。

三、微生态制剂的作用机制

1. 合成营养物质　微生态制剂在肠道内繁殖，可合成多种氨基酸、B 族维生素、多种生物活性物质（如酶类、有机酸、生长刺激因子）等，参与动物的新陈代谢，吸收后促进生长。

2. 发生生物拮抗　制剂中的活菌多为机体肠道中正常菌，具有定植性、繁殖性和排他性，对病原菌产生拮抗作用；有些微生物可产生药理活性物质，调节微生物区系，减少疾病发生；有些微生物在代谢过程中提高或降低某些酶的活性，抑制有害微生物的代谢。

3. 建立优势菌群　动物出生后，肠道内逐渐形成有益菌群，在饲料中添加微生态制剂，更使有益菌群占据优势，维持肠道内微生态平衡，保证机体健康。如果这个平衡被应激、药物、激素等影响而遭到破坏，导致微生态失调，就会引起疾病的发生。

4. 形成菌群屏障　正常微生物群有序地定植于皮肤、黏膜等表面或细胞之间形成生态屏障；微生物的代谢产物（乳酸、抗生素、酶等）可共同组成化学屏障。这些屏障对阻止病原微生物的定植起着占位、争夺营养、互利互生等生物共生或拮抗作用。饲喂微生物制剂，可加强机体产生生物防御作用。

5. 争夺氧气　厌氧菌在肠道内占多数，微生物制剂中的耗氧微生物在体内定植，可降低局部氧浓度，扶植厌氧微生物的定植和生长，恢复微生态平衡，达到防病治病目的。

6. 维持"三流"运转　微生物制剂作为非特异性免疫调节剂，能增强吞噬细胞的活性和 B 细胞产生抗体，提高免疫系统防御能力，促进肠蠕动，维持黏膜完整，减少有毒物质产生，保证有益微生物系统中能量流、物质流和基因流的正常运转。

微生态制剂的作用是多方位的，在实际应用中能防治动物疾病，因为制剂中的乳酸杆菌能使简单的碳水化合物产生大量乳酸，降低消化道内 pH 值，使有害菌难以生长；能提高饲料转化率，促进生长，因为制剂含有芽孢杆菌等，具有促生长、使饲料转化率提高等作用；能改善肉质，因为制剂使体内有益微生物活性作用提高，促进肉质的改善。

四、微生态制剂的应用

1. 微生态制剂的作用

（1）调整微生态失调。宿主体内的正常微生物群，由种属、定位、年龄、生理状态及其与外环境的适应性具有特定的定性、定量与定位的结构关系，这个结构就是微生态平衡。如果这个平衡遭到扰乱（如抗生素及其他药物、同位素、激素和外科手术影响等），就可产生微生态失调。作为微生态制剂应具有调整微生态失调的作用。

（2）生物拮抗。微生态制剂具有定植性、排他性及繁殖性。微生态制剂中的活菌应成为微群落中的成员，进入生境后能够卷入机体的微生态体系中，对非机体本身的微生物能够起到拮抗作用。

（3）代谢产物。微生态制剂所致的代谢产物如乳酸、醋酸、丙酸、过氧化氢和细菌素等活性物质，能改善机体生境的生物化学和生物物理环境，抑制外来和致病微生物的繁殖，从而有利于机体保持生态平衡。

（4）增强免疫。微生态制剂可以作为非特异性调节因子，通过细菌本身或细胞壁成分刺激机体免疫细胞，使其激活，产生促分裂因子，促进吞噬细胞活力或作为佐剂发挥作用。此外，微生态制剂中的益生菌还可发挥特异性免疫功能，促进机体的 B 细胞产生抗体的能力。

（5）促进机体营养吸收。微生态制剂中的益生菌（如双歧杆菌和乳杆菌等），在机体内能够合成多种维生素，如尼克酸、叶酸、烟酸、维生素 B_1、维生素 B_2、维生素 B_6 和维生素 B_{12} 等。促进机体对蛋白质的消化、吸收和利用。促进机体对钙、锌、铁和维生素 D 的吸收，具有帮助消化、增进食欲的作用。

（6）防病治病。微生态制剂通过扶正祛邪调整体内环境，已显示出对某些疾病起着预防和治疗的作用。

2. 微生态制剂的应用范围　微生态制剂应用范围包括医用微生态制剂、兽用微生态制剂和农用微生态制剂等。兽用微生态制剂主要分两类：一是兽用，多采用乳酸杆菌、双歧杆菌、蜡状芽孢杆菌等活菌制剂，用于防治畜、禽、鱼的消化道、泌尿道疾病；二是微生物饲料添加剂，多以乳酸杆菌和蜡样芽孢杆菌为主，用于猪等禽畜的育肥、抗病，可代替抗生素，减少有毒物质在体内的残留量。

（1）多种胃肠道疾病的防治。微生态制剂一般都具有调整肠道菌群失调、改善微生态环境的作用，故对各种原因引起的急、慢性肠炎，痢疾，结肠炎等具有良好的预防和治疗效果。

（2）医源性感染疾病的防治。用微生态制剂治疗因临床大量使用抗生素而引起的肠道菌群紊乱，念珠菌、肠珠菌占优势而厌氧菌明显减少等所引发的抗生素相关性腹泻，伪膜性肠炎均具明显疗效。可解除大量抗生素使用或滥用所造成的严重毒副作用。

研究表明，现代农药、现代医疗诊疗技术，如大量应用细胞毒性药物、激素、同位素、免疫抑制等治疗，以及手术后原因均可直接和间接地破坏机体内正常微生物的生长与繁殖，造成微生态失调，引发各种医源性疾病，也可应用微生态制剂治疗而获得良好效果。

（3）肝脏疾病的防治。双歧杆菌和乳酸杆菌活菌制剂能抑制肠道腐败菌和产生尿素酶细菌生长。从而可降低肝炎、肝硬化和肝昏迷患兽血液中的内毒素水平，改善肝脏功能。由于使用微生态制剂可使肠内菌群恢复正常。因此可改善肝脏的蛋白质代谢，并使肝脏解毒功能得以恢复。因而对肝脏疾病能起到辅助治疗作用。

（4）便秘的防治。由于微生态制剂中含有大量的双歧杆菌或乳杆菌，它们在体内代谢过程中产生多种有机酸，使肠腔内 pH 值下降，Eh 电势降低，调节肠道的正常蠕动，缓解便秘。

五、微生态制剂应用应注意的问题

1. 微生态制剂本身的因素

（1）菌种。可用作微生态制剂的菌种较多，通常在饲料添加剂使用的微生物较少，主要是乳酸菌、粪链球菌、芽孢属杆菌、酵母及其培养物。不同菌种制成的微生物添加剂因各自性质不同，作用效果不一。同一种微生物制剂，使用对象不同，其效果也不同，因此必须有针对性地选用。菌种应具有较好的耐酸性、耐高温和稳定性，使其在动物肠道内有较强的活力。国内外多以抗逆性强的芽孢杆菌作为首选菌种，其次为粪链球菌，再次为乳酸杆菌。稳定性最差的是双歧杆菌。

（2）剂量。微生物制剂的组成千差万别。使用对象和条件各不相同。只有活菌达到一定数量时才有效。如把乳酸杆菌和粪链球菌用于治疗仔猪下痢，用 0.06 亿～0.12 亿个活菌/千克体重，才能达到最佳效果。

（3）时间。微生态制剂发挥作用的 3 个关键时期为：动物出生、断奶以及刚进入生长育肥期。预防仔猪下痢，产前 15 天对母猪施用，出生后的仔猪，在吃第一次初乳前及 4、6 日龄时，连续 3 次口服活菌制剂；为保证顺利断奶，在断奶前 2 天开始对仔猪喂活菌制剂，至断奶后第 5 天。

（4）细菌在肠壁上的附着性。菌群是通过细菌的黏附作用在肠内定植。在肠壁上附着性强的细菌就能较大数量在肠道中定植，通过与有害细菌竞争营养物质的利用而使自身不断增殖，达到较好的抑菌、防病、促生长的效果。双歧杆菌、乳酸杆菌等是黏附性较强的活菌。

2. 外部环境因素

微生态制剂随保存期的延长，其活菌数逐渐消减，消减速度随菌种而异。多数活菌制剂采用冻干保存，当保存温度升至一定程度时细菌复活，常因养分耗尽而死。环境温度过高则因菌体蛋白质变性而死。湿度过大，空气中的杂菌会感染活菌制剂，使菌细胞遭到破坏。紫外线能杀灭细菌，故应干燥避光保存。芽孢杆菌在有氧条件下生长，应在缺氧条件下保存。

3. 饲料因素　饲料加工过程的混合、制粒、运输等环节，会影响微生态制剂的效果。一是混合机的性能，能否保证微生态制剂在饲料中均匀分布；二是饲料成品是否制粒，制粒过程高温高压处理，使细菌失活；三是饲料中的矿物质元素、维生素、药物等对微生物制剂中的活菌体有很大影响，主张随配随用。

4. 机体胃肠道因素　微生物制剂在肠道内的作用与消化道内 pH 值、消化酶、微生物间的竞争、抗生素和局部免疫反应等有关。微生物制剂与抗生素联用具有拮抗作用。但也有研究表明，抗生素和微生物制剂结合使用可产生协同效应。即使用过抗生素的动物再用微生物制剂，效果更好，有助于克服抗生素的抗药性问题。使用微生物制剂时，配合酶制剂和有机酸应用，效果更佳。

第二节　酵母、酵母细胞壁和抗菌肽

抗微生物药物的广泛应用引起病原菌耐药性和动物体微生态环境失衡等问题逐渐成为动物养殖业中日益严峻的问题。随着绿色养殖模式的推广，抗微生物药物的使用在动物生产中受到越来越多的限制，如欧盟从 2006 年起全面禁止抗生素用于动物饲料。因此，开发新的抗生素替代产品以及能提高动物生产性能、增强动物的免疫能力、预防疾病，而又不破坏动物胃肠道微生物菌群、降低生产成本的免疫增强剂最受消费市场欢迎。

一、酵母

酵母是一类单细胞真菌类微生物，结构简单。酵母及酵母饲料用作饲料添加剂始于20世纪20年代中期，是用作反刍动物的蛋白质补充饲料。酵母细胞中含有丰富的蛋白质、B族维生素、脂肪、糖、酶等多种营养成分和某些协调因子。现有研究资料表明，活性酵母在改善猪的消化、增加采食量、加速增重、解决母猪的便秘、提高仔猪断奶窝重、降低断奶仔猪的腹泻率、促进生长期及育肥期猪只对饲料的消化吸收以及增重率、改善猪的皮毛表观等方面都有着十分明显的功效。

1. 酵母作为饲料营养成分的应用 酵母细胞中含有非常丰富的蛋白质、B族维生素、糖、脂肪、酶以及多种营养功能性因子等。其蛋白质含量高达40%~60%，必需氨基酸总量达26.10%，高于国产鱼粉。因此，酵母可作为优质蛋白源部分或全部替代饲料中的鱼粉。

酵母细胞裂解后可产生多种酶类，活的酵母细胞也可胞外分泌 α-淀粉酶、蛋白酶、纤维素酶、半纤维素酶等，这些酶类对营养物质的消化利用起着重要作用，可明显促进猪的消化能力。酵母的维生素含量是鱼粉的30倍以上，尤其富含B族维生素，因而，酵母可促进猪生长，增进食欲，增强抵抗疫病及各种应激（如断奶、高温、寒冷、运输等）的能力，提高繁殖性能和饲料效率。

2. 酵母作为益生菌的应用 便秘是猪场长期存在而又顽固的难题。母猪便秘会导致采食量下降，影响泌乳量和乳汁品质，并导致母猪的失重。酵母在进入动物胃肠道后，消耗胃肠道的氧气，造成厌氧环境，抑制大肠杆菌、沙门杆菌等需氧菌的生长和繁殖。同时，促进双歧杆菌、乳酸杆菌等厌氧有益菌的增殖，改善肠道微生态平衡，从而减少母猪便秘的发生。

（1）提高母猪哺乳期的采食：酵母进入动物肠道后能够促进双歧杆菌、乳酸杆菌等厌氧有益菌的增殖，使得肠道的消化能力加强，食糜被吸收速度加快，猪更容易产生饥饿感，从而提高采食量。

（2）提高母猪的泌乳能力及仔猪断奶重：母猪营养水平是决定泌乳量的主要因素。酵母进入动物胃肠道，其代谢过程能产生有机酸和各种酶类，这些酶类对营养物质的消化利用起着重要作用，可明显提高母猪的泌乳能力及仔猪断奶重。

（3）清除肠道病原菌，预防仔猪腹泻：酵母细胞可以直接和某些肠道病原体结合，中和胃肠道中的毒素；而酵母细胞壁上的甘露聚糖能黏附革兰氏阴性细菌，干扰其与肠道上皮细胞表面的结合，阻止细菌在消化道表面的定植，维护消化道微生物区系的稳定，保持优势菌群的生长优势，促进肠道上皮细胞对有效成分的吸收，促进仔猪生长。

（4）减少猪粪对周边环境的污染：规模化养殖污染已经成为环境污染的主要来源之一。养猪场产生大量的有机污染物，极易对水环境和大气环境造成严重污染。未经处理的污水中含有的大量氮、磷，是造成水体富营养化的重要物质；养殖场同时产生大量恶臭气体，其中含有氨、硫化物、甲烷等有害成分，都会对环境和人体造成危害。由于酵母通过调节胃肠道微生态平衡，加强了肠道的吸收能力，使得饲料颗粒吸收更完全，减少了能为病菌提供营养物质的材料，限制了病原菌的繁殖。

二、酵母细胞壁

酵母细胞壁是一种全新、天然的绿色添加剂，其产品淡黄色，粉末状，无苦味，是生产啤酒酵母过程中由可溶性物质提取的一种特殊的副产品，近年研究认为，酵母细胞壁含有的甘露寡糖和 β - 葡聚糖可对细菌、病毒引起的疾病及环境因素引起的应激反应产生非特性免疫力。复合酵母细胞壁由酵母细胞壁与葡萄糖氧化酶、糖蛋白和几丁质等成分的复合制剂。具有增强免疫功能、平衡肠道微生态、抑制有害菌的繁殖、促进生长以及吸附饲料霉菌毒素等功能，是一种可完全替代抗生素的绿色饲料添加剂。

复合酵母细胞壁在养猪中的应用包括几个方面：

1. 降低应激反应，提高免疫效果　规模化养殖高效益的生产制约因素是疾病的增加和各种应激反应。应激一方面使机体发生内环境突然改变而失衡，进而出现水和电解质平衡紊乱、代谢功能下降、食欲减退、精神不振、体温增高；另一方面机体要完善免疫功能，需要消耗比正常较多的维生素、蛋白质以及其他营养物质。复合酵母细胞壁有效保护蛋白质、维生素等多种营养成分，保持肠道菌群平衡，提高机体免疫力，促进消化吸收，进而起到增加食欲、促进代谢的作用。

2. 生产母猪的应用　规模化猪场母猪易发生产前拒食症、难产、流产、死胎、胎衣不下、胎盘滞留，子宫内膜炎、缺乳、乳房炎、不食、发热、腹泻、便秘等症状，使生理功能失调和功能障碍，严重影响着养猪生产的发展。实验显示，添加复合酵母细胞壁，临床上辅助治疗，能明显减少母畜疾病发生，有利于内分泌紊乱的调整，进而减少其死淘率，提高次胎受孕率。同时仔畜的成活率也得到提高，生长速度加快。

3. 降低仔猪腹泻发生率、提高仔猪成活率和生长速度　复合酵母细胞壁具有保护肠道黏膜的功能，减少炎症所造成的生理性损伤，提高消化与吸收功能，进而促进炎症的恢复。复合酵母细胞壁进入消化道后，使碱化的肠道（尤其是在大肠杆菌作用下的肠道碱化明显）立即酸化，不利于有害细菌的繁殖。复合酵母细胞壁能有效调节肠道菌群，抑制有害菌的生长与繁殖，促使有益菌的增殖，使肠道菌群合理。对于由各种原因所造成的猪腹泻，在临床治疗的同时，添加复合酵母细胞壁，病程短，食欲恢复快，复发率低进而膘情好，生长速度快，经济效益显著。

4. 吸附霉菌毒素 甘露寡糖可以螯合胃肠道释放的黄曲霉毒素，还可以结合玉米赤霉烯酮；直接抑制黄曲霉、T-2霉、黑根霉、青霉等多种霉菌，对黄曲霉毒素 B_1、T-2 毒素中毒症有很好的预防效果。并且不会对其他营养素造成不良影响。

三、抗菌肽

抗菌肽是生物体内诱导产生的一种具有强抗菌作用的多肽类物质。它广泛存在于多种生物体内，是生物体对抗外界病原感染而产生的一系列免疫反应的产物。其相对分子质量小，性能稳定，具有较强的广谱抗菌能力，对革兰氏阳性菌及阴性菌均有杀伤作用，对原虫、肿瘤也有作用。迄今为止，已在许多生物中发现 800 多种这样的内源性抗菌肽，作为传统抗生素的理想替代物以其自身的特征正受到人们的关注，具有广阔的应用前景。

然而，由于抗菌肽分子小，分离提纯存在一定的困难，故天然资源有限。化学合成和基因工程法获得抗菌肽是主要手段，但化学合成抗菌肽成本高，而通过基因工程在微生物中表达抗菌肽基因成为将来主要的手段，目前多数处于研究阶段，成熟产品较少，随着研究的进入，相信抗菌肽将在动物养殖和提高畜产品品质方面发挥重要的作用。

第三节　常见产品

噬菌蛭弧菌制剂

【主要成分】 噬菌蛭弧菌制剂又称生物制菌王，为噬菌蛭弧菌弱毒（或无毒）株和大肠杆菌弱毒株，接种于适宜培养基中培养。培养物加入适宜的缓冲稀释液，制成半透明的悬浮液，有少量颗粒状沉淀物。

【作用用途】 本品主要用于猪的肠道细菌病的预防和治疗及促进生长。

【用法用量】 本品加入饮水或拌入饲料中，也可涂敷母猪乳头，让仔猪吮奶时摄入。用于预防和促进生长时，仔猪每次每头 3 ~ 5 毫升，大猪每次每头 5 ~ 10 毫升，每天 1 次，持续 3 ~ 4 天。治疗用量为预防用量的 2 ~ 3 倍，每天 1 ~ 2 次，持续 3 ~ 5 天。

【专家提示】 使用本品期间不可应用抗菌药物。

益生素 – 协力 2000

益生素 – 协力 2000 又称寡糖益生素，为多种有益微生物与几类寡糖类物质有机结合而成。

【主要成分】 本品由几十种经严格筛选的有益菌种，经药物培养和高温驯化而成，抗逆性强，效价高。独特之处在于含有双歧因子和多种有益菌因子，在肠道中能迅速选择性地促进体内双歧杆菌等有益菌的增殖生长，形成肠道最佳菌群平衡状态，使生产性能充分发挥，改善机体健康状况。

通过外源有益菌与刺激动物肠道内源菌大量迅速增殖相结合，使产品功能协同互补，性能提高，可替代或降低预防性药物或促生长药物或酶制剂、乳清粉等的添加，不受 85℃ 高温制粒影响。

【作用用途】 一是调节菌群平衡，促进有益菌增殖，抑杀有害菌，形成肠道最佳微生态平衡。二是有整肠作用，寡糖类物质可促使双歧杆菌增殖，抑制外源致病菌生长；酸性环境抑制有害菌的生长；低聚糖与相应的细菌外源凝集素结合，随肠内容物排出，可防治腹泻。三是营养作用，寡糖类物质在肠内可产生有机酸，提高消化吸收力，合成 B 族维生素，增加钙、铁和维生素

D 的吸收。四是提高非特异性免疫功能，寡糖具有提高药物和抗原免疫应答能力，增加体液和细胞免疫功能。

常用于仔猪腹泻症。使用后可提高饲料转化率、仔猪成活率；降低舍内氨气、臭气等有害气体的浓度，改善养殖环境，降低呼吸道病发病率。

【用法用量】 一般先用 0.5% 添加 5 天后按 0.3% 再添加 5 天，随后按 0.2% 或 0.1% 长期添加。治疗按 0.5% 添加 7～10 天。

【专家提示】

（1）采用逐级混合法，与饲料均匀混合。

（2）保质期 18 个月。

菌肠保（仔猪专用菌）

本品有大量的芽孢杆菌、乳酸菌、维生素、促生长因子等，可维持肠道生态平衡，抑制有害菌生长，防治断乳仔猪的腹泻，提高抗逆能力和抗应激能力。

【作用用途】 生物夺氧，促进有益厌氧微生物的生长繁殖，维持肠道生态平衡，有效防治断乳仔猪的腹泻；提高成活率：促使机体产生抗菌活性物质，增强免疫功能，提高仔猪的抗应激能力；促进仔猪肠道发育，增强消化酶的活性，提高采食量，提高日增重，降低料肉比；在肠道内合成维生素、氨基酸等多种营养物质，明显改善仔猪的外观，突显品种特征。

【用法用量】 使用的前 5 天用量加倍。仔猪越早使用越好。使用初期，应激期、病后恢复期添加量加倍按日粮的 0.15% 添加（连用 7 天）。拌料：按日粮的 0.05%～0.1% 添加，（1 000 克拌料 1 000～2 000 千克）。为确保充分混匀，可先用少量日粮与本品充分混匀，再按比例混至规定用量。饮水：每 1 000 克本品泡水 1 000～1 500 千克，搅匀后静置半小时，取上层液体直接饮水。沉淀物（载体）拌在料中，勿将沉淀加入饮水器中，以免堵塞。

产酶益生素（乳）仔猪专用

本品根据仔（乳）猪的生理、生产特点而设计。

【主要成分】　本品为高酶活性的枯草芽孢杆菌、蜡样芽孢杆菌、乳酸菌、酵母菌、丝状真菌及其代谢产物酸性蛋白酶、淀粉酶、NSP 酶、中药、有机酸及载体等。

【作用用途】　帮助仔（乳）猪迅速建立完善的肠道微生态体系，维持并调节肠道的菌群平衡，抑制致病性大肠杆菌、沙门杆菌等有害菌的生长繁殖，促进双歧杆菌等有益菌的生长，有效预防仔猪黄白痢，提高成活率，明显减少药物投入。

有益菌能够刺激仔（乳）猪免疫器官的生长发育，激活 T、B 淋巴细胞提高免疫球蛋白和抗体水平，增强细胞免疫和体液免疫功能，提高群体免疫力，促进仔（乳）猪对猪瘟、猪丹毒、猪肺疫等疫苗的免疫应答，提高疫苗的保护率。

有益菌在动物体内可代谢产生大量淀粉酶、蛋白酶、NSP 酶、多种未知促生长因子、B 族维生素和不饱和脂肪酸等，补充仔（乳）猪消化酶的分泌不足，优化肠道的多酶消化体系，促进营养物质的消化吸收，使仔（乳）猪最大限度地利用饲料，提高饲料转化率，在饲料营养相对不足时，改善饲料的效果尤其显著。

促进仔（乳）猪的生长速度，提高增重，提高群体的整齐度，为培育健康的后备猪打下基础；优化生态环境，降低动物舍内氨气、臭气等有害气体的浓度，减少粪便中有机物、氨、氮、有机磷等物质的含量，改善饲养环境，明显减少畜牧业对环境造成的污染。

【用法用量】　按 0.2% ~ 0.3% 的比例拌料。可以在颗粒料中使用。

【专家提示】

（1）本品可以完全替代饲用抗生素，乳猪或环境较差时剂量可酌情增加。

（2）在使用过程中，动物的免疫程序、卫生防疫工作照常进行。

健壮素

利用现代生物工程技术工艺，由酵母细胞壁与葡萄糖氧化酶的复合制剂开发的，具有增强免疫功能、平衡肠道微生态、抑制有害菌的繁殖、促进生长以及吸附饲料霉菌毒素等功能。是一种可完全替代抗生素的绿色饲料添加剂。

【主要成分】 酵母细胞壁与葡萄糖氧化酶、糖蛋白和几丁质等成分的复合制剂。

【作用用途】 本品具有增强免疫功能、平衡肠道微生态、抑制有害菌的繁殖、促进生长以及吸附饲料霉菌毒素等功能，是一种可完全替代抗生素的绿色饲料添加剂。抑菌，杀菌，吸附菌；吸附霉菌及毒素；超强的抗应激能力；快速修复器官的组织细胞；全方位提高机体免疫力。

饲用高活性干酵母

经过深层通气发酵和无菌加工精制而成，可耐受胃内酸性环境；对抗生素不敏感，无耐受性，长期使用无副作用。

【主要成分】 本品优选天然酵母菌种，纯度高达99%以上，活细胞数超过200亿个/克。

【作用用途】 本品可增强动物食欲，提高采食量；促进动物生长，降低饲料系数；减少动物便秘，促进后肠发酵；降低粪便中病原菌数量，改善养殖环境；调节动物肠胃微生物区系平衡，促进有益菌增殖，预防幼畜腹泻。

【用法用量】 仔猪 0.5 ~ 1.0 千克/吨，生长猪 0.25 ~ 0.5 千克/吨，妊娠及哺乳母猪 0.25 ~ 0.5 千克/吨。

酵母细胞壁多糖

源于酵母，优选专用的酵母细胞壁经特异酶解而成，具有独特空间结构，富含 $\beta - 1,3 - D -$ 葡聚糖、甘露寡糖，化学性质稳定，能适应各种加工条件要求，高纯度、无污染、无耐药性、无毒副作用。

【主要成分】 酵母细胞壁：甘露寡糖 ≥ 20%，$\beta -$ 葡聚糖 20% ~ 40%，蛋白质 ≤ 35%，水分 ≤ 6.0%。

【作用用途】 本品可促进免疫器官的发育，强化免疫系统功能，提高畜禽对环境的适应能力、抗应激能力；减少肠道病原菌，促进有益菌繁殖，调节畜禽消化道微生态区系平衡，改善肠道功能；预防及辅助治疗疾病，减少抗生素用量；对饲料中的霉菌毒素有较强的吸附作用。

【用法用量】 仔猪 1.0 ~ 2.0 千克/吨，母猪 1.0 ~ 1.5 千克/吨，肉鸡 1.0 ~ 1.5 千克/吨。

抗菌肽

肽菌素 CEC - 38 是一株乳酸菌 LP55 经诱导产生的一种具有生物活性的小分子多肽，在生物进化上是一类非常古老而有效的天然防御物质。

【主要成分】 枯草芽孢杆菌及其代谢产物细菌素、乳酸菌及其代谢产物抗菌肽、载体等。

【作用用途】 本品对革兰氏阴性及阳性细菌均有高效广谱的杀伤作用；抗菌肽通过阻遏病毒的基因表达来抑制和杀灭病毒；抗菌肽对多种原虫均有杀伤作用。

【用法用量】 全价料中添加量为 50 ~ 100 克/吨。

第六章
健康养猪与抗微生物药物

第一节 抗微生物药及正确选用

抗微生物药物是能够抑制或杀灭细菌、病毒、霉形体、真菌等病原微生物的药物，包括抗生素（天然抗生素和半合成抗生素）、合成抗菌药、抗病毒药、抗真菌药、抗菌中草药等，它们在控制猪的感染性疾病、促进猪生长、提高养殖经济效益方面具有极为重要的作用。自20世纪30年代磺胺药问世和20世纪40年代青霉素、链霉素等用于临床以来，大量的抗微生物药物被发现和应用。当今用于兽医临床和养猪业的抗微生物药物已达百种以上（不包括中药），对保证养猪业的发展具有举足轻重的作用。但伴随着这类药物的广泛应用，不合理使用和滥用现象相当严重，如用药不对症或不合理配伍而致疗效不佳、用法不当引起中毒造成经济损失、药物残留间接危害人类健康等问题比较普遍。因此，科学合理地使用抗微生物药物，提高用药和治疗水平，是广大畜牧兽医工作者和养猪生产者应高度重视的问题。

一、抗微生物药物的基本概念

【抗菌药物】 抗菌药物是指由微生物（细菌、真菌、放线

菌）所产生的化学物质——抗生素及人工半合成及全合成的一类
药物的总称，属抗微生物药物。它们对病原菌具有抑制或杀灭作
用，是防止感染性疾病的一类药物。如土霉素、红霉素、庆大霉
素属于抗生素；氨苄西林、阿莫西林、头孢氨苄为人工半合成抗
菌药；氟喹诺酮类和磺胺类药物是人工全合成抗菌药。

【抗菌谱】 抗菌谱指药物抑制或杀灭病原菌的范围，分为
窄谱抗菌和广谱抗菌两类。即仅对单一菌种或单一菌属有抗菌作
用的药物称为窄谱抗菌药，如多黏菌素类药物仅对革兰氏阴性细
菌有抑杀作用；具有抑制或杀灭多种不同种类细菌的作用的药物
称为广谱抗菌药，如氨基糖苷类抗生素（其中的链霉素属窄谱抗
生素）、四环素类药物与氟喹诺酮类药物等对革兰氏阴性细菌和
革兰氏阳性细菌均有抑制和杀灭作用。

【抗菌活性】 抗菌活性是指药物抑制或杀灭细菌的能力。
实践中常用最低抑菌浓度与最低杀菌浓度两个指标进行评价。能
够抑制培养基中细菌生长的最低浓度称为最低抑菌浓度（MIC）；
而能够杀灭培养基中 99% 或 99.5% 以上受试菌的最低浓度称为
最低杀菌浓度（MBC）。

【抗生素效价】 抗生素的效价通常以重量单位或国际单位
（IU）来表示，常采用化学法或生物效价测定法来获得。由于大
多数抗生素药物不纯，不能够用重量法衡量抗生素的效能，故规
定了以国际单位作为评定抗生素的效能和活性成分含量的尺度，
并确定每种抗生素的效价与重量之间特定转换关系。如规定青霉
素 G 钠 1 国际单位等于 0.6 微克；土霉素 1 毫克效价不得少于
910 土霉素单位、硫酸庆大霉素 1 毫克效价不得少于 590 庆大霉
素单位。

【抗菌药后效应】 抗菌药后效应是指抗菌药在停药后血药
浓度虽已降至其最低抑菌浓度以下，但在一定时间内细菌仍受到
持久抑制的效应。如大环内酯类抗生素和氟喹诺酮类抗菌药物等

均有该作用。

【耐药性】 耐药性又称抗药性，是指病原体对反复应用的化疗药物的敏感性降低或消失的现象。其中由细菌染色体基因决定而代代相传的耐药为固有耐药性，如肠道杆菌对青霉素的耐药；而由细菌与药物反复接触后对药物的敏感性降低或消失，大多由质粒介导其耐药性，称为获得耐药性，如金黄色葡萄球菌对青霉素的耐药。

二、抗微生物药物的应用原则

1. 掌握适应证 抗微生物药各有其主要适应证。可根据临床诊断或实验室病原检验确定病原微生物种类，再根据药物的抗菌活性（必要时对分离出的病原菌做药敏测定）、药动学（包括吸收、分布、转化、排泄过程、血药半衰期、各种给药途径的生物利用度）、不良反应、药源、价格等方面情况，选用适当药物。一般对革兰氏阳性菌引起的疾病，如猪丹毒、破伤风、炭疽、链球菌病等可选用青霉素类、头孢菌素类、四环素类、氯霉素和红霉素类等；对革兰氏阴性菌引起的疾病如猪肺疫、大肠杆菌病、肠炎等则优先选用氨基糖苷类、氯霉素类和氟喹诺酮类等；对耐青霉素 G 金黄色葡萄球菌所致呼吸道感染、败血症等可选用耐青霉素酶的半合成青霉素如苯唑西林、氯唑西林，亦可用庆大霉素、大环内酯类和头孢菌素类抗生素；对绿脓杆菌引起的创面感染、尿路感染、败血症、肺炎等可选用庆大霉素、多黏菌素类和羧苄西林等；而对支原体引起的猪喘气病则首选氟喹诺酮类药（恩诺沙星、达诺沙星等）、泰乐菌素、泰妙菌素等。

2. 控制用量、疗程和不良反应 药物用量同控制感染密切相关。剂量过小不仅无效，反而可能促使耐药菌株的产生；剂量过大不一定增加疗效，却可造成不必要的浪费，甚至可能引起机体的严重损害，如氨基糖苷类抗生素用量过大可损害听神经和肾脏。抗菌药物在血中必须达到有效浓度，其有效浓度应以致病微生物的药敏为依据。如高度敏感则因血中浓度要求较低可减少用量，如仅中度敏感则用量和血浓度均须较高。一般对轻、中度感染，其最大稳定状态血药浓度应超过最小抑菌浓度（MIC）$4\sim8$倍，而重度感染则在8倍以上。

疗程则需要根据疾病的类型和患病猪的状况而定。一般需持续应用至体温正常，症状消退后2天，但不宜超过$5\sim7$天。对急性感染，临床效果欠佳，应在用药后5天内进行调整（适当加大剂量或改换药物）；对败血症等疗程较长的感染可适当延长疗程（败血症可用至症状消退后$1\sim2$周，以彻底消除病原菌）或在用药$5\sim7$天后休药$1\sim2$天再继续应用。

用药期间要注意药物的不良反应，一经发现应及时采取停药、更换药物及相应解救措施。肝、肾是许多抗微生物药代谢与排泄的重要器官，在其功能障碍时往往影响药物在体内的代谢和排泄。氯霉素、金霉素、红霉素等主要经肝脏代谢，在肝功能受损时，按常量用药易导致在体内蓄积中毒；氨基糖苷类、四环素类、青霉素类、头孢菌素类、多黏菌素类、磺胺药等在肾功能减退时应避免使用或慎用，必要时可减量或延长给药间期。

3. 下列情况要严格控制或尽量避免应用抗微生物药物

（1）病毒性感染。除非并发细菌感染外，均不宜使用抗菌药，因抗菌药一般都无抗病毒作用。

（2）发热原因不明。除病情危急外，不要轻易使用抗菌药。因使用后病原微生物不易被检出，并使临床表现不典型，难以正确诊断而延误及时治疗。

（3）尽量避免皮肤、黏膜等局部应用。因有可能产生过敏反应，并导致耐药菌产生。但新霉素、杆菌肽、磺胺米隆等少数药物除外。

4. 综合治疗，积极调动机体免疫功能

当细菌感染伴发免疫力降低时，应采取以下措施：

（1）尽可能避免应用对免疫有抑制作用的药物，如氯霉素、甲砜霉素、四环素和复方磺胺异噁唑等，一般感染不必合用肾上腺皮质激素。

（2）使用抗生素要及时、足量，尽可能选用杀菌性抗生素。

（3）加强饲养管理，改善猪的全身状况。必要时采取纠正水、电解质平衡失调，改善微循环，补充血容量，及使用免疫增强剂或免疫调节剂等。

三、如何联合应用抗微生物药物

多数细菌性感染只需用一种抗菌药物，联合用药仅适用于少数情况，且一般二联即可，三联、四联并无必要。联合应用抗微生物药要有明确的指征。一般用于以下情况：

（1）单一抗微生物药不能控制的严重感染（如败血症等），或数种细菌的混合感染（加肠穿孔所致的腹膜炎等）。可先用一种广谱抗生素，无效时再联合用药。

（2）较长期用药，细菌容易产生耐药性时。

（3）毒性较大药物联合用药可使用量减少，毒性降低。如两性霉素 B、多黏菌素与四环素联合，可减少前者用量，从而减轻不良反应。

（4）病因不明的严重感染或败血症。此时应分析病情和感染途径，推测病原菌种类，然后考虑有效的联合用药。如呼吸道感染以金黄葡萄球菌和链球菌的可能性较大；尿路和肠道感染多为大肠杆菌或其他革兰氏阴性杆菌。当不能确定病原时，按一般感染的联合用药处理。并及时采集病料，经培养和药敏试验，取得结果后再做调整。

根据抗菌作用特点，可将抗微生物药分为四大类。第一类是

繁殖期杀菌剂，如青霉素类、头孢菌素类等；第二类为静止期杀菌剂或慢效杀菌剂，如氨基糖苷类、多肽类等；第三类为快效抑菌剂，如四环素类、氯霉素类、大环内酯类等；第四类为慢效抑菌剂，如磺胺药。第一类和第二类合用常获得协同作用，是由于细胞壁的完整性被破坏后，第二类药物易于进入细胞所致。第三类与第一类合用，由于第三类迅速阻断细菌的蛋白质合成，使细菌处于静止状态，可导致第一类抗菌活性减弱。第三类与第二类合用可获得累加或协同作用。第三类和第四类合用常可获得累加作用。第四类对第一类的抗菌活性无重要影响，合用后有时可产生累加作用。

　　应当指出，各种联合所产生的作用，可因不同菌种和菌株而异。药物剂量和给药顺序也会影响结果。而且这种特定条件下所进行的各项试验与临床的实际情况也有区别；临床联合应用抗菌药物时，其个别剂量一般较大，即使第一类与第三类联合使用，也很少发生颉颃现象。此外，在联合用药中也要注意防止在相互作用中由于理化性质、药物作用、药物代谢等方面的因素，而可能出现的配伍禁忌。为了合理而有效的联合用药，最好在临床使用前进行实验室的联合药敏试验筛选，以部分抑菌浓度指数（FIC）作为试验结果的判断依据，并作为临床选用抗微生物药联合治疗的参考。

第二节　抗生素

　　抗生素曾称抗菌素，是由微生物在其生命活动中产生的，能以低微浓度选择性地抑杀其他微生物的代谢产物，已成为当前和未来不可缺少的最常用的药物。主要用微生物发酵法进行生产，如青霉素、红霉素等。少数抗生素如氯霉素、甲砜霉素等可用化学合成方法生产。此外，还可将生物合成的抗生素经分子结构改造，即将微生物发酵产生的前体或母核再经化学修饰后制成各种半合成抗生素，如氨苄青霉素、头孢氨苄等。用于猪病临床的抗生素种类很多，根据其抗菌谱和应用范围，可分为以下几类：

1. 根据作用特点分

（1）主要抗革兰氏阳性细菌的抗生素，如青霉素类、红霉素、林可霉素等。

（2）主要抗革兰氏阴性细菌的抗生素，有链霉素、卡那霉素、庆大霉素、新霉素和多黏菌素等。

（3）广谱抗生素，有四环素类和氯霉素类等。

（4）抗真菌的抗生素，有制霉菌素、灰黄霉素、两性霉素等。

（5）抗寄生虫的抗生素，有伊维菌素、潮霉素 B、越霉素 A、盐霉素等。

（6）抗肿瘤的抗生素，有放线菌素 D、柔红霉素等。

（7）饲用抗生素，用作饲料药物添加剂，有促进动物生长，提高生产性能的作用，如杆菌肽锌、维吉尼亚霉素等。

2. 根据化学结构分

（1）β-内酰胺类，包括青霉素、头孢菌素等。

（2）氨基糖苷类，包括链霉素、庆大霉素、卡那霉素、新霉素、安普霉素等。

（3）四环素类，包括土霉素、金霉素、多西环素等。

（4）氯霉素类，包括氯霉素、甲砜霉素、氟苯尼考等。

（5）大环内酯类，包括红霉素、吉他霉素、泰乐菌素等。

（6）林可酰胺类，包括林可霉素、克林霉素等。

（7）多肽类，包括杆菌肽、黏菌素等。

（8）多烯类，包括两性霉素 B、制霉菌素等。

（9）聚醚类，包括莫能菌素、盐霉素、拉沙洛菌素等。

（10）其他类，如太妙菌素、新生霉素。

抗生素的计量单位：根据抗生素的性质，可用重量单位或效价单位（μ）来计量。多数抗生素以其有效成分的一定重量（多为 1 微克）作为一个单位，少数抗生素以其特定盐的 1 微克或一定重量作为一个单位，青霉素钠盐则以 0.6 微克为一个单位。也有的抗生素不采用重量单位，只以特定的单位表示效价，如制霉菌素等。上述抗生素纯品的效价单位与重量的折算比率称为理论效价，但实际生产的抗生素都含有一些许可存在的杂质，不可能是纯品，故产品的实际效价需另行标示。例如乳糖酸红霉素纯品 1 毫克为 672 单位，而中国兽药典规定此药按干燥品计算，每毫克不得少于 610 个红霉素单位，故产品的实际效价应在 610～672 单位/毫克具体标示，在制备制剂时需按此原则进行计算。

按照规定，药剂制品标示的抗生素重量单位系指该抗生素的纯品量，如注射用硫酸卡那霉素 1 克，指的是含卡那霉素 1 克（100 万单位）。需用称重法取药时，应按原料实际效价，通过计算求得应称取的大于 1 克的重量。

一、青霉素类

青霉素类抗生素属化学结构中含内酰胺环的 β－内酰胺类抗生素。可由发酵液提取或半合成法制得。按特性分 5 组：主要抗革兰氏阳性菌的窄谱青霉素，有青霉素 G（注射用）、青霉素 V（口服用）等；耐青霉素酶的青霉素，有苯唑西林、氯唑西林、甲氧西林等；广谱青霉素，有氨苄西林、阿莫西林等；对绿脓杆菌等假单胞菌有活性的广谱青霉素，有羧苄西林、替卡西林等；主要作用于革兰氏阴性菌的青霉素，有美西林、匹美西林等。

青霉素 G

【理化性质】　青霉素钠（钾）盐为白色结晶性粉末，易溶于水，但在水溶液中极不稳定，遇酸、碱或氧化剂即迅速失效。

普鲁卡因青霉素为白色结晶性粉末，微溶于水。苄星青霉素为青霉素 G 的二苄基乙二胺盐，为白色结晶性粉末，难溶于水。

青霉素 G 钠盐 0.6 微克为一个单位，1 毫克相当于 1 670 单位；青霉素 G 钾盐 0.625 微克为一个单位，1 毫克相当于 1 598 单位。

【作用用途】　本品为窄谱杀菌性抗生素，于细菌繁殖期起杀菌作用。对多种革兰氏阳性菌（包括球菌和杆菌）、部分革兰氏阴性球菌、螺旋体、梭状芽孢杆菌（如破伤风杆菌）、放线菌等有强大的作用，但对革兰氏阴性杆菌作用很弱，对结核杆菌、立克次体、病毒等无效。

本品作用机制主要是抑制细菌细胞壁黏肽的合成。革兰氏阳性菌的细胞壁主要由黏肽组成（为 65% ~ 95%），而革兰氏阴性菌细胞壁的主要成分是磷脂（黏肽仅占 1% ~ 10%），故对革兰氏阳性菌作用很强，而对革兰氏阴性菌作用很弱。对生长旺盛的敏感菌作用强大，对静止期或生长繁殖受到抑制的细菌效果差，对已形成的细胞壁无作用。一般细菌对青霉素不易产生耐药性，但金黄色葡萄球菌可渐进性的产生耐药性。耐药的金黄色葡萄球菌（简称金黄色葡萄球菌）能产生青霉素酶（β - 内酰胺酶），使青霉素 G 的 β - 内酰胺环水解失效。

青霉素 G 钠（钾）不耐酸，内服易被胃酸和消化酶破坏，仅有少量吸收，故不宜内服。肌内或皮下注射后吸收迅速，一般 30 分钟内达血药最高浓度，有效血浓度维持 3 ~ 8 小时，消除迅速，大部分由尿液排泄。临床上主要用于革兰氏阳性菌引起的各种感染，如败血症、肺炎、肾炎、乳腺炎、子宫内膜炎、创伤感染、猪丹毒、猪淋巴结肿胀、链球菌病、炭疽等，也可用于治疗放线菌及钩端螺旋体病。还可局部应用，如乳管内、子宫内及关节腔内注入以治疗乳房炎、子宫内膜炎及关节炎等。

青霉素 G 钠（钾）为短效制剂，每天须注射 3 ~ 4 次；普鲁卡因青霉素、苄星青霉素（长效西林）为长效制剂，肌内注射后吸收缓慢，血药维持时间长，但血药浓度较低，仅适用于轻度或慢性感染，不能用于危重感染；苄星青霉素亦用于需长期用药的疾病及预防长途运输时呼吸道感染等。复方苄星青霉素（三效青霉素）含有苄星青霉素、普鲁卡因青霉素及青霉素 G 钾，具有速效、高效、长效的特点，作用与用途同苄星青霉素，但对急重病例首次用药时，最好同时注射青霉素 G 钾。

【用法用量】　青霉素 G 钠（钾），肌内注射：一次量，每千克体重，1 万~1.5 万单位，每日 2~3 次；普鲁卡因青霉素，肌内注射：每千克体重 1 万~1.5 万单位，每天 1~2 次；苄星青霉素，肌内注射：每千克体重 1 万~2 万单位，隔 2~3 天 1 次；复方苄星青霉素，深部肌内注射：每千克体重 1 万~2 万单位，每隔 1~2 天 1 次。

【制剂】　注射用青霉素 G 钠（钾）粉针：每支（瓶）80 万单位、100 万单位、160 万单位，有效期 2 年（瓶装）或 4 年（安瓿装）。临用时用注射用水或灭菌生理盐水溶解，严重病例可用灭菌生理盐水稀释成 1 毫升含 1 万单位的溶液，静脉滴注。

注射用普鲁卡因青霉素，为普鲁卡因青霉素与青霉素 G 钾（钠）加适量悬浮剂、缓冲剂制成的灭菌粉末。每瓶 40 万单位者，含普鲁卡因青霉素 30 万单位及青霉素 G 钾（钠）10 万单位；每瓶 80 万单位者其含量加倍，有效期 2 年。临用前用注射用水适量制成混悬液供肌内注射。

注射用苄星青霉素粉针：每瓶 30 万单位、60 万单位、120 万单位。有效期 3 年，临用前加适量注射用水，制成混悬液肌内注射。

注射用复方苄星青霉素粉针：每瓶 120 万单位（含苄星青霉素 60 万单位、普鲁卡因青霉素和青霉素 G 钾各 30 万单位）。临用前加注射用水适量，剧烈振摇制成混悬液，深部肌内注射。

【专家提示】

（1）青霉素在干燥条件下稳定，遇湿即加速分解，在水溶液中极不稳定，放置时间越长分解越多，不仅药效降低，且致敏物质亦增多。应在用前溶解配制并尽快用完，若一次用不完，可暂存于4℃冰箱，但须当日内用完，以保证药效和减少不良反应。

（2）青霉素在近中性（pH值为6～7）溶液中较为稳定，酸性或碱性，均可使之加速分解。应用时最好用注射用水或生理盐水溶解，溶于葡萄糖中亦有一定程度的分解。青霉素在碱性溶液中分解极快，严禁将碱性药液（如碳酸氢钠等）与其配伍。青霉素遇盐酸氯丙嗪、重金属盐即分解或沉淀失效。

（3）青霉素类与四环素类、氯霉素、大环内酯类、磺胺药呈颉颃作用，不能联合应用。

（4）超过有效期者不应使用。

氨苄青霉素（氨苄西林）

【理化性质】　本品为白色结晶性粉末，微溶于水，其游离酸含3分子结晶水（口服用），其钠盐（注射用）易溶于水。

【作用用途】　本品为半合成广谱抗生素，对革兰氏阳性菌的作用与青霉素相近或略差，对多数革兰氏阴性菌如大肠杆菌、沙门杆菌、变形杆菌、巴氏杆菌、副溶血性嗜血杆菌等的作用，与氯霉素相似或略强，不及卡那霉素、庆大霉素和多黏菌素；对氯霉素耐药菌仍有较强作用，但对绿脓杆菌、耐药金黄色葡萄球菌无效。

本品耐酸、不耐酶，内服或肌内注射均易吸收。主要用于敏感菌引起的败血症、呼吸道、消化道及泌尿生殖道感染，如猪胸膜肺炎、仔猪白痢、乳腺炎等。本品与庆大霉素等氨基苷类抗生素联用疗效增强。

【用法用量】 内服每千克体重 5 ~ 20 毫克，每天 1 ~ 2 次；肌内注射或皮下注射每千克体重 2 ~ 7 毫克，每天 1 ~ 2 次。

【专家提示】 本品在水溶液中很不稳定，应临用时现配，并尽快用完；本品在酸性溶液中分解迅速，用中性溶液作溶剂。

羟氨苄青霉素（阿莫西林）

【理化性质】 本品为近白色晶粉，微溶于水，对酸稳定，在碱性溶液中易被破坏。

【作用用途】 抗菌谱与氨苄青霉素相似，作用快而强。内服吸收良好，优于氨苄青霉素。用于敏感菌所引起的呼吸道、消化道、泌尿道及软组织感染，对肺部细菌感染有较好疗效，亦可用于治疗乳房炎、子宫内膜炎。国内现多用于治疗大肠杆菌病、仔猪白痢、猪胸膜肺炎等病症。

【用法用量】 内服一次量每千克体重 5 ~ 10 毫克，每天 2 ~ 3 次；静脉或肌内注射 1 次每千克体重 5 ~ 10 毫克，每天 1 ~ 2 次。

【制剂】 可溶性粉：50 克含 2.5 克（5%）；片剂或胶囊剂：每片（粒）0.25 克；注射用复方羟氨苄青霉素：为含羟氨苄青霉素与青霉素酶抑制剂——棒酸的复合制剂。

【专家提示】 注射用复方羟氨苄青霉素不能与葡萄糖、氨基苷类抗生素混合；本品与氨苄青霉素有完全的交叉耐药性。

二、头孢菌素（先锋霉素）类

头孢菌素类是以头孢菌的培养液提取的头孢菌素 C 为原料，经催化水解得到 7 - 氨基头孢烷酸，通过侧链改造而得到的半合成抗生素。其作用机制、临床应用和青霉素类相似。头孢菌素类具有抗菌谱广、对酸和 β - 内酰胺酶比青霉素稳定、毒性小等优点。常用的约 30 种，兽医临床应用不广，仅有头孢噻吩、头孢氨苄、头孢羟氨苄、头孢噻呋、头孢匹林等少数品种。根据抗菌谱，对 β - 内酰胺酶的稳定性以及对革兰氏阴性杆菌抗菌活性的差异可分四代。第一代头孢菌素的抗菌谱同广谱青霉素，虽对青霉素酶稳定，但仍可被多数革兰氏阴性菌产生的 β - 内酰胺酶所分解，因此主要用于革兰氏阳性菌（链球菌、产酶葡萄球菌等）和少数革兰氏阴性菌（大肠杆菌、嗜血杆菌、沙门杆菌等）的感染。包括注射用的头孢噻吩、头孢唑啉、头孢匹林及内服用的头孢氨苄、头孢拉定、头孢羟氨苄。

第二代头孢菌素对革兰氏阳性菌的抗菌活性与第一代相近或稍弱，但抗菌谱增广，能耐大多数 β - 内酰胺酶，对革兰氏阴性菌的抗菌活性增强。主要有头孢孟多、头孢替安、头孢呋辛、头孢克洛等。

第三代头孢菌素抗金黄葡萄球菌等革兰氏阳性菌的活性不如第一、二代（个别除外），但耐 β - 内酰胺酶的性能强，对革兰氏阴性菌的作用优于第二代，可有效地抑杀一些对第一、二代耐药的革兰氏阴性菌菌株。包括头孢噻肟、头孢唑肟、头孢曲松、头孢噻呋、头孢哌酮等。

20 世纪 90 年代又有第四代新头孢菌素问世，包括头孢匹罗、头孢吡肟等注射用品种，其抗菌特点是抗菌谱广，对 β - 内酰胺酶稳定，对金黄色葡萄球菌等革兰氏阳性球菌的抗菌活性增强。下面仅就较常用的几种头孢菌素加以介绍。

【专家提示】 生产中许多技术人员将头孢类抗生素视为万能药物滥用，特别是头孢哌酮等人医临床控制使用的最新抗菌药物用于食品动物，不仅会产生耐药性问题，影响动物疫病控制，更严重的是危及食品安全和人类健康。

头孢氨苄（先锋霉素Ⅳ）

【理化性质】 本品为白色或乳黄色晶粉，微溶于水。

【作用用途】 本品为第一代半合成口服头孢菌素，对金黄色葡萄球菌（包括耐青霉素 G 菌株）、溶血性链球菌、肺炎球菌、大肠杆菌、变形杆菌、肺炎杆菌等均有抗菌作用。

本品内服吸收良好，用于上述敏感菌所引起的呼吸道、泌尿生殖道及软组织等部位感染。

【用法用量】 内服每千克体重 15～25 毫克。

头孢羟氨苄

【理化性质】 本品为白色或类白色晶粉，微溶于水，水溶液在弱酸性条件下稳定。

【作用用途】 本品为第一代半合成口服头孢菌素，其抗菌谱与头孢氨苄相似，内服吸收良好，主要用于敏感菌引起的狗、猫呼吸道、泌尿生殖道、皮肤及软组织感染。

【用法用量】 内服：每千克体重 10～20 毫克，每天 2 次。

头孢噻呋

【理化性质】 本品为半合成的第三代动物专用头孢菌素。本品肌内和皮下注射后吸收迅速，血中和组织中药物浓度高，有效血药浓度维持时间长，消除缓慢，半衰期长。猪肌内注射本品后，15 分钟内迅速被吸收，在血浆内生成一级代谢物脱呋喃甲酰头孢噻呋。由于 β-内酰胺环未受破坏，其抗菌活性与头孢噻呋基本相同。

【作用用途】 本品具广谱杀菌作用，对革兰氏阳性菌、革兰氏阴性菌包括产 β-内酰胺酶菌株及一些厌氧菌均有效。敏感菌有巴氏杆菌、放线杆菌、嗜血杆菌、沙门杆菌、链球菌、葡萄球菌等。抗菌活性比氨苄西林强，对链球菌的活性也比喹诺酮类抗菌药强。

本品用于胸膜肺炎放线杆菌、多杀性巴氏杆菌、猪霍乱沙门杆菌与猪链球菌引起的呼吸道病（猪细菌性肺炎）。

【用法用量】 肌内注射，每千克体重 3～5 毫克，每天 1 次，连用 3 天。

头孢地嗪

【理化性质】 其钠盐为白色或类白色至淡黄白色粉末。

【作用用途】 本品为第三代半合成头孢菌素类抗生素，抗菌谱广，对革兰氏阳性菌、革兰氏阴性菌均有抗菌活性，对 β-内酰胺酶极稳定。临床主要用于金黄色葡萄菌、肺炎链球菌、链球菌属、奈瑟淋球菌（包括产生青霉素酶的菌株）、奈瑟脑膜炎双球菌、大肠杆菌、志贺菌属、沙门杆菌属、克雷白菌、普通变形杆菌、奇异变形杆菌、流感嗜血杆菌及棒状杆菌等敏感菌所致的感染。本品是目前唯一兼具广谱强力抗菌和免疫调节活性双重作用的头孢类抗生素，且毒副作用小。

硫酸头孢喹肟

【理化性质】 本品为类白色至浅褐色混悬液，久置分层。

【作用用途】 本品是目前唯一一个动物专用第四代头孢类抗生素，具有抗菌谱广，抗菌活性强的特点，适用于非肠道用药。对 β-内酰胺酶高度稳定；与第三代头孢菌素头孢噻呋相比，四代头孢喹肟的血浆半衰期长，无肾毒性；其内在抗菌活性强于第三代头孢菌素头孢噻呋，抗菌谱广，其对金黄色葡萄球菌、链球菌、铜绿假单孢菌、肠细菌科（大肠杆菌、沙门杆菌、克雷伯菌、柠檬酸菌、黏质沙雷菌）都有极强的杀灭作用，对许多耐甲氧西林的葡萄球菌及肠杆菌也有良好的杀灭作用。

本品多用于多杀性巴氏杆菌或胸膜肺炎放线杆菌引起的猪呼吸道疾病及母猪的无乳综合征、副猪嗜血杆菌病和链球菌病的临床治疗。

【用法用量】 肌内注射，每千克体重 2~3 毫克（相当于每25 千克体重 2~3 毫升），每天 1 次，连用 3 天。

【专家提示】

（1）使用前摇匀。

（2）第 1 次吸取药液后，剩余部分应在 4 周内使用。

三、氨基糖苷类

氨基糖苷类，是一类由氨基环醇和氨基糖以苷键相连接而形成的碱性抗生素。这类抗生素包括：从链霉菌属的培养滤液中获得的链霉素、新霉素、卡那霉素、妥布霉素等；从小单孢菌属的培养滤液中获得的庆大霉素、小诺米星等；半合成品如阿米卡星等。它们的共同特点是：

（1）为碱性抗生素，其硫酸盐易溶于水，性质较青霉素 G稳定。

（2）作用机制相似，主要是作用于细菌的核糖体，抑制蛋白质的正常合成，使细菌细胞膜通透性增强，导致细胞内钾离子、腺嘌呤、核苷酸等重要物质外漏，引起死亡。此类抗生素对静止期细菌的杀灭作用较强，属静止期杀菌剂。

（3）主要对革兰氏阴性菌如大肠杆菌、沙门杆菌属、肺炎杆菌、肠杆菌属、变形杆菌属等作用较强，某些品种对绿脓杆菌、结核杆菌及金黄色葡萄球菌亦有较强作用，但对链球菌属及厌氧菌一般无效。

（4）内服不易吸收，主要用于肠道感染，治疗全身感染时需注射给药（新霉素除外）。

（5）毒性作用主要是耳毒性和肾脏毒性，对骨骼、肌神经、肌肉接头的传导也有不同程度的阻滞作用。

（6）细菌对本类药物易产生耐药性，各药之间可产生部分或完全的交叉耐药性。

(7) 本类药与头孢菌素类联用时，肾毒性增强；与碱性药物（如碳酸氢钠、氨茶碱等）联合应用，抗菌效能可增强，但毒性也相应增强，必须慎用。

链霉素

链霉素由放线菌属的灰链霉菌的培养滤液中提取而得。常用其硫酸盐。含量测定1 000链霉素单位相当于1毫克的链霉素。

【理化性质】 其硫酸盐为白色或类白色粉末，易溶于水。

【作用用途】 本品对结核杆菌和多数革兰氏阴性杆菌如大肠杆菌、沙门杆菌、巴氏杆菌、布氏杆菌等有效，对革兰氏阳性菌的作用较青霉素弱，对钩端螺旋体、放线菌、霉形体亦有一定作用。

本品主要用于巴氏杆菌病，钩端螺旋体病及大肠杆菌、沙门杆菌等敏感菌引起的呼吸道、消化道、泌尿道感染及败血症等。

【用法用量】

(1) 内服：仔猪一次量0.25～0.5克，每天2次。

(2) 肌内注射：每千克体重10毫克，每天2次。

【制剂】 本品效价以重量计算，1毫克等于1 000单位。

片剂：每片0.1克（10万单位）；粉针：每支1克（100万单位）、2克（200万单位）。

【专家提示】

(1) 遇酸、碱或氧化剂、还原剂活性下降。

(2) 在水溶液中遇新霉素钠、磺胺嘧啶钠会出现混浊沉淀，应避免混用。

(3) 本品禁与肌松药、麻醉药等同时使用，否则可导致肌肉无力、四肢瘫痪，甚至呼吸肌麻痹而死。

卡那霉素

卡那霉素由链霉菌产生，临床用硫酸卡那霉素由单硫酸卡那霉素或卡那霉素加一定量的硫酸制得。

【理化性质】　其硫酸盐为白色或类白色晶粉，易溶于水，水溶液稳定，100℃灭菌 30 分钟效价无明显损失。本品 1 克等于 100 万单位。

【作用用途】　本品对革兰氏阴性菌如大肠杆菌、沙门杆菌、肺炎杆菌、变形杆菌、巴氏杆菌等有强大的抗菌作用，对金黄色葡萄球菌、结核杆菌、霉形体亦有效。但对绿脓杆菌、厌氧菌、革兰氏阳性菌（金黄色葡萄球菌除外）无效。

本品主要用于多数革兰氏阴性菌和部分耐药金黄色葡萄球菌所引起的呼吸道、泌尿道感染和败血症、乳腺炎等，内服用于肠道感染如伤寒、副伤寒、大肠杆菌病等，对喘气病及萎缩性鼻炎等亦有一定效果。

【用法用量】　内服：每千克体重 3 ~ 6 毫克，每天 3 次。

肌内注射：每千克体重 10 ~ 15 毫克，每天 2 次。

【制剂】　片剂：每片 0.25 克；粉针：每支 0.5 克、1 克、2 克；注射液：2 毫升 0.5 克、10 毫升 1 克、10 毫升 2 克。

【专家提示】　本品的毒性与血药浓度密切相关，血药浓度突然升高时有呼吸抑制作用，故规定只做肌内注射，不宜大剂量静脉注射；不宜与其他抗生素配伍使用。

丁胺卡那霉素（阿米卡星）

【理化性质】　本品为卡那霉素的半合成衍生物，系在卡那霉素 A 分子的链霉胺部分引入氨基羟丁酰链而得，常用其硫酸盐。其硫酸盐为白色或类白色晶粉，极易溶于水，1% 水溶液的 pH 值为 6.0 ~ 7.5。阿米卡星性质稳定，在室温中至少保效 2 年，溶液在120℃中80分钟不减损效价。

【作用用途】 本品抗菌谱与庆大霉素相似，主要用于对庆大霉素或卡那霉素耐药的革兰氏阴性菌，特别是绿脓杆菌等所引起的泌尿道、下呼吸道、腹腔、生殖系统等部位的感染。

【用法用量】 肌内注射：用量参考卡那霉素。

【制剂】 粉针：每瓶0.2克；注射液：每支1毫升0.1克、2毫升0.2克。

庆大霉素

【理化性质】 其硫酸盐为白色或类白色结晶性粉末，易溶于水，对温度及酸碱度的变化较稳定。本品1毫克相当于1 000单位。

【作用用途】 庆大霉素是氨基糖苷类抗生素中抗菌谱较广、抗菌活性较强的药物之一，对革兰氏阴性菌中的绿脓杆菌、变形杆菌、大肠杆菌、沙门杆菌、巴氏杆菌、痢疾杆菌、肺炎杆菌、布氏杆菌等均有较强的作用，抗绿脓杆菌的作用尤为突出；在革兰氏阳性菌中，金黄色葡萄球菌对本品高度敏感，炭疽杆菌、放线菌等亦敏感，尚有抗霉形体作用，但链球菌、厌氧菌、结核杆菌对本品耐药。

本品主要用于绿脓杆菌、变形杆菌、大肠杆菌、沙门杆菌、耐药金黄色葡萄球菌等引起的系统或局部感染，如呼吸道、泌尿生殖道感染及败血症等。内服不易吸收，可用于肠道感染。

【用法用量】

内服：每千克体重5毫克，每天2~3次。

肌内或静脉注射：每千克体重1~1.5毫克，每天2次。

【制剂】 片剂：每片20毫克（2万单位）、40毫克（4万单位）；注射液：2毫升80毫克（8万单位）、5毫升200毫克（20万单位）、10毫升400毫克（40万单位）。

【专家提示】

（1）细菌对本品耐药性发展缓慢，耐药发生后，停药2周时间又可恢复敏感性，故临床用药时，剂量要充足，疗程不宜过长。

（2）对链球菌感染无效，但与青霉素G联合，对链球菌具协同作用。

（3）休药期，猪肌内注射40天；内服3～10天。

新霉素

【理化性质】　其硫酸盐为白色或类白色粉末，极易引湿；易溶于水，性质极稳定。

【作用用途】　本品抗菌范围与卡那霉素相仿。对金黄色葡萄球菌及肠杆菌科细菌（大肠杆菌等）有良好抗菌作用。细菌对新霉素可产生耐药性，但较缓慢，且在链霉素、卡那霉素和庆大霉素间有部分或完全的交叉耐药性。

新霉素内服与局部应用很少被吸收，内服后只有总量的3%从尿液排出，大部分不经变化从粪便排出。肠黏膜发炎或有溃疡时可吸收相当量。注射后很快吸收，其体内过程与卡那霉素相似。

本品注射毒性大，已禁用；内服用于肠道感染，局部应用对葡萄球菌和革兰氏阴性杆菌引起的皮肤、眼、耳感染及子宫内膜炎等也有良好疗效。

【用法用量】　内服：每千克体重10毫克，每天2次，连用3～5天。

【制剂】　片剂：每片0.1克、0.25克；眼膏、软膏：含量0.5%。

【专家提示】

（1）本品毒性反应比卡那霉素大，注射后可引起明显的肾毒性和耳毒性。

（2）内服本品可影响维生素 A 或维生素 B$_{12}$ 及洋地黄苷类的吸收。

壮观霉素（大观霉素）

【理化性质】 本品为链霉菌所产生的由中性糖和氨基环醇以苷键结合而成的一种氨基环醇类抗生素。临床用其二盐酸盐五水合物，为白色或类白色晶粉，易溶于水（1% 水溶液的 pH 值为 3.8 ~ 5.6），水溶液在酸性溶液中稳定。

【作用用途】 本品对革兰氏阳性菌、革兰氏阴性菌及霉形体均有作用，如对革兰氏阳性菌中的金黄色葡萄球菌、链球菌、革兰氏阴性菌中的大肠杆菌、沙门杆菌、巴氏杆菌等均有抑制或杀灭作用。主要用于葡萄球菌、链球菌、大肠杆菌、沙门杆菌、巴氏杆菌感染。在防治仔猪的肠道大肠杆菌病（白痢）中有较好的作用。

【用法用量】 内服：每千克体重 10 ~ 40 毫克，每天 2 次。肌内注射：每千克体重 20 ~ 25 毫克，每天 1 次。

【制剂】 粉剂（治百炎）：含壮观霉素 50%；水溶液：每毫升含 0.5 克；注射液：100 毫升含 10 克。

盐酸大观 – 林可霉素可溶性粉

本品由盐酸大观霉素、盐酸林可霉素按 2:1 比率，加乳糖或葡萄糖配制而成，商品名利高霉素。

【理化性质】 本品白色或类白色的粉末，在水中易溶。

【作用用途】 本品对革兰氏阳性和革兰氏阴性菌及支原体均有高效抗菌作用，抗菌范围和活性比单用明显扩大和增强。

本品主要用于大肠杆菌、沙门杆菌引起的猪下痢、细菌性肠炎及敏感菌引起的猪传染性关节炎等。对禽败血支原体和大肠杆菌病引起的慢性呼吸道病有良好的效果。

【用法用量】　内服：每千克体重 10 毫克，每天 1 次，连用 3～7 天。

混饮：每 1 升水 0.06 克，连饮 3～7 天。

【专家提示】　本品对猪的毒性低，饮用 0.06 克/升，连续 5 天出现短暂性软粪，偶见肛门区域刺激症状；0.6 克/升则常发下痢、肛门刺激，偶见肛门垂脱。

安普霉素（阿普拉霉素）

【理化性质】　安普霉素是一种黑暗链菌产生的氨基糖苷类新兽用抗生素，20 世纪 80 年代由美国开发成功，常用其硫酸盐。其为微黄色或黄褐色粉末，有引湿性，在水中易溶。

【作用用途】　本品对多种革兰氏阴性菌（大肠杆菌、假单孢菌、沙门杆菌、克雷伯杆菌、变形杆菌、巴氏杆菌、猪痢疾密螺旋体、支气管炎博德特菌）及葡萄球菌和支原体均具有杀菌活性，最为敏感的是大肠杆菌、沙门杆菌、金黄色葡萄球菌和支原体。系与敏感菌核糖体 30S 亚基结合而抑制细菌的蛋白质合成。经多种细菌试验，对本品敏感者达 99%，而新霉素与链霉素分别为 93% 和 48%。盐酸吡哆醛能加强本品的抗菌活性。本品内服可部分被吸收，新生仔猪更易吸收。吸收量同用量有关，可随动物年龄增长而减少。药物以原型通过肾排泄。

本品主要用于治疗猪大肠杆菌病和其他敏感菌所致的疾病，对断奶后小猪下痢有特效，并且促进增重和提高饲料转化率。也可治疗犊牛肠杆菌和沙门杆菌引起的腹泻。对鸡的大肠杆菌、沙门杆菌及部分支原体感染也有效。

【用法用量】　混饲每 1 000 千克饲料 80～100 克（以安普霉素计），连用 7 天。

【专家提示】　本品遇铁锈能失效，也不要与微量元素补充剂相混合。休药期21天。

妥布霉素

【理化性质】 其硫酸盐为白色结晶，易溶于水。

【作用用途】 本品抗菌谱与庆大霉素相似，对革兰氏阴性菌特别是绿脓杆菌有强大作用，较庆大霉素强3～8倍，但对其他革兰氏阴性菌的作用低于庆大霉素。主要用于绿脓杆菌感染，与羧苄青霉素合用有协同作用，也可用于其他敏感的革兰氏阴性菌所致的感染。

【用法用量】 肌内注射：每千克体重1～1.5毫克，每天2次。

【制剂】 粉针：每支2毫升80毫克（8万单位）。

四、四环素类

四环素类抗生素是一类碱性广谱抗生素。包括从链霉菌属培养物提取的四环素、土霉素、金霉素以及多种半合成四环素如多西环素、美他环素（甲烯土霉素）、米诺环素（二甲胺四环素）等。四环素、土霉素等盐类，口服能吸收，但不完全，而四环素、土霉素碱吸收更差。四环素类对多种革兰氏阳性和阴性菌及立克次体属、支原体属、螺旋体等均有效，其抗菌作用的强弱次序为米诺环素 > 多西环素 > 金霉素 > 四环素 > 土霉素。本类药物对革兰氏阳性菌的作用优于革兰氏阴性菌，而对变形杆菌、绿脓杆菌无作用。半合成四环素类对许多厌氧菌有良好作用。

四环素类抗生素抗菌作用机制是抑制细菌蛋白质的合成。四环素类早在20世纪的60～70年代即广泛应用，在兽医上尤为滥用，以致细菌对四环素类的耐药现象十分严重，一些常见病原菌的耐药率很高。天然四环素类药之间有交叉耐药性，但与半合成四环素之间的交叉耐药不明显。

本类药为酸碱两性的化合物，在酸性溶液中较稳定，在碱性溶液中易降解。临床常用其盐酸盐，易溶于水。

土霉素

【理化性质】　本品为淡黄色的结晶性或无定形粉末，无臭，在日光下颜色变暗，在碱性溶液中易破坏失效。在乙醇中微溶，在水中极微溶解，在氢氧化钠试液和稀盐酸中溶解。其盐酸盐为黄色结晶性粉末，在水中易溶，10% 水溶液的 pH 值应为 2.3 ～ 2.9。

【作用用途】　本品为广谱抗生素，对革兰氏阳性菌、革兰氏阴性菌都有抑制作用，对衣原体、立克次体、霉形体、螺旋体等也有一定的抑制作用。

本品主要用于防治大肠杆菌、沙门杆菌感染（如仔猪黄白痢、仔猪副伤寒等）、巴氏杆菌、布氏杆菌感染及猪喘气病等呼吸道病；也常用于立克次体、衣原体和钩端螺旋体感染；局部用于坏死杆菌所引起的子宫内膜炎及组织坏死等；作为饲料添加剂使用，除可一定程度地防治疾病外，还能改善饲料的利用效率和促进增重。

【药物配伍】

（1）与碳酸氢钠同用，可能升高胃内 pH 值，而使四环素类的吸收减少及活性降低。

（2）与钙盐、铁盐或含金属离子钙、镁、铝、铋、铁等的药物（包括中草药）同用时可与四环素类形成不溶性络合物，减少药物的吸收。

（3）与强利尿药如呋噻米等同用可使肾功能损害加重。

（4）四环素类属快效抑菌药，可干扰青霉素类对细菌繁殖期的杀菌作用，应避免同用。

【用法用量】

（1）混饲：每1 000千克饲料750~1 500克，连喂7天。

（2）混饮：每升水110~280毫克。

（3）内服：每千克体重10~20毫克，每天2~3次。

（4）静脉或肌内注射：每千克体重，2.5~5.0毫克，每天2次。静脉注射时用5%葡萄糖注射液或灭菌生理盐水溶解，配成5%的注射液；肌内注射时用注射用盐酸土霉素溶媒（由5%氯化镁、2%盐酸普鲁卡因组成）配成2.5%的注射液。

【制剂】

（1）预混剂：每千克含盐酸土霉素10克、50克或100克。

（2）土霉素片：每片0.05克（5万单位）、0.125克（12.5万单位）、0.25克（25万单位）。

（3）粉针：每支0.2克（20万单位）、1.0克（100万单位）；长效土霉素（特效米先）注射液：1毫升0.2克；长效盐酸土霉素（米先-10）注射液：1毫升0.1克。

【专家提示】

（1）忌与碱性溶液和含氯量多的自来水混合。

（2）本品内服能吸收，但不完全、不规则。锌、铁、铝、镁、锰、钙等多价金属离子可与其形成难溶的络合物而影响吸收，故应避免与乳类制品及含上述多价金属离子的药物或饲料共用。

（3）长期或大剂量使用，可诱发二重感染、维生素B或维生素K缺乏症和肝脏毒性等不良反应，严重者引起败血症而死亡。若在用药期间出现腹泻、肺炎、肾盂肾炎或原因不明的发热时，应考虑有发生二重感染的可能。一经确诊，应立即停药并采取综合性防治措施。

（4）肝、肾功能严重损害时忌用此类药物。内服休药期5天，注射休药期20天。

四环素

【理化性质】 其盐酸盐为黄色晶粉，无臭，味苦，遇光色渐变浑，有引湿性，易溶于水，其水溶液有较强的刺激性，不稳定，应现用现配。在碱性溶液中易破坏失效。

【作用用途】 本品抗菌作用、抗菌谱及临床用途等，与土霉素相似，但对大肠杆菌和变形杆菌的作用较好。内服吸收优于土霉素，内服后血药浓度较土霉素略高，对组织的透过率亦较高。

【用法用量】 混饮、混饲及内服用量同土霉素。静脉注射：每千克体重 2.5~5 毫克，每天 2 次，连用 2~3 天。

【制剂】 片剂：每片 0.05 克（5 万单位）、0.125 克、0.25克；胶囊剂：每粒 0.25 克。粉针：每支 0.2 克（20 万单位）、0.5 克、1.0 克；软膏（3%）：每支 5 克、10 克，外用；眼膏（0.5%）：每支 4 克，点眼。

【专家提示】 盐酸四环素水溶液为强酸性，1% 水溶液 pH值为 1.18~2.8，刺激性大，不宜肌内注射，静脉注射时勿漏出血管外。其他参见土霉素。

金霉素

【理化性质】 其盐酸盐为金黄色或黄色结晶，遇光色渐变深，微溶于水，水溶液不稳定。

【作用用途】 本品抗菌作用与四环素相似，但对革兰氏阳性球菌特别是葡萄球菌的效果较强。多作饲料添加剂以预防疾病、促进生长或提高饲料报酬，也用于敏感菌引起的各种感染，还用于治疗立克次体病、放线菌病、衣原体病等。

【用法用量】

（1）混饲：见饲料药物添加剂部分。

（2）内服、静脉注射：用量同四环素。

【制剂】

（1）预混剂：每千克分别含盐酸金霉素 20 克、100 克和 200 克。

（2）片（胶囊）剂：每片（粒）0.125 克、0.25 克。粉针：每支 0.1 克、0.2 克。临用时，用 5% 葡萄糖溶解后缓慢静脉注射。

软膏（1%）：每支 10 克，外用；眼膏（0.5%）：每支 4 克，点眼。

强力霉素（多西环素）

【理化性质】 本品是由土霉素 6 - 位上脱氧而制成的半合成四环素类抗生素。制品为盐酸盐半乙醇半水合物，按无水物计算，含多西环素应为 88.0% ~ 94.0%。盐酸盐为淡黄色或黄色晶粉，易溶于水，水溶液较四环素、土霉素稳定，室温中稳定，遇光变质。

【作用用途】 本品为高效、广谱、低毒的半合成四环素类抗生素，抗菌谱与土霉素相似，但作用强 2 ~ 10 倍，对土霉素、四环素耐药的金黄色葡萄球菌仍然有效。内服吸收良好，约可吸收给药量的如 90% 以上，食物对本品吸收的影响不大，且排泄缓慢，有效血药浓度维持时间较长，半衰期 12 ~ 20 小时。

本品主要用于大肠杆菌病、沙门杆菌病、霉形体病等，以及细菌与霉形体的混合感染，尤适用于肾功能减退的患猪。对治疗慢性呼吸道疾病、猪肺疫、仔猪副伤寒、仔猪白痢、肠炎、痢疾、喘气病及泌尿道、生殖道感染等有较好效果，且可缓解应激反应。

【用法用量】

（1）混饲：每 1 000 千克饲料 100 ~ 200 克。

（2）内服：每千克体重 2 ~ 5 毫克，每天 1 次。

（3）静脉注射：每千克体重 1 ~ 3 毫克，每天 1 次。

【制剂】

（1）预混剂，含强力霉素 1.25%（威霸先）。

（2）片剂：每片 0.05 克、0.1 克；胶囊剂：每粒 0.1 克。

（3）粉针：每支 0.1 克、0.2 克。

【专家提示】 本品毒性在本类药中较小，一般不会引起菌群失调，但长期大剂量使用可引起肠道正常菌群失调。

五、氯霉素类

氯霉素类属酰胺醇类广谱抗生素，包括有氯霉素、甲砜霉素和氟苯尼考。早期的氯霉素系从委内瑞拉链霉菌的培养液中获得，现三药均为人工合成，甲砜霉素和氟苯尼考为氯霉素的衍生物。因被发现存在不可逆的再生障碍性贫血，氯霉素及其盐、酯（包括：琥珀氯霉素）及制剂现已被禁用于各用途。

甲砜霉素

【理化性质】 本品为氯霉素的同类物，可人工合成。为中性的白色无臭结晶性粉末，对光、热稳定，有引湿性。室温下在水中的溶解度为 0.5% ~ 1.0%，醇中溶解度为 5%。其甘氨酸盐（1 克相当于甲砜霉素 0.792 克）为白色晶粉，易溶于水。

【作用用途】 本品抗菌谱与抗菌作用与氯霉素近似。但对多数肠杆菌科细菌、金黄色葡萄球菌及肺炎球菌的作用比氯霉素稍差。抗菌作用机制同氯霉素，与氯霉素可交叉耐药，部分细菌产生的乙酰转移酶可灭活甲砜霉素。

本品口服后吸收迅速而完全，连续用药在体内无蓄积，同服丙磺舒可使排泄延缓，血药浓度增高。甲砜霉素不在肝内代谢灭活，也不与葡糖醛酸结合。口服后体内广泛分布，其组织、器官的含量比同剂量的氯霉素高（肾、肺、肝中含量比同剂量氯霉素高 3~4 倍），因此体内抗菌活性也较强。以原型经肾排泄（肾小球滤过和肾小管分泌），24 小时内排出内服量的 70%~90%。

【参考用法】

（1）混饲：每 1 000 千克饲料 200 克。

（2）内服、静脉注射、肌内注射：每千克体重 5~10 毫克，每天 2 次。

【专家提示】　本品毒性较氯霉素低，通常不引起再生障碍性贫血，但常引起可逆性的红细胞生成抑制；肾功能不全患畜要减量或延长给药时间；本品有较强的免疫抑制作用，约比氯霉素强 6 倍，可抑制免疫球蛋白及抗体的生成。在疫苗接种期间或免疫功能严重缺损的猪应禁用。

氟苯尼考（氟甲砜霉素）

【理化性质】　本品为人工合成的甲砜霉素单氟衍生物。白色或类白色的结晶性粉末；无臭。在二甲基甲酰胺中极易溶解，在甲醇中溶解，在冰醋酸中略溶，在水或氯仿中极微溶解。0.5% 水溶液的 pH 值应为 4.5~6.5。

【作用用途】　本品内服和肌内注射吸收迅速，分布广泛，半衰期长，血药浓度高，能较长时间地维持血药浓度。猪即使在饲喂状况下吸收也较完全。由于胆汁中浓度高，且有较高的内服生物利用度，预示存在肝肠循环。主要经肾排泄。对革兰氏阳性菌、革兰氏阴性菌均有抑制作用，对许多肠道菌的抗菌活性优于氯霉素、甲砜霉素，在体内外试验中，本品对耐氯霉素、甲砜霉素的菌株，仍有较强的抗菌活性。对人工感染的猪放线杆菌胸膜肺炎，其按每 LD_{50} 千克饲料 50 克混饲的疗效明显优于甲砜霉素 200 克混饲。

临床已广泛用于治疗猪的放线杆菌胸膜肺炎、链球菌病、肺疫、喘气病及呼吸道病综合征。作为饲料添加剂，用于防治猪的各种细菌性疾病。

【用法用量】

（1）混饲：每 1 000 千克饲料 50 克。

（2）内服：每千克体重 20～30 毫克，每天 2 次，连用 3～5 天。

（3）肌内、静脉注射：每千克体重 20～30 毫克，每天 2 次，连用 3～5 天。

【专家提示】　哺乳期和孕期的母猪禁用（有胚胎毒性）；用药后可出现短暂的厌食、饮水减少和腹泻等不良反应，注射部位可出现炎症。

六、大环内酯类

大环内酯类是一类具有 14～16 员大环的内酯结构的弱碱性抗生素。自 1952 年发现代表品种红霉素以来，已陆续有竹桃霉素、螺旋霉素、吉他霉素、麦迪霉素、交沙霉素及它们的衍生物问世。并出现动物专用品种如泰乐菌素、替米考星等。本类药物的抗菌谱和抗菌活性基本相似，主要对需氧革兰氏阳性菌、革兰氏阴性球菌、厌氧球菌及军团菌属、支原体属、衣原体属有良好作用。仅作用于分裂活跃的细菌，属生长期抑菌剂。系通过阻断转肽作用和 mRNA 位移而抑制细菌蛋白质合成。本类药物内服可吸收，体内分布广泛，胆汁中浓度很高，不易透过血脑屏障。近年来已有新品种如罗红霉素、阿齐霉素和克拉霉素等问世，且被中国药典收载。

红霉素

【理化性质】　本品由链霉菌的培养滤液中取得。药用其游离碱及盐类如乳糖酸红霉素、硫氰酸红霉素、琥乙红霉素、依托红霉素等。本品为白色碱性晶体物质，极微溶于水，易溶于乙醇，与酸成盐如乳糖酸盐或硫氰酸盐则易溶于水。本品在碱性溶液中抗菌作用较强，酸性条件下不稳定，pH 值低于 4 时迅即破坏，抗菌作用几乎完全消失。

【作用用途】 本品抗菌谱与苄青霉素相似，对革兰氏阳性菌中的金黄色葡萄球菌、链球菌、肺炎球菌等作用较强，对革兰氏阴性菌中的巴氏杆菌、布氏杆菌也有一定作用；此外，本品还对霉形体、立克次体、钩端螺旋体、放线菌、诺卡菌有效，但对大肠杆菌、沙门杆菌属等肠道阴性杆菌无作用。

本品主要用于耐药金黄色葡萄球菌、溶血性链球菌所引起的严重感染，如肺炎、败血症、子宫内膜炎、乳腺炎等；对霉形体所引起的猪霉形体肺炎也有较好疗效。细菌对红霉素已出现不断增长的耐药性，使用疗程较长还可出现诱导性耐药。

【用法用量】

（1）内服：每千克体重，仔猪 2.2 毫克，每天 3~4 次。

（2）静脉注射（乳糖酸盐）：每千克体重 1~3 毫克，每天 2次。

（3）肌内注射（硫氰酸盐）：每千克体重 2 毫克，每天 2次。

【制剂】

（1）硫氰酸红霉素可溶性粉剂（高力米先、强力米先）：100 克含 5 克。

（2）片剂：每片 0.125 克（12.5 万单位）、0.25 克（25 万单位）。

（3）注射用乳糖酸红霉素粉针：每支 0.125 克（12.5 万单位）、0.25 克（25 万单位），临用前先用灭菌注射用水溶解（不可用生理盐水或其他无机盐溶液溶解，以免产生沉淀），再用 5% 葡萄糖注射液稀释后静脉滴注，浓度不超过 0.1%。

（4）硫氰酸红霉素（高力米先）注射液：每毫升含红霉素 50 毫克、100 毫克、200 毫克。

【专家提示】

（1）红霉素对氯霉素和林可霉素类有拮抗作用，不宜同用。

（2）本品忌与酸性物质配伍。内服虽易吸收，但能被胃酸破坏，可应用肠溶片或耐酸的依托红霉素即红霉素丙酸酯的十二烷基硫酸盐。

吉他霉素（北里霉素）

【理化性质】　本品为白色或淡黄色粉末，无臭，味苦。在甲醇、乙醇、氯仿、乙醚中极易溶解，在水中几乎不溶。

【作用用途】　本品抗菌谱近似于红霉素，作用机制与红霉素相同。对大多数革兰氏阳性菌的抗菌作用略差于红霉素，对支原体的作用接近泰乐菌素，对某些革兰氏阴性菌、立克次体、螺旋体也有效。对耐药金黄色葡萄球菌的作用优于红霉素、氯霉素和四环素。本品内服吸收良好，2 小时达血药峰浓度。广泛分布于主要脏器，在肝、肺、肾、肌肉中浓度较高，常超过血药浓度。

本品主要用途与红霉素相同。本品与红霉素交叉耐药，对长期应用红霉素的猪场应少用。

【用法用量】

（1）混饲：每 1 000 千克饲料，猪用于肺炎，预防 80 ~ 110 克，治疗 110 ~ 330 克；猪用于细菌性肠道感染，预防 44 ~ 88 克，治疗 88 ~ 110 克。

（2）混饮：每升水 100 ~ 200 毫克。

（3）内服：每千克体重 20 ~ 30 毫克，每天 2 次，连用 3 ~ 5 天。

（4）肌内或皮下注射：每千克体重 5 ~ 25 毫克，每天 1 次。

【制剂】

（1）预混剂：每100克含北里霉素10克、50克。

（2）酒石酸北里霉素可溶性粉剂：每包10克、50克。

（3）片剂：每片5毫克、50毫克、100毫克。

（4）注射用酒石酸北里霉素：每支0.2克。

泰乐菌素

【理化性质】 本品为白色至浅黄色粉末。在甲醇中易溶，在乙醇、丙酮、氯仿中溶解，在水中微溶，在己烷中几乎不溶。其盐类如酒石酸泰乐菌素、磷酸泰乐菌素等易溶于水，水溶液在25℃、pH值为5.5～7.5中可保存3个月不减效。

【作用用途】 本品为动物专用抗生素，抗菌作用机制和抗菌谱与红霉素相似。对革兰氏阳性菌和一些阴性菌有效。敏感菌有金黄色葡萄球菌、化脓链球菌、肺炎链球菌、化脓棒状杆菌等。对支原体属特别有效，是大环内酯类中抗支原体作用最强的药物之一。

内服可吸收，但血药浓度较低，有效血药浓度维持时间较短。皮下注射后组织药物浓度比内服高2～3倍，有效血药浓度维持时间亦较长。而酒石酸泰乐菌素内服后易从胃肠道（主要是肠道）吸收，给猪内服后1小时即达血药峰浓度。磷酸泰乐菌素则较少被吸收。泰乐菌素碱基注射液皮下或肌内注射能迅速吸收。泰乐菌素吸收后同红霉素一样在体内广泛分布，注射给药的脏器浓度比内服高2～3倍，但不易透入脑脊液。泰乐菌素以原型在尿和胆汁中排出，可在体内经肝肠循环再吸收，猪的排泄速度比其他动物快。

本品主要用于防治猪支原体病，如支原体肺炎和支原体关节炎，对猪支原体病预防效果较好，治疗效果差，对敏感菌并发的支原体感染尤为有效。亦用于敏感菌所引起的肠炎、肺炎、乳腺炎、子宫内膜炎及螺旋体引起的痢疾等。作为饲料添加剂，可促进畜禽生长、提高饲料报酬。

【用法用量】

（1）混饲：每1 000千克饲料，100克（预防猪痢疾，先以100克饲喂3周，然后以40克饲喂至上市），10～20克（育肥期中使用以改善增重和饲料利用率），20～40克（生产期饲料中使用），20～80克（开食料中使用）。

（2）混饮：每升水0.2～0.5克。

（3）内服：每千克体重100毫克（治疗猪血痢），每天2次。

（4）皮下或肌内注射：每千克体重9毫克，每天2次，连用5天。

【制剂】

（1）磷酸泰乐菌素预混剂（泰农）：每100克含磷酸泰乐菌素分别为2克、4克和10克；酒石酸泰乐菌素可溶性粉：5克（500万单位）、10克、20克。

（2）片剂：每片0.2克。

（3）酒石酸泰乐菌素注射液（特爱农）：50毫升2.5克，50毫升10克、100毫升5克、100毫升20克。

【专家提示】

（1）本品的水溶液遇铁、铜、铝、锡等离子可形成络合物而减效。

（2）细菌对其他大环内酯类耐药后，对本品常不敏感。

（3）本品较为安全。偶见直肠水肿和皮肤红斑、瘙痒等反应。猪口服$LD_{50}>5$克/千克，肌内注射$LD_{50}>1$克/千克。仔猪过量有休克和死亡的报道。

（4）休药期，注射为14天。

替米考星

【理化性质】　替米考星是一种由泰乐菌素半合成的大环内酯类抗生素，白色或淡黄色粉末。

【作用用途】　替米考星抗菌作用与泰乐菌素相似。替米考星具有广谱抗菌作用，对革兰氏阳性菌、某些阴性菌、支原体、螺旋体等均有抑制作用；对胸膜肺炎放线杆菌、巴氏杆菌及畜禽支原体具有比泰乐菌素更强的抗菌活性。替米考星内服吸收快，但不完全。内服或皮下注射本品后吸收快，表观分布容积大，肺组织中的药物浓度高。具有良好的组织穿透力，能迅速而完全的从血液进入乳房，乳中药物浓度高，维持时间长，乳中半衰期长达 1~2 天，体内维持时间长。

本品主用于治疗猪胸膜肺炎放线杆菌、巴氏杆菌及支原体引起的感染。

【用法用量】　混饲：每 1 000 千克饲料 200~400 克（以替米考星计），连续用药 15 天。

【专家提示】

（1）本品禁止静脉注射。一次静脉注射 5 毫克/千克有致死的危险性。

（2）肌内注射和皮下注射均可出现局部反应（水肿等），亦不能与眼接触。皮下注射部位应选在猪肩后肋骨上的区域内。

（3）本品毒作用的靶器官是心脏，可引起心动过速和收缩力减弱。猪肌内注射 10 毫克/千克引起呼吸增数，呕吐和惊厥；20 毫克/千克可使 3/4 的试验猪死亡。

（4）妊娠的猪和种猪使用本品的安全性未被证实。

盐酸沃尼妙林

沃尼妙林是一种新型动物专用抗菌药物，是新一代截短侧耳素类半合成抗生素，属二萜烯类，与泰妙菌素属同一类药物，为动物专用抗生素。主要用于防治猪、牛、羊及家禽的支原体感染和革兰氏阳性菌感染。

【理化性质】　沃尼妙林的化学名称为：（（2-（（R）-2-氨基-3-甲基丁酰氨基）-1，1-二甲基乙基）巯基）乙酸，（3aS，4R，5S，6S，8R，9R，9aR，10R）-八氢-5，8-二羟基-4，6，9，10-四甲基-6-乙烯基-3a，9-丙烷-3aH-环戊环辛烯-1（4H）-酮-8-酯；分子式 $C_{31}H_{52}N_2O_5S$；相对分子质量564.8；熔点 $174 \sim 177℃$。本品性状为白色或淡黄色结晶性粉末，极微溶于水，溶于甲醇、乙醇、丙酮、氯仿，其盐酸盐溶于水。

【作用用途】

（1）作用机制。沃尼妙林的抗菌机制与泰妙菌素相似，与病原微生物核糖体上的50S亚基结合，从而抑制细菌蛋白质的合成，高浓度时也抑制 RNA 的合成，即通过与病原微生物核糖体上23sRNA 的 V 区相互作用，阻止了肽基转移酶正确定位于 tRNA 的 CCA 末端，从而抑制病原微生物蛋白质的合成，导致其死亡。

（2）抗菌谱。沃尼妙林抗菌谱广，对革兰氏阳性菌和革兰氏阴性菌有效，抗菌活性很强，对支原体属和螺旋体属高度有效，对各种动物不同种类的支原体、链球菌、金黄色葡萄球菌、放线杆菌、巴氏杆菌、猪痢疾密螺旋体及结肠菌毛样螺旋体等有良好的抗菌活性。而对肠道菌属如大肠杆菌、沙门杆菌效力较低。对常见菌株的敏感性比泰妙菌素高 $4 \sim 50$ 倍，是一种非常敏感高效的新型动物专用抗菌药。

（3）药动学：沃尼妙林口服迅速吸收，吸收率大于90%，给药后 $1 \sim 4$ 小时达到血浆最高浓度，血浆半衰期 $1.3 \sim 2.7$ 小时，血浆浓度与给药剂量呈线性关系。沃尼妙林主要集中在组织中，特别是在肺和肝脏组织中，生物利用度在90%以上。结肠内容物浓度与混饲浓度呈线性关系。沃尼妙林在猪体内进行广泛的代谢和排泄，代谢物主要经胆汁和粪便排泄。

（4）药物相互作用。沃尼妙林与离子载体类抗生素如莫能菌素、盐霉素等不能联合应用。在使用沃尼妙林前后5天内，使用莫能菌素、盐霉素等药物将导致动物严重生长抑制、运动失调、麻痹或死亡。

沃尼妙林与金霉素或多西环素合用，对猪呼吸道支原体感染有协同作用。

（5）适应证。用于治疗和预防猪支原体肺炎（猪地方性肺炎，猪喘气病）、放线菌性胸膜肺炎、呼吸道疾病综合征、猪痢疾、猪结肠螺旋体病（结肠炎）、猪回肠炎、猪增生性肠病（肠炎）等疾病。

【用法用量】

（1）预防推荐用量：每吨饲料加入50克沃尼妙林盐酸盐混匀饲喂；治疗推荐用量：每吨饲料加入75克沃尼妙林盐酸盐混匀饲喂。

（2）猪痢疾、猪结肠螺旋体病：①预防：25×10^{-6}（每天 $1 \sim 1.5$ 毫克/千克体重），连喂4周；②治疗：75×10^{-6}（每天 $3 \sim 4$ 毫克/千克体重），连喂7天至4周。

（3）猪增生性肠病：预防：37.5×10^{-6}（每天 $1.5 \sim 2.25$ 毫克/千克体重），连用2周；治疗：75×10^{-6}（每天 $3 \sim 4$ 毫克/千克体重），连用2周或直到症状消失。

（4）猪地方性肺炎：预防与治疗：200×10^{-6}（每天 $10 \sim 12$ 毫克/千克体重），连喂3周。

【专家提示】

（1）沃尼妙林不能与离子载体类抗生素如莫能菌素、盐霉素等合用。

（2）不良反应。猪不良反应发生率低，为0.03%～1.76%，表现为发热、无食欲、共济失调、躺卧、水肿或红斑，眼睑水肿，死亡率小于1%。饲料浓度大于$200×10^{-6}$会出现一过性采食下降。出现不良反应症状应采取措施：立即停喂药物，严重的猪移到干净猪舍，对症治疗，包括对并发病的治疗。

（3）安全性。沃尼妙林预混剂对猪的药物残留试验表明，沃尼妙林预混剂休药期为1天，即可代谢到对人体无害水平；半数致死量试验表明该药物LD_{50}较高，急性毒性小；特殊毒性试验表明，本品无繁殖毒性、致畸性、致突变性、致癌性；重复剂量试验表明，沃尼妙林对免疫系统无任何影响。

（4）保质期。产品对光和湿度敏感，因此需避光、密封保存。避光、密封贮存应不超过25℃温度，原料保证期为5年，制成兽药制剂，保质期3年。

七、多肽类

多肽类抗生素是一类具多肽结构的化学物质，包括杆菌肽、多黏菌素类及专用于促进动物生长的杆菌肽锌、恩拉霉素等。后者多作为饲料药物添加剂在畜牧生产中广为应用。多黏菌素类系由多黏芽孢杆菌产生的一组碱性多肽类抗生素，包括多黏菌素A、B、C、D、E五种成分，兽医上常用多黏菌素B、E两种，均为窄谱杀菌剂。

杆菌肽

【理化性质】　本品最初从枯草杆菌中发现，目前生产由地衣型芽孢杆菌的培养液中取得，为一含噻唑环的多肽化合物。本品为类白色或淡黄色的粉末；无臭，味苦；有引湿性；易被氧化剂破坏，在溶液中能被多种重金属盐类沉淀。在水中易溶，在乙醇中溶解，在丙酮、氯仿或乙醚中不溶。每毫升含1 000单位的水溶液的 pH 值应为 5.5 ~ 7.5。本品在干燥状态下稳定。在水溶液中，当 pH < 3 时易析出，pH > 9 时不稳定，遇热也迅速失效。本品的锌盐不溶于水，性质更稳定。

【作用用途】 本品对革兰氏阳性菌具高度抗菌活性，尤其对金黄色葡萄球菌和链球菌属作用强大。对某些螺旋体、放线菌属也有一定作用，对革兰氏阴性杆菌无效。本品主要抑制细菌细胞壁的合成，也能损伤细胞膜，使细菌胞内重要物质外流，属慢效杀菌剂。二价金属离子（特别是锌离子）能加强本品的抗菌效能。细菌对本品较少产生耐药性，且与其他抗生素无交叉耐药现象。

杆菌肽内服几乎不被吸收，肌内注射后 2 小时可达血药峰浓度。在体内广泛分布，除胆汁、肝、肾外，在器官组织内分布量较少。主要经肾排泄，排泄迅速，24 小时后除胆汁、肝、肾外，已无残留。

本品不适合全身性治疗。可内服治疗细菌性腹泻和猪密螺旋体性泻痢。局部外用其眼膏、软膏或复方服膏治疗敏感菌所致的皮肤伤口、软组织、眼、耳、口腔等部位感染。

【用法用量】 本品宜外用，如局部涂敷或点眼。

【制剂】

（1）杆菌肽软膏：8 克（4 000 单位）。

（2）杆菌肽眼膏：2 克（1 000 单位）。

（3）复方新霉素软膏：1 000 克（硫酸新霉素 200 万单位与杆菌肽 25 万单位）。

【专家提示】

（1）水溶液 4℃ 低温保存，2 ~ 3 个月其活性仅丧失 10%。

（2）本品对肾脏有严重毒性，能引起肾功能衰竭。

（3）与青霉素、链霉素、新霉素、多黏菌素、金霉素联用有协同抗菌作用；与喹乙醇、吉他霉素、维吉尼亚霉素、恩拉霉素存在配伍禁忌。

杆菌肽锌

【理化性质】　本品为淡黄色或淡棕黄色粉末；无臭，味苦。在吡啶中易溶，在水、甲醇、丙酮、氯仿、乙醚中几乎不溶。

【作用用途】　杆菌肽锌的抗菌作用同杆菌肽。本品主要作为饲料药物添加剂，用于仔猪的促生长和增进饲料利用率。其较高剂量亦可防治肠道的细菌性感染。

【用法用量】　混饲：每1 000千克饲料4月龄以下4～40克（以杆菌肽计）。

【制剂】　杆菌肽锌预混剂1 000克：100克（400万单位）、1 000克：150克（600万单位）。

【专家提示】　本品仅用于干饲料，勿在液体饲料中应用。

多黏菌素B

【理化性质】　其硫酸盐为白色晶粉，易溶于水，在酸性溶液中稳定，其中酸性溶液在室温放置一周效价无明显变化，但在碱性溶液中不稳定。本品1毫克相当于1万单位。

【作用用途】　本品只对革兰氏阴性菌有抗菌作用，尤其对绿脓杆菌作用强大，对大肠杆菌、肺炎杆菌、沙门杆菌、巴氏杆菌、弧菌等也有较强作用，但对革兰氏阳性菌、革兰氏阴性球菌、变形杆菌和厌氧菌不敏感。内服不吸收，注射后主要由尿排泄。多用于绿脓杆菌、大肠杆菌等引起的感染，常与新霉素、杆菌肽等合用。

【用法用量】

（1）内服：每千克体重，仔猪2 000～4 000单位，每天2～3次；与新霉素、杆菌肽合用时，剂量减半。

（2）肌内注射：每千克体重0.5万单位，每天2次。

【制剂】 片剂：每片 12.5 万、25 万单位；粉针：每瓶 50 万单位。

【专家提示】 本品肾脏毒性较常见，肾功能不全者禁用；禁与其他有肾脏毒性作用的药物联合应用，以免发生意外。

多黏菌素 E（黏菌素、抗敌素）

【理化性质】 其硫酸盐为白色或微黄色粉末，易溶于水，水溶液在酸性条件下稳定。

【作用用途】 本品抗菌谱与多黏菌素 B 相同。内服不吸收，用于治疗大肠杆菌性肠炎和菌痢。局部用药可用于创伤引起的绿脓杆菌局部感染，以及敏感菌引起的乳腺炎、子宫炎等。还可作饲料添加剂，以促进畜禽生长。本品与庆大霉素、新霉素和杆菌肽联用有协同作用。

【用法用量】

（1）混饲：每 1 000 千克饲料 2～20 克（以黏菌素计）。

（2）混饮：每升水 40～100 毫克（以黏菌素计），连用不超过 7 天。

（3）内服：每千克体重 1.5 万～5 万单位，每天 1～2 次。

（4）肌内注射：剂量同多黏菌素 B。

【制剂】 本品 1 毫克等于 6 500 单位。预混剂：硫酸多黏菌素 E－20、E－40，每千克分别含硫酸多黏菌素 20 克、40 克。

片剂：每片 12.5 万、25 万单位；粉针：每瓶 50 万单位；注射液：每支 2 毫升 25 万单位。

【专家提示】

（1）本品内服很少吸收，不用于全身感染。

（2）本品吸收后，对肾脏和神经系统有明显毒性，在剂量过大或疗程过长，以及注射给药和肾功能不全时均有中毒的危险性。

（3）休药期为 7 天。

恩拉霉素

【理化性质】　本品为白色或微黄色结晶性粉末；易溶于稀盐酸，可溶于甲醇、含水乙醇，难溶于丙酮，不溶于醋酸、氯仿、苯等。

【作用用途】　本品为对革兰氏阳性菌有显著抑菌作用，主要阻碍细菌细胞壁的合成。敏感细菌有金黄色葡萄球菌、表皮葡萄球菌、柠檬色葡萄球菌、酿脓链球菌等，而肺炎球菌、枯草杆菌、炭疽杆菌、破伤风梭菌、肉毒梭菌、产气荚膜梭菌亦较敏感。布鲁杆菌、沙门杆菌、志贺菌属等革兰氏阴性菌对本品耐药。

本品内服难吸收。给动物肌内注射后 0.5 小时血清中即达治疗浓度，6 小时达峰值，有效血浓度能维持 24 小时左右。体内分布以肾的药物浓度升高最快，肝、脾上升稍缓。药物主要从尿排出。

本品用作饲料药物添加剂，低浓度长期添加可促进猪生长。

【用法用量】　参见饲料药物添加剂章节。

【专家提示】

（1）对猪的增重效果以连喂 2 个月为佳，再继续应用，效果即不明显。

（2）休药期为 7 天。

八、林可胺类

林可胺类抗生素是具有高脂溶性的碱性化合物，对革兰氏阳性菌和支原体有较强抗菌活性，对厌氧菌也有一定作用。兽医临床上常用药物为林可霉素。

林可霉素（洁霉素）

【理化性质】 其盐酸盐为白色结晶性粉末；有微臭或特殊臭，味苦。在水或甲醇中易溶，在乙醇中略溶。10%水溶液的pH值应为3.0~3.5。性较稳定。

【作用用途】 本品抗菌谱较红霉素窄。革兰氏阳性菌如金黄色葡萄球菌（包括耐青霉素菌株）、链球菌、肺炎球菌、炭疽杆菌、猪丹毒丝菌及某些支原体（猪肺炎支原体、猪鼻支原体、猪关节液支原体）、钩端螺旋体均对本品敏感。而革兰氏阴性菌如巴氏杆菌、克雷伯菌、假单胞菌（绿脓杆菌等）、沙门杆菌、大肠杆菌等均对本品耐药。林可霉素类的最大特点是对厌氧菌有良好抗菌活性，如梭杆菌属、消化球菌、消化链球菌、破伤风梭菌、产气荚膜梭菌及大多数放线菌均对本类抗生素敏感。本类药物的作用机制同红霉素，且作用部位又与红霉素、氯霉素相同，因此本类药物不宜与红霉素或氯霉素合用。

林可霉素系抑菌剂，但高浓度对高度敏感细菌也有杀菌作用。葡萄球菌对本品可缓慢地产生耐药性。细菌对林可霉素与克林霉素有完全的交叉耐药性，与红霉素可部分交叉耐药。

林可霉素内服吸收差，可吸收30%~40%的投药量。肌内注射后吸收迅速，短时即可取得比内服高几倍的血药峰浓度。林可霉素主要在肝内代谢，经胆汁和粪便排泄，少量从尿中排泄。

本品主要用于敏感菌所致的各种感染，如肺炎、支气管炎、败血症、骨髓炎、蜂窝织炎、化脓性关节炎和乳腺炎等。对猪的密螺旋体血痢、弓形虫病、支原体肺炎等亦有防治功效。

【用法用量】

（1）内服：每千克体重10~15毫克，每天1~2次，连用3~5天。

（2）肌内注射：每千克体重10毫克，每天1次，连用3~5

天。

（3）混饮：每升水 40~70 毫克（以林可霉素计）。

（4）混饲：每 1 000 千克饲料 44~77 克（以林可霉素计），连用 1~3 周或症状消失为止。

【制剂】

（1）盐酸林可霉素片：0.25 克、0.5 克。

（2）盐酸林可霉素可溶性粉：100 克：40 克（4 000 万单位）。

（3）盐酸林可霉素注射液：2 毫升：0.6 克、10 毫升：3 克。

（4）盐酸林可霉素预混剂 100 克：0.88 克（88 万单位）、100 克：11 克（1 100 万单位）。

【专家提示】

（1）与庆大霉素等联合对葡萄球菌、链球菌等革兰氏阳性菌呈协同作用。

（2）不宜与抗蠕虫药、止泻药同用，因可使肠内毒素延迟排出，从而导致腹泻延长和加剧。亦不宜与含白陶土止泻药同时内服，后者将减少林可霉素的吸收达 90% 以上。

（3）林可霉素类具神经肌肉阻断作用，与其他具有此种效应的药物如氨基糖苷类和多肽类等合用时应予注意。

（4）林可霉素类与氯霉素或红霉素合用有拮抗作用。与卡那霉素、新生霉素同瓶静脉注射时有配伍禁忌。

九、其他抗菌素

延胡索酸泰妙菌素（泰牧霉素、泰妙灵、支原净）

【理化性质】　延胡索酸泰妙菌素是由伞菌科北凤菌的培养液中提取的伯鲁罗母林的氢化延胡索盐。为双萜类半合成动物专用抗生素。按无水物计算，含泰妙菌素不得少于 98%。本品为白色或淡黄色结晶粉；具轻微的特征性臭味；可溶于水（6%），干燥品稳定，密封可保存 5 年。

【作用用途】 本品为抑菌性抗生素，但高浓度对敏感菌也有杀菌作用。抗菌作用机制系与细菌核糖体 50s 亚基结合而抑制细菌蛋白质合成。

本品对多种革兰氏阳性球菌包括大多数葡萄球菌和链球菌及多种支原体和某些螺旋体有良好抗菌活性，对某些阴性菌如嗜血杆菌属及某些大肠杆菌和克雷伯菌菌株也有较强作用。但对其他革兰氏阴性菌的抗菌活性很弱。

猪内服本品易于吸收。投服单剂量约可吸收 85%，2~4 小时出现血药峰浓度。体内分布广泛，肺中浓度最高。泰妙菌素在体内被代谢成 20 种代谢物，有的具抗菌活性。约有 30% 的代谢物在尿中排出，其余从粪排泄。

本品用于治疗胸膜肺炎放线杆菌引起的猪肺炎、猪痢疾密螺旋体引起的猪血痢及猪喘气病。作为猪的饲料药物添加剂，可促进增重。

【用法用量】

（1）混饮：每升水 45~60 毫克，连用 5 天（以泰妙菌素计）。猪喘气病，预防，40 毫克，连用 3 天；治疗 80 毫克，连用 10 天。防治猪密螺旋体病 45~60 毫克，连用 5 天。

（2）混饲：每 1 000 千克饲料 40~100 克，连用 5~10 天（以泰妙菌素计）。

【制剂】

（1）延胡索酸泰妙菌素可溶性粉 100 克：45 克（4 500 万单位）。

（2）延胡索酸泰妙菌素预混剂 100 克：10 克（1 000 万单位）、100 克：80 克（8 000 万单位）。

【专家提示】

（1）与聚醚类抗生素如莫能菌素、盐霉素等联用可出现不良反应，禁止混合使用。

（2）本品若加在含有霉菌毒素的发酵饲料中喂猪，可能会出现瘫痪、体温升高、呆滞及死亡等反应，应立即停药停喂发霉饲料，同时喂以维生素 AD、钙剂等，以促进猪只恢复。

（3）猪内服较安全，可耐受 3～5 倍的内服量。但偶可出现皮肤发红等反应。过量对猪能引起短暂流涎、呕吐和中枢神经系统抑制，应停药并对症治疗。

（4）本品有刺激性，避免与皮肤或黏膜接触。

新生霉素

【理化性质】 其钠盐为白色晶粉，易溶于水。

【作用用途】 本品抗菌谱与青霉素 G 相似，但对金黄色葡萄球菌的效果较好。因细菌对本品易产生耐药性，故在临床上一般不作首选药物，主要用于其他抗生素无效的病例，特别是耐药金黄色葡萄球菌、链球菌等引起的感染；多与青霉素 G、四环素合用，以减少耐药性的发生率。

【用法用量】

（1）混饲：每 1 000 千克饲料 260～350 克。

（2）混饮：每升水 280～350 毫克。

（3）内服：每千克体重 10～25 毫克，每天 2 次；

（4）肌内、静脉注射，每千克体重 2.5～7.5 毫克，每天 2 次。

【制剂】 片（胶囊）剂：每片（粒）0.25 克；粉针：每瓶 0.25 克、0.5 克。

第三节 氟喹诺酮类抗菌药

氟喹诺酮类亦称氟吡酮酸类，是一类人工合成的新型抗菌药物，为第三代喹诺酮类，因其化学结构上均含有氟原子，故称为氟喹诺酮类。本类药中的早期品种，如第一代药物萘啶酸，第二代药氟甲喹、吡哌酸等，因抗菌作用弱，国内较少使用。现国内主要应用第三代品种，广泛用于畜禽细菌与霉形体病防治，已投入使用的药物有 10 余种，主要分两类，一类是从医用移植转化而来，如诺氟沙星、环丙沙星、氧氟沙星、培氟沙星、罗美沙星等；另一类是动物专用品种，如恩诺沙星、沙拉沙星、达诺沙星、麻波沙星等。第四代药物已经产生，具有广谱、长效等特点，如司巴沙星等。此类药物的开发仍方兴未艾，许多新品种正在开发试用中。从公共卫生及减少耐药性传递方面考虑，畜牧兽医领域应提倡研制、应用动物专用品种。

一、本类药物的共同特点

1. 广谱、高效 除对霉形体、大多数革兰氏阴性菌敏感外，对某些革兰氏阳性菌及厌氧菌亦有作用。如对多种致病霉形体，革兰杆阴性菌中的大肠杆菌、沙门杆菌属、嗜血杆菌属、巴氏杆菌、绿脓杆菌、波特氏杆菌及革兰氏阳性菌中的金黄色葡萄球菌、链球菌、猪丹毒杆菌等，均有较强的杀灭作用。其杀菌浓度与抑菌浓度相同，或为抑菌浓度的 2～4 倍。

2. 动力学性质优良 氟喹诺酮类药绝大多数内服、注射均易吸收，体内分布广泛，给药后除中枢神经系统外，大多数组织中的药物浓度高于血清药物浓度，亦能渗入脑及乳汁，故对治疗全身感染和深部感染效果明显。

3. 作用机制独特 氟喹诺酮类药作用机制与其他抗菌药不同，是抑制细菌 DNA 合成酶之一的回旋酶，造成细菌染色体的不可逆损害而呈选择性杀菌作用。目前，一些细菌对许多抗生素的耐药性可因质粒传导而广泛传播，而本类药物则不受质粒传导耐药性的影响。本类药与其他抗菌药间无交叉耐药性，如对磺胺与三甲氧苄氨嘧啶复方制剂耐药的细菌、对庆大霉素耐药的绿脓杆菌、对泰妙灵或泰乐菌素耐药的霉形体仍然有效。

4. 使用方便　供临床应用的有散剂、口服液、可溶性粉、片剂、胶囊剂、注射剂等多种剂型，可供内服（包括混饲、混饮）、注射等多种途径给药。且安全范围广，毒副作用小。

二、本类药物的合理使用

1. 抗菌范围　氟喹诺酮类药属广谱抗菌药，主要适用于霉形体病及敏感菌引起的呼吸道、消化道、泌尿生殖道感染及败血症等，尤其适用于细菌与细菌或细菌与霉形体混合感染，亦可用于控制病毒性疾病的继发细菌感染。除霉形体及大肠杆菌所引起的感染外，一般不宜作为其他单一病原菌感染的首选药物，更不应将本类药视为万能药物，不论何种细菌性疾病都予以使用。

2. 抗菌作用　体外试验对比表明，以达诺沙星、环丙沙星、恩诺沙星、麻波沙星最强，沙拉沙星次之，氧氟沙星（对某些霉形体作用较强）、罗美沙星、诺氟沙星、培氟沙星稍弱。从动力学性质方面看，氧氟沙星内服吸收最好，尤其适合于集约化猪场混饮给药；达诺沙星给药后在肺部浓度很高，特别适合于呼吸系统感染；沙拉沙星内服后，在肠道内浓度较高，较适合肠道细菌感染；麻波沙星较适合皮肤感染及泌尿系统感染。

3. 应用范围　氟喹诺酮类药为杀菌药物，主要用于治疗，在集约化养殖业中，除用于垂直传播的疾病预防外，一般不用作其他细菌病的预防用药。

4. 安全范围　氟喹诺酮类药治疗用量的数倍用药量一般无明显的毒性作用，但本类药的杀菌作用与剂量间呈双相变化关系，即在 1/4MIC（最小抑菌浓度）～MBC（最小杀菌浓度）范围内，抗菌作用随药物浓度的增加而迅速加强，以后逐渐趋于恒稳值，而在大于 MBC 后杀菌作用逐渐减弱。近年来氟喹诺酮类药使用越来越频繁，用药者往往忽略了这一特性，用药量不断加大，不仅造成了药物的浪费，而且延误了疾病的治疗。

5. 耐药性　细菌对氟喹诺酮类药物一般不易产生耐药性，即耐药频率低，但随着 20 世纪 80 年代中期以来的广泛应用，耐药性的报道逐年增多，耐药菌株也逐年增加，临床应用应根据药敏试验合理筛选，不可滥用。

6. 配伍禁忌　利福平和氯霉素均可使本类药物的作用减弱，不能配伍使用。镁、铝等盐类在肠道可与本类药物结合而影响吸收，从而降低血药浓度，要避免合用。

三、常用氟喹诺酮类药物

诺氟沙星（氟哌酸）

【理化性质】　本品为第一个合成（1979 年）的氟喹诺酮类药物，为类白色至淡黄色晶粉，味微苦，在空气中能吸收水分，遇光色渐变深。难溶于水或乙醇，在二甲基甲酰胺中略溶，在醋酸、盐酸、烟酸或氢氧化钠溶液中易溶。兽医临床常用其烟酸盐和乳酸盐。

【作用用途】　本品为广谱抗菌药物，对霉形体和多数革兰氏阴性菌（如大肠杆菌、沙门杆菌、巴氏杆菌及绿脓杆菌等）有较强杀菌作用，对革兰氏阳性球菌（如金黄色葡萄球菌）亦有作用。本品内服后吸收迅速，体内分布广泛，除脑组织和骨组织外，其在肝、肾、胰、脾、淋巴结、支气管黏膜中的浓度均高于血浆中浓度，并可渗入胸水、腹水和乳汁中，在猪体内主要转化为 N－去乙基代谢物和氧化代谢物。诺氟沙星主要通过肾在尿中排泄，在尿中的活性成分少于 30%。

本品适用于敏感菌引起的消化道、呼吸道、泌尿道、皮肤感染和霉形体病。

【用法用量】

（1）内服：每千克体重 10～20 毫克，每天 2 次。

（2）肌内注射：每千克体重 5 毫克，每天 2 次。

【制剂】

（1）预混剂：100 克含 5 克；烟酸诺氟沙星（杀菌星）可溶性粉：每 100 克含诺氟沙星 2.5 克、5 克；乳酸诺氟沙星可溶性粉：每 100 克含诺氟沙星 5 克。烟酸诺氟沙星溶液：每 100 毫升含诺氟沙星 2 克；诺氟沙星溶液：每 100 毫升含 5 克。

（2）片（胶囊）剂：每片（粒）0.1 克。

（3）注射液：5 毫升 0.1 克、10 毫升 0.2 克；烟酸诺氟沙星注射液：100 毫升含诺氟沙星 2 克。

【专家提示】

（1）对本品及氟喹诺酮类药物过敏者、孕畜及哺乳期禁用，肝、肾功能不全者慎用。

（2）本品与呋喃妥因有拮抗作用，不能合用。

<h2 style="text-align:center">环丙沙星</h2>

【理化性质】　本品为白色或淡黄色粉末，不溶于水。其盐酸盐和乳酸盐易溶于水。

【作用用途】　本品抗菌谱与诺氟沙星相似，但抗菌活性强 2～10 倍，是本类药物中体外抗菌活性最强的药物。对革兰氏阴性菌和阳性菌都具有较强的抗菌活性，对革兰氏阴性杆菌杀伤力特别强，并对绿脓杆菌、厌氧菌有较强的抗菌作用。内服吸收迅速但不完全，其乳酸盐克服了环丙沙星不溶于水的缺陷，是环丙沙星盐类中生物利用度最好、刺激性最小、疗效最高的广谱抗菌药。

本品适用于各种病原菌引起的呼吸道、消化道、泌尿道及软组织感染。临床主要用于治疗大肠杆菌性败血症、腹泻、仔猪白痢、黄痢、猪气喘病、猪丹毒、仔猪副伤寒等。

【用法用量】

（1）内服：每千克体重 2.5~5 毫克，每天 2 次。

（2）静脉、肌内注射：每千克体重 2.5 毫克，每天 2 次。

【制剂】

（1）盐酸环丙沙星可溶性粉：100 克含 2 克、2.5 克、5 克。

（2）片剂：每片 0.25 克、0.5 克；胶囊剂：每粒 0.1 克。

（3）盐酸环丙沙星注射液：2 毫升含 40 毫克、100 毫升含 2 克、2.5 克；乳酸环丙沙星注射液：2 毫升含 50 毫克、100 毫升含 2 克。

恩诺沙星

【理化性质】 本品为环丙沙星的乙基化合物，又称乙基环丙沙星、乙基环丙氟哌酸、恩氟哌酸。本品微黄色或淡橙色结晶性粉末，味微苦，遇光色渐变为橙红色。在二甲替甲酰胺中略溶，在水中极微溶解，在氢氧化钠（钾）中溶解。

【作用用途】 本品为动物专用的第三代氟喹诺酮类广谱抗菌药物，对革兰氏阴性菌、革兰氏阳性菌和霉形体均有效，其抗菌活性明显优于诺氟沙星，对霉形体的作用较泰乐菌素、泰妙霉素强。本品内服、肌内和皮下注射均易吸收，体内分布广泛，除中枢神经系统外，其他组织中的药物浓度几乎都高于血药浓度。在体内可脱乙基，主要产生活性代谢物环丙沙星，但在动物体内代谢的种间差异较大，在禽、狗、兔、牛体内的代谢速率高，在猪体内的代谢速率较低。

本品临床主要用于猪败血型霉形体肺炎、胸膜肺炎、链球菌病、仔猪白痢、仔猪黄痢、仔猪副伤寒、猪肺疫、猪丹毒、猪水肿型大肠杆菌病、萎缩性鼻炎、猪乳腺炎、子宫炎、无乳综合征等。尤其适用于多种细菌引起的混合感染。

【用法用量】

（1）混饮：每升水 25～50 毫克。

（2）内服：每千克体重 2.5～5.0 毫克，每天 2 次。

（3）肌内注射：每千克体重 2.5 毫克，每天 2 次，连用 3～5 天。也可混合葡萄糖生理盐水中静脉注射，每天 1 次。

【制剂】

（1）盐酸恩诺沙星可溶性粉：100 克含 2.5 克。

（2）恩诺沙星溶液：100 毫升含 2.5 克、5.0 克、10.0 克。

（3）恩诺沙星注射液：10 毫升含 50 毫克，10 毫升含 250 毫克，100 毫升含 0.5 克、1.0 克、2.5 克、5.0 克。

【专家提示】　本品不能与硫酸卡那霉素、硫酸庆大霉素、氯霉素等药混合应用，以免发生混浊；肾功能不全者慎用，有严重肝肾损伤的需调节用量以免体内药物蓄积。

氧氟沙星

【理化性质】　本品为白色或淡黄色结晶性粉末，无臭，味苦，难溶于水。

【作用用途】　本品抗菌谱广，对革兰氏阴性菌、革兰氏阳性菌和部分厌氧菌、霉形体均有强大的抗菌作用。抗菌活性略优于氟哌酸。口服吸收较完全，食物对本品影响不大，半衰期较长。适用于泌尿道、肠道、呼吸道、生殖道、皮肤软组织感染及仔猪副伤寒等。

【用法用量】

（1）内服：每千克体重 3～5 毫克，每天 2 次。

（2）肌内或静脉注射：每千克体重 3～5 毫克，每天 2 次，连用 3～5 天。

培氟沙星

【理化性质】 本品为淡黄色结晶性粉末，无臭，味苦，不溶于水。其甲磺酸盐为白色或微黄色粉末，易溶于水。

【作用用途】 本品抗菌谱、体外抗菌活性与诺氟沙星相似，对耐 β - 内酰胺类和氨基糖苷类的菌株仍然有效。内服吸收良好，生物利用度优于诺氟沙星，心肌浓度是血药浓度的 1～4 倍，较易通过血脑屏障。本品主要用于敏感菌引起的呼吸道感染、肠道感染、脑膜炎、心内膜炎、败血症、猪肺疫、副伤寒及霉形体病。

【用法用量】

（1）甲磺酸培氟沙星（炎力迪、六旺注射液，2%），每支5毫升、10毫升。肌内注射或加入5%葡萄糖注射液静脉滴注；每千克体重2.5毫克，每天2次，连用3天。

（2）甲磺酸培氟沙星可溶性粉（金力达可溶性粉，4%或10%）。每袋50克。混饲：4%本品50克混于10～20千克饲料；10%本品50克混于25～50千克饲料，供猪饲用或投服。每天2次，连用3～5天。

（3）甲磺酸培氟沙星颗粒剂（百菌清）。每袋50克，可供猪饲喂或内服。治疗量：每千克饲料或水均加本品2克；预防量：每千克饲料或饮水均为1克。每天2次，连用3～5天。饮水加入本品后有沉淀现象，但不影响疗效，摇匀后可继续用。

沙拉沙星

【理化性质】 本品难溶于水，略溶于氢氧化钠溶液；其盐酸盐微溶于水。

【作用用途】 本品为动物专用广谱抗菌药物，对革兰氏阳性菌、革兰氏阴性菌及霉形体的作用，均明显优于诺氟沙星。内服吸收迅速，但不完全，从动物体内消除迅速，宰前休药期短。混饲、混饮或内服，对肠道感染疗效突出，主要用于治疗猪链球菌病、仔猪白痢和黄痢、大肠杆菌性肠毒血症、沙门杆菌病、胸膜肺炎、猪肺炎霉形体引起支气管肺炎等。

【用法用量】

（1）混饲：每 1 000 千克饲料 50～100 克；混饮：每升水，25～50 毫克。

（2）内服：每千克体重 2.5 毫克，每天 2 次；肌内注射：每千克体重 2.5 毫克，每天 2 次。

达诺沙星

【理化性质】　本品为白色或类白色结晶性粉末，无臭，苦味。其甲磺酸盐易溶于水。

【作用用途】　本品为继恩诺沙星之后又一动物专用的广谱抗菌药。其抗菌谱与恩诺沙星相似，而抗菌作用较强。其特点是内服、肌内或皮下注射吸收迅速而完全，生物利用度高；体内分布广泛，尤其是在肺部中的药物浓度是血药浓度的 5～7 倍，故对霉形体及敏感菌等所引起的呼吸道感染疗效突出。其抗菌机制是抑制脱氧核糖核酸旋转酶的活性，使细菌细胞不能分裂并迅速死亡。

本品主要用于泌尿道、下呼吸道、消化道的严重感染及反复发作的慢性感染，如猪喘气病、猪水肿病、猪痢疾、胃肠炎、仔猪白痢、仔猪黄痢、仔猪副伤寒、萎缩性鼻炎、猪丹毒、猪肺疫、猪放线菌性胸膜炎、子宫内膜炎、支原体性生殖器官疾病等。

【用法用量】

（1）甲磺酸达诺沙星注射液。每支 2 毫升：50 毫克；5 毫升：25 毫克。有效期 2 年。

肌内或皮下注射：每千克体重 1.25 毫克，每天 2 次，连用 3~5 天。也可混合葡萄糖生理盐水中静脉注射，每天 1 次。

（2）甲磺酸达诺沙星可溶性粉。每袋 0.8 克含达诺沙星 50 毫克，100 克含达诺沙星 2 克。

拌料内服：每千克体重 1.25 毫克，每天 2 次。

饮水内服：每升水 25 毫克（以上用量为以单氟沙星计）。

马（麻）波沙星

【作用用途】 本品为动物专用新型广谱抗菌药物，抗菌谱、抗菌作用与恩诺沙星相似。各种霉形体、巴氏杆菌、大肠杆菌、克雷伯菌、绿脓杆菌、葡萄球菌等，均对其高度敏感。内服、肌内或皮下注射，吸收迅速而完全，消除半衰期较长；体内分布广泛，在皮肤中的浓度约为血药浓度的 1.6 倍。

临床主要用于治疗敏感菌引起的呼吸道、泌尿道和皮肤感染，子宫炎、乳腺炎、无乳综合征等。

【用法用量】

（1）内服：每千克体重 2 毫克（治疗多数细菌感染）或 5 毫克（治疗绿脓杆菌感染），每天 1 次。

（2）肌内或皮下注射：每千克体重 2 毫克，每天 1 次；治疗绿脓杆菌感染 5 毫克。

盐酸二氟沙星

【理化性质】 本品为淡黄色或黄色的澄明液体。

【作用用途】 本品类似其他氟喹诺酮类，为一浓度依赖性杀菌剂。对多种革兰氏阴性菌与革兰氏阳性杆菌和球菌以及支原体等均有良好抗菌活性，包括大多数克雷伯菌属、葡萄球菌属、大肠杆菌、肠杆菌属、弯曲杆菌属、志贺菌属、变形杆菌属和巴氏杆菌属。某些假单胞菌（绿脓杆菌）和大多数肠球菌对本品耐药。二氟沙星与其他氟喹诺酮药相似，对大多数厌氧菌作用微弱。敏感菌对本品可产生耐药性。

肌内注射和内服后吸收迅速，血药达峰值时间短，表观分布容积大，消除缓慢，猪吸收完全，体内分布良好。经肾排泄，尿中浓度高，用药后至少 24 小时在尿中保持高于对敏感菌 MIC 的浓度。

本品主要用于防治仔猪顽固性下痢，仔猪水肿病、猪气喘病、大肠杆菌病，沙门杆菌病，地方性肺炎，胸膜性肺炎，支气管肺炎，巴氏杆菌病等。

【用法用量】 内服：每千克体重 5 毫克，每天 1 次，连用 3~5 天。

奥比沙星

【理化性质】 本品微溶于水（中性 pH），在酸性或碱性介质中溶解度增大。市售片剂应防湿，于 2~30℃ 中贮存。

【作用用途】 奥比沙星与恩诺沙星、单诺沙星（又称达氟沙星）一样，同为第三代氟喹诺酮类动物专用抗菌药物。国外将该药用作治疗猪的肺炎与腹泻病的特效药，其生物利用度高达 89%~100%，高于恩诺沙星和单诺沙星，临床应用的药物动力学参数显著优于恩诺沙星和单诺沙星，用药后吸收及组织穿透性好，无体内积蓄，无残留。

国外开始用于治疗犬、猫的敏感菌感染，现已用作猪的肺炎和腹泻病的治疗药。

【用法用量】 市售奥比沙星片：5.7 毫克（黄色）、22.7 毫克（绿色）、68 毫克（蓝色）。

（1）内服：每千克体重 2.5~7.5 毫克，每天 1 次。

（2）肌内注射：2.5~5 毫克，每天 1 次，连用 3~5 天。

多克沙星

【理化性质】 本品为白色或淡黄色结晶性粉末，溶于水，无臭，味微苦。

【作用用途】 本品属第四代喹诺酮类药物，是目前抗菌谱最广、抗菌活性最强的"超级抗菌药物"，对大肠杆菌感染、支原体引起的呼吸道感染疗效显著。对革兰氏阴性菌、革兰氏阳性菌、厌氧菌、衣原体、支原体等均显示出高活性。

本品为氟喹诺酮类新成员，相关制剂及临床使用还需开发。

第四节　磺胺类抗菌药

磺胺类抗菌药是兽医临床上较常用的一类合成抗感染药物，具有抗病原体范围广、化学性质稳定、使用方便、易于生产等优点。磺胺类药单独使用，病原体易产生耐药性，与抗菌增效剂如三甲氧苄氨嘧啶（TMP）等联用，抗菌范围扩大，疗效明显增强，在猪的感染性疾病防治中的应用十分普遍。

磺胺类药种类繁多，兽医临床上常用的有10余种。根据肠道吸收的程度和临床用途，分为内服难吸收用于肠道感染的磺胺药、外用磺胺药、内服易吸收用于全身感染的磺胺药三大类。除磺胺脒（Sg，琥磺胺噻唑、酞磺胺噻唑现已少用）用于肠道感染、磺胺嘧啶银（SDAg）局部外用外，其他均用于全身性细菌感染，某些品种亦用于弓形虫病的治疗。

一、概述

1. 理化性质 本类药具有共同的磺胺基本结构，一般为白色或淡黄色结晶性粉末，性质稳定，在水中溶解度低，易溶于稀无机酸或碱性溶液，制成钠盐后易溶于水，水溶液呈强碱性。

2. 抗菌作用 本类药为广谱抑菌药，对大多数革兰氏阳性菌和革兰氏阴性菌均有效。对其高度敏感的细菌有链球菌、肺炎球菌、化脓棒状杆菌、大肠杆菌及沙门杆菌等；中度敏感的有葡萄球菌、变形杆菌、巴氏杆菌、产气荚膜杆菌、肺炎杆菌、炭疽杆菌和李氏杆菌等。本类药对放线菌、某些真菌和原虫亦有抑制作用，但对螺旋体、结核杆菌完全无效，对立克次体不但不能抑制，反而刺激其生长。

不同的磺胺药抗菌作用强度不同，一般依次为磺胺-6-甲氧嘧啶（SMM）>磺胺甲基异恶唑（SMZ）>磺胺异恶唑（SIZ）>磺胺嘧啶（SD）>磺胺二甲氧嘧啶（SDM）>磺胺对甲氧嘧啶（SMD）>磺胺二甲基嘧啶（SM_2）>磺胺邻二甲氧嘧啶（SDM′）。

3. 作用机制 磺胺类药通过干扰细菌的叶酸代谢而抑制细菌的生长繁殖。敏感菌在生长繁殖过程中不能直接利用外源性叶酸，所需要的叶酸必须自身合成，即利用对氨基苯甲酸、二氢喋啶和L-谷氨酸，在二氢叶酸合成酶的作用下生成二氢叶酸，后者又在二氢叶酸还原酶的作用下生成四氢叶酸，进而合成核酸、蛋白质等。磺胺类药物与对氨基苯甲酸结构相似，可与对氨基苯甲酸竞争二氢叶酸合成酶，阻碍细菌合成二氢叶酸，最终影响核酸、蛋白质的合成，从而抑制细菌的生长繁殖。

4. 磺胺类药主要用途

（1）全身性感染或传染病：对于高敏、中敏菌引起的感染，选用肠道吸收良好的药物，如SMM、SMZ、SD、SM_2等，与抗菌增效剂同用，可提高疗效。

（2）肠道感染：选用肠道难吸收的药物，如Sg、PST、SST等。

（3）泌尿道感染：以SIZ、SMZ、SMD、SM2和SD等为好，但肾功能不全者不宜使用。

（4）原虫感染：如猪弓形虫病，选用 SM_2、SMM、SDM 等。

（5）局部感染：外用，选用 SN、SA、SD-Ag 等。

【专家提示】

（1）敏感菌对磺胺药易产生耐药性，且对一种磺胺药产生耐药性后，对其他磺胺药亦往往有交叉耐药性。若发现细菌有耐药性（一般情况下，连用 3 天疗效不显时），应及时改用抗生素或其他合成抗菌药。磺胺药与抗菌增效剂合用时，可显著提高疗效，减少耐药性的发生。此外，为防止耐药性的发生，选药应有针对性，并给予足够的剂量和疗程，通常首次剂量加倍，以后再给予维持剂量。

（2）磺胺药比较安全，急性中毒多见于静脉注射速度过快或剂量过大；慢性中毒多见于连续用药时间过长，一般停药后即可消失。常见的慢性毒性为尿路损害，如结晶尿、蛋白尿、血尿等。内服磺胺药亦可使肠道的菌群失调，引起消化障碍和消化道症状。还可抑制仔猪的免疫功能，导致免疫器官出血和萎缩。故应严格控制磺胺药的应用，并注意掌握剂量和疗程。

（3）磺胺药主要在肝脏代谢，代谢的主要方式是乙酰化。磺胺药乙酰化后失去抗菌作用，且在尿中的溶解度降低，易在肾小管析出结晶，造成泌尿道的损害。所以在应用磺胺药特别是 SD、SMZ 等乙酰化率高、乙酰化物的溶解度低的磺胺时，应注意同服碳酸氢钠，并增加饮水，以减少或避免其对泌尿道的损害。

（4）凡有肝肾功能受损、严重的溶血性贫血、酸中毒等临诊症状时，应慎用或禁用。

（5）本类药物的注射液不宜与酸性药物配伍使用。

二、常用磺胺类药物

磺胺嘧啶（SD）

【理化性质】 本品为白色或类白色的结晶或粉末，无臭、无味，遇光色渐变暗。在乙醇或丙酮中微溶，在水中几乎不溶；在氢氧化钠试液或氨试液中易溶，在稀盐酸中溶解。

【作用用途】 内服吸收迅速，有效血药浓度维持时间较长，血清蛋白结合率较低，可通过血脑屏障进入脑脊液，是治疗脑部细菌感染的有效药物。

常与抗菌增效剂（TMP）配伍，用于敏感菌引起的脑部、呼吸道及消化道感染，亦常用于治疗弓形虫病（多与乙胺嘧啶或TMP同用）。

【用法用量】

（1）内服：每千克体重首次量 0.14 ~ 0.2 克，维持量减半（0.07 ~ 0.1 克），每天 2 次。

（2）静脉或肌内注射：每千克体重 0.07 ~ 0.1 克，每天 2 次。

【专家提示】

（1）本品在体内的代谢产物乙酰化磺胺的溶解度低，易在泌尿道中析出结晶。

（2）注射剂为钠盐，遇酸可析出不溶性结晶，不宜用 5% 葡萄糖液稀释。空气中的 CO_2 亦可使其析出结晶。

磺胺二甲基嘧啶（SM_2）

【理化性质】 本品为白色或微黄色的结晶或粉末，无臭，味微苦，遇光色渐变深。在热乙醇中溶解，在水或乙醚中几乎不溶，在稀酸或稀碱溶液中易溶解。

【作用用途】 本品抗菌作用较磺胺嘧啶稍弱，但不良反应小，乙酰化物的溶解度高，不易出现结晶尿和血尿。本品价格便宜，尚有抗球虫作用。

本品主要用于敏感菌引起的呼吸道、消化道和泌尿道感染及乳腺炎、子宫炎等。

【用法用量】 同磺胺嘧啶。

磺胺异噁唑（磺胺二甲异噁唑、菌得清、SIZ）

【作用用途】 本品抗菌作用较 SD 强，对葡萄球菌和大肠杆菌的作用较为突出。吸收与排泄均较快，不易维持血中有效浓度，需频繁给药。本品乙酰化率低，尤为适用于泌尿道感染，亦可用于其他全身性细菌感染。

【用法用量】 内服：每千克体重，首次量 0.2 克，维持量 0.1 克，每天 2 ~ 3 次。

磺胺甲基异噁唑（新诺明、SMZ）

【理化性质】 本品为白色结晶性粉末，无臭，味微苦，不溶于水。应密封、遮光保存。

【作用用途】 本品抗菌作用与磺胺 - 6 - 甲氧嘧啶相似或略弱，强于其他磺胺药，其抗菌活性与磺胺间甲氧嘧啶同居磺胺类药物之首位。与抗菌增效剂（TMP）按 5∶1 比例合用后，其抗菌作用增强数倍至数十倍，且抗菌谱与临床应用范围也相应扩大，并具有杀菌作用，疗效近似氯霉素、四环素和氨苄青霉素。内服后吸收较慢，排泄较慢，有效血药浓度维持时间较长。但本品乙酰化率高，且溶解度低，易在酸性尿中析出结晶造成泌尿道损害。

临床用于敏感菌引起的呼吸道、泌尿道和消化道感染，仔猪副伤寒及细菌性痢疾等。

【用法用量】 内服：每千克体重首次量 50 ~ 100 毫克，维持量 25 ~ 50 毫克，每天 2 次，连用 3 ~ 5 天。

复方磺胺甲噁唑片，内服：每千克体重 20 ~ 25 毫克（以磺胺甲噁唑计），每天 2 次，连用 3 ~ 5 天。

【专家提示】　应用本品易出现血尿、结晶尿，应注意配伍碳酸氢钠，并供给充足饮水。

磺胺 - 6 - 甲氧嘧啶（磺胺间甲氧嘧啶，SMM，DS - 36）

【理化性质】　本品为白色至微黄色结晶，几乎不溶于水，其钠盐易溶于水。应密封、遮光保存。

【作用用途】　本品是一种较新的长效磺胺类药物，体外抗菌作用在本类药中最强，与 SMZ 相同，可列为磺胺类药物的首位；副作用小；除对大多数革兰氏阳性菌和革兰氏阴性菌有抑制作用外，对球虫、住白细胞原虫、弓形虫等亦有较强作用。本品内服吸收良好，有效血药浓度维持时间较长，血药浓度高。乙酰化率很低，较少引起泌尿系统损害。

本品主要用于猪弓形虫病、萎缩性鼻炎、乳腺炎、子宫炎及敏感菌所引起的呼吸道、泌尿道和消化道细菌感染，以及大肠杆菌、沙门杆菌引起的肠道感染性疾病如肠炎、仔猪别伤寒、猪水肿病、仔猪白痢等。

【用法用量】

（1）混饲：每 1 000 千克饲料，治疗 1 000 ~ 2 000 克，预防 500 ~ 1 000 克。仔猪自断奶之日起，以本品 0.02% 的浓度混饲，连续饲喂 60 天，可预防弓形虫病。

（2）混饮浓度：0.025% ~ 0.05%，连用 3 ~ 5 天。

（3）内服：每千克体重首次量 0.05 ~ 0.1 克，维持量 0.025 ~ 0.05 克，每天 2 次。

（4）静脉或肌内注射：每千克体重 0.05 克，每天 2 次。

磺胺 –5 – 甲氧嘧啶（长效磺胺、SMD）

【理化性质】　本品为白色或微黄色结晶性粉末，几乎不溶于水，其钠盐易溶于水。应密封、遮光保存。

【作用用途】　本品抗菌范围广，抗菌作用较 SMM 弱，但副作用小；乙酰化率低，且溶解度高，对泌尿道感染疗效较好。本品内服吸收迅速，排泄缓慢，有效血药浓度维持时间较长（近24 小时）。与抗菌增效剂二甲氧苄氨嘧啶（DVD）配合（5:1），对金黄色葡萄球菌、大肠杆菌、变形杆菌等的抗菌活性，可增强10 ~ 30 倍。与 TMP 联用，增效较其他磺胺药显著。本品主要用于防治原虫病、敏感菌引起的呼吸道、消化道、皮肤感染及败血症等。

【用法用量】　混饲、混饮、内服用量同 SMM。

磺胺间二甲氧嘧啶（SDM）

【理化性质】　本品为白色或乳白色结晶性粉末，微溶于水。应密封、遮光保存。

【作用用途】　本品抗菌作用、临床疗效与 SD 相似。内服吸收迅速而排泄较慢，作用维持时间长，体内乙酰化率低，不易引起泌尿道损害。本品除有广谱抗菌作用外，尚有显著的抗球虫、抗弓形虫作用。本品主要用于防治弓形虫病（常与乙胺嘧啶合用）及其他细菌病。

【用法用量】

（1）混饮：每升水 250 ~ 500 毫克。

（2）内服：每千克体重 0.1 克，每天 2 次。

磺胺邻二甲氧嘧啶（SDM'）

【理化性质】　本品为白色或类白色结晶性粉末，几乎不溶于水。

【作用用途】　本品抗菌谱与 SD 相似，而抗菌作用较 SD 弱。内服吸收迅速，消除较缓慢，有效血药浓度维持时间较长，在猪体内的半衰期为 6～16 小时，显著短于在人体内的半衰期（150～230 小时），故在猪体内无周效的特点。本品毒副作用小，不易引起泌尿道损害。临床主要用于敏感菌引起的轻、中度呼吸道和泌尿道感染。

【用法用量】

（1）内服：每千克体重首次量 0.05～0.1 克，维持量 0.025～0.5 克，每天 1 次。

（2）静脉或肌内注射：每千克体重 0.025 克，每天 1 次。

复方磺胺氯达嗪粉

【理化性质】　本品含磺胺氯达嗪钠 62.5 克、甲氧苄啶 12.5 克，加辅料至 100 克。系黄褐色粉末。

【作用用途】　磺胺氯达嗪钠为新一代广谱磺胺类抗菌药，抗菌谱及抗菌作用均与磺胺新诺明相似，特点是抗菌作用强，使用剂量小、毒性低，是畜禽专用的高效抗菌药物。组方中两种活性成分协同作用，使杀菌能力增强 6～10 倍，杀菌谱广。内服吸收快，用药后 1～3 小时血中达最高浓度。对大肠杆菌、沙门杆菌、支原体、金黄色葡萄球菌、巴氏杆菌、嗜血杆菌、链球菌、丹毒杆菌、李氏杆菌等敏感。可防治猪黄白痢、副伤寒、猪痢疾、水肿病、猪肺疫、弓形虫病、附红细胞体病、传染性胸膜肺炎、萎缩性鼻炎、结肠炎、乳房炎、子宫炎、无乳症。

【用法用量】　见表 6-1。

表6-1　复方磺胺氯达嗪用法用量参考

使用对象	体重（千克）	饮水（克/升）	混饲（克/千克）	用药时间（天）
哺乳仔猪	12千克以下	2.0~3.5	7~10	5~10
断奶仔猪	5~23	1.5~2.0	4~5	
育肥猪	24~105	2.0~3.0	5~7	
临产前后	175	1.0~2.0	11	
哺乳母猪	175		5~7	

【专家提示】

（1）配药应用新鲜饮用水、奶或奶替代物。溶解后的药液不可存放超过7天。

（2）病猪饮水量减少时，为避免给药不足，将有病与健康猪分开，并增加药液浓度。

（3）在高温天气下，应适当减低药液浓度以防止服药过量。

磺胺噻唑（ST）

【理化性质】　本品为白色或淡黄色的结晶颗粒或粉末，无臭或几乎无臭，几乎无味，遇光色渐变深。在乙醇中微溶，在水中极微溶解，在氢氧化钠试液中易溶，在稀盐酸中溶解。

【作用用途】　本品抗菌作用比磺胺嘧啶强。内服吸收不完全，其可溶性钠盐肌内注射后迅速吸收。吸收后排泄迅速，内服后，在12小时内经肾排出约50%，24小时约90%。其半衰期短，不易维持有效血浓度。在体内与血浆蛋白的结合率和乙酰化程度均较高，其乙酰化物溶解度比原药低，易产生结晶尿而损害肾脏。

本品用于敏感菌所致的肺炎、出血性败血症、子宫内膜炎、乳房炎、无乳症等。对感染创口可外用其软膏剂。

【用法用量】

（1）内服：每千克体重首次量0.14~0.2克，维持量0.07~0.1克，每天2~3次，连用3~5天。

（2）磺胺噻唑钠注射液静脉、肌内注射：每千克体重50~100毫克，每天2次，连用2~3天。

磺胺脒（Sg）

【理化性质】　本品为白色针状结晶性粉末，无臭或几乎无臭，无味，遇光易变色。在沸水中溶解，在水、乙醇或丙酮微溶，在稀盐酸中易溶，在氢氧化钠试液中几乎不溶。

【作用用途】　本品最早用于肠道感染的磺胺药，内服后虽有一定量从肠道吸收，但不足以达到有效血浓度，故不用于全身性感染，但肠道中浓度较高，多用于消化道的细菌感染，如胃肠炎、痢疾等。

【用法用量】

（1）混饲：每1 000千克饲料，2 000~4 000克。

（2）内服：每千克体重0.05~0.2克，每天2~3次，连用3~5天。

【专家提示】　用量过大，或遇肠阻塞或严重腹水而使吸收过多时，也可引起结晶尿。

磺胺嘧啶银（SD－Ag）

【作用用途】　本品抗菌谱同SD，但对绿脓杆菌有强大的作用。治疗烧伤有控制感染、促进创面干燥和加速愈合等功效。适用于链球菌、金黄色葡萄球菌、绿脓杆菌等所致的烧伤、创伤感染、脓肿、蜂窝组织炎等。

【用法用量】　局部外用。

三、抗菌增效剂

抗菌增效剂为合成广谱抑菌药物，抗菌谱与磺胺药相似，作用机制是抑制细菌的二氢叶酸还原酶，使二氢叶酸不能还原为四氢叶酸，从而阻碍细菌蛋白质和核酸的生物合成。当其与磺胺药合用时，可分别阻断细菌叶酸代谢的两个不同环节（双重阻断作用），使磺胺药的抗菌范围扩大，抗菌作用增强数倍至数十倍，还可延缓细菌产生耐药性。本类药还对一些抗生素如四环素、青霉素、红霉素、庆大霉素等有增效作用。但本类药单独应用时，细菌易产生耐药性，故临床一般不单独使用。国内常用的有三甲氧苄氨嘧啶（TMP）和二甲氧苄氨嘧啶（DVD）。

三甲氧苄氨嘧啶（磺胺增效剂，TMP）

【理化性质】 本品为白色或类白色晶粉，味苦，不溶于水，易溶于酸性溶液。

【作用用途】 本品抗菌范围广，对多数革兰氏阳性菌和革兰氏阴性菌均有抑制作用。内服或注射后吸收迅速，1 ~ 4 小时可达有效血浓度，但维持时间短；用药后 80% ~ 90% 以原型通过肾脏排出，尿中浓度较高。

临床上主要与磺胺药或某些抗生素（如青霉素、红霉素、四环素、庆大霉素等）配伍，用于呼吸道、消化道、泌尿生殖道感染及腹膜炎、败血症等，如支气管炎、肺炎、肠炎、仔猪白痢、仔猪副伤寒、细菌性痢疾等。但与磺胺类药物合用时，对绿脓杆菌、猪丹毒杆菌、钩端螺旋体等引起的感染无效。与磺胺药如SQ、SMM、SMD、SMZ、SD 等配伍，还用于原虫病、大肠杆菌病等的治疗。

【用法用量】

（1）复方制剂（含本品 1 份，各磺胺药 5 份）混饲（按本药和磺胺药二者总量计）：参照各磺胺药使用。每 1 000 千克饲料 200 ~ 400 克；混饮：每升水 120 ~ 200 毫克。

（2）复方制剂（含本品 1 份，各磺胺药 5 份）内服、静脉或肌内注射：（按本品和磺胺药总量计），每千克体重 20 ~ 25 毫克，每天 2 次。

【制剂】　片剂：每片 0.1 克；注射液：2 毫升 0.1 克。

（1）复方磺胺嘧啶（双嘧啶）片：每片含本品 0.08 克和磺胺嘧啶 0.4 克；复方磺胺甲基异噁唑（复方新诺明）片：每片含本品 0.08 克和磺胺甲基异噁唑 0.4 克；复方磺胺间甲氧嘧啶片：每片含本品 0.08 克，磺胺间甲氧嘧啶 0.4 克；复方磺胺对甲氧嘧啶片：每片含本品 0.08 克，磺胺对甲氧嘧啶 0.4 克。

（2）施得福可溶性粉：含 TMP 2%、SMD 7.4%、二甲硝基咪唑 8%；复方新诺明粉、复方磺胺 – 5 – 甲氧嘧啶粉（球虫宁粉）：由本品 1 份，相应的磺胺药 5 份组成。

（3）复方磺胺嘧啶注射液：每支 10 毫升含本品 0.2 克、SD 1 克；复方磺胺甲基异噁唑注射液：每支 10 毫升含本品 0.2 克、SMZ 1.0 克；复方磺胺对甲氧嘧啶注射液：每支 10 毫升含 TMP 0.2 克、SMD 1.0 克；复方磺胺邻二甲氧嘧啶注射液：每支 10 毫升含 TMP 0.2 克、SDM 1.0 克；复方磺胺甲氧嗪注射液：每支 10 毫升含 TMP 0.2 克、SMP 1.0 克。

【专家提示】

（1）本品毒性极低，按治疗量长期使用，也不会出现不良反应，但如果大剂量使用时，可致食欲不振及白细胞或血小板减少。

（2）母猪怀孕初期不能使用。

（3）复方注射液因其碱性甚强，能与多种药物的注射液发生配伍禁忌。

（4）营养不良的病猪应加用叶酸。

二甲氧苄氨嘧啶（敌菌净，DVD）

【理化性质】 本品为白色晶粉，无味，微溶于水，在盐酸中溶解，在稀盐酸中微溶。

【作用用途】 本品抗菌作用和抗菌范围与 TMP 相似，对球虫、弓形虫亦有抑制作用。内服吸收较少，在消化道内保持较高的浓度。常与磺胺药配伍，用于防治肠道细菌感染（如细菌性肠炎、痢疾、伤寒、大肠杆菌性腹泻和沙门杆菌病等）和猪的弓形虫病。

【用法用量】 敌菌净粉，本品常与磺胺类药物如 Sg、SMD、DS－36 等按 1∶5 的比例合用，用量以磺胺类药计，详见各磺胺药。

复方磺胺喹啉、DVD 预混剂（由 1 份 DVD 与 5 份 SQ 组成），混饲：每 1 000 千克饲料 120 克。

复方磺胺对甲氧嘧啶预混剂（由 1 份 DVD、5 份 SMD 组成），混饲：每 1 000 千克饲料 240 克。

复方二甲氧苄氨嘧啶片（由 1 份 DVD，5 份磺胺药 Sg 或 SMD 组成），内服：100 毫克体重，每天 2 次。用于仔猪黄痢、白痢等肠道细菌性疾病。连用 3～5 天。

复方磺胺二甲基嘧啶片（由 1 份 DVD，5 份磺胺药 SM_2 组成），内服：每千克体重 60 毫克。

复方磺胺二甲基嘧啶钠注射液：10 毫升：DVD 0.2 克 + SM_2 1.0 克，肌内或静脉注射（按主药计）每千克体重 15～20 毫克，每天 2 次。

第五节 抗真菌药物

兽医临床上应用的抗真菌药物，根据其来源和用途，主要分为以下几类：

1. 抗真菌抗生素 常用的有灰黄霉素、两性霉素 B、制霉菌素等。灰黄霉素仅对浅表真菌有效，其他二药主要用于深部真菌感染。

2. 咪唑类合成抗真菌药 这类药抗真菌谱广，对深部真菌和浅表真菌均有作用，毒性低，真菌耐药性产生慢，常用的有克霉唑、酮康唑、咪康唑等。

3. 专用于治疗浅表真菌感染的外用药物 如水杨酸、十一烯酸、苯甲酸等，只对浅表真菌引起的皮肤感染有效。

4. 饲料防霉剂 如丙酸及丙酸盐、山梨酸钾、苯甲酸钠、柠檬酸等，添加于饲料中以防止饲料霉变。

本节仅就几种常用的抗真菌药物进行介绍。

一、抗真菌抗生素

灰黄霉素

【理化性质】 本品为白色或类白色微细粉末，微溶于水，对热稳定。

【作用用途】 本品为内服抗浅表真菌感染药，对毛癣菌、小孢子菌和表皮癣菌等均有较强作用。外用不易透入皮肤，难以取得疗效。临床以内服为主，用于治疗各种浅表癣病。

【用法用量】 内服：每日量，每千克体重 10 ~ 20 毫克，分 2 次内服。

【专家提示】

（1）本品的给药疗程，取决于感染部位和病情，需持续用药至病变组织完全为健康组织所代替为止，皮癣、毛癣一般为 3 ~ 4 周，趾间、甲感染则需数月至痊愈为止。

（2）用药期间，应注意改善卫生条件，可配合使用能杀灭真菌的消毒药定期消毒环境和用具。

（3）妊娠母猪禁用。

制霉菌素

【理化性质】　本品由自链霉菌的培养液中分离而得。淡黄色或浅褐色粉末，有引湿性，有谷物香味。性质不稳定，极微溶于水，略溶于乙醇、甲醇，暴露在热、光、空气或潮湿状态下会变质。在微碱性介质中稳定，pH 值为 9～12 时不稳定。多聚醛制霉菌素钠盐可溶于水。

【作用用途】　本品属广谱抗真菌的多烯类抗真菌药，作用及作用机制与两性霉素 B 相似，对念珠菌属真菌作用显著，对曲霉菌、毛癣菌、表皮癣菌、小孢子菌、组织胞浆菌、皮炎芽生菌球孢子菌也有效。本品内服不易吸收，几乎全部由粪便排出。而静脉注射、肌内注射毒性大，故一般不用于全身真菌感染的治疗。

本品主要用于内服治疗消化道真菌感染或外用于表面皮肤真菌感染。本品也用于长期服用广谱抗生素所致的真菌性二重感染。

【用法用量】
（1）内服：50 万～100 万单位，每天 3～4 次。
（2）子宫灌注：100 万～200 万单位。

【专家提示】　本品内服不易吸收，常规剂量混饲或内服，对全身真菌感染无明显疗效。

二、合成抗真菌药

克霉唑

【理化性质】　本品为白色结晶，不溶于水，易溶于乙醇和二甲基亚砜。在弱碱性溶液中稳定，在酸性基质中缓慢分解。

【作用用途】　本品为广谱抗真菌药，对多种致病性真菌有抑制作用，对皮肤真菌的抗菌谱和抗菌效力与灰黄霉素相似，对内脏致病性真菌如白色念珠菌、新型隐球菌、球孢子菌和组织胞浆菌等，均有良好的抑制作用。真菌对本品不易产生耐药性。本品内服易吸收，可内服治疗全身性及深部真菌感染，如烟曲霉菌病、白色念珠菌病、隐球菌病、球孢子菌病及真菌性败血症等。对严重的深部真菌感染，宜与两性霉素 B 合用。外用亦可治疗浅表真菌感染。

【用法用量】 内服：每天量 1.5~3 克，分 2 次内服。

酮康唑

【理化性质】 本品为白色晶粉，溶于酸性溶液。

【作用用途】 本品为广谱抗真菌药，对白色念珠菌、皮炎芽生菌、球孢子菌、曲霉菌及皮肤真菌均有抑制作用，疗效优于灰黄霉素和两性霉素 B，且更安全。内服易吸收，适用于消化道、呼吸道及全身性真菌感染。

【用法用量】 内服：每千克体重 10 毫克，每天 1 次。

【专家提示】 本品在酸性条件下较易吸收，不宜与抗酸药同时服用；对胃酸不足的患病动物，应同服稀盐酸。

第六节 复方抗菌制剂

复方抗菌制剂在养猪生产中应用比较广泛，复方抗菌制剂能明显增强药物的抗菌作用，如磺胺药或抗生素与抗菌增效剂（TMP 或 DVD）组成的复方制剂，可使磺胺药或抗生素的抗菌作用增强数倍至数十倍；复方抗菌制剂能扩大抗菌范围，如林可霉素主要抗革兰氏阳性菌，壮观霉素主要抗革兰氏阴性菌，两药合用后，抗菌范围更广，而且抗菌作用亦明显增强；复方抗菌制剂可治疗不同的并发症，如新霉素与强力霉素联合，既可控制局部消化道感染，又可防治全身性感染；复方抗菌制剂能减少或消除药物的不良反应，如美国 FDA 规定，邻氯青霉素、氨苄青霉素在肉品中的允许残留量均为 0.01×10^{-6}；单独应用时，残留量大，合用后通过规定休药期，则低于规定的残留量。但必须指出，有些药物合用时，有时会引起毒性加剧。如氨基糖苷类与头孢菌素类联合，可引起急性肾小管坏死；氨基糖苷类和多黏菌素合用，对神经肌肉接头部位产生类箭毒样作用，使动物呼吸困难、肢体瘫痪和肌肉无力等。因此，抗菌药物能否作为复方制剂，需根据药物的理化性质、抗菌谱、体内过程的特点、抗菌机制以及其不良反应等综合考虑，这些内容请参阅本书抗菌药物各章节，本节仅以简表形式介绍目前常用的复方抗菌制剂（表 6 - 2）。

表 6 - 2　常用复方抗菌制剂

制剂名称	主要成分	主要用途	用法用量
复方新诺明片、注射液	磺胺甲基异噁唑，三甲氧苄氨嘧啶	呼吸道、泌尿道感染，全身感染	首次内服 1 天每千克体重 50 毫克（以磺胺甲基异噁唑计），维持减半。注射同内服
复方磺胺嘧啶片、注射液	磺胺嘧啶，三甲氧苄氨嘧啶	呼吸、消化、泌尿道感染，弓形虫、萎鼻	首次内服 1 天每千克体重 50 毫克（以磺胺甲基异噁唑计），维持减半。注射同内服
复方磺胺间甲氧嘧啶片、注射液	磺胺间甲氧嘧啶、三甲氧苄氨嘧啶	呼吸、消化、泌尿道感染，弓形虫、萎鼻	首次内服 1 天每千克体重 50 毫克（以磺胺甲基异噁唑计），维持减半。注射同内服
复方磺胺氯达嗪钠粉	磺胺氯达嗪钠，三甲氧苄氨嘧啶	大肠杆菌、巴氏杆菌感染	

续表

制剂名称	主要成分	主要用途	用法用量
磺胺对甲氧嘧啶，二甲氧苄氨嘧啶预混剂	磺胺对甲氧嘧啶，二甲氧苄氨嘧啶	肠道感染	混饲，每1 000千克饲料200克（以磺胺对甲氧嘧啶计）
泰农	泰乐菌素，磺胺二甲嘧啶	猪痢疾	混饲，每1 000千克饲料100克（以泰乐菌素计），连用5~7天
利高霉素	林可霉素，壮观霉素	猪血痢，沙门菌、大肠杆菌、猪肺炎支原体	混饲，每1 000千克饲料20克（以林可霉素计）
万能肥素	杆菌肽锌，黏杆菌素	肠道感染	混饲，每1 000千克饲料仔猪50~100克（以杆菌肽锌计）

第七节　抗菌药物的合理配伍

抗菌药物合理配伍，可达到协同作用或相加作用，从而可增强疗效；配伍不当则可发生拮抗作用，使药物之间的相互作用抵消，疗效下降，甚至引起毒副反应。联合应用抗菌药物应掌握适应证，注意各个品种的针对性，争取协同联合，避免拮抗作用。现将常用的各类药物的配伍简介如下。

1. β-内酰胺类（青霉素类、头孢菌素类）　β-内酰胺类与β-内酰胺酶抑制剂如克拉维酸（棒酸）、舒巴坦、他唑巴坦合用有较好的抑酶保护和协同增效作用。如克拉维酸、舒巴坦常与氨苄西林或阿莫西林组成复方制剂用于兽医临床，治疗消化道、呼吸道或泌尿道感染。

青霉素类和丙磺舒、氨基糖苷类（如链霉素、庆大霉素等）呈协同作用，但剂量应基本平衡，大剂量青霉素G或其他半合成的青霉素均可使氨基糖苷类活性降低。

青霉素 G 钾和青霉素 G 钠不宜与四环素、土霉素、卡那霉素、庆大霉素、磺胺嘧啶钠、碳酸氢钠、维生素 C、维生素 B_1、去甲肾上腺、阿托品、氯丙嗪等混合使用，青霉素 G 钾比青霉素 G 钠的刺激性更强，钾盐静脉注射时浓度过高或过快，可致高血钾症而使心跳骤停等。

氨苄青霉素不可与卡那霉素、庆大霉素、氯霉素、盐酸氯丙嗪、碳酸氢钠、维生素 C、维生素 B_1、50 克/升葡萄糖、葡萄糖生理盐水配伍使用。

2. 氨基糖苷类（链霉素、双氢链霉素、庆大霉素、新霉素、卡那霉素、丁胺卡那霉素、壮观霉素、安普霉素等）　氨基糖苷类与 β – 内酰胺类配伍应用有较好的协同作用。TMP 可增强本品的作用，如丁胺卡那霉素与 TMP 合用对各种革兰氏阳性杆菌有效；氨基糖苷类可与多黏菌素类合用，但不可与氯霉素类合用；氨基糖苷类与同类药物不可联合应用，以免增强毒性；与碱性药物联用其抗菌效能可能增强，但毒性也会增大；链霉素与四环素合用，能增强对布氏杆菌的治疗作用；链霉素与红霉素合用，对猪链球菌病有较好的疗效；链霉素与万古霉素（对肠球菌）或异烟肼（对结核杆菌）合用有协同作用；庆大霉素（或卡那霉素）可与喹诺酮类药物合用；链霉素与磺胺类药物配伍会发生水解失效；硫酸新霉素一般口服给药，与 DVD 配伍比 TMP 更好一些，与阿托品类配伍应用于仔猪腹泻。

3. 四环素类（土霉素、金霉素、四环素、米诺环素、甲烯土霉素、强力霉素等）　四环素类药物与同类药物及非同类药物如泰牧菌素（泰妙灵）、泰乐菌素配伍用于胃肠道和呼吸道感染时有协同作用，可降低使用浓度，缩短治疗时间。

TMP、DVD 对本品有明显的增效作用，适量硫酸钠（1:1）与本品同时给药，有利于其吸收。碱性物质如氢氧化铝、碳酸氢钠、氨茶碱以及含钙、镁、铝、锌、铁等金属离子（包括含此类离子的中药）能与四环素类药物络合而阻滞四环素类吸收，含二价离子的全价饲料不利于本品吸收。四环素类与氯霉素类合用有较好的协同作用。土霉素不能与喹乙醇、北里霉素合用。

4. 大环内酯类（红霉素、罗红霉素、泰乐菌素、替米考星、螺旋霉素、北里霉素等）　红霉素与磺胺二甲嘧啶（SM_2）、磺胺嘧啶（SD）、磺胺间氧甲嘧啶（SMM）、TMP 的复方可用于治疗呼吸道病。红霉素与泰乐菌素或链霉素联用，可获得协同作用。北里霉素常与链霉素、氯霉素合用；泰乐菌素可与磺胺类合用，竹桃霉素可与四环素类药物配合应用，碳酸氢钠可增加本品的吸收。红霉素不宜与 β-内酰胺类、林可霉素、氯霉素、四环素联用。

5. 氯霉素类（氯霉素、甲砜霉素、氟甲砜霉素）　氯霉素类与四环素类（四环素、土霉素、强力霉素）用于合并感染的呼吸道病具有协同作用，与林可霉素、红霉素、链霉素、青霉素类、氟喹诺酮类等具有颉颃作用。氯霉素类也不可与磺胺类、碳酸氢钠、氨茶碱、人工盐等碱性药物配合使用。

6. 氟喹诺酮类　氟喹诺酮类药物与杀菌性抗菌药（青霉素类、氨基苷类）及 TMP 在治疗特定细菌感染方面有协同作用，而对大肠杆菌、沙门杆菌、多杀性巴氏杆菌均表现无关作用；环丙沙星＋TMP 对金黄色葡萄球菌、链球菌有协同作用，对猪大肠杆菌有相加作用。氟喹诺酮类药物与利福平、氯霉素类、大环内酯类（如红霉素）、硝基呋喃类合用有颉颃作用。氟喹诺酮类药物与四环素类药物可配伍应用。氟喹诺酮类＋林可霉素可用于猪气喘病继发大肠杆菌感染或其他细菌混合感染。氟喹诺酮类药物也可与磺胺类药物配伍应用，如环丙沙星与磺胺二甲嘧啶合用对大肠杆菌和金黄色葡萄球菌有相加作用。氟喹诺酮类药物慎与氨茶碱、法华令合用。含铝、镁的抗酸剂及多价离子对氟喹诺酮类药物的吸收有影响，给药期间饲喂全价饲料可干扰本品的吸收。

7. 磺胺类 磺胺类药物与抗菌增效剂（TMP 或 DVD）合用有确定的协同作用。碱性电解质可减少本品对肾脏的毒性，磺胺类药物与多黏菌素合用可增强对变形杆菌的抗菌作用。磺胺类药物应尽量避免与青霉素类药物同时使用，因为其可能干扰青霉素类的杀菌作用。液体型磺胺药不能与酸性药物如维生素 C、盐酸麻黄素、四环素、青霉素等合用，否则会析出沉淀；固体剂型磺胺药物与氯化钙、氯化铵合用会增加泌尿系统的毒性，并忌与5% 碳酸氢钠合用。

8. 林可胺类（林可霉素、克林霉素） 林可霉素与四环素或氟哌酸配合应用于治疗合并感染，林可霉素与壮观霉素合用（利高霉素）治疗顽固性呼吸道病。有效供给口服补液盐和适量维生素可减少本品的副作用，提高疗效。此外，林可霉素可与新霉素（用于乳腺炎）、恩诺沙星合用。

9. 杆菌肽锌 杆菌肽锌可与黏菌素（多黏菌素 E）、多黏菌素 B、链霉素及新霉素合用。杆菌肽锌禁止与土霉素、金霉素、北里霉素、恩拉霉素、喹乙醇等配合作用。

总之，药物是与疾病作斗争的一种重要武器，但为了安全起见，临床兽医工作者最好养成经常查看药物配伍禁忌表的习惯，对于最常用的药物配伍禁忌一定要牢记。另外，注射液配伍后出现的物理化学配伍禁忌，受注射液的 pH 值、浓度、时间以及注射液中的辅料的影响，所以不同的生产单位与批号或配伍量不同会出现不同的情况，配伍时应注意实际情况的变化，灵活应用。

【专家推荐】 猪呼吸系统感染性疾病用药指南。

近年来，猪的呼吸系统疾病发生越来越严重，已成为养猪生产管理者和技术人员非常头痛的问题之一，即使病猪临床没有表现呼吸异常，解剖时大部分也能见到肺部病变，原先的呼吸系统疾病以仔猪发生较多，如今临床上大中小猪都有发生，母猪的发病和死亡也较多，学术界对这类疾病称之为猪呼吸道病综合征或者呼吸道复合体（PRDC）。呼吸系统病综合征不仅造成猪群生长速度缓慢、饲料报酬降低、死亡率上升，推迟上市等严重的经济损失，更为严重的是治疗效果不佳，养猪生产者滥用抗微生物药物，致使疗效越来越差，使生产、管理和疾病防治进入恶性循环。下面就常见的呼吸道病治疗首选药物和方案做一介绍，供广大养猪生产者参考。

1. 猪附红细胞体病的治疗敏感药物　近几年，对猪附红细胞体病病原的基因序列分析表明，该病原不应属于立克次体，属于支原体属。多数学者认为猪附红细胞体应改名为猪嗜血支原体。猪附红细胞体无细胞壁，无鞭毛，对青霉素类、磺胺类药物不敏感，抗寄生虫药物治疗无效。

（1）首选药物。①四环素类：强力霉素、金霉素、土霉素、四环素。其中强力霉素最有效。②氟喹诺酮类药物：恩诺沙星、环丙沙星、诺氟沙星、氧氟沙星、达诺沙星等。③大环内酯类：泰乐菌素、替米考星、酒石酸乙酰异戊酰基泰乐菌素、北里霉素。④多烯类：泰妙菌素。⑤氟甲砜霉素，甲砜霉素。

（2）治疗方案。强力霉素：每吨饲料添加150克 + 阿散酸（每吨饲料添加150克），连续使用5~7天，然后将剂量减半，再连续使用2周；金霉素：每吨饲料添加300克，连用3~5天，然后剂量减半，再连续使用2周，可同时添加阿散酸；土霉素：每吨饲料添加600克，疗程同上，可同时添加阿散酸。

2. 胸膜肺炎敏感药物　猪胸膜肺炎病原是胸膜肺炎放线菌（胸膜肺炎嗜血杆菌），是一种革兰氏阴性小球杆菌。病原对氨苄青霉素、链霉素、磺胺类、四环素已经产生了较强的耐药性。

（1）首选药物：①氟苯尼考（氟甲砜霉素）：目前控制本病的最有效药物。②头孢菌素类：头孢噻吩、头孢噻啶、头孢唑啉、头孢拉定、头孢氨苄、头孢羟苄、头孢孟多、头孢氯氨苄、头孢呋肟、头孢羟苄磺唑、头孢噻肟、头孢三嗪。其中第三代头孢菌素头孢噻肟（动物专用抗生素）和第四代头孢菌素头孢喹肟对胸膜肺炎病原效果良好。③复方硫酸庆大霉素（添加有TMP）。④林可霉素＋大观霉素复方制剂。⑤强力霉素。⑥大环内酯类：替米考星、酒石酸乙酰异戊酰基泰乐菌素、泰乐菌素。⑦氟喹诺酮类。

（2）治疗方案。①对于发病初期，患猪群还有较好的食欲或饮水条件下，使用混饲或混饮给药。氟苯尼考：混饲剂量，每吨饲料添加本品 100 克（效价），连续使用 7 天，然后将剂量减半，再继续使用 2 周；头孢噻呋：混饲剂量、每吨饲料添加本品 100 克（效价），连续使用 5 天，然后将量减半，再继续使用 2 周；恩诺沙星（或环丙沙星、诺氟沙星、氧氟沙星）＋TMP：每吨饲料添加本类药物 120 克，TMP 50 克，连续使用 5 天，然后剂量减半，继续使用 1 周。②对于因发病而不采食，但饮水较好的患猪，可采用强力霉素混饮：每 100 升饮水添加强力霉素 15克，连续使用 1 周。③当猪已不能采食和饮水时，应进行注射给药。氟苯尼考注射剂：按每千克体重 20 毫克肌内注射给药，在第一次给药后间隔 48 小时再用药一次；头孢噻呋注射液：按每千克体重 5 毫克肌内注射给药，每天 1 次，连用 3 次；强力霉素注射液：按每千克体重 2.6 毫克肌内注射，每天 1 次，连用 3次；复方硫酸庆大霉素注射液：按每千克体重 1.5 毫克肌内注射，每天 2 次，连用 3 天为 1 个疗程。

3. 支原体肺炎（猪气喘病）敏感药物 猪支原体肺炎又称猪地方流行性肺炎、气喘病、喘气病，选择药物时必须选择对支原体敏感的药物。

（1）首选药物：①大环内酯类：泰乐菌素、替米考星、酒石酸乙酰异戊酰基泰乐菌素。②多烯类：泰妙菌素。③氟喹诺酮类：恩诺沙星、氧氟沙星、环丙沙星、诺氟沙星。④四环素类：

强力霉素。⑤林可霉素。

（2）治疗方案。支原体肺炎发病的最大特点是病程长。病原可能吸附到特定的深部组织而发生逃避反应，使药物不能很好地接触病原菌使疗效不稳定。通过混饲饮水长期治疗是控制本病较好的办法。①泰乐菌素＋强力霉素：每吨饲料添加磷酸泰乐菌素 500 克，强力霉素 150 克。连续混饲 5～7 天后，剂量减半，继续使用 2 周。②替米考星：每吨饲料添加磷酸替米考星 200 克，连续混饲 2 周。③酒石酸乙酰异戊酰基泰乐菌素＋金霉素：每吨饲料添加酒石酸乙酰异戊酰基泰乐菌素 60 克，金霉素 300 克（或强力霉素 150 克），连续使用 7～10 天。④泰妙菌素：每吨饲料添加本品 200 克，连续混饲 7 天；每 100 升饮水添加本品 100 克，连续混饮 5 天，然后将剂量减半继续使用 1～2 周。⑤恩诺沙星、诺氟沙星、氧氟沙星：每吨饲料添加 150 克，混饲 5～7 天，然后剂量减半，继续使用 1～2 周。

【专家提示】　磺胺类、青霉素类、链霉素、红霉素对治疗猪支原体肺炎无效。

4. 慢性萎缩性鼻炎敏感药物　值得说明的是由支气管败血波氏杆菌引起的疾病称为非进行性萎缩性鼻炎（MPAR）；主要由多杀性巴氏杆菌或由其他因子共同感染引起的鼻炎称为进行性萎缩性鼻炎（PAR）。支气管败血波氏杆菌是一种细小、能运动的革兰氏阴性球状或杆状细菌；多杀性巴氏杆菌是一种革兰氏阴性、不运动的杆状或球状杆菌。

（1）控制方案。猪慢性萎缩性鼻炎的控制与净化必须靠综合防治措施完成。包括加强饲养管理，改善环境，抗菌药物治疗及免疫接种等。基本规程为：①对母猪进行免疫接种。②使用抗菌药物对发病猪群进行混饲添加防治，控制病情的恶化，保持猪的生长率及饲料转化率。由于本病的病程漫长，单个注射用药不方便，难以做到宏观控制及疾病的净化。通过混饲较长时间的给药方式是控制本病的根本途径。③改善圈舍和通风条件以及管理，以提高猪的生长环境条件。

（2）敏感药物。①磺胺类：磺胺二甲嘧啶、磺胺嘧啶、磺胺噻唑、磺胺对甲氧嘧啶、磺胺间甲氧嘧啶。②四环素类：强力霉素、金霉素、土霉素。③氟喹诺酮类抗菌药物。④其他：泰乐菌素、林可霉素、阿莫西林、大观霉素。

（3）用药方案。①母猪和仔猪。磺胺二甲嘧啶 + TMP：每吨饲料添加磺胺二甲嘧啶 800 克，TMP100 克，连续混饲 3 天，然后剂量减半，继续使用 2～3 周。土霉素：每吨饲料添加 800 克，连续混饲 3 天，然后改为每吨饲料添加 250 克，继续使用 2～3 周。②肥猪。磺胺二甲嘧啶 + TMP：每吨饲料添加磺胺二甲嘧啶 500 克，TMP100 克，连续混饲 3 天，然后剂量减半，继续使用 2～3 周；盐酸土霉素 + 磺胺嘧啶 + 青霉素 G 钠盐：每吨饲料添加盐酸土霉素 150 克，磺胺嘧啶 150 克，青霉素 G 钠盐 85 克，混饲 2 周；泰乐菌素 + 磺胺二甲基嘧啶：每吨饲料添加泰乐菌素 200 克，磺胺二甲基嘧啶 250 克，连续混饲 1～2 周；林可霉素 + 磺胺二甲基嘧啶：每吨饲料添加林可霉素 220 克，磺胺二甲嘧啶 500 克，连续混饲 1 周，然后剂量减半，继续使用 1～2 周。

5. 猪衣原体敏感药物

（1）首选药物。四环素类：四环素、金霉素、土霉素、强力霉素。

（2）用药方案。金霉素（土霉素、四环素）：每吨饲料添加 300～500 克，连续混饲 5～7 天，然后剂量减半，继续使用 1～2 周。强力霉素：每吨饲料添加 150 克，连续混饲 1～2 周。

6. 猪链球菌病敏感药物　猪链球菌病除了肺炎病变外，其他症状包括神经症状（脑膜炎）、关节肿大、跛行。多数表现有化脓性和纤维素性心内膜炎，直肠温度高达 42.5℃以上。

（1）敏感药物。①青霉素类：青霉素 G 钠、钾盐，阿莫西林，氨苄西林。②头孢菌素类：头孢噻呋、头孢噻肟、头孢氨苄、头孢羟氨苄。③氟喹诺酮类：乙基环丙沙星、氧氟沙星、环丙沙星、诺氟沙星。

（2）用药方案。本病在临床上通常采用注射给药控制猪的发病，最佳治疗方案为青霉素 G 钠盐（冲击剂量）+ 地塞米松联合用药，体重在 50 千克以下的病猪，青霉素 G 钠盐按 10 万单位千克体重肌内注射；地塞米松，肌内注射，1 ~ 2 毫克/头。阿莫西林每吨饲料 200 克加磺胺五甲氧嘧啶 300 ~ 400 克添加，连用 7 天。为了控制群体感染发病，可在猪饲料中按每吨饲料添加磺胺嘧啶 500 克，TMP100 克，混饲给药，连续使用 5 ~ 7 天。

【专家提示】 猪链球菌对四环素、土霉素、林可霉素、红霉素、卡那霉素、新霉素、链霉素已产生了较强的抗药性。

7. 猪肺疫敏感药物 本病病原为猪多杀性巴氏杆菌。特征性症状为分娩性呼吸（腹部突然收缩）、虚脱，高热（体温通常在 42.2℃ 以上），死亡率高达 50%。

（1）敏感药物。①头孢菌素类：头孢噻呋、头孢噻呋钠等。②氟喹诺酮类：乙基环丙沙星等。③青霉素 + 链霉素。④林可霉素 + 大观霉素。

（2）用药方案。①采用上述敏感药物进行肌内注射给药。②为了控制群发感染，可进行混饲给药，每吨饲料添加磺胺嘧啶 800 克，TMP100 克，连续混饲给药 3 天。

【专家提示】 猪肺炎多杀性巴氏杆菌对万古霉素、红霉素、四环素、土霉素、金霉素、氨基苷类抗生素、林可霉素、青霉素、大观霉素等单方制剂都产生了较强的抗药性。

8. 猪肺线虫病敏感药物 寄生在猪肺引起寄生虫病的病原有长刺后圆线虫、复阴后圆线虫和萨氏后圆线虫。主要病变存在于呼吸道，表现为支气管炎和肺炎，在早晚和运动时，出现阵发性咳嗽，有时病猪鼻孔流出脓性黏稠液体，食欲时好时坏，表现渐进性消瘦、便秘或下痢、贫血、发育迟缓等。

（1）敏感药物。①大环内酯类抗寄生虫药物（阿维菌素类）：阿维菌素、伊维菌素、多拉菌素、莫西菌素。②苯并咪唑类：芬苯哒唑、丙硫咪唑、噻苯哒唑、甲苯咪唑。③左旋咪唑。

（2）用药方案。①阿维菌素、伊维菌素注射液：每千克体重0.3毫克，肌内注射，一次用药；②丙硫咪唑：内服一次用药每千克体重10～20毫克。③芬苯哒唑：内服每千克体重5～10毫克。④左旋咪唑：肌内注射或内服，每千克体重7.5毫克。⑤阿维菌素（或伊维菌素）＋芬苯哒唑，混饲给药：每吨饲料添加阿维菌素（或伊维菌素）1.5克，芬苯哒唑30克，连续混饲给药7天。

9. 弓形虫病敏感药物　弓形虫病是由弓形虫引起的一种原虫性人畜共患疾病。

（1）敏感药物。①磺胺类：磺胺对甲氧嘧啶、磺胺间甲氧嘧啶，磺胺嘧啶。②三甲氧苄氨嘧啶（TMP）。③乙胺嘧啶。④槟榔碱。

（2）用药方案。①注射给药：复方磺胺间甲氧嘧啶、复方磺胺对甲氧嘧啶、复方磺胺嘧啶：按每千克体重20～25毫克，肌内注射，每天1次，连用3次。②混饲给药：每吨饲料添加磺胺嘧啶（或磺胺对甲氧嘧啶、磺胺间甲氧嘧啶）500克，TMP500克，连续混饲3～5天。

【专家推荐】　知识链接—病原微生物知识。

病原微生物涵盖范围较广，包括细菌、病毒、真菌、放线菌、衣原体、支原体、立克次体、螺旋体及原虫等。

（1）支原体：又称霉形体，是介于细菌和病毒之间的一类微生物，革兰氏染色阴性，为无细胞壁结构的微生物。支原体多感染于猪、禽、牛、羊、犬等动物的呼吸系统，如常见的猪喘气病和鸡慢性呼吸道病等。该病原体对氟喹诺酮类药、四环素类、大环内酯类抗生素等均敏感，如常用药有恩诺沙星、土霉素、红霉素、泰乐菌素、秦妙菌素等；对青霉素类、头孢菌素类抗生素则有抵抗力。

（2）立克次体：是介于细菌和病毒之间的一类微生物，革兰氏染色阴性。多寄生在网状内皮细胞、血管内皮细胞或红细胞内。虱、蚤、蜱、螨等节肢动物是其媒介体。对土霉素、金霉素敏感。

（3）衣原体：也是介于细菌和病毒之间的一类微生物，革兰氏染色阴性。常引起牛、羊、猪的流产、肺炎、关节炎、结膜炎等病。对四环素类、氯霉素类药物敏感，对卡那霉素和链霉素不敏感。

（4）螺旋体：是一种细长弯曲而柔软的原核单细胞微生物，介于细菌和原生动物之间。常将其与衣原体、支原体、立克次体病原微生物合称为"四体"。致病性螺旋体有密螺旋体属和细螺旋体属（又称钩端螺旋体）。前者引起兔的生殖器冒疱疹、结节和糜烂（俗称兔梅毒），小猪的黏液性、出血性下痢；后者可引起牛、羊的发热、贫血、黄疸、出血、血红蛋白尿以及黏膜和皮肤坏死等。治疗上多用青霉素和乙酰甲喹药物。

（5）放线菌：是革兰氏阳性菌，分为分支杆菌属（结核分支杆菌、牛分支杆菌、禽分支杆菌）、放线菌属（伊氏放线菌和牛放线菌）和棒状杆菌属（化脓棒状杆菌），引起牛、羊、猪的肺结核、化脓性肺炎、关节炎、乳房炎等。治疗结核分支杆菌病常用链霉素等敏感药物，牛放线菌病则使用青霉素、链霉素、四环素等药物。

（6）病原真菌：为一大类结构比较复杂的具有核膜结构的真核生物。引起动物疾病的真菌主要有感染性真菌（如皮肤丝状菌）、中毒性真菌（如黄曲霉）及感染与中毒两性真菌（如烟曲霉）。可用制霉菌素、两性霉素和碘化物等敏感药物治疗。

（7）病毒：是一类无细胞结构的胞内寄生的微生物，主要由外部蛋白质和内部核酸组成。病毒对抗生素不敏感，一般对干扰素敏感。常引起动物疾病的有鸡传染性法氏囊病、鸡痘、鸡产蛋下降综合征、禽流感、鸡传染性喉气管炎、鸡传染性支气管炎、鸡马立克病、小鹅瘟；猪传染性胃肠炎、口蹄疫；犬传染性出血性肠炎、犬瘟热、狂犬病；牛病毒性腹泻等。

（8）原虫：是指由单细胞构成的原生动物。主要包括球虫、锥虫、梨形虫、弓形虫、住白细胞虫、滴虫等。

（9）细菌：用革兰氏染色或结晶紫鉴别染色可将细菌区分为革兰氏阳性菌和革兰氏阴性菌。大多数革兰氏阳性的细菌都产生外毒素，革兰氏阴性的细菌多数产生内毒素。临床上，革兰氏阳性菌引起的猪丹毒、破伤风、炭疽、葡萄球菌性和链球菌性炎症、败血症等疾病，可选用青霉素类、头孢菌素类、四环素类、大环内酯类、林可霉素等抗生素；革兰氏阴性菌引起的巴氏杆菌病、大肠杆菌病、沙门杆菌病等疾病，则选用氨基糖苷类和氟喹诺酮类等药物；对绿脓杆菌引起的创面感染、尿路感染等，可选用庆大霉素、多黏菌素等。

第八节　抗生素的应用及替代品研发方向

抗生素作为饲料添加剂在饲料工业中应用非常广泛。但近20年来，随着科学技术的发展和生活水平的提高，人们逐渐认识到抗生素会在畜产品中残留及产生抗药性等负面作用，因而在饲料中停用抗生素的呼声日益高涨。近年来人们研究开发出了益生素、寡聚糖等抗生素替代品。

一、抗生素饲料添加剂

1. 抗生素的作用　人们认为抗生素具有以下 4 个方面的作

用：促进动物生长及改善饲料报酬率；改善胴体组成；改善繁殖性能；减少发病率与死亡率，确保动物健康。

自从 20 世纪 40 年代末人们第一次发现四环素对畜禽生长具有促进作用，从而把其加入饲料中。抗生素作为饲料添加剂已有 50 多年的历史，人们一直以低于治疗量的抗生素来促进动物生长、预防疾病以及提高动物生产水平，这对饲料工业及畜牧业做出了不可磨灭的贡献。

2. 抗生素的作用机制　抗生素的作用具有两个方面，一是其药物属性；二是其促生长剂属性，两种属性之间的差别一般仅在于使用的剂量和剂型上不同。抗生素的使用效果虽然得到了普遍的认同，但直到现在，对于它的机制仍没有一个令各方均满意的解释。大多数人认为抗生素可抑制肠道有害微生物的繁殖，可抑制肠道微生物产生不利于生长的代谢产物，如氨、酚、吲哚、粪臭素等这些不利于生长的化合物。饲喂动物抗生素之后，对腹泻、下痢等有显著疗效，故可保持动物健康，提高动物生长生产水平。抗生素在卫生条件越差的圈舍内，越能表现出明显的效果，从某一方面证明了此种观点。另外还有人认为抗生素能减少肠道微生物对养分和能量的消耗，对胃肠等消化道组织也有影响，如可减轻肠壁重量、减少肠壁厚度、使肠绒毛明显变长等。抗生素还促进氨基酸及维生素的合成，还有些抗生素具有驱虫作用。

3. 抗生素面临的问题　目前人们对食品质量和环境质量的要求越来越高。随着动物育种科学和畜牧饲养学的发展，动物品种、数量及生产性能不断提高，疫病的发生不断复杂化。在欧洲仍至全球都进行着一种反对抗生素的浪潮。抗生素的使用具有以下弊端：长期使用抗生素，使细菌产生耐药性，使抗生素使用的效果降低，因此就要不断增加用药量，从而导致饲养成本增加；长期使用抗生素，使动物机体产生依赖性，限制了体内免疫细胞功能的发挥，使动物免疫力、抗病力下降；长期或过量使用抗生素，会在畜产品（如肉、奶、蛋、毛）中残留，对人体健康不利；长期使用抗生素，易引起动物内源性感染，抗生素在动物肠道内不分有害与有益微生物均予以抑制或杀死，使动物体内正常微生物区系失衡。目前在我国，抗生素的使用还存在着超剂量、超范围使用的问题，某些饲料厂不按有关规定执行，不执行规定的停药期，因而会通过食物链对人类的身体健康造成严重危害。

由于抗生素存在以上弊端，许多人呼吁禁止在畜禽养殖过程中使用抗生素，各种反对抗生素的文章充斥报端。1975年，苏联及东欧国家建议禁止使用青霉素、链霉素、四环素及新霉素作为饲料添加剂；日本1976年执行《饲料安全法》，禁止使用青霉素、链霉素作为饲料添加剂，1983年又禁止在饲料中使用盐酸土霉素、盐酸春霉素、克柏霉素钠及卡那霉素，1985年又禁止了杆菌肽锌；欧盟15国从1999年禁止在饲料中添加杆菌肽锌、螺旋霉素、维吉尼亚霉素及泰乐菌素作为促生长剂，同年10月又禁止在饲料中使用二硝甲苯酰胺等3种抗球虫药。目前除几种广泛使用的抗球虫药外，只有莫能霉素、盐霉素、黄霉素和卑霉素4种抗生素允许作为饲料添加剂使用，且用量控制非常严格；瑞典及丹麦则完全禁止在饲料中使用抗生素，德国即将对所有抗生素亮起红灯。预计在不久的将来，所有欧盟国家会禁止所有抗生素在饲料中的使用；我国农业部于2001年7月3日发布了《饲料药物添加剂使用规范》，因而抗生素的使用面临极大的挑战。

4. 抗生素的发展趋势 近50年来，抗生素用于数百亿动物生产，给畜牧生产者带来了巨大的经济效益，同时也引起了消费者的忧虑，主要是抗药性及残留问题。近40年的科学研究经验，至今没有任何令人信服的证据表明人用抗生素的失效是因为畜用抗生素的广泛使用而产生的。1987年美国国家医学科学院及其他机构经研究，也没有找到令人信服的证据表明在动物生产上使用亚临床剂量的抗生素会危及人类健康。对于残留问题，目前也有夸大的成分。抗生素价格便宜、质量稳定、效果明显，因而近期内完全禁止其使用是不现实的。从世界各国政府、大的药品公司及研究机构对抗生素的投资力度及信心来看，未来数十年内，抗生素类饲料添加剂仍会占重要的地位，起着举足轻重的作用，特别是在我国相当多的养殖还处在粗放型、低水平及动物饲养环境及管理水平低的客观条件下更是如此。

抗生素产生的主要副作用有两个——药物残留及抗药性问题，可以通过以下几个措施来消除或消弱：采用高新技术（如分子生物学技术）研制、筛选副作用小的抗生素新品种；把人用抗生素与畜禽专用抗生素分开，尽量选用后者作为饲料添加剂使用，以减少对人用抗生素产生抗药性的细菌产生的可能性；在饲料中使用抗生素时，应按国家有关规定严格执行，如使用对象、用量、用法、停药期、配伍禁忌等；注意药物的合理组合使用、交替使用和选择窄谱性抗生素；在畜禽不同生长阶段选用不同的药物，以减少细菌抗药性可能的诱导作用；加速抗生素替代品的研究，克服目前绿色饲料添加剂成本高、效果慢且不稳定的缺点，增强替代品的实用性。

二、抗生素的几种替代品

1. 酶制剂 酶制剂也叫酵素，生产上饲用酶制剂的种类有20多种，如 α - 淀粉酶、β - 淀粉酶、纤维素酶、半纤维素酶、各种蛋白酶 β - 戊聚糖酶、木聚酶、果胶酶以及植酸酶等。一般是以复合酶的形式出现。酶制剂的作用是：直接分解底物，供给动物机体营养成分；去除抗营养因子，改善消化功能，提高养分利用率，减少养分排泄量；补充内源酶的不足；可以激活内源酶的分泌；参与动物内分泌调节，影响血液中某些成分，如提高胰岛素样生长因子（IGF-I）、T_3 及免疫肽等水平，因而发挥类抗生素的效应。生产上使用的酶制剂一般来源于微生物发酵的粗制品，除含有水解酶外，还含有许多微生物生长中具有活性的中间代谢产物，因而其作用机理目前仍不是十分清楚。影响酶制剂在生产上广泛使用的主要原因是作用不太稳定，另外人们对酶制剂在颗粒饲料生产过程中的耐湿性产生担忧。酶制剂今后的发展方向是：多酶系列及饲用酶配方的研究，即研制用于不同饲喂对象及年龄、不同日粮配方的专一性强的复合酶；利用高新技术生产活力强、成本低的新型酶制剂；研究在酶的生产、运输、使用、贮存及进入动物机体后，如何保持其稳定性和饲用效果的技术，如包被技术或制粒后用液体酶进行喷涂；酶基础科学方面的工作，如酶活性的测定方法及如何确定酶在胃肠道的作用部位等；酶制剂与其他物质（如有机酸）结合使用，发挥协同作用，效果将更加理想。

2. 微生态制剂　微生态制剂即活菌制剂或益生素。这种生物活菌制剂能促进消化道有益菌的生长，抑制有害菌的繁殖，保证肠道菌群平衡。与抗生素相比，微生态制剂具有对动物有病治病、无病防病的保健助生长作用，还具有无残留、无污染、价格低、高效益的特点。微生态制剂作用的机制与抗生素正好相反：前者是向消化道内导入对动物有益的活菌，从而使有益菌处于主导地位；而后者则是抑制消化道内微生物（含有害菌与有益菌）的生长，或将其杀死。所以，微生态制剂具有调节动物胃肠道微生物平衡的功能。益生素还能降低肠道内有害物质及血氨浓度、减少粪便对环境污染，可以合成消化酶，降低胃肠 pH 值，还可产生非特异性免疫调节因子，刺激机体免疫系统，提高动物抗病力。

　　影响微生态制剂使用的因素有：生产难度大，生长速度慢；益生素在防病促生长方面有一定效果，但在抗病治病上难以与抗生素相比,且对于病毒性疾病无能为力;活菌制剂在饲料生产、加工、运输过程中极易失活;活菌进入动物肠道之后,大多数难以经受盐酸、胆汁酸等低 pH 值的作用,难以有足够的数量达到胃肠道或定居胃肠道而发挥作用;目前益生素产品均以总活菌数表示其质量高低,没有以某一种微生物活菌数来表示。今后微生态制剂的发展方向与趋势是:如何根据不同动物不同情况选用不同的微生态制剂;如何确保从活菌生产到进入动物肠道内微生态制剂的活性;研究微生态的作用机制及与其他添加剂(含抗生素)合理配伍使用的问题;研究生产高效稳定的微生态活菌菌株与生产工艺,降低生产成本,提高产品质量。

根据微生态作用的机制,如果能人为地在饲料中添加一些既不被动物吸收利用,又不为肠道大部分有害菌利用,只能唯一被肠道有益菌选择吸收,并促使其增殖的物质,从而刺激肠道固有有益菌生长、繁殖,就能克服活菌制剂的缺陷。经研究这类物质多为短链分支的糖类物质,如乳果糖、异麦芽糖、甘露寡聚糖、蔗糖寡聚糖、棉籽寡聚糖、果寡聚糖等。这些虽为化学物质,但与微生态制剂异曲同工,因而称之为"化学益生素",也叫"双岐因子、益生元、低聚糖、寡聚糖"等。

3. 酸化剂 酸化剂能提高饲料酸度的物质叫饲料酸化剂,目前已广泛应用于仔猪、青贮料及其他饲料之中。pH 值是动物体内消化环境之重要因素之一,动物胃中 pH 值为 2.0~3.5,小肠内 pH 值为 5~7 的酸性环境是饲料组分在体内被充分地消化吸收、有益菌群合理生长、病原微生物受到有效抑制的必要条件,从而达到提高动物生长性能和饲料利用率,增强机体抗病力的饲养目的。酸化剂的主要作用:可抑杀胃肠道中有害细菌,促进有益菌生长繁殖,降低仔猪腹泻发生率;可降低胃内 pH 值,提高酶之活性,调节了胃排空速度;可直接参与体内代谢,提高营养物质消化率;可减少肠道微生物代谢产物;抗应激;提高适口性；提高免疫力；能安全保存饲料；还能促进矿物质及维生素的吸收。

酸化剂包括无机酸（磷酸、盐酸、硫酸）和有机酸（柠檬酸、延胡索酸、乳酸、丙乳丁酸、甲酸及其盐类）两大类。酸化剂经历了第一代酸化剂（单一的酸化剂）和第二代酸化剂（复合酸化剂），现在正在开发第三代酸化剂。第三代酸化剂的颗粒被脂类包被，可使饲料中其他活性成分和生产机械设备免遭腐蚀与破坏，使酸化剂缓慢地释放，酸化作用可延伸到小肠，增强了酸化效果。

目前广泛使用的第二代酸化剂存在诸多缺陷：添加比例大（1%～3%），成本高，制成预混料不方便；破坏饲料中维生素活性及影响矿物质元素的吸收；易吸湿结块；腐蚀设备；酸不能深入到肠道等，因而效果不稳定。今后需研究与解决的问题有：如何保持酸化剂饲用效果的稳定性及持久性，如开发生产微胶囊式制剂或脂质保护外膜酸化剂；酸化剂的选用应与饲粮类型、动物种类及消化生理特点结合起来，确定最佳添加量；开发无机酸化剂与复合酸化剂；酸化剂与抗生素、铜、抗菌药物及酶制剂相互协同作用及配伍关系的研究。

4. 大蒜素　大蒜素是对多年生宿根草本百合科植物大蒜中主要成分的总称，在我国入药有悠久的历史。大蒜素能改善肉品风味，能降低胆固醇，提高动物生产能力，改善畜舍环境、减少苍蝇，并具有抗菌提高免疫力的作用，大蒜素还具有抗氧化、香味诱食剂的作用，能增强胃液分泌和胃肠蠕动，起刺激食欲和促进消化的功能。大蒜素的主要成分有硫醚、二硫醚、三硫醚等。目前大蒜开发的产品有鲜大蒜、大蒜渣粉、大蒜油、人工合成大蒜素、改性大蒜素等类型。大蒜素以其良好的防病、治病效果，改善生产性能，提高动物产品品质而引起国内外广泛关注。

5. 植物提取物

（1）糖萜素。糖萜素是从油茶饼粕和茶籽饼粕中提取的由糖类、三萜皂苷和有机酸组成的天然生物活性物质。其有效成分稳定，使用安全，与其他饲料添加剂无配伍禁忌。糖萜素主要通过提高动物机体神经内分泌免疫功能和抗病抗应激作用来达到其促生长的目的。糖萜素还能促进蛋白质合成，提高消化酶的活性，改善畜产品品质，降低畜产品中重金属含量，对球虫病和肠道细菌性疾病有较强预防力。

（2）牛至提取物。牛至也叫滇香薷，是唇形科的一年生草本植物，含有30多种抗菌化合物，是一种潜在的非药物生长促进剂。牛至提取物可以刺激消化腺分泌、增加内源酶活性、刺激胃肠蠕动从而有助于消化。因牛至香精油含有多种广谱抗菌活性物质，因而对细菌有高度活性，即使在稀释4 000～5 000倍时仍可显著抑制菌株生长。牛至提取物还具有抗疟原虫作用和一定的抗氧化性、抗球虫活性，甚至还能明显促进特异性体液免疫反应。因而饲料中添加牛至提取物后，可以明显地达到促进生长，提高动物生产水平及抗病力之目的。英国、荷兰、希腊等国外公司现已推出了以牛至提取物为活性物质的饲料添加剂。荷兰罗帕法姆公司推出的粉制剂商品名为诺必达，在国内已有销售，国内对牛至研究较少。

（3）甲壳素与壳聚糖。前者又叫甲壳质、儿丁、甲壳胺等，经过浓碱水解脱乙酰基后生成壳聚糖。其广泛存在于节肢动物（虾、蟹、昆虫）的外壳及低等植物（真菌、藻类）的细胞之中，具有增强免疫、抑制细菌与霉菌生长、抗肿瘤的活性，还具有降低胆固醇、血脂的作用，因而能提高畜产品品质。

（4）其他提取物。如用山莨菪碱及当归、赤芍、丹参等提取有效成分及苯二氮卓类似物，从植物中提取的大豆黄酮、异黄酮植物雌激素等，这些目前均处于实验室研制阶段。

6. 中草药饲料添加剂　　中草药是天然的动植物或矿物质，本身含有丰富的维生素、矿物质、蛋白质及未知活性物质。除可以补充营养外，还具有促生长、增强机体体质、提高抗病力及治病作用。中草药来源广泛、价格便宜，不会产生药物残留及抗药性，因而前途光明。目前，中草药添加剂还未形成大面积推广产品，也没有成熟的产品质量标准，另外还存在以下几个问题：缺乏适宜的方法控制产品质量；中草药作用方式决定了它的地方性极强，其效果影响因素太多，疗效不稳定；中草药的药效、药理和毒理学等基础研究还很薄弱；中药中有一部分属于野生植物，药源有限。

今后中草药饲料添加剂发展的方向是：药物含量标准化、加工工艺精细化、配制微量化、配方精专化，注意中西医结合，且需要做长期、大量的实践验证工作。

随着科学技术的发展，除了采用以上绿色饲料添加剂取代抗生素外，我们还可以根据营养与免疫的关系，通过合理调控日粮配方来刺激动物免疫力，增强机体抵抗力，从而减少甚至去掉抗生素在饲料中的使用。我们还可采用分子生物学技术及免疫中和技术产生抗体，特别是基因工程技术，从调控神经内分泌生理出发，对体内有关激素如生长激素、甲状腺素及一些脑肠肽等，可生产出各种动物用的生长激素，以促进生长，减少抗生素的使用。

第七章

健康养猪与抗病毒药物

第一节　抗病毒药物概述

　　病毒是目前已知的最小微生物，它在自然界中分布很广，人、动物、昆虫、植物、真菌、细菌等都可被病毒寄生而引起感染。它严格寄生在细胞内，只能在特殊宿主细胞内进行复制。它是一类非细胞形态微生物，只含一种核酸 – RNA 或 DNA，核酸是病毒的遗传物质，它组成病毒的基因组，外面受到衣壳（蛋白质外壳）的保护。病毒没有独立的代谢活力，它们没有完整的酶系统，也没有能够进行独立生长和繁殖的其他机构，而是利用宿主细胞的酶类和产能机构，并借助宿主细胞的核糖体合成蛋白质，甚至直接利用宿主的细胞成分。病毒的增殖大致可以分为 5 个阶段：①病毒吸附到易感细胞上。②病毒穿入或经胞饮作用而进入细胞内，脱去衣壳。③病毒繁殖和合成新病毒成分。④新病毒的装配组合和成熟。⑤新病毒从细胞释放出来。

　　病毒主要有以下基本特征：①个体微小，比细菌小得多，可通过除菌滤器，大多数病毒须用电镜才能看见。②结构简单，不具有细胞结构，仅由一种核酸（DNA 或 RNA）和蛋白质组成，没有酶或酶系统。③严格的专性活细胞内复制增殖，不能进行独立的代谢作用，须寄生在其他活细胞内，借助宿主细胞的代谢系统复制自身的核酸和蛋白质才能繁殖。④具有受体连结蛋白，与敏感细胞表面的病毒受体连结，进而感染细胞。⑤感染的疾病种类多且危害大，其发病率和传播速度远远超过其他疾病。⑥生活过程简单，不易与宿主细胞加以区别，从而导致药物特异性不高。

由病毒引起的疾病在动物传染病中占有很大比重，常造成巨大损失，有的如口蹄疫、猪瘟等一经蔓延就会产生灾难性后果。病毒病的控制主要在于免疫预防，采用疫苗接种与检疫隔离相结合的综合措施，是消灭传染病的主要手段。但在病毒病的治疗上，由于病毒具有不同于细菌的某些特征，使之对化学治疗提出了更高的要求，即化学药物必须选择性地破坏或抑制细胞内（外）病毒的代谢，但对细胞，至少对未感染细胞不产生致死性损伤。而目前已知的抗病毒药中能对病毒起选择性抑制作用（也就是对宿主细胞没有或仅有轻微毒害作用）的药物少之又少，多数抗病毒谱较窄，且对宿主细胞有害，临床应用有限。同时一旦病猪呈现病毒感染的症状，其体内病毒已增殖到很高的程度。在某些病毒感染（如流感和乙脑）中，大量病毒已在感染细胞内增殖并释放，造成组织损伤，机体已处于病毒血症阶段，甚至是病毒血症后期，此时应用抗病毒药，尽管还可抑制病毒进一步增殖和扩散，但也往往起不到决定性的治疗作用。因此，抗病毒药治疗只有对病程较长的病毒性疾病如痘病毒和某些持续性病毒感染才有价值。此外，使机体发生体液免疫和细胞免疫或提高免疫功能也是有效的抗病毒手段。

一、病毒的感染机制

病毒的感染机制分为5个过程：①吸附：病毒对细胞的感染起始于病毒蛋白外壳同宿主细胞表面特殊的受体结合，受体分子是宿主细胞膜或细胞壁的正常成分。因此，病毒的感染具有特异性。②侵入：吸附到宿主细胞表面后，将它的核酸注入到宿主细胞内。③复制：病毒核酸进入细胞后有两种走向，一是病毒的遗传物质整合的宿主的基因组中，形成溶原性病毒；二是病毒DNA 或 RNA 利用宿主的酶系统进行复制和表达。④成熟：一旦病毒的基因进行表达就可合成病毒装配所需的外壳蛋白，并将病毒的遗传物质包裹起来，形成成熟的病毒颗粒。⑤释放：病毒颗粒装配之后，就可从被感染的细胞中释放出来进入细胞外感染新的细胞。有些病毒释放时要将被感染的细胞裂解，有些则是通过分泌的方式进入到细胞外。

二、抗病毒药物作用靶位和机制

不同抗病毒药物其作用机制不一致，一般通过以下方式抑制、杀灭病毒或抑制病毒生物合成：①抑制病毒吸附、穿入和脱壳。②抑制病毒核酸转录、复制。③抑制病毒蛋白合成。④阻断细胞受体。⑤抑制病毒装配。⑥促进机体抵抗力、诱生干扰素。⑦增强宿主抗病毒能力。

三、抗病毒药物的分类

1. 根据抗病毒药物的结构分类

（1）核苷类药物。利巴韦林、阿昔洛韦、泛昔洛韦、更昔洛韦、喷昔洛韦、万乃洛韦、拉米夫定、阿糖腺苷。

（2）三环胺类。金刚烷胺、金刚乙胺、甲金刚烷胺。

（3）焦磷酸类。膦甲酸、膦甲酸钠。

（4）蛋白酶抑制剂。沙喹那韦、利托那韦、吲哚那韦、奈非那韦。

（5）反义寡核苷酸。福米韦森、GEM－132、GEM－91、AR177。

（6）其他。地拉韦定、奈韦拉平、α-干扰素、转移因子、普罗帕吉曼、吗啉胍、聚肌胞。

2. 根据抗病毒药物作用机制分类

（1）疫苗与抗毒血清等生物制剂。疫苗是用病毒经组织培养后加以处理制造而成，进入体内后能刺激机体自动产生免疫力，维持时间较长且效果较好，主要用于预防。但由于病毒种类繁多且变异性大，有的尚未分离成功，使疫苗研制和使用受到一定限制。抗毒血清中含有大量抗体，注入体内后机体不用自身制造抗体而获得免疫力，但很快会排泄掉，预防时间短（1～3周），主要用于治疗。

（2）消毒用药。具有强氧化性的化学药品，遇有机物引起氧化作用，直接杀灭所有的微生物包括病毒，为广谱杀毒剂。药物疗效确切，但刺激性大使用浓度高，只能用作没有破损皮肤、耐腐蚀性器件和空气消毒，不可内服。

（3）抗病毒化学药物。①病毒唑：核苷类似物，抑制肌苷单磷酸脱氢酶，使鸟苷单磷酸合成受抑制，使 DNA、RNA 合成物缺少而抑制病毒合成；抑制流感病毒 RNA 多聚酶，抑制病毒 RNA 合成，对流感病毒效果较强。病毒唑常用作腺病毒、疱疹病毒、流感病毒、副流感病毒、痘病毒等感染性疾病防治。长期用对机体细胞有毒害作用。②焦磷酸化合物：磷甲酸钠，与病毒在焦磷酸结合位非竞争抑制疱疹病毒 DNA 多聚酶，抑制多种脱氧核苷三磷酸。非竞争地抑制逆转录酶，作用于依赖 RNA 的 DNA 及基质和模板。主要抑制疱疹病毒、逆转录病毒，临床上用于防治猪伪狂犬病等。③阿昔洛韦：能干扰病毒 DNA 多聚酶，抑制病毒 DNA 合成，抑制病毒复制。临床用于猪疱疹病毒感染引起的心肌炎（警惕阿昔洛韦和头孢拉定的不良反应，阿昔洛韦导致急性肾功能损害和头孢拉定导致血尿，这类药主要通过肾代谢，少量是经肝代谢，连续应用影响肾功能）。④缩氨硫脲：痘

病毒的强抑制剂，也对某些腺病毒有效，主要干扰病毒密码子
mRNA 转译。临床上用于防治猪痘等。⑤聚肌胞：干扰素诱生
剂，广谱抗病毒，可防治传染性犬肝炎、兔病毒性出血症等。⑥
吗啉胍：对流感病毒增殖阶段有抑制作用，用于防治动物病毒性
流感病毒、疱疹病毒性角膜炎等。⑦阿糖腺苷：嘌呤核苷同系
物，能抑制病毒 DNA 多聚酶而阻断病毒合成，用于防治仔猪伪
狂犬病、单纯疱疹病毒角膜炎。⑧免疫球蛋白：有中和病毒，抑
杀细菌和毒素等作用，免疫球蛋白（IgG 等）已形成工业生产。
⑨其他药物：利福平、脱利普霉素、曲张链丝菌素、嘌呤霉素、
对 - 氟苯丙氨酸等抑制病毒，但毒性较大，较少使用；曲氟尿
苷、丙氧鸟苷、碘苷等均有一定抗病毒谱，在人医有应用，尚没
在兽医上使用。

（4）抗病毒细胞因子。病毒感染机体后的最初反应是刺激
机体细胞产生各种细胞因子。细胞因子对疾病的表现起重要作
用，细胞因子按功能不同可分为白细胞介素、干扰素、集落刺激
因子、趋化因子、生长因子、肿瘤坏死因子等。其中应用最广的
是干扰素、白细胞介素、转移因子、反义核酸和基因合成胸腺肽
等。

1）干扰素：一种活性很强的有免疫调节作用的生物制剂，
有 α、β、γ 三类即白细胞干扰素（α - INF）、纤维母细胞干扰
素（β - INF）、免疫细胞干扰素（γ - INF），前二者属 I 型、后
者属 II 型。I 型与抗病毒作用有关，II 型在免疫调节中起重要作
用。干扰素并不直接作用于病毒，而是在未感染细胞表面与特殊
受体结合而产生 20 余种细胞蛋白，抗病毒蛋白对病毒增殖产生
抑制作用，还可作用于免疫系统，增强免疫功能。两者相互作用
利于病毒感染的减轻或解除，对动物没有毒性。临床上严重病变
前应用干扰素才能奏效，且需反复多次使用。它具有明显种属特
异性，即某种属动物细胞产生的干扰素只能保护同种属或接近种

属的动物和细胞。

2）白细胞介素：是淋巴细胞、巨嗜细胞等细胞间相互作用的介质。用于防治牛疟疾病毒、牛白血病等。

3）转移因子：小分子多肽复合物，使无活性淋巴细胞转为特异性致敏淋巴细胞，激发受体细胞介导的免疫反应，增强细胞、体液免疫。它具有三种活性：免疫增强活性、免疫抑制活性和特异性免疫力传递活性。

（5）其他抗病毒药物。

1）中草药：抗病毒途径有两种：一是直接抑制病毒，阻断病毒繁殖的某一环节达到抗病毒目的；二是间接抑制病毒，诱发机体产生干扰素而抑制病毒。如黄芪多糖用于猪的病毒病治疗，板蓝根、穿心莲、大青叶、鱼腥草、黄连、金银花等对猪的流感有防治作用。

2）反义寡核苷酸药物：主要指反义寡核苷酸和核酶。二者作用的分子靶标为核酸，具有很高特异性。目前已有几种抗病毒反义寡核苷酸药物如 GEM－132、GEM－91、AR177、Fomvisen、ISIS2922 等。人医正进行临床实验，用于兽医临床还需一段时间。

第二节　抗病毒药物在兽医临床应用与存在的问题

由病毒引起的疾病在动物传染病占有很大的比例，据报道由其引起的动物死亡率在所有病因中居第 2 位，仅次于细菌，占 36.8%，而且发病率呈上升趋势。抗病毒药物是防治病毒病的主要手段之一，近几年来发展迅速，但由于病毒独特生物学特性及不同于细菌的生活和繁殖方式，使在病原抑杀和疾病防治上造成困难，给养猪生产造成了巨大的损失。

一、抗病毒药物的现状

目前抗病毒药物可分为两大类，一类是"直接"作用于病毒的疫苗和抗病毒药物。抗病毒药物是通过作用于病毒复制的多个不同位点而发挥抑制或杀灭作用，包括：

（1）在附着和入侵细胞之前直接灭活病毒。

（2）阻断病毒对宿主细胞受体的黏附和穿透。

（3）阻断病毒脱外壳。

（4）防止病毒 DNA 整合到宿主基因组。

（5）阻断转录或翻译病毒的信使 RNA 和蛋白质。

（6）干扰糖基化步骤。

（7）干扰病毒的组装和释放。

虽然已经有 40 多种抗病毒药物可供（人医临床）临床应用，但仍然存在品种少、特异性差、价格昂贵、毒性大以及易发生耐药株等问题，对一些严重病毒感染（如圆环病毒）尚无特效药物。

另一类是"间接"作用的抗病毒药物，主要是免疫增强剂，如干扰素、细胞因子、胸腺肽。由于分子结构、药理特性、作用机制等不同，各类药物的抗病毒谱也不同。美国 1999 年以前批准的 11 种抗病毒药物中，属于核苷衍生物的有 7 个：阿昔洛韦、伐昔洛韦、更昔洛韦、喷昔洛韦、泛昔洛韦、利巴韦林、拉米夫定。此外，金刚烷胺和金刚乙胺属于 10 碳环胺衍生物，膦甲酸属于焦磷酸盐衍生物，干扰素属于细菌重组蛋白产品并有 7 个亚型。齐多夫定是 1988 年作为特批药批准问世。1999 年底又批准了两个神经氨酸酶抑制剂——扎那米韦和奥司米韦，主要用于治疗流行性感冒。正在研发的抗感冒病毒药物有抑制病毒脱壳的普可那利和蛋白酶抑制剂芦普林曲韦等。以上抗病毒药多数在兽医临床没有得到证实。

二、正确选用抗病毒药物的原则

1. 明确使用对象　目前抗病毒药物的治疗效果并非十分肯定，其对某些病毒的防治作用更是无从谈起，因此，防治使用只适合于确诊的病例，而且抗病毒作用比较确实或得到证实，否则不可盲目使用。

2. 明确给药时间　作为预防，应该在病毒攻击之前给药，否则是事倍功半，甚至无效。以干扰素为例，应在怀疑与感染猪群接触后的 48 小时内用药。

3. 注意剂量和疗程　预防用药一般是大剂量短疗程为宜。剂量过大或疗程过长，可出现白细胞减少、表面溃疡、糜烂、点状出血等不良反应。

4. 并用增效药物　选择合适药物联合治疗，既可提高疗效，又可减少不良反应。例如，单用干扰素不如加用广谱抗病毒药物利巴韦林。

5. 注意药物不良反应　不同抗病毒药物的不良反应不同，它与剂量、给药次数、疗程、患病状况和并发症均密切相关。应注意观察，发现新问题及时处理。

6. 警惕药物相互作用　在病毒感染时，往往抗病毒药物和抗生素（甚至多种）同时使用，而忽略了药物之间的相互作用，如注射干扰素同时应用柴胡制剂，可引发间质性肺炎。

三、抗病毒药物在使用过程中存在的问题

（1）当诊断病畜呈病毒感染时，体内病毒增殖已达到了相当程度，组织的损伤已造成，机体处于病毒血症阶段或后期，此时用药为时已晚，起不到决定性治疗作用，而只能防止病情恶化或防止疫情的进一步扩大。

（2）大多数抗病毒药物在发挥治病作用时，对动物和人体

产生较大毒性或抗病毒作用较低，许多抗病毒药物在体外细胞培养中虽是病毒复制的强抑制剂，但在动物体内却有毒性。

（3）病毒严格的细胞内寄生，某些病毒的核酸更直接整合于宿主细胞内，借助宿主细胞而繁殖，药物须选择性地破坏或抑制细胞内外病毒代谢，但对细胞至少对未感染细胞不产生致死性损伤。但是目前还没有研制出来只干扰病毒复制，而不影响宿主细胞正常代谢的理想抗病毒药物。目前抗病毒化学药物只能抑制病毒生物合成或抑制、杀死体内病毒、阻止病毒穿入或抑制病毒释放以增强宿主抗病毒能力；生物抗病毒药物只干扰病毒复制，而不影响宿主细胞正常代谢。

（4）病毒对现有抗病毒药物都能产生耐药变异株，甚至出现依赖药物的变异而使药效不佳或无效。生物抗病毒药物直接阻止病毒粒子复制过程，修复免疫缺陷和激活免疫抑制，提高机体免疫力和抗病力，且不产生耐药性。

（5）抗病毒药物的长期使用，会造成畜禽产品的药物残留，同时动物机体产生免疫抑制及抗药性，病毒会对药物产生具耐药性的变异毒株，最终危害动物及人类的健康。

（6）病毒在敏感的动物细胞内培养或感染易感动物，抗病毒药物须通过细胞膜进入细胞而作用于病毒。一种有效的、理想的药物必须是既能防止病毒吸附于宿主细胞表面，又能特异性抑制病毒复制过程中的某些步骤，且不影响机体正常细胞代谢，然而许多代谢步骤为病毒和细胞的功能所共有，所以很难研制出一种无毒的抗病毒药物。

总之，因抗病毒药物的应用存在的问题，以及病毒感染性疾病的传染性、致死性以及动物的经济价值的问题，我们不能一味靠（甚至于依耐）药物预防和治疗，而主要应从饲养管理、品种选育和猪病综合防制措施等方面认真研究对策，最大限度地避免猪群遭受病毒侵袭，确保养殖安全。一旦发生烈性传染性疾病，应当从传染源、传播途径、易感动物等三个环节，按早、快、严、小的原则，迅速采取综合防制措施。抗病毒药物的研究是学术界必须长时期攻关的重要课题，必须投入大量的人力和财力进行研究。

四、抗病毒药物应用研究展望

1. 反义药物的研发　采用人工合成的反义脱氧寡核苷酸经特殊工艺修饰制备的基因工程抗病毒免疫增强新药，药物均为寡核苷酸类化合物，是人工合成的 DNA 片段，它与待封闭基因的某一区段互补，能抑制或封闭靶细胞基因的表达，是一种高选择性的基因药物，存在一些非特异性而导致的毒性。目前正开发的反义寡核苷药物，要提高多位点的化学修饰，构成混合骨架修饰的寡核苷酸，以提高作用的特异性并降低药物毒性。

2. 神经氨酸苷酶抑制剂的研发　阻断病毒酶，从而抑制新形成的病毒从宿主细胞的神经氨酸残基中释放出来，从而达到抑制流感病毒繁殖。

3. 从天然药物中挖掘、研制抗病毒新药　自然界中有无数种药用动植物，从中挖掘、研制新的抗病毒药物前景非常广阔。如甘草提取物甘草甜素在日本被广泛用于治疗慢性病毒性肝炎。

第三节　常用的抗病毒药物

农业部于 2005 年 10 月 28 日发布公告（第 560 号），把金刚烷胺、金刚乙胺、阿昔洛韦、吗啉（双）胍（病毒灵）、利巴韦林等及其盐、酯及单、复方制剂等抗病毒药列入《废止目录》序号 2，理由是人用抗病毒药移植兽用，缺乏科学规范、安全有效实验数据，用于动物病毒性疫病不但给动物疫病控制带来不良后果，而且影响国家动物疫病防控政策的实施。虽然本类药物至公告发布之日起即可受理注册申报，但至今国家标准里依然没有被收录相关药物，因此目前在兽医临床上任尚无任何抗病毒化合物被允许使用。现试用于兽医临床的抗病毒药物主要是干扰素、细胞因子、黄芪多糖注射液及一些中草药（如板蓝根、大青叶、金银花等），但其抗病毒机制尚不完全清楚。下面简单介绍几种抗病毒药。

吗啉胍（病毒灵）

【理化性质】　本品为白色结晶性粉末，无臭，味苦，易溶于水。

【作用用途】　本品对流感病毒等多种病毒增殖期的各个环节都有抑制作用，但对游离病毒颗粒无直接作用。主要用于流感、病毒性结膜炎、乙型脑炎等病毒性疾病。

【用法用量】　内服：每千克体重每天 10 毫克，分 2 次服用。肌内注射：每千克体重 20 ~ 40 毫克，每天 2 次。

黄芪多糖注射液

【理化性质】　本品商品名有抗病毒 1 号等。本品为黄色或黄褐色液体，长久贮存或冷冻后有沉淀析出。应密闭保存。

【作用用途】　黄芪为中药益气药，现已证实其中所含多糖、胆碱和多种维生素，可明显提高机体白细胞诱生干扰素的功能，调节体液免疫，促成抗体形成。通过调节、诱导干扰素破坏体内病毒以达到治疗效果。

本品用于畜禽变异性病毒性感冒、急慢性呼吸道病，以及病毒病引起的细菌及支原体感染；对圆环病毒、蓝耳病、心包炎、脑炎、传染性胃肠炎、流行性腹泻、流行性腮腺炎也有辅助治疗作用；另外对口、鼻、脚部脓包及烈性传染病免疫接种失败有防止扩散和补救作用。

【用法用量】 肌内注射或口服：每千克体重 0.15 毫升。饮水：100 毫升兑水 200 千克。自由饮用，连用 2 天。

【专家提示】

（1）因中药提取成分的颜色会随季节不同而会有变化，但不影响疗效；本品在低温时如析出，用 80℃以上热水浸 15 分钟澄清后使用，不影响疗效。

（2）怀孕母猪可放心选用，不影响胎儿发育。请勿过量使用，产前一周慎用。

（3）疗效是否确实尚待进一步地规范性研究。千万不可把此药当作治疗病毒病的灵丹妙药。

金刚烷胺

【理化性质】 本品化学名盐酸金刚烷胺，三环 [3.3.3.13.7] 癸烷 - 1 - 胺盐酸盐，为对称的三环癸烷。其盐酸盐为白色结晶或结晶性粉末。在水中或乙醇中易溶。20% 水溶液的 pH 值应为 3.5～5.0。

【作用用途】 本品能阻止亚洲 A 型流感病毒穿入宿主细胞（干扰 RNA 病毒：黏病毒、副黏病毒、被盖病毒），可封闭宿主细胞上的病毒通道，故有预防病毒感染作用，阻止病毒脱壳及其核酸释出等。本品口服后易自胃肠道吸收，生物利用度为 90%～100%，按 50×10^{-6} 饮水，2～3 小时可达血药浓度峰值。连续服药 2～3 天后达血药稳态浓度。服药后 24 小时 60% 经药物原型随尿排出。

本品主要用于预防亚洲 A 型流感，于感染早期用药有一定的防治效果，能缩短病程，减轻症状，退热效果明显，本品还能抗震颤麻痹。但在体外和临床应用期间均可诱导耐药毒株的产生，本品的抗病毒作用无宿主特异性，对试验性猪流感有良好的防治效应。

【用法用量】 混饮：治疗量为本品 5 克加入 200 千克水中，预防量减半，供自由饮用，连用 3~5 天。

【专家提示】

（1）有胃肠道反应如呕吐、腹痛及中枢神经反应，当出现兴奋、共济失调，甚至惊厥时，应立即停药。

（2）肾功能不全者酌减剂量，动物实验有致畸胎作用。

（3）停药期为 28 天。

复方盐酸金刚烷胺可溶性粉

【理化性质】 本品主要成分：盐酸金刚烷胺、黄芪多糖、穿心莲粉、板蓝根。为白色或类白色粉末。

【作用用途】 本品能阻断甲型流感病毒脱壳及其核酸释放至呼吸道上皮细胞中，同时影响进入细胞的病毒早期复制。口服在胃肠道中吸收迅速而完全。

本品为抗病毒、抗菌药。适用于由病毒及革兰氏阳性菌、革兰氏阴性菌引起的各种疾病，如口蹄溃烂病，水疱病、疱疹病。同时对胃肠道感染病及流感也有很好的治疗效果。本品亦用于治疗甲型流感。

【用法用量】

（1）混饮：按每千克体重用本品 0.4 克混饮或混饲。

（2）喷雾：猪舍、猪栏、用具按 1：100 兑水量，每立方米喷洒 50 毫升，可杀灭空气中病毒。

【专家提示】 本品与抗菌药同时使用，可控制继发感染，提高疗效。

利巴韦林（病毒唑）

【理化性质】 本品为鸟苷类化合物，系白色结晶性粉末。在水中易溶。其 2% 水溶液的 pH 值应为 4.0~6.5。

【作用用途】 本品对 RNA 病毒和 DNA 病毒具广谱抗病毒活性，体外有抑制痘苗病毒、流感病毒、副流感病毒、环状病毒（如蓝舌病病毒）、疱疹病毒、水疱性口炎病毒、轮状病毒的作用。本品进入被病毒感染的细胞后迅速磷酸化，竞争性抑制病毒合成酶，从而使细胞内鸟苷三磷酸减少，损害病毒 RNA 和蛋白质合成，使病毒的复制受抑。对呼吸道合胞体病毒也可能具免疫作用。

本品气雾吸入对人的呼吸道合胞病毒肺炎有效。在感染呼吸道合胞病毒的实验动物中，本品能抑制病毒的脱壳，缓解临床症状，且在腹腔注射时产生良好的抗病毒效应。内服对试验小鼠的轮状病毒感染可延长存活期但不提高存活率。

本品毒性低，动物实验有致畸胎作用。猫每天用每千克体重 75 毫克剂量，连续 10 天可引起严重的血小板减少症，伴发骨髓抑制，黄疸和失重。

【用法用量】 混饮：治疗量每升水 30 毫克，预防量减半，每天 2 ~ 3 次，连用 3 ~ 7 天。

干扰素

干扰素是病毒进入机体后诱导宿主细胞产生的一类具有多种生物活性的糖蛋白。自细胞释放后可促使其他细胞抵抗病毒的感染。其他非病毒物质如衣原体、立克次体、细胞内毒素、真菌提取物、甚至人工合成的多聚核苷酸也能诱导细胞产生干扰素。干扰素有 α、β、γ 三类和 Ⅰ 型、Ⅱ 型，即白细胞干扰素（α - IFN）、纤维母细胞干扰素（β - IFN）和免疫细胞干扰素（γ - IFN）。前两者属 Ⅰ 型，后者属 Ⅱ 型。Ⅰ 型与抗病毒作用有关，Ⅱ 型则在免疫调节中起重要作用。

干扰素并不直接作用于病毒，而是在未感染细胞表面与特殊的受体相结合，导致产生 20 余种细胞蛋白，其中某些蛋白（抗病毒蛋白）对不同病毒具特殊抑制作用（可分别对病毒增殖的各个阶段产生抑制）。另一方面干扰素也可作用于免疫系统，增强免疫功能，产生免疫反应的调节作用。两者综合作用则有利于病毒感染的减轻或消除。干扰素具广谱抗病毒作用，对同种和异种病毒均有效。但具有细胞种属特异性，即某一种属动物（细胞）产生的干扰素，只能保护同种属或非常接近的种属的动物和细胞。例如牛干扰素只能在牛体内有效，而在猪体内效果很低，甚至无效。对动物毒性小，高剂量仅有一般生物制剂的常见反应，可反复应用。近年国内研发的相关产品较多，可根据需要选择应用。

【作用用途】　具有广谱抗病毒的作用，对猪传染性胃肠炎、流行性腹泻、猪繁殖与呼吸综合征、猪细小病毒、猪圆环病毒及各种动物的疱疹病毒病等病毒和细菌性疾病均有预防和治疗作用。本品若与抗生素配合使用，能显著提高对各种细菌、支原体和立克次体等引起的疾病的治疗效果。

【用法用量】　注射用干扰素用生理盐水或糖盐水溶解均匀后使用：1 月龄内仔猪 5 万单位/次，1 月龄仔猪及成猪 1 万 ~ 3 万单位/次，每天 1 次，连用 3 天，肌内或皮下注射。

【专家提示】

（1）使用活疫苗前后 72 小时内禁用本品。

（2）本品不得与各种强碱性药物、强氧化剂或表面活性剂同时使用，即不得同时水槽给药，不能同时注射。

聚肌苷酸—聚胞苷酸

【作用用途】　本品属多聚核苷酸，为有效的干扰素诱导剂，有广谱抗病毒作用，可保护培养细胞的病毒侵袭，在实验动物中可快速升高干扰素含量，能保护局部或全身的病毒感染。本品在人医临床上广泛应用，兽医临床上目前主要是用人医临床制剂。

作用机制是通过模拟病毒 RNA 而合成的多聚核甘酸和多胺类化合物，为高效干扰诱导剂之一。具有广谱抗病毒能力、抗肿瘤作用和免疫增强作用。同时还可以特异性地与病毒聚合酶结合，从而抑制病毒复制。

临床上用于多种病毒感染。

【用法用量】 肌内注射：每头 2~4 毫克。

第八章
健康养猪与抗寄生虫药

寄生虫寄生可致仔猪发育不良、生长受阻，育肥猪营养不良或饲料报酬下降、出栏时间延长，重则发生寄生虫病，甚至造成猪只死亡，严重影响养猪业的经济效益。因此，必须采取有效措施，以防止各种体内外寄生虫病的发生。

抗寄生虫药就是指用以杀灭或驱除体内外寄生虫，防止寄生虫病发生的一类药物，应用时，必须注意以下事项：

（1）因地制宜，合理选用抗寄生虫药。理想的抗寄生虫药，应具备以下条件：①安全。即治疗指数要宽，或者安全范围要广，对猪很少产生不良反应。目前上市的多数新型抗寄生虫药，通常均符合上述最低要求。②高效。指对虫体的杀虫率或驱净率高，即有效率应超过95%，才能达到高效驱虫药的要求，最理想的高效驱虫药应对成虫、幼虫甚至虫卵都有抑杀作用。但迄今为止还没有完全符合上述要求的药品上市。③广谱。由于猪的寄生虫病多数属混合感染，有些甚至是不同种属的寄生虫（如吸虫、绦虫、线虫、节肢动物外寄生虫等）混合感染，因而对单一虫种具有高效的抗寄生虫药已不能满足生产实践需要。当然目前虽无对所有寄生虫均有杀灭作用的广谱抗寄生虫药，但已有一大批对数种虫种均有高效的药物。如吡喹酮、伊维菌素、阿苯达唑、左咪唑等。理想的抗寄生虫药还应具有价廉、给药方便以及适口性良好等优点。选用药物仅是综合防治寄生虫病的重要措施之一，在选择药物时不仅要了解寄生虫种类，寄生部位，严重程度，流行病学资料，更应了解猪群状况、病理过程、饲养管理条件对药物作用的影响，从而才有可能结合本地、本场的具体情况，选用最理想的抗寄生虫药，以期获得最佳防治效果。

（2）结合实际，选择适用剂型和投药途径。为提高抗虫效果，减轻毒性和投药方便，使用抗寄生虫药时应根据不同条件和寄生虫种类选择适合的剂型和投药途径。

兽医抗寄生虫药有内服、注射及外用各种剂型可供选用。驱除消化道寄生虫选用内服剂型，消化道以外的寄生虫可选择注射剂，而体外寄生虫以外用剂型为好。为了投药方便，猪群可选择预混剂混饲或饮水投药法，杀灭体外寄生虫目前多选药浴、浇泼和喷雾给药法。

（3）防患于未然，避免药物中毒事故。一般说来，目前除聚醚类抗生素驱虫药对猪安全范围较窄外，大多数抗寄生虫药，在规定剂量范围内，对猪都较安全，即使出现一些不良反应，亦都能耐过。但用药不当，如剂量过大，疗程太长，用法错误时也会引起严重的不良反应，甚至中毒死亡。有时，在本地区还未使用过较新型的抗寄生虫药时则容易引起严重的反应。为防止意外，在对猪群用药前，应先对少数猪进行预试，确认安全后，才能进行全群驱虫。

（4）密切注意，防止产生耐药虫株。随着抗寄生虫药的广泛应用，世界各地均已发现耐药虫株，这是使用抗寄生虫药值得注意的问题。耐药虫株一旦出现，不仅对某种药物具耐受性，使驱虫效果降低或丧失，甚至还出现交叉耐药现象，给寄生虫病防治带来极大困难。产生耐药虫株多与小剂量（低浓度）长期和反复使用有关。因此，在制订驱虫计划时，应注意更换或交替使用不同类型的抗寄生虫药，以减少耐药虫株的出现。

（5）注重环境保护，保证人体健康。抗寄生虫药对人体都存在一定的危害性，因此，在使用药物时，应尽力避免药物与人体直接接触，采取必要防护措施，避免因使用药物而引起人体的刺激、过敏，甚至中毒等事故发生。某些药物还会污染环境，对接触这些药物的容器、用具必须妥善处理。为保证人体健康，应遵照有关规定，限定药物残留量，严格执行药物的休药期。

防治寄生虫病必须制定切实可行的综合性防治措施，使用抗寄生虫药仅是综合防治措施中一个重要环节而已。因此，对寄生虫病应贯彻"预防为主"方针，加强饲养管理，消除各种致病因素，搞好卫生，加强粪污管理，消灭寄生虫的传染媒介和中间宿主，积极开展生物防治和免疫预防工作等。

对猪危害较大的寄生虫主要有蠕虫、原虫和体外寄生虫。抗寄生虫药则可分为抗蠕虫药、抗原虫药和杀虫药三大类。其中，猪的原虫病较少，除猪弓形虫病较常发生外，其他原虫病少见，猪的弓形虫病用磺胺类药物进行防治，请参考有关章节，本章不再介绍。

第一节 抗蠕虫药

抗蠕虫药又叫驱虫药，是指能驱除或杀灭寄生在猪体内的各种蠕虫的一类药物。分为驱线虫药、驱绦虫药和驱吸虫药。在驱虫时，对有中间宿主的蠕虫还必须采取综合措施，切断终末宿主与中间宿主的联系，避免流行和发展，保证驱虫效果。

一、驱线虫药

左旋咪唑

【理化性质】 盐酸或磷酸左旋咪唑均为白色或淡黄色针状结晶或结晶性粉末，无臭，无味，易溶于水。在碱性溶液中易分解失效。

【作用用途】 本品是一种广谱、高效、低毒、使用方便的驱肠虫药，对胃肠道线虫、肺线虫、肾虫等多种线虫有驱除作用。对成虫和幼虫均有驱除效果。左旋咪唑的驱虫机制，主要是通过抑制虫体肌肉中的琥珀酸脱氢酶，使延胡索酸不能还原为琥珀酸，影响虫体无氧代谢，使虫体肌肉麻痹，然后随粪便排出。

左旋咪唑对猪还有免疫增强作用。其能使免疫缺陷或免疫抑制的猪恢复其免疫功能，但对正常机体的免疫功能作用并不显著。左旋咪唑还能使巨噬细胞数增加，吞噬功能增强；虽无抗微生物作用，但可提高病猪对细菌及病毒感染的抵抗力，但应使用低剂量（1/4~1/3 驱虫量），因剂量过大，反能引起免疫抑制效应。

不同的给药方法（饮水、混饲、灌服或皮下注射），其驱虫效果大致相同，治疗量（每千克体重 8 毫克）对猪蛔虫，兰氏类圆线虫、后圆线虫的驱除率接近 99%。对食道口线虫（72%~99%），猪肾虫（有齿冠尾线虫）颇为有效。此外，有些资料还证实，左旋咪唑对红色猪圆线虫也有高效。

某些猪线虫幼虫也能为左旋咪唑驱除，如后圆线虫第 3 期、第 4 期未成熟虫体，以及奥斯特线虫、猪蛔虫未成熟虫体也有 90% 以上驱除效果，但对后两种虫体的第 3 期未成熟虫体，疗效低于 65%。

【用法用量】
（1）内服、混饲或混饮；每千克体重 8 毫克。
（2）肌内或皮下注射：每千克体重 7.5 毫克。

【专家提示】
（1）左旋咪唑对猪的安全范围不广，尽管其毒性较噻咪唑低，猪服用 3 倍治疗量的左旋咪唑有时引起呕吐。寄生有肺丝虫成虫的猪，用治疗量时也出现呕吐与咳嗽，这是排虫反应，可在数小时内消失。注射给药，时有发生中毒甚至死亡现象，为安全起见，除肺线虫选用注射法外，通常内服给药。

（2）应用左旋咪唑引起的中毒症状（如流涎、排粪、呼吸困难、心率变慢）与有机磷中毒相似，此时可用阿托品解毒，若发生严重呼吸抑制，可试用加氧的人工呼吸法解救。

（3）盐酸左旋咪唑注射时，对局部组织刺激性较强，反应严重，而磷酸左旋咪唑刺激性稍弱，故国外多用磷酸盐专用制剂，供皮下、肌内注射。

（4）妊娠初期的母猪慎用。为达到彻底驱虫目的，一般首次用药后 2~4 周再用药 1 次。

（5）左旋咪唑内服休药期为 3 天，注射休药期为 28 天。

四咪唑（驱虫净）

【理化性质】　本品为消旋混合物，常用盐酸盐。盐酸四咪唑为白色或微带黄色结晶粉末，无臭，味苦，极易溶于水。

【作用用途】　本品为广谱驱虫药。驱虫范围与左旋咪唑基本相同，驱虫活性约为左旋咪唑的一半。可用于驱除猪的肠道线虫，但以抗蛔虫效果最好。

【用法用量】

（1）内服：每千克体重 10~20 毫克。

（2）皮下或肌内注射：每千克体重 10~12 毫克。

【专家提示】　本品肌内注射易引起局部肿胀，应做深部肌内注射。

噻苯达唑

【理化性质】　本品为白色或类白色粉末，味微苦，无臭。在水中微溶，在氯仿或苯中几乎不溶，在稀盐酸中溶解。

【作用用途】　噻苯达唑对多种胃肠道线虫均有驱除效果，

对成虫效果好，对未成熟虫体也有一定作用。噻苯达唑是虫体延胡索酸还原酶的一种抑制剂。延胡索酸还原酶的催化反应是糖酵解过程中必不可少的一个部分，很多寄生性蠕虫都是通过这一过程获得能量来源，如果这一过程受阻，则虫体代谢发生障碍。由于寄生虫利用糖酵解过程和无氧代谢与其需氧的宿主的基本代谢途径不同，因此噻苯达唑对宿主无害。另据体外试验证实，噻苯达唑是通过寄生虫角质层的类脂质屏障而被吸收。

目前普遍认为，苯并咪唑类驱虫药都是细胞微管蛋白抑制剂，同时也是能量代谢抑制剂，即药物能与寄生虫细胞一种摄取营养所必需的结构蛋白质——微管蛋白结合，特别是与二聚体微管蛋白结合，从而妨碍了在微管装配过程中微管蛋白的聚合。利用对虫体的高度选择性作用而发挥高效、低毒的抗寄生虫效应。

噻苯达唑对皮炎芽生菌、白色念珠菌、青霉菌和发癣菌等也有抑制作用，亦可减少饲料中黄曲霉毒素的形成。

噻苯达唑能由动物消化道迅速吸收，广泛分布于机体大部分组织，因而对组织中移行期幼虫和寄生于肠腔和肠壁内的成虫都有驱杀作用，给药后 2~7 小时血药浓度达峰值。噻苯达唑迅速代谢成 5-羟噻苯达唑再与硫酸或糖苷酸结合。在 48 小时内，代谢物经尿排泄约占 90%，粪便中为 5%，以原型排泄的不足 1%。一次给药，5 天内几乎可排净。

猪的红色猪圆线虫、兰氏类圆线虫、有齿食道口线虫对噻苯达唑最敏感。治疗量对猪蛔虫，毛首线虫无效。

【用法用量】 内服：每千克体重 50~100 毫克。

【专家提示】

(1) 连续长期应用，能使寄生蠕虫产生耐药性，而且有可能对其他苯并咪唑类驱虫药也产生交叉耐药现象。

(2) 由于本品用量较大，不良反应较其他苯并咪唑类驱虫药严重，因此，过度衰弱，贫血及妊娠母猪不用或慎用。

阿苯达唑（抗蠕敏）

【理化性质】　本品为白色或类白色粉末，无臭，无味。本品在丙酮或氯仿中微溶，在乙醇中几乎不溶，在水中不溶；在冰醋酸中溶解。

【作用用途】　阿苯达唑是我国兽医临床使用最广泛的苯并咪唑类驱虫药，也是一种新型苯并咪唑类驱虫药，具有广谱、高效、低毒驱虫作用。对多种蠕虫感染如胃肠道线虫、肺丝虫、绦虫均有较好的效果，尤其对蛔虫、鞭虫效果更好，其幼虫也随之减少。本品对囊尾蚴有较强的杀灭作用，虫体吸收较快，毒副作用小，是治疗猪囊尾蚴的良好药物。杀灭旋毛虫移行期幼虫效果明显。

其作用机制是抑制虫体延胡索酸还原酶，阻止虫体能量的生成。本品主要用于驱除猪的胃肠道线虫、肺线虫、绦虫、囊尾蚴，也可用于多种寄生虫的混合感染及猪旋毛虫病。

【用法用量】

（1）内服：每千克体重 10 ~ 30 毫克。

（2）驱猪囊虫病：90 毫克每千克体重，隔天 1 次，连用 3 次，疗效可达 100%。

【专家提示】

（1）本品适口性差，混饲时应少添多喂；连续长期使用，能使蠕虫产生耐药性，并且有可能产生交叉耐药性。

（2）妊娠母猪禁用。

（3）阿苯达唑是苯并咪唑类驱虫药中毒性较大的一种，应用治疗量虽不会引起中毒反应，但连续超剂量给药，有时会引起严重反应。加之，我国应用的剂量比欧美推荐量（5 ~ 7.5 毫克/千克）高，选用时更应慎重。

硫苯咪唑

【理化性质】 本品为白色结晶性粉末，无臭，难溶于水。

【作用用途】 本品为广谱、高效、低毒驱虫药，对胃肠道、呼吸道等多种线虫及其幼虫有良好的驱除作用。尤其对蛔虫效果良好，对性成熟期的成虫阶段的蛔虫、食道口线虫、猪圆线虫（胃虫）和圆形线虫以及肾虫、肺丝虫均有较好的驱除效果。连续用药对鞭虫的驱除效果可达99%。

本品毒性较低，适口性好，可用于有病的和疲倦的猪驱虫，是很有开发前途的新型苯并咪唑类驱虫药。其作用机制主要是干扰虫体的能量代谢。

【用法用量】

（1）内服：驱蛔虫、结节虫、猪肾虫时，每千克体重5～10毫克，每天1次，连用3天。

（2）驱鞭虫：每千克体重5毫克，每天1次，连用6天。

（3）驱猪肺丝虫：每千克体重25毫克，每天1次。

奥芬达唑

【理化性质】 本品为白色或类白色粉末，有轻微的特殊气味。本品在甲醇、丙酮、氯仿、乙醚中微溶，在水中不溶。

【作用用途】 奥芬达唑为芬苯达唑的衍生物，属广谱、高效、低毒的新型抗蠕虫药，其驱虫谱与芬苯达唑大致相同，但驱虫活性更强。奥芬达唑与阿苯达唑同为苯并咪唑类，属内服吸收量较多的驱虫药。主要经尿排泄。吸收后奥芬达唑在体内主要的代谢产物是在苯硫基4′－碳处发生羟基化以及氨基甲酸酯的水解和亚砜的氧化和还原。4′－羟代谢物与糖苷酸和硫酸结合而经尿排出。

本品对猪蛔虫、有齿食道口线虫、红色猪圆线虫成虫及幼虫均有极佳驱除效果，但对毛首线虫作用有限。

【用法用量】　内服：每千克体重4毫克。

【专家提示】

（1）本品能产生耐药虫株，甚至产生交叉耐药现象。

（2）本品原料药的适口性较差，若以原料药混饲，应注意防止因摄食量减少，药量不足而影响驱虫效果。

氧苯达唑

【理化性质】　本品为白色或类白色结晶性粉末，无臭，无味。本品在甲醇、乙醇、二氧六环、氯仿中极微溶解，在水中不溶，在冰醋酸中溶解。

【作用用途】　氧苯达唑为高效低毒苯并咪唑类驱虫药，虽然毒性极低，但因驱虫谱较窄，仅对胃肠道线虫有高效，因而应用不广。氧苯达唑吸收极少，在猪体内的主要代谢产物为5－羟丙基咪唑，主要经肾排泄。

一次用药对猪蛔虫有极佳驱除效果，并能使食道口线虫患猪粪便中虫卵全部转阴。若以0.05%～0.1%药料喂猪14天，不仅可防止蛔虫感染所引起的致死作用，而且可阻止幼虫移行所致的肺炎症状。氧苯达唑对毛首线虫作用不稳定，对姜片吸虫无效。

【用法用量】　内服：每千克体重10毫克。

甲苯咪唑（甲苯达唑）

【理化性质】　本品为白色或微黄色粉末，无臭，无味。难溶于水和有机溶剂，在空气中稳定。

【作用用途】　甲苯咪唑为广谱、高效、低毒的驱线虫药。对猪鞭虫有较好的驱除作用，对猪旋毛虫也有驱除作用，且对雌虫的繁殖能力有明显的抑制作用，有驱绦虫作用。

本品的作用机制是阻断虫体对葡萄糖的摄取，从而导致虫体糖原和三磷酸腺苷耗尽。但不影响猪体内血糖水平。对绦虫主要是延长细胞内水解酶的存留，加速绦虫皮层的自身溶解。

临床上主要用于驱除猪的鞭虫及钩虫、蛔虫等肠道线虫的混合感染。也可用于猪旋毛虫、猪绦虫感染的治疗。

【用法用量】

（1）驱消化道线虫：每千克体重20毫克内服，连用10天。

（2）驱鞭虫：每千克体重30毫克混饲，连用10天。

（3）驱旋毛虫、绦虫：每千克体重20～30毫克，连用10天。

【专家提示】 怀孕母猪禁用。

氟苯达唑

【理化性质】 本品为白色或类白色粉末，无臭，本品在甲醇或氯仿中不溶，在稀盐酸中略溶。

【作用用途】 氟苯达唑为甲苯达唑的对位氟同系物。它不仅对胃肠道线虫有效，而且对某些绦虫亦有一定效果。国外主要用于猪、禽的胃肠蠕虫病。猪以治疗量（5毫克/千克），连用5天，对猪蛔虫、红色猪圆线虫、有齿食道口线虫、野猪后圆线虫、猪毛首线虫几乎能全部驱净，但对细粒棘球绦虫，必需连用10天，才能控制仔猪病情。

【用法用量】

（1）内服：每千克体重5毫克。

（2）混饲：每1 000千克饲料30克，连用5～10天。

【专家提示】

（1）对苯并咪唑驱虫药产生耐药性虫株，对本品也可能存在耐药性。

（2）连续混饲给药，驱虫效果优于一次投药。

（3）休药期14天。

噻嘧啶（抗虫灵）

【理化性质】 噻嘧啶多制成双羟萘酸盐和酒石酸盐。双羟萘酸噻嘧啶为淡黄色粉末，无臭，无味，在二甲基甲酰胺中略溶，在乙醇中极微溶解，在水中几乎不溶。酒石酸噻嘧啶则易溶于水。

【作用用途】 噻嘧啶为广谱、高效、低毒的胃肠线虫驱除药。本品通过抑制胆碱酯酶，对寄生虫的神经肌产生阻滞作用，能麻痹虫体使之止动，安全排出体外，不致引起胆道梗阻或肠梗阻。猪内服酒石酸噻嘧啶吸收良好，2~3 小时血浆达峰值。药物在体内迅速代谢，经尿排泄的药物最多，为 34%，而且几乎全为代谢物质。由于双羟萘酸噻嘧啶难溶于水，因而在肠道极少吸收，从而能到达大肠末端发挥良好的驱蛲虫作用。

酒石酸噻嘧啶对猪蛔虫和食道口线虫很有效。按 22 毫克/千克剂量喂服不仅对猪蛔虫成虫有效，而且对趋组织期以及消化道内由虫卵孵化出的幼虫和在穿透肠壁前的幼虫（均属感染性蛔虫幼虫）亦有效，如果用低剂量（110 毫克/千克饲料浓度）连续饲喂不仅可治疗猪蛔虫症，而且还能预防。一次给予治疗量，对管腔居留期的食道口线虫，有效率为 99%；有些试验还证明，猪内服酒石酸噻嘧啶 25 毫克/千克，对猪胃虫（红色猪圆线虫）成虫有效率 96%，对 12 日龄（73%），5 日龄（60%）未成熟幼虫效果较差。

噻嘧啶对猪鞭虫、肺线虫无效。

【用法用量】 内服：每千克体重 22 毫克（每头不得超过 2 克）。

【专家提示】

（1）由于噻嘧啶具有拟胆碱样作用，妊娠及虚弱猪禁止使用（特别是酒石酸噻嘧啶）。

（2）噻嘧啶遇光易变质失效，双羟萘酸盐配制混悬药液后应及时用完；而酒石酸盐国外不容许配制药液，多作预混剂，混于饲料中给药。

伊维菌素

【理化性质】 伊维菌素又名灭虫丁、艾佛麦菌素、害获灭、伊力佳，是由阿维链霉菌发酵产生的半合成大环内酯类多组分抗生素。本品主要含伊维菌素 B_1（$B_{1a} + B_{1b}$）不低于 93%，其中 B_{1a} 不得少于 85%。伊维菌素 B_1 即 22，23 - 双氢阿维菌素 B_1。本品为白色结晶性粉末，无味。本品在甲醇、乙醇、丙酮、醋酸乙酯中易溶，在水中几乎不溶。

【作用用途】 伊维菌素是新型的广谱、高效、低毒抗生素类抗寄生虫药，对体内外寄生虫特别是线虫和节肢动物均有良好驱杀作用。但对绦虫、吸虫及原生动物无效。

大环内酯类抗寄生虫药对线虫及节肢动物的驱杀作用，在于增加虫体的抑制性递质 γ - 氨基丁酸（GABA）的释放，以及打开谷氨酸控制的 Cl^- 通道，增强神经膜对 Cl^- 的通透性，从而阻断神经信号的传递，最终神经麻痹，使肌肉细胞失去收缩能力，终致虫体死亡。

伊维菌素的药代动力学因畜种、剂型和给药途径不同而有明显差异。猪血药峰值到达时间，内服（0.5 天）比皮下注射（2天）快，但皮下注射的生物利用度比内服要高得多，通常内服时的生物利用度仅为注射法的 41%。吸收后伊维菌素广泛分布于全身组织，并以肝脏和脂肪组织中浓度最高。伊维菌素通常在肝脏中氧化成代谢产物。伊维菌素在 5~6 天内经粪便排泄占 90% 以上，经尿排泄仅占 0.5%~2%。

伊维菌素对猪的体内寄生虫如蛔虫、结节虫（食道口线虫）、类圆线虫、后圆线虫、肾虫、旋毛虫及其移行蚴、包囊蚴、肺线虫、鞭虫等和体外寄生虫如疥螨、血虱等均有很好的驱除作用，驱净率可达80%～100%。但对吸虫、绦虫无效。主要用于体内寄生虫和体外寄生虫混合感染，如吸虫、绦虫、线虫同时感染时，可配合驱吸虫、绦虫的某种药物（如丙硫咪唑、吡喹酮等），即可达到驱杀全身各种寄生虫的目的。

【用法用量】

（1）伊维菌素，内服：每千克体重0.2～0.3毫克。

（2）伊维菌素注射液，皮下注射：每千克体重0.3毫克。

（3）伊维菌素浇泼剂，背部浇泼：每千克体重0.5毫克。

【专家提示】

（1）伊维菌素虽较安全，除内服外，仅限于皮下注射，因肌内、静脉注射易引起中毒反应。每个皮下注射点不应超过10毫升。

（2）伊维菌素对线虫，尤其是节肢动物产生的驱除作用缓慢，有些虫种，要数天甚至数周才能出现明显药效。

（3）伊维菌素注射剂的休药期为18天。

阿维菌素

【理化性质】　阿维菌素又名虫克星、阿福丁、阿力佳等。本品是阿维链霉菌的天然发酵产物。而伊维菌素则为经结构改造的半合成大环内酯类，二者主要成分区别在于C_{22}和C_{23}处，阿维菌素为双键，伊维菌素为双氢单键。本品主含伊维菌素B_1（$B_{1\alpha} + B_{1\beta}$）不得低于92%，其中$B_{1\alpha}$不得少于80%。本品为白色或淡黄色粉末，无味。本品在醋酸乙酯、丙酮、氯仿中易溶，在甲醇、乙醇中略溶，在正己烷，石油醚中微溶，在水中几乎不溶。

【作用用途】　阿维菌素的驱虫机制、驱虫谱以及药动学情况与伊维菌素相同，其驱虫活性与伊维菌素大致相似，但本品性质较不稳定，特别对光线敏感，贮存不当时易灭活减效。

阿维菌素对猪的驱虫谱与伊维菌素相似，主要用于体内寄生虫和体外寄生虫混合感染。

因阿维菌素大部分由粪便排泄，因此能阻止某些在粪便中繁殖的双翅类昆虫幼虫发育，是猪场中最有效的粪便灭蝇剂。

【用法用量】

（1）阿维菌素，内服：每千克体重0.3毫克。

（2）阿维菌素注射液，皮下注射：每千克体重0.3毫克。

（3）阿维菌素浇泼剂，背部浇泼：每千克体重0.5毫克（按有效成分计）。

【专家提示】 专家推荐的用药程序：①首先对猪场所有猪只注射一次阿维菌素。②母猪：分娩前7~14天内注射1次。③初产母猪：配种前7~14天内注射1次，分娩前7~14天再注射1次。④公猪：所需用药次数根据各场的具体情况而定，但1年内至少用药2次（春秋各1次）。⑤育成猪和育肥猪：在转群前注射1次。⑥对所有新进的种猪：注射1次，数天后再和其他猪合群。⑦如果猪场血虱感染严重，可在首次治疗后半个月再注射1次。

多拉菌素

【理化性质】 美国辉瑞产品的商品名为通灭，是由基因重组的阿维链霉菌新菌株发酵而得，它与伊维菌素主要差别为 C_{25} 位为环己基取代。本品为白色或白色结晶性粉末，无臭，有引湿性。本品在氯仿、甲醇中溶解，在水中极微溶解。

【作用用途】 多拉菌素为新型、广谱抗寄生虫药，对胃肠道线虫、肺线虫、眼虫、虱、蛴螬、蜱、螨和伤口蛆均有疗效。本品的主要特点是血药浓度及半衰期均比伊维菌素高或延长两倍。

多拉菌素对猪蛔虫、兰氏类圆线虫、红色猪圆线虫成虫及第

4 期幼虫，以及猪肺线虫（后圆线虫）、猪肾虫（有齿冠尾线虫）成虫均有极佳驱除效果。多拉菌素对猪疥螨、猪血虱成虫及未成熟虫体也有良好驱杀效果。

【用法用量】 皮下或肌内注射：每千克体重0.3毫克。

【专家提示】

（1）多拉菌素性质不太稳定，在阳光照射下迅速分解灭活，其残存药物对鱼类及水生生物有毒，因此应注意水源保护。

（2）休药期为24天。

越霉素A

【理化性质】 越霉素A是由一种链霉菌发酵产生的氨基糖苷类抗生素，除越霉素A外，还含少量越霉素B。本品为黄色或黄褐色粉末。水中溶解，在乙醇中微溶，在丙酮、氯仿或乙醚中几乎不溶。

【作用用途】 越霉素A为抗生素类驱虫药，对猪体内寄生虫有驱虫效果。用于猪的蛔虫、鞭虫、类圆线虫、结节虫的驱除和抑制排卵，临床主要用于驱除猪蛔虫，制成预混剂，长期连续饲喂做预防性给药。由于本品具有广谱抑菌效应，因而对猪还具有促生长效应。

【用法用量】 混饲：每1 000千克饲料5～10克，连续饲喂8～10周。

【专家提示】

（1）由于越霉素预混剂的规格众多，应用时以越毒素A效价仔细换算。

（2）休药期为15天。

潮霉素B

【理化性质】 本品为微黄褐色粉末。本品在乙醇、甲醇、水中溶解，在乙醚、氯仿、苯中几乎不溶。

【作用用途】 潮霉素 B 具有一定的驱虫活性，在猪饲料中长期添加，具有良好的驱线虫效果，内服极少吸收。

潮霉素 B 长期饲喂能有效地控制猪蛔虫、食道口线虫和毛首线虫感染，本品不仅对成虫、幼虫有效，而且还能抑制雌虫产卵，从而使虫体丧失繁殖能力。所以，妊娠母猪全价饲料中添加潮霉素 B，能保护仔猪在哺乳期间不受蛔虫感染。潮霉素 B 推荐用于：产前 6 周和哺乳期母猪；不足 6 月龄仔猪（对蛔虫最易感）。

【用法用量】 混饲：每 1 000 千克饲料 10~13 克。

【专家提示】

（1）本品毒性虽较低，但长期应用能使猪听、视觉障碍，因此，供繁殖育种的青年母猪不能应用本品。母猪及肉猪连用亦不能超过 8 周，且在用药期间禁止应用具有耳毒作用的药物，如氨基糖苷类、红霉素等抗菌药。

（2）本品多以预混剂剂型上市，用时应以潮霉素 B 效价计算。

（3）休药期为 15 天。

哌嗪（驱蛔灵）

【理化性质】 我国兽药典收载的为枸橼酸哌嗪和磷酸哌嗪。

枸橼酸哌嗪为白色结晶粉末或半透明结晶性颗粒，无臭，味酸，微有引湿性。在水中易溶，在甲醇中极微溶解，在乙醇、氯仿、乙醚或石油醚中不溶。

磷酸哌嗪为白色鳞片状结晶或结晶性粉末，无臭，味微酸带涩。在沸水中溶解，在水中略溶，在乙醇、氯仿或乙醚中不溶。

【作用用途】 哌嗪的各种盐类（性质比哌嗪更稳定）均属低毒、有效驱蛔虫药，除蛔虫外，对食道口线虫、尖尾线虫也有一定效果，曾广泛用于兽医临床。哌嗪的驱虫作用，是对蛔虫的神经肌接头处发生抗胆碱样作用，从而阻断神经冲动的传递；同时对虫体产生琥珀酸的功能亦被阻断，结果导致虫体麻痹，失去附着宿主肠壁的能力，并借肠蠕动而随粪便排出体外。哌嗪及其盐类能迅速由胃肠道吸收，部分在组织中代谢，其余部分（30%～40%）经尿排泄。

哌嗪对猪蛔虫和食道口线虫驱虫效果极佳，是常用的驱蛔虫药物，一次用药，即有100%驱除效果。但对幼虫作用有限，应于2月后再用药1次。

【用法用量】 内服：每千克体重0.25～0.3克。

【专家提示】

（1）由于未成熟虫体对哌嗪没有成虫那样敏感，通常应重复用药，间隔用药时间为4周。

（2）哌嗪的各种盐饮水或混饲给药时，必须在8～12小时内用完，而且应禁食（饮）半天。

二、驱吸虫和绦虫药

硫双二氯酚（别丁）

【理化性质】 本品为白色或类白色粉末，无臭或微带酚臭，不溶于水，易溶于有机溶剂和稀碱液。应遮光、密封保存。

【作用用途】 本品为抗蠕虫药，但对吸虫和绦虫有驱杀作用。主要对猪姜片吸虫、盛氏许壳绦虫等有效。一般对成虫效佳而对幼虫效差。作用机制是降低虫体葡萄糖分解和氧化代谢，特别是抑制琥珀酸的氧化，阻断了吸虫能量的获得。内服后，在肠内可被吸收少部分，血液和胆汁中均可检出本品。用药后2小时，胆汁中达最高浓度。血药浓度明显低于胆汁中的浓度。

【用法用量】

（1）驱杀吸虫内服：每千克体重75～100毫克。

（2）驱杀绦虫内服：每千克体重200毫克，间隔4天，再用药1次。可用胶囊、大丸剂，片剂投给。

【专家提示】 本品具有拟胆碱样作用，有时会出现腹泻、食欲减退、精神沉郁等副作用。一般不经处理数日内可自行恢复。

吡喹酮

【理化性质】 本品为白色或类白色结晶性粉末，味苦，溶于水。

【作用用途】 本品为新型广谱驱绦虫和吸虫药。对绦虫、多种囊虫、吸虫均有显著的驱杀作用。其作用机制是抑制虫的糖代谢，影响虫体对葡萄糖的摄入；促进虫体糖原的分解，使糖原明显减少或消失。

本品主要用于猪的绦虫病、囊尾蚴（囊虫病）、棘球蚴（包虫病）、细颈囊尾蚴病（细颈囊虫病）、吸虫病等。本品具有高效、低毒、使用方便等特点。

【用法用量】 内服：每天每千克体重50毫克，连用5天。

【专家提示】 治疗猪囊尾蚴病时，在用药后3~4天，由于含有毒素的囊液被吸收，可引起一系列不同程度的反应。如精神沉郁、体温升高、食欲减退或废绝、呕吐；重者卧地不起、肌肉震颤、呼吸加快，个别猪呼吸困难、口吐白沫，尿多而频，肩胛部、臀部肿大，行走艰难，眼结膜、肛门黏膜肿胀外翻等。可用高渗葡萄糖、碳酸氢钠等注射液静脉注射，以减轻不良反应。

硝硫氰醚

【理化性质】 本品为浅黄色结晶或结晶性粉末，无臭，不溶于水。

【作用用途】 本品为新型广谱驱线虫和绦虫药，对猪的柯氏伪裸头绦虫、胃肠道线虫、吸虫都有良好的驱除效果，且安全无毒副作用。

　　【用法用量】　内服：每千克体重 20~40 毫克。

　　【专家提示】　妊娠母猪和哺乳母猪禁止使用。

第二节　杀虫药

　　这类药物虽然能有效地消灭体外寄生虫（如虱、蚤、螨、蜱、蝇、蚊等），但对人、畜也有较强的毒性，甚至在规定剂量范围内也会出现程度不等的不良反应。因此，在选用杀虫药之前，必须先了解、掌握药物的性质、作用特点以及对人、畜的毒性和中毒的解救措施。选用杀虫药应选用国内已注册登记、有关部门已批准使用的品种，不可用一般农药作为杀虫药；在产品质量上，要求有较高的纯度和极少的杂质；在具体使用上要选择敏感的杀虫药，并采取适宜的使用方法，严格控制剂量和浓度，做到既能彻底杀虫，又不影响人、畜健康。

一、有机磷杀虫药

敌敌畏

　　【理化性质】　本品为淡黄色透明油状液体，稍带芳香味，易挥发，微溶于水。在水中易分解，在碱性溶液中分解更快。市售的有 80% 敌敌畏乳油或 50% 乳剂。

　　【作用用途】　本品有驱虫和杀虫作用。

　　（1）杀虫作用：敌敌畏是一种高效、速杀、广谱杀虫剂，杀虫效力比敌百虫强 8~10 倍，用于杀灭猪体外寄生虫。

　　（2）驱虫作用：本品对猪蛔虫、食道口线虫、毛首线虫、红色猪圆线虫成虫，在每千克体重 11.2~21.6 毫克剂量下具有较高疗效。其作用机制与敌百虫相似（见第一节抗螨虫药）。

【用法用量】 杀灭体外寄生虫及蚊、蝇等昆虫：配制成
0.1%～0.4%的浓度，进行局部涂擦或喷洒。

【专家提示】

（1）本品毒性较大，比敌百虫高6～10倍，无论对人或猪都
有毒，容易通过皮肤吸收，使用时应特别慎重。不可同时或在数
日内应用其他胆碱酯酶制剂。

（2）喷洒药液时应避免污染饮水、饲料、饲槽、用具等。
对分娩期前后的母猪一般不可使用。

（3）发生中毒时，主要表现为瞳孔缩小、流涎、腹痛、频
排稀便以至呼吸困难等，可迅速注射阿托品、解磷定等解毒药进
行解救，同时进行对症治疗。

二嗪农

【理化性质】 本品为无色油状液体，难溶于水。其制剂二
嗪农溶液（又叫螨净）为二嗪农加乳剂和溶剂制成的，含二嗪
农25%。为黄色或黄棕色澄明液体。

【作用用途】 本品为新型、广谱、高效的有机磷杀虫剂。
对螨虫等体表寄生虫有很强的杀灭作用。因其对皮毛有较强的附
着力，一次用药可保持较长的杀虫作用。其作用机制在于抑制虫
体的胆碱酯酶，而致虫体内乙酰胆碱蓄积增多，引起虫体死亡。

本品主要用于驱杀猪的体表寄生虫如螨、虱等。

【用法用量】 喷洒：250微升/升（25%的原药液1毫升加
水1 000毫升）。疥癣严重的，可用刷子刷洗患部，效果较好。

二、除虫菊酯类杀虫药

菊酯类杀虫药是一类高效、速效、无残毒、不污染环境、对
人、畜安全无毒的新型杀虫药。天然除虫菊的有效成分——除虫
菊素化学性质不稳定，残效短，昆虫被击倒后有一部分还可苏

醒，且价格较贵。人工合成的除虫菊酯化学性质稳定，残效较长。

溴氰菊酯（敌杀死）

【理化性质】 纯品为白色斜形针状晶体，原药为无味白色粉末，难溶于水。在酸性介质中稳定，在碱性介质中不稳定，对光、热稳定。常用的剂型为5%溴氰菊酯乳油，为黄褐色或白色澄明黏稠液体，又称倍特。

【作用用途】 溴氰菊酯为接触性杀虫剂，对体外多种寄生虫如虱、蚤、螨等有很强的杀灭作用。其杀虫力强、作用迅速、残效期短，且价廉、安全、使用方便。

【用法用量】 常用浓度为50~80微升/升，进行体表喷洒。治疗疥螨时，头部、耳、眼周围，可用棉籽油稀释1:（100~150）倍涂擦。

【专家提示】 对大面积皮肤病、有皮肤损伤者，用药后可能有轻度中毒现象，但不会引起猪只死亡。本品对鱼类等冷血动物有较大毒性，残余药液请勿倒入池塘、河流中。

氰戊菊酯（速灭杀丁）

【理化性质】 纯品为微黄色透明油状液体，原药为黄色或棕色黏稠状液体，难溶于水，在酸性介质中稳定，在碱性介质中不稳定。不怕光和空气，稀释后较稳定，药液在2个月内效力不变。

【作用用途】 本品为接触性杀虫剂，对体外多种寄生虫均有杀灭作用，对蚊、蝇等吸血昆虫也有良好的杀灭作用。杀虫力强，效力高，杀虫谱广，残毒小，使用安全。防治螨、虱的效果比敌百虫强25~250倍，且能杀灭虫卵。以触杀为主，兼有胃毒和驱避作用。本品能使生物降解而又不污染环境，不影响人、畜健康。

【用法用量】 将本品稀释后喷雾、涂擦、药浴：杀灭猪疥螨为 80～200 微升/升，猪虱为 50 微升/升；杀灭蚤、蚊、蝇为 40～80 微升/升。

【专家提示】

（1）使用时以 12℃ 温水稀释为宜，水温超过 25℃ 会使药液效价降低，水温超过 50℃ 时，则药液失效。

（2）忌与碱性药物混合应用或同时应用，以防药液分解失效。

氯氰菊酯

【理化性质】 原药为黄棕色至深红褐色黏稠液体，难溶于水。在中性、酸性条件下稳定，在强碱性条件下水解，对光、热稳定。

【作用用途】 本品为广谱杀虫剂，对各种体外寄生虫有杀灭作用，具有触杀和胃毒作用。其残效期达 50 天以上。对有机磷杀虫药产生抗药性的虫体也有较好的杀灭效果。

【用法用量】 常用浓度为 60 微升/升。即在 100 升水中加 10% 氯氰菊酯 60 毫升。

【制剂】 10% 氯氰菊酯乳油剂。

10% 顺式氯氰菊酯乳油（高效灭百可）：杀虫力为氯氰菊酯的 1～3 倍。杀灭蚊、蝇用本品 20～30 毫升/米^2。

二氯苯醚菊酯

【理化性质】 本品为淡黄色油状液体，有芳香味，不溶于水，能溶于乙醇、丙酮、二甲苯等有机溶剂。本品对光稳定，残效期长，但在碱性介质中易水解。

【作用用途】 本品为高效、速效、无残留、不污染环境的广谱、低毒杀虫药。对多种体表与环境中的害虫，如螨、蜱、虱、虻、蚊、蝇、蟑螂等具有很强的触杀及胃毒作用，击倒作用强，杀虫速度快，其杀虫效力为滴滴涕的 100 倍。使用 1 次，效力可维持数周。室内灭蝇效力可持续 1~3 个月。

二氯苯醚菊酯对人畜几乎无毒，进入动物体内的二氯苯醚菊酯迅速代谢降解。

本品主要用于驱杀各种体表寄生虫，防治由螨、蜱、虱、蝇引起的各类外寄生虫病。也广泛用于杀灭周围环境中的昆虫。

【用法用量】　喷淋、喷雾：稀释成 0.125% ~ 0.5% 溶液杀灭螨；0.1% 溶液杀灭体虱、蚊蝇。

胺菊酯

【理化性质】　本品为白色晶体粉末，不溶于水，性质稳定，但在碱性溶液中易分解，高温也可使本品分解。

【作用用途】　本品对蚊、蝇、虱、螨等都有杀灭作用。对各种昆虫的击倒作用的速度是除虫菊酯类杀虫药之首，但部分虫体击倒后又可复活，一般多与苄呋菊酯合用。因苄呋菊酯对昆虫的击倒作用慢，但杀灭作用较强。因此二药合用有互补增效作用。本品对人、畜安全，无毒、无刺激。

【制剂】　胺菊酯、苄呋菊酯喷雾剂：含 0.25% 胺菊酯、0.12% 苄呋菊酯。用于喷雾杀虫。

三、其他杀虫剂

三氯杀虫酯

【理化性质】　本品为白色晶体，无特殊气味，不溶于水，易溶于丙酮等有机溶剂。在中性和弱酸性溶液中较稳定，碱性溶液中分解。

【作用用途】　本品为滴滴涕类似物，具有高效，低毒，易降解的特点。可替代六六六和滴滴涕。以触杀和熏蒸作用为主。

对蚊、蝇和体表寄生虫均有良好杀灭作用，其速杀效力类同除虫菊酯，优于滴滴涕，对有机氯或有机磷已产生抗性的蚊蝇亦有杀灭作用。试验证明以 1 毫克/升浓度喷雾，24 小时后蚊幼虫全部死亡。以 2 克/米² 滞留喷洒墙面，残效期可达 1 个月之久。在人畜体内降解迅速，无蓄积中毒现象。

本品主要用于驱杀圈舍、周围环境的蚊蝇，体表的虱、蜱、蚤等。

【用法用量】

（1）喷雾：加水稀释成 1% 浓度，按 0.4 毫升/米³ 喷雾。

（2）喷洒：稀释成 1% 乳剂喷洒猪的体表。

环丙氨嗪（灭蝇胺）

【理化性质】　本品为 2 - 环丙基氨基 - 4，6 - 二氨基三嗪。纯品为白色结晶性粉末；无臭或几乎无臭，在水或甲醇中略溶，在丙酮中微溶，在甲苯或正己烷中极微溶解，遇光稳定。

【作用用途】　本品为杀蝇药。用于控制动物厩舍内蝇幼虫的繁殖。它和一般灭蝇药的不同点是它杀幼虫——蛆，而一般灭蝇药只杀成蝇且毒性较大。它主要是抑制甲壳素的合成和二氢叶酸还原酶，防止逆转作用，进而延迟幼虫体的生长期，影响蜕皮过程和阻止正常的化蛹，导致幼虫体的死亡。它通过拌饲及饲喂方式进入动物体内后，绝大部分（约99%）以原形及其代谢产物（主要代谢物是三聚氰胺）的形式随粪便排出体外，从而在粪便中杀灭蝇蛆。

【用法用量】

（1）气雾喷洒：5 千克水中加入本品 2.5 克，集中喷洒在蚊蝇繁殖处及蛆蛹滋生处，药效可持续 30 天以上。

（2）浇洒：每 20 立方米以 20 克溶于 15 升水中，浇洒于蝇蛆繁殖处。

第九章
健康养猪与激素类药物

第一节 肾上腺皮质激素类药物

一、概述

肾上腺皮质激素是肾上腺皮质所分泌的一类激素，是维持生命的重要物质，为类固醇衍生物。据其生理作用，可分为盐皮质激素和糖皮质激素。前者主要调节体内水、盐代谢，促进肾小管对钠离子和水的重吸收，维持体内水和电解质的平衡，仅适用于肾上腺皮质功能不全；而后者糖皮质激素影响糖和蛋白质的代射，有很强的抗炎、抗过敏、抗毒素、抗休克等作用，为临床上广泛使用的肾上腺皮质激素类药物。

1. 药理作用 糖皮质激素类药物的药理作用主要表现在以下几方面。

（1）抗炎作用。能抑制炎症局部血管的扩张，降低血管的通透性、减少血浆渗出和局部细胞浸润，可显著减弱或消除炎症局部症状。

（2）抗过敏作用。能抑制组胺类活性物质和溶酶体酶等释放，防止由抗原抗体结合引起的组织损害时释放组胺、缓激肽等致敏物质，以解除过敏反应。较大剂量时抑制抗体的形成而干扰免疫反应，以此控制过敏性疾病的临诊症状。

（3）抗毒素作用。能保持细胞膜的完整性和降低细胞膜通透性，使各种细菌内毒素不易进入细胞，从而缓和机体对内毒素的反应、缓解毒血症症状，使病情改善。

（4）抗休克作用。大剂量糖皮质激素能加强心肌收缩力，增加心输出量，扩张痉挛的血管，改善微循环；稳定溶酶体膜，防止心肌抑制因子所致的心肌收缩无力及内脏血管收缩而达到抗休克的作用。

（5）影响糖和蛋白质代谢。升高血糖，增加肝、肌糖原的作用。在皮质激素的作用下，蛋白质的分解代谢增强，导致负氮平衡、尿中氮和尿酸的排泄增加。

（6）其他。影响血液有形成分，表现为增加中性白细胞、红细胞和血小板，减少淋巴细胞和嗜酸性白细胞。能增强血液和肝内许多酶（氨基酸氧化酶、谷丙转氨酶等）的活性，还能抑制另一些酶（如透明质酸酶）的活性。

糖皮质激素主要应用于风湿性关节炎、肺水肿、荨麻疹、血清病、药物过敏、过敏性皮炎等过敏性疾病；各种败血症、中毒性肺炎、中毒性菌痢、腹膜炎、产后急性子宫炎等严重的感染性疾病，对各种原因（中毒、过敏、创伤、蛇毒等）引起的休克也有效；对有些局部炎症也可使用。

2. 不良反应　糖皮质激素持续大量给药超过 1 周，可能引起下列严重的不良反应：

（1）类似肾上腺皮质功能亢进的症状，如水肿、低血钾、肌肉萎缩、仔猪生长停滞、骨质疏松和糖尿。

（2）肾上腺皮质功能低下，甚至萎缩。突然停药可能导致肾上腺皮质功能不全的症状，表现为精神抑郁、食欲缺乏、发热、软弱无力、血压和血糖下降等。有些病猪在突然停用糖皮质激素后，疾病立即复发，甚至比治疗前更恶化。

（3）诱发新的感染或加重感染。

3. 专家提示　使用糖皮质激素对炎症的治疗属非特异性作用，只能减轻或抑制炎症表现，不能根治，故使用时应注意：

（1）本品仅用于危及生命的严重感染或影响生产性能的感染，普通感染不应选用。

（2）用于感染性疾病时，须与足量、有效的抗菌药物合用。

（3）为了减少副作用，应尽量采用最小有效量，病情控制后即减量或停药。

（4）长期用药后应逐步递减停药，不能突然中断。

（5）皮质激素禁用于缺乏有效抗菌药物治疗的感染、骨软化病、骨质疏松症、骨折治疗期、妊娠期、疫苗接种期。

二、常用的糖皮质激素药物

醋酸可的松

【理化性质】　本品为白色或乳白色的结晶性粉末。初无味，随后有持久的苦味，不溶于水，微溶于乙醇、醚，易溶于氯仿。

【作用用途】　本品是皮质激素制剂中作用较弱的一种，有强的水、钠潴留作用。其混悬液肌内注射吸收缓慢，作用可维持24 小时。本品有影响糖代谢、抗炎、抗过敏、抗内毒素等作用，主要用于风湿症、慢性炎症等，也可用于眼科表层炎症，但不如氢化可的松有效。

【用法用量】　肌内注射 50 ~ 100 毫克。

氢化可的松

【理化性质】　本品为白色或几乎白色的结晶粉末，无臭，初无味，随后有持续的苦味，不溶于水，微溶于乙醇，遇光渐变质。

【作用用途】　本品为天然皮质激素，抗炎作用比可的松强，有相似的水、钠潴留副作用。静脉注射显效快，用于治疗严重的中毒性感染或其他危急性病症，局部应用也有较好疗效，可用于乳腺炎、关节炎、眼科炎症。肌内注射吸收少，作用较弱。关节内注射可治疗关节炎。

【用法用量】　静脉注射，每次 20～80 毫克，每天 1 次，以生理盐水或 5% 葡萄糖注射液稀释后应用。

地塞米松

【理化性质】　本品为白色或几乎白色的结晶性粉末，无臭，味苦，几乎不溶于水，磷酸钠盐易溶于水。

【作用用途】　本品有影响代谢、抗炎、抗过敏、抗内毒素和抗休克作用。其抗炎作用约比氢化可的松强 25 倍，能抑制各种炎症的发生和发展，减轻机体对感染过程的反应；抗过敏作用也较显著，可通过多个环节抑制免疫反应，缓解各种过敏及自体免疫性疾病的症状。抗毒素作用：能提高猪只对有害刺激的应激能力，减轻细菌内毒素对机体的损害，对毒血症引起的高热有良好的退热作用。抗休克作用：能降低血管通透性，保持和提高小血管的能力，加强心肌收缩力增加血液输出量，回升血压，以利于休克的纠正；水钠潴留和排钾作用较弱。

本品主要用于严重急性感染的辅助治疗，如败血症、产褥热、中毒性肺炎等，利用其抗炎、抗毒素和抗休克的作用，迅速缓解严重的症状，有助于病猪渡过危重期。也可用于治疗风湿性及类风湿性关节炎、急性蹄叶炎、顽固性荨麻疹、严重的支气管哮喘、血管神经性水肿、湿疹、接触性皮炎等。还可用于非感染性急性眼科疾病，如治疗结膜炎、角膜炎和视神经炎等。

【用法用量】　静脉或肌内注射：5～15 毫克。对严重的感染及各种休克的治疗，短期内可使用较大剂量，每千克体重 4～6

毫克。静脉滴注时应以适量5%葡萄糖注射液稀释。

【专家提示】

（1）使用本品必须以使用有效而足量的抗菌药物为前提，以免感染扩散和严重。待急性症状缓解后，先停用地塞米松，再继续使用抗菌药物直至感染完全消除。

（2）对抗菌药物不能控制的病毒和真菌等感染不能应用，以免降低机体防御功能，使病毒、真菌得以复制和增殖。有角膜溃疡者禁用。

（3）用于治疗失血和脱水等引起的休克时，只能在血容量补充之后给予。由于本药起效慢，用于过敏性休克时应首选肾上腺素，再合用地塞米松。

（4）怀孕母猪慎用。经验表明，使用0.1毫克以上时，能导致怀孕母猪流产。

（5）地塞米松具有免疫抑制作用，应禁用于疫苗接种期，以免影响免疫效果甚至引起需防疫病的发生。

（6）本品能抑制钙在肠道吸收并增加钙的排泄，长期应用需补钙。

醋酸泼尼松

【理化性质】　本品为白色或几乎白色的结晶性粉末，无臭，味苦，不溶于水，微溶于乙醇。

【作用用途】　本品具有影响糖代谢和抗炎、抗过敏作用，能抑制结缔组织的增生，降低毛细血管壁和细胞膜的通透性，减少炎性渗出，并能抑制组织胺及其他毒性物质的形成与释放。还能促进蛋白质分解转化为糖，减少葡萄糖的利用，使血糖及肝糖原增加，尿中可出现糖尿，同时还可使胃液分泌增加，增加食欲。当严重中毒性感染时，与大量抗菌药物配合使用，有良好的降温、抗毒素、抗炎、抗休克及促进症状缓解的作用。其水钠潴留及促进钾排泄作用比可的松小，抗炎及抗过敏作用较强，副作用较少，故比较常用。

本品主要用于各种急性严重细菌感染、严重过敏性疾病、风湿、肾病综合征、支气管哮喘、各种肾上腺皮质功能不全症、湿疹、神经性皮炎等。

【用法用量】

（1）片剂，每片 5 毫克。内服：首次 0.02 ~ 0.04 克，维持量 0.005 ~ 0.01 克，每天 1 次。

（2）软膏，1% 外用于皮肤炎症。

【专家提示】 急性细菌性感染时也应与抗菌药物并用；禁用于骨质疏松症和疫苗接种期，外伤病猪尽量不用，以免影响伤口的愈合。

第二节　性激素类药

一、雌激素

雌二醇

【理化性质】 本品为白色结晶性粉末，难溶于水，易溶于油。

【作用用途】 本品能促进雌性生殖器官发育和性成熟，使已发育完善的子宫内膜增生，有利于受孕，并能促进子宫的收缩和母猪发情。小剂量能促进垂体前叶催乳激素分泌，促进泌乳，大剂量则抑制泌乳。临床可用于母猪催情，亦可用于治疗子宫内膜炎、子宫蓄脓、胎衣不下及死胎滞留。用催产素促进母猪分娩时，预先注射己烯雌酚，能提高催产素的作用。其雌激素活性较己烯雌酚强 10 ~ 20 倍。

【用法用量】

（1）苯甲酸雌二醇注射液。肌内注射：3～10 毫克。

（2）三合激素注射液。每毫升含丙酸睾丸素 25 毫克，黄体酮 12.5 毫克，苯甲酸雌二醇 1.5 毫克，用于诱导发情和同期发情等。对乳房炎、子宫内膜炎也有疗效。

肌内注射：催情每次每头 2 毫升；治疗乳房炎等，每次每头 10 毫升。

【专家提示】　本品口服无效，必须肌内注射；禁止用作同化激素。

二、孕激素

黄体酮

【理化性质】　黄体酮又称孕酮，为白色或微黄色结晶性粉末，无臭，无味，不溶于水，能溶于乙醇和植物油。

【作用用途】　本品主要作用是在雌激素作用的基础上，可使子宫内膜充血、增厚，腺体生长，由增生期转入分泌期，为受精卵着床做好难备。有固着受精卵、保证妊娠正常进行的作用。同时，还能抑制子宫平滑肌的兴奋性，减少子宫对垂体后叶激素的敏感性，具有安胎功效。此外，与雌激素共同作用，可促进乳腺发育，为产后泌乳做准备。主要用于治疗习惯性流产、先兆性流产，或促进母猪同期发情。

【用法用量】

（1）黄体酮注射液。肌内注射：15～25 毫克。

（2）复方黄体酮注射液。每毫升含黄体酮 20 毫克、苯甲酸雌二醇 2 毫克。用途、用量同黄体酮，但疗效更好。

三、雄性激素与同化激素

前列腺素 F2a

【作用用途】　本品对妊娠各期子宫都有收缩作用。能使黄体退化或溶解，促进发情。临诊用于催情，使猪群同期发情、催产、引产和人工流产，增加公猪精子的射出量。

【用法用量】 前列腺素 F2a 注射液，肌内注射或子宫内注入：每次 3 ~ 8 毫克。

【专家提示】 禁止使用于不需引产的怀孕母猪。

15 – 甲基前列腺素 F2a

【作用用途】 本品同前列腺素 F2a，由于不受前列腺素脱氢酶的灭活，故可呈现长效及强效，更适用于猪的催产与引产。

【用法用量】 肌内注射或子宫内注入：一次量 1 ~ 2 毫克。

三合激素注射液

【作用用途】 本品用于诱导发情和同期发情等。对乳房炎、子宫炎也有疗效。

【用法用量】 肌内注射：每头母猪 1 ~ 2 毫升。

【专家提示】 本品每毫升内含黄体酮 12.5 毫克、苯甲酸雌二醇 1.5 毫克、丙酸睾丸素 25 毫克；本品遇有固状物析出时，可置于热水中，待溶解后摇匀使用；怀孕母猪禁止使用。

氯前列烯醇

用于母猪超期妊娠：肌内注射 2 毫升（含 0.2 毫克），24 ~ 30 小时分娩，若到时还未分娩，可静脉注射催产素。

用于母猪延迟发情或不发情：肌内注射 0.2 ~ 0.4 毫克，一般 2 ~ 4 天可发情配种。

用于青年后备母猪不发情：肌内注射 0.1 ~ 0.2 毫克，一般 2 ~ 4 天可发情配种，效果优于三合激素。

用于母猪子宫炎症，本品可速溶母猪卵巢上的持久黄体，或增强子宫收缩力，治疗子宫内膜炎、子宫蓄脓症。

第三节　促性腺激素

绒毛膜促性腺激素

【理化性质】　由初孕妇尿中提取的一种水溶性糖蛋白激素，为白色或灰白色粉末，易溶于水，其溶液为无色或微黄色。

【作用用途】　本品能促使成熟的卵泡排卵和形成黄体。当排卵发生障碍时，可促进排卵受孕，提高受胎率。大剂量可延长黄体的存在时间，并能短时间刺激卵巢，使其分泌雌激素，引起发情。能促进公猪睾丸间质细胞分泌雄激素。

本品用于促进排卵，提高受胎率；治疗卵巢囊肿、习惯性流产等。

【用法用量】　绒毛膜促性腺激素粉针，5 000 国际单位，临用时用生理盐水或注射用水溶解。

肌内注射：每次 500～1 000 国际单位。

【专家提示】　在卵泡未成熟时，则不能促进排卵，用药无效。

垂体促黄体素（LH）

【理化性质】　本品是由脑垂体分泌的一种促性腺激素，为白色或类白色的冻干块状物或粉末。应密封在冷暗处保存。

【作用用途】　本品在促卵泡素作用的基础上，可促进母猪卵泡成熟，并促进雌激素的分泌引起发情和促使已成熟的卵泡排出。卵泡在排出后形成黄体，分泌黄体酮，具有早期安胎作用。此外，对公猪有增强睾丸间质细胞生理功能的作用，增加睾丸酮分泌，提高公猪性欲，促进精子成熟，增加精液量。

本品用于卵泡成熟后的排卵障碍、卵巢囊肿、早期胚胎死亡、习惯性流产、不孕，亦可用于公猪性欲不强、精液量少、精液质量差等的治疗。

【用法用量】 注射用促黄体素每支100国际单位、200国际单位。

肌内注射：每次30～50国际单位，每天1次。临用时用5毫升灭菌生理盐水稀释，连用5～7天。治疗卵巢囊肿，剂量加倍。

垂体促滤泡素（FSH）

【理化性质】 本品由羊、猪脑垂体前叶分泌的一种促性腺激素，为白色或类白色的冻干块状物或粉末，应密封在冷暗处保存。

【作用用途】 本品主要作用是刺激卵泡的生长和发育，与少量促黄体素合用，可促使卵泡分泌雌激素，使母猪发情；与大剂量促黄体素合用，能促进卵泡成熟和排卵。本品能促进公猪精原细胞增生，在促黄体素的协同下，可促进精子的生成与成熟。

本品主要用于治疗母猪卵巢功能不全（如功能减退、卵巢静止或幼稚、卵泡停止发育或两侧交替发育、卵巢萎缩等），持久黄体等。还可用于提高公猪的精子密度。

【用法用量】 注射用垂体促滤泡素，每支100国际单位、200国际单位。

肌内注射：每次30～50国际单位。临用时以5毫升灭菌生理盐水稀释，一周2～3次。应根据卵巢情况，决定用药剂量和次数。

【专家提示】 剂量过大，易引起卵巢囊肿或超数排卵；不宜长期应用。

孕马血清

【理化性质】 提纯品由怀孕2～5月马的血清加工制取，为白色无定形粉末，在没有纯品的条件下，可用怀孕 2～5 个月（45～90 天含量最高）的孕马血液或血清代替。

【作用用途】　本品主要作用与垂体促卵泡素相似，可促进卵泡的发育和成熟，并引起母猪发情。但也有较弱的垂体促黄体素的作用，可促使成熟卵泡排卵。对公猪主要表现为促黄体素作用，促进雄性激素的分泌，提高性欲。

本品临床上主要用于治疗久不发情、卵巢功能障碍引起的不孕症，促使超数排卵，促进多胎，增加产仔数。

【用法用量】

（1）孕马血清，皮下或肌内注射：每次 10～12 毫升。

（2）兽用精制孕马血清促性腺激素粉针。每支 400 国际单位、1 000 国际单位、3 000 国际单位。

肌内或皮下注射：每次 200～1 000 国际单位，每天或隔天 1 次。

【专家推荐】　激素知识。

激素是由内分泌腺（如垂体、肾上腺、胰岛、甲状腺、性腺）或内分泌细胞所合成和释放的高效能生理调节物质。激素被释放入血并传送到靶组织和靶器官，与靶细胞的特异性受体结合引起特异的生物学反应，与神经系统共同调节机体的功能，以维持机体与内外环境的统一。目前临床所用激素多为人工合成。激素按其化学性质的不同可分为两类：一类是含氮激素，包括蛋白质类、多肽类和胺类激素，如儿茶酚胺、促肾上腺皮质激素、促甲状腺素、黄体生成素、前列腺素等，除甲状腺激素外，均易被消化酶破坏；另一类是类固醇（甾体）类激素，如性激素和肾上腺皮质激素，这类激素不容易被消化酶破坏，可内服使用。

激素作用主要是通过以下途径发挥作用：①远距离分泌。大多数激素经血液运输至远距离的靶细胞发挥作用。②旁分泌。有些激素经组织液扩散到邻近的细胞而发挥作用。③神经分泌。由神经细胞分泌的激素，称为神经激素。神经激素通过神经轴突内的轴浆流动运送至神经末梢释放，对所支配的组织发挥作用。

从药理角度看，激素类药物主要可用于以下四个方面：①应用激素的生理作用作替代疗法，如对内分泌功能不足的患病动物，外源性补充生理剂量。②应用激素的药理作用，如应用药理剂量（大剂量）的糖皮质激素，产生抗炎、抗休克、抑制免疫和抗内毒素等一系列药理作用，以治疗有关疾病。③调节激素的分泌，如用颉颃药、合成阻碍药，抑制激素的过度分泌或者用分泌促进药治疗一些激素的分泌不足。④合理利用激素的反馈调节机制，产生所需效果，如使用大剂量黄体酮控制动物同期发情。

【专家推荐】 动物生殖激素。

在哺乳动物，几乎所有激素都与生殖功能有关。一般把直接作用于生殖活动，与生殖功能关系密切的激素统称为生殖激素。动物生殖激素主要有如下几种：

（1）丘脑下部促垂体激素。是由丘脑下部分泌的激素，通过垂体门脉系统传递至垂体前叶。现已确定的9种激素中与生殖直接有关的激素有3类4种。即：①促性腺激素释放激素（GnRH）为无种属特异性的10肽结构，可以促使垂体前叶合成和释放垂体促黄体素（LH）和促卵泡素（FSH），并以分泌LH为主。人工合成的GnRH类似物比天然的效价大几十倍或上百倍，作用时间也长得多。②促乳素释放因子（PRF）和促乳素抑制因子（PIF）作用于垂体，分别控制促乳素的释放和抑制。③促甲状腺素释放激素（TRH）为3肽结构，刺激垂体分泌促甲状腺素和促乳素的分泌，尤对绵羊刺激促乳素的分泌作用明显。

（2）促性腺激素。是由垂体前叶分泌的激素，与生殖有关的主要有3种。①促卵泡素（FSH），又称卵泡刺激素，为一种糖蛋白激素。主要刺激母畜的卵泡发育增大至接近成熟，并产生雌激素，也促使公畜的精细管上皮及次级精母细胞的发育，并在促间质细胞素的协同下使精子完成发育。②促黄体素（LH）又称促黄体生成素（雄性称间质细胞刺激素——ICSH），是一种糖蛋白。在FSH作用下促使卵泡的最后发育成熟和排卵，排卵后使颗粒膜细胞转变为黄体细胞，刺激黄体分泌孕酮；刺激睾丸间质细胞发育并分泌睾酮。③促乳素（Pr）又称促黄体分泌素（LTH），主要能刺激乳腺发育和促进泌乳；刺激和维持孕酮分泌；增强某些动物的繁殖行为和雌性动物的母性；具有维持睾酮分泌和刺激副性腺分泌的作用。

（3）胎盘促性腺激素。是由胎盘分泌的激素，主要包括孕马血清促性腺激素（PMSG）和人绒毛膜促性腺激素（HCG）。其中：①PMSG是在怀孕母马中提取的一种激素，所有怀孕马属动物都可产生，为一酸性糖蛋白类激素。主要具有FSH和LH双重活性，但以FSH样作用为主，因此有着明显的促卵泡发育的作用；对雄性动物具有促使曲细精管发育和性细胞分化的功能。在临床上主要用于动物的发情控制。②HCG是由孕妇绒毛膜滋养层合胞体细胞所产生的一种糖蛋白类激素。对动物主要具有与垂体LH相似的作用，它可以促进雌性动物卵泡的生长、发育、排卵和形成黄体的作用，对雄性动物则能促进睾丸发育和生精功能作用，合成并分泌雄激素。在临床上用于促进母畜卵泡的成熟和排卵，治疗排卵迟缓、卵泡囊肿以及治疗公畜性腺发育不良和阳痿。

（4）性腺激素。是由性腺分泌的激素，包括雌激素、孕激素和雄激素、松弛素、抑制素和催产素等激素。①雌激素产生于卵泡鞘内层、卵巢间质细胞、黄体、胎盘、肾上腺皮质及睾丸的营养细胞等。雌激素主要有雌酮（E1）、雌二醇（E2）及雌三醇（E3），而雌三醇为前两者在外周组织的代谢产物。其作用是：刺激并维持雌性生殖道的发育，提高子宫内膜对孕激素的敏感性；刺激性中枢出现性欲、性兴奋；维持第二性征；提高催产素对子宫平滑肌的敏感性；刺激乳腺导管系统的生长和维持乳腺的发育；使雄性睾丸萎缩，副性腺退化，最后引起不育。②孕激素又称黄体酮、助孕素，由黄体、胎盘、肾上腺皮质和睾丸产生。孕酮为其代表物。其作用有：协同雌激素促进生殖道发育，使母畜发情并接受交配；使子宫内膜增生，刺激子宫腺增长，分泌加强，有利于胚胎着床与发育；抑制催产素的分泌，从而抑制子宫肌的自发活动，促使子宫颈口和阴道收缩，子宫颈黏液变黏稠，防止异物侵入；在雌激素刺激乳腺导管发育的基础上刺激乳腺腺泡发育。③雄激素主要由睾丸间质细胞产生，肾上腺皮质、卵巢也能分泌少量。雄激素的代表产物为睾酮，一般不在体内残留，而很快被利用分解，其降解产物主要为雄酮。其主要作用为：刺激并维持公畜性欲和性行为；刺激雄性生殖器官及副性腺的发育及其功能；在 FSH 和 ICSH 的共同作用下，刺激曲精细管上皮的功能，从而维持精子的生成；维持附睾的发育，维持精子在附睾中的存活时间；促进雄性动物的第二性征表现；对丘脑下部或垂体前叶具有反馈作用。④松弛素是由黄体分泌的多肽激素，分娩后即从血液中消失。松弛素的主要生理作用是协助动物分娩。必须在雌激素和孕激素预先作用后才发挥显著的作用。它可以使骨盆韧带、耻骨联合松弛，使子宫肌舒张。子宫颈松软扩张，以利于分娩时胎儿的产出。

（5）催产素（OXT）。主要是在丘脑下部的视上核和室旁核内合成，并由垂体后叶贮存的 9 肽结构。此外，黄体细胞和胎盘也能分泌少量催产素，尤为后者，对分娩的启动有一定的影响。催产素能刺激输卵管平滑肌的收缩，促进精子和卵子的运送；能够使子宫平滑肌发生强烈收缩（已知雌激素可以增强平滑肌对催产素的敏感性，而孕酮则可以抑制子宫对催产素的反应），排出胎儿；刺激乳腺腺泡肌上皮细胞的收缩，使乳汁从腺泡中通过乳腺管进入乳池，发生排乳；使乳腺大导管的平滑肌松弛，在乳汁蓄积时能够扩张。

（6）前列腺素（PGs）。是一类有生物活性的长链不饱和羟基脂肪酸。存在于动物的精液、卵巢、睾丸、子宫内膜、脐带、胎盘血管等各种组织和体液中。已知的天然前列腺素分为 3 类 9 型，其中以 PGE 和 PGF 两型对动物繁殖比较重要。其作用有：①溶解黄体。PGF 作用明显，PGE 作用较差。②影响排卵。PGF_2 促进排卵，而 PGE_1 则抑制排卵。③影响输卵管的收缩。PGE_1 和 PGF_2 能使输卵管上段松弛，下段收缩。PGF_2 能使各段肌肉松弛，PGF_{1a} 和 PGF_{2a} 则能使各段肌肉收缩。④刺激子宫平滑肌的收缩。PGF 和 PGE 都对子宫平滑肌具有强烈的刺激作用。PGE 类对怀孕子宫的收缩作用比 PGF 类强 10 倍，但对非怀孕子宫有抑制作用。PGF_2 可增加怀孕子宫对催产素的敏感性。⑤PGs 能促使睾丸被膜、输精管及精囊收缩。精液中 PGs 的含量降低，导致生育力下降。

第十章
健康养猪解毒与抗过敏

第一节　解毒药

解毒药是指在理化性质上或药理作用上能对抗或阻断药物或毒物的毒性，从而达到解救中毒的药物。根据解毒方式的不同，解毒药分为三类：物理性解毒药、化学性解毒药、药理性解毒药。本章主要介绍药理性解毒药。

药理性解毒药是通过药理拮抗作用，使毒物的毒性降低或消除，被毒物破坏的生理功能恢复正常。这类药物包括有机磷中毒的解毒药，重金属、类金属中毒的解毒药，氰化物中毒的解毒药，亚硝酸盐中毒的解毒药以及有机氟中毒的解毒药。

一、有机磷中毒的解毒药

有机磷制剂是农业和畜牧生产中广泛应用的杀虫剂。常用的有1605（对硫磷）、1059（内吸磷）、3911（甲拌磷）、乐果、敌百虫、敌敌畏等。这些有机磷杀虫剂对各种动物有较大的毒性。一旦被动物误食后，与动物体内的胆碱酯酶结合形成稳定的磷酰化胆碱酯酶，使胆碱酯酶失去水解乙酰胆碱的活性，致体内胆碱能神经末梢释放的乙酰胆碱蓄积，产生胆碱能神经过度兴奋效应中毒症状。

碘解磷定

【理化性质】　本品为黄色结晶性粉末，无臭，味苦，遇光易变质，易溶于水，水溶液稳定，在碱性溶液中性质不够稳定，易水解为氰化物，有剧毒，忌与碱性药物配伍。

【作用用途】　本品具有强大的亲磷酸酯作用，能复活被有机磷抑制的胆碱酯酶，同时能使进入体内的有机磷酸酯失去毒性。用药越早效果越好。对1605、1059、乙硫磷、特普等急性中毒效果较好，对敌敌畏、乐果、敌百虫、马拉硫磷等中毒的效果次之，对二嗪农、甲氟磷、丙胺氟磷及八甲磷中毒则无效。在中度、重度中毒时，必须与阿托品配合使用。

【专家提示】

（1）本品在体内消除快，一次用药作用维持时间短（只能维持1.5小时左右），须足量、反复多次给药。

（2）静脉注射不可太快，也不可漏出血管外，以免发生不良反应。

【用法用量】　静脉注射：每千克体重每次15～30毫克，在症状缓解前每2小时用药1次。

双复磷

【理化性质】　本品为微黄色结晶性粉末，易溶于水。

【作用用途】　本品与碘解磷定相同，但对胆碱酯酶活性的复活效果较好，而且作用持久，脂溶性高，能透过血脑屏障，对中枢神经系统中毒症状的疗效较好，副作用较少。

【用法用量】　肌内或静脉注射：每千克体重每次15～50毫克。

氯磷定

【理化性质】 本品为白色结晶性粉末，极易溶于水。

【作用用途】 本品与碘解磷定相似，但毒性小，作用较碘解磷定强，作用发生快，水溶性高，可供肌内和静脉注射。可与碱性药物混合成同时注射；本品不能透过血脑屏障，须与阿托品配合使用。

【用法用量】 肌内或静脉注射：每千克体重每次 15～30 毫克，在症状缓解前每 2～4 小时用药 1 次。

二、有机氟中毒的解毒药

目前常用的有机氟农药和杀鼠药有氟乙酰胺、氟乙酸钠等有机氟化合物，是一类高效剧毒的杀虫、杀鼠剂。其中毒机制主要是破坏机体内三羧酸循环代谢过程。

解氟灵

【理化性质】 解氟灵又称乙酰胺，为白色结晶性粉末，无臭，可溶于水。

【作用用途】 由于本品的化学结构和氟乙酰胺、氟乙酸钠相似，可能是在体内能争夺酰胺酶，使其不能产生氟乙酸，消除氟乙酸对机体的三羧酸循环的毒性作用，具有延长中毒潜伏期，减轻发病症状或制止发病的作用，有利于有机氟中毒的解救。

【用法用量】 肌内注射：每千克体重每次 0.1 克，每天 2～4 次，应连续注射 5～7 天。

【专家提示】 本品应早期大量应用，严重中毒病例，须配合使用镇静剂。

三、亚硝酸盐中毒的解毒药

猪亚硝酸盐中毒是猪吃了在锅、盆等容器内长时间焖煮的烂白菜、甜菜、南瓜藤等处理不当的青饲料而发生的中毒。亚硝酸盐中毒是亚硝酸盐的亚硝酸根离子将血红蛋白的二价铁氧化成变性的三价铁血红蛋白，使血液失去向组织运氧的功能。

解救方法通常采用还原剂，如亚甲蓝、维生素 C 等使变性的高铁血红蛋白还原为亚铁血红蛋白，恢复血红蛋白的运氧功能。

亚甲蓝

【理化性质】 本品为深绿色有铜光的柱状结晶粉末，无臭，易溶于水和乙醇。

【作用用途】 本品为氧化还原剂。低浓度、小剂量时具有还原作用，使高铁血红蛋白还原成亚铁（二价铁）血红蛋白，恢复其运氧能力，解除亚硝酸盐中毒。

本品主要用于亚硝酸盐中毒。高浓度、大剂量时，具有氧化作用，可使血红蛋白氧化为三价（高）铁血红蛋白，高铁血红蛋白与氰离子结合成氰化高铁血红蛋白，以阻止氰离子进入组织细胞对细胞色素氧化酶产生抑制作用，若再与硫代硫酸钠化合成硫氰酸盐随尿排出，从而解除氰化物中毒，用于氰化物中毒的解救。

此外，还可用于氨基比林、磺胺类药物等引起的高铁血红蛋白症。

【专家提示】

（1）本品只能供静脉注射，不可皮下或肌内注射，因皮下或肌内注射均可引起组织坏死。

（2）忌与强碱性药物、氧化剂、还原剂及碘化物混合应用。

【用法用量】 静脉注射：解救亚硝酸盐中毒时，每千克体重每次1～2毫克；解救氰化物中毒时，每千克体重每次2.5～10毫克。

四、氰化物中毒的解毒药

氰化物中毒是因食入含有氰苷的植物或误食氰化物而引起的中毒，其中毒机制是：氰氢酸和氰化物都是作用强烈而快速的毒物，氰离子在动物体内极易与细胞色素氧化酶的三价铁结合，形成比较稳定的氰化细胞色素氧化酶，使组织细胞不能及时获得足够的氧，致使组织细胞缺氧而造成中毒。

亚硝酸钠

【理化性质】 本品为白色至微黄色结晶性粉末，无臭，味微咸，易溶于水，水溶液呈碱性。

【作用用途】 静脉注射后，亚硝酸根离子能使体内血红蛋白氧化为高铁血红蛋白，高铁血红蛋白与氰离子结合，形成氰化高铁血红蛋白，而起解毒作用。但氰化高铁血红蛋白不稳定，能再离出氰离子产生毒性。因此，还应使用硫代硫酸钠，使其迅速转化为无毒的硫氰酸随尿排出，达到彻底解毒的目的。

【用法用量】 静脉注射：每次0.1～0.2克。

【专家提示】 本品用量不能过大，避免因高铁血红蛋白生成过多而引起亚硝酸盐中毒。

硫代硫酸钠

硫代硫酸钠又称大苏打。

【理化性质】 本品为无色透明的结晶性粉末，无臭、味咸、极易溶于水，水溶液呈弱碱性。

【作用用途】 本品在体内能与氰化高铁血红蛋白中的氰离子或游离氰离子结合，形成无毒的硫代氰酸钠而经尿排出。因本品解毒作用慢，故常先用作用快的亚硝酸钠，然后再用本品，以提高疗效。本品主要用于氰化物中毒，也可用于砷、汞、铅等中毒的辅助治疗。

【专家提示】　静脉注射时不能过快，不能与亚硝酸钠混合应用。

【用法用量】　静脉或肌内注射：每次1~3克（常配成10%浓度应用）。

五、重金属、类金属中毒的解毒药

多数重金属（如汞、银、铜、锌、铁、铬、铅等）和类金属（如砷、锑、磷等），进入机体与体细胞内酶系统的巯基结合，抑制含巯基酶的活性，造成代谢障碍，使动物体出现中毒反应。解救重金属、类金属中毒的药物多为络合剂，它们能与重金属或类金属离子形成无毒的络合物排出体外，从而达到解毒目的。

二巯基丙磺酸钠

二巯基丙磺酸钠又名二巯基丙醇磺酸钠、二巯丙磺钠。

【理化性质】　本品为白色晶粉，无味、有类似硫化氢臭、有吸湿性。易溶于水，在乙醇、乙醚或氯仿中不溶。

【作用用途】　本品为竞争性解毒剂，可与进入体内的重金属和类金属离子结合，并夺取已与组织中酶系统结合的金属或类金属离子，形成不易解离的无毒络合物由尿排出体外，使巯基酶恢复活性，达到解毒目的。对急性或亚急性汞中毒的解毒效果好，常用于汞、砷中毒的解救。

【用法用量】　肌内或静脉注射：每千克体重每次7~10毫克，前2天每4~6小时1次，第3天起每天2次。

二巯基丁二酸钠

【理化性质】 本品为带硫臭的白色粉末，易吸水溶解，水溶液无色或微红色，不稳定。

【作用用途】 同二巯基丙磺酸钠。解毒效力较强，毒性较低。

本品常用于锑、铅、汞、砷等中毒的解救，亦用于钡、镉、镍、锌等中毒。

【用法用量】 静脉注射：每千克体重每次20毫克，临用前用生理盐水稀释成5%溶液，每天2次。

【专家提示】

（1）水溶液不稳定，要现配现用。

（2）水溶液呈土黄或混浊，不可使用。

（3）遮光、密闭、阴凉处保存。

依地酸钙钠（乙二胺四乙酸钙钠）

【理化性质】 本品为白色结晶或颗粒性粉末，无味，无臭。露置空气中易潮解，易溶于水。

【作用用途】 本品是依地酸钠和钙的络合物。能与多价金属离子形成难解离的可溶性金属络合物而排出体外，达到解毒目的。

本品主要用于铅中毒，也可用于锰、镉、汞、锌等中毒及镭、铀、钚等放射性元素中毒的解救。

【用法用量】 静脉注射：每次1~2克，每天2次，连用3~4天。用前用生理盐水稀释成0.25%~0.5%溶液。

【专家提示】

（1）肾病患畜禁用。

（2）对慢性中毒的动物，在连用3~4天后应停药3~5天方可继续使用。

（3）静脉注射速度宜缓慢。

青霉胺

【理化性质】　本品为白色或近白色结晶性粉末，有臭味，能吸湿，极易溶于水。

【作用用途】　本品为青霉素的代谢产物，系含巯基的氨基酸。能与体内的金属离子络合后随尿排出。对铜中毒的解毒效果比二巯基丙醇强，对铅、汞中毒亦有解毒作用，但不及依地酸钙钠和二巯基丙磺酸钠。毒性比二巯基丙醇低，无蓄积作用，可内服。

本品常用于铜、铅、汞中毒的治疗。

【用法用量】　内服：每千克体重每次 5～10 毫克，每天 3～4 次，5～7 天为 1 个疗程，停药 2 天后根据需要可继续用 1 个疗程。

【专家提示】　肾病患畜忌用；有时会引起厌食、呕吐、腹泻等不良反应。

【专家推荐】　常见毒剂知识。

（1）有机磷毒剂。根据其化学结构可分为三类。即①磷酸酯类：如敌敌畏、久效磷、杀虫畏等。②硫代磷酸酯类：如对硫磷（1605）、内吸磷（1059）、马拉硫磷、乐果、蝇毒磷等。③磷酰胺和硫代磷酰胺类：如乙酰甲胺磷。

（2）亚硝酸盐。当富含硝酸盐的白菜、萝卜叶、菠菜、甜菜茎叶、红薯藤叶、多数牧草等贮存、调配不当时，如青绿饲料长期堆放变质、腐烂，常时间焖煮在锅里等情况下，使饲料中的硝酸盐还原，转变成大量的亚硝酸盐，动物采食后即引起中毒，俗称为"猪饱潲症""烂菜叶中毒"等。正常情况下，含硝酸盐的饲料被动物采食后，在胃肠微生物的作用下转化为亚硝酸盐，并被还原为氨利用。但是反刍兽瘤胃 pH 和微生物菌群发生异常变化时，消化道中形成的亚硝酸盐不能被转化为氨被利用而中毒。另外，当动物饮用浸泡过大量植物的坑塘水及厩舍、积肥堆、垃圾堆附近的水也可中毒。

（3）氰化物。当动物采食大量富含氰苷的亚麻籽饼、木薯、某些豆类（如菜豆）、某些牧草（如苏丹草）、高粱幼苗及再生苗、杏、桃、梅、李、樱桃等蔷薇科植物的叶及核仁、马铃薯幼苗、醉马草等饲料后，氰苷在胃肠内水解成氢氰酸而中毒。另外，各种无机氰化物（氰化纳、氰化钾、氯化氰等）、有机氰化物（乙腈、丙烯腈）等污染的饲料、牧草、饮水，被动物误食误饮后，也可中毒。牛对氰化物最敏感。

（4）金属及类金属。通常引起动物中毒的主要是一些重金属元素，如铜（Cu）、锌（zu）、铅（Ph）、钴（CO）、汞（Hg）、镉（Cd）、锑（Sb）等，还有铝（Al）、镁（Mg）等金属元素，一些碱金属和碱土金属及稀有金属元素，如钼（Mo）、砷（As）。

（5）有机氟。常用有两种。氟乙酰胺为无味、无臭的淡黄色结晶杀虫剂。氟乙酸钠为无臭、略有臭味的白色结晶，几乎无味，毒性很大，口服 0.1~5.0 毫克可致非灵长类动物死亡。犬口服每千克体重 0.05 毫克即可致死。犬、猫、猪吃了中毒的鼠类和鸟类可致死。

第二节　抗过敏药

凡能缓解或消除过敏反应症状、防治过敏性疾病的药物称抗过敏药。过敏反应是一种复杂的免疫病理反应过程，动物常表现为局部皮肤潮红、肿胀和痒感，荨麻疹，呼吸困难，腹痛，腹泻，血压下降等临诊症状，严重者出现外周循环障碍，血压急剧下降，动物发生过敏性休克。常用的抗过敏药有抗组织胺药、肾上腺皮质激素类药物、拟肾上腺素药、钙制剂。本节仅介绍抗组织胺药，其他类药见有关章节。

抗组织胺药与导致过敏反应的一种活性物质组织胺具有相似的化学结构，故能与组织胺竞争性地争夺效应细胞上的特殊受体，阻止组织胺进入效应细胞，从而缓解或消除过敏反应的症状。

苯海拉明

【理化性质】　常用其盐酸盐。本品为白色结晶性粉末，无臭，味苦，易溶于水和乙酸，应密封保存。

【作用用途】　本品抗组胺作用快而短暂，持续时间4小时左右。用于对抗组织胺引起的各种皮肤、黏膜过敏反应，如皮疹、荨麻疹、皮肤瘙痒症等。与氨茶碱、维生素C或钙剂合用，效果更好。也可用于因组织损伤而伴有组织胺释放的疾病，如烧伤、冻伤、湿疹、脓毒性子宫炎等。或作为因饲料过敏而引起的腹泻、蹄叶炎等辅助治疗。此外，本品还有中枢抑制作用、局部麻醉作用等。

【用法用量】　内服：一次0.08~0.12克，每天2次。肌内注射：一次0.04~0.06克。

【专家提示】　严重的急性过敏性疾病，应先给予肾上腺素，然后肌内注射或内服本品；超剂量静脉注射可出现中毒症状，用巴比妥类（如硫喷妥钠）进行解救。

异丙嗪

【理化性质】　常用其盐酸盐。本品为白色或类白色的粉末或颗粒，几乎无臭，味苦，极易溶于水，在空气中久置变蓝色。

【作用用途】　本品与苯海拉明相似，抗组织胺作用比苯海拉明强且持久，副作用较小。有明显的中枢抑制作用，可加强麻醉药、催眠药、镇痛药的作用，并能降低体温。

【用法用量】 内服：一次 0.1～0.5 克，每天 2～3 次。肌内注射：一次 0.05～0.1 克。

【专家提示】 本品忌与碱性溶液或生物碱合用，因有刺激作用，注射液不宜做皮下注射。

扑尔敏

【理化性质】 常用其马来酸盐。本品为白色结晶性粉末，无臭，味苦，溶于水和乙醇，水溶液呈酸性。

【作用用途】 本品抗过敏作用强而持久，对中枢神经的抑制作用较轻，副作用小。皮肤对此药吸收良好，可制成软膏外用，治疗皮肤过敏性疾病。

【用法用量】 内服：一次 12～20 毫克，每天 2～3 次；肌内注射：一次量 10～20 毫克。

新安替根

【理化性质】 本品主要成分为甲氧苄二胺，其马来酸盐为白色结晶性粉末，无臭，溶于水，应密封保存。

【作用用途】 本品抗组织作用较强，能维持 4～6 小时，有局部麻醉作用，但有刺激性。用途同苯海拉明。

【用法用量】 内服：一次 1～2 毫克；肌内注射：一次250～500 毫克。每天 2～3 次。肌内注射宜用 2.5% 浓度。2% 乳霜治疗局部过敏。

茶苯海明

【理化性质】 本品为白色透明结晶性粉末，无臭，微溶于水，易溶于乙醇。

【作用用途】　本品为苯海拉明与氨茶碱的复合物，抗组织胺作用比苯海拉明更强，能防治因摇晃振动而引起的呕吐、眩晕等。

【用法用量】　内服：每千克体重一次1～1.5毫克；肌内或皮下注射同内服量。

第十一章
健康养猪与饲料添加剂

为满足现代养猪的营养需要，完善饲料的全价性，或为了满足某种特殊需要而加入到配合饲料中的少量或微量物质称饲料添加剂。

饲料添加剂虽然种类繁多，性质各异，但根据添加剂对猪的作用可分为营养性添加剂和非营养性添加剂两类。营养性添加剂又可分为矿物质添加剂、维生素添加剂和氨基酸添加剂等，其目的是补充动植物饲料不足的部分，从而使配制的配合饲料趋于全价，以满足猪对营养的需要；非营养性添加剂则包括保健剂、促生长剂、改善饲料品质的添加剂，其目的是在于防止饲料氧化、防腐防霉、改善适口性、增加采食量等。

饲料添加剂作为配合饲料的一部分，虽然其用量往往只占饲料总量的很小的比例（通常不到饲料的1%），但却起着非常重要的作用。因此，在使用的量上非常严格，添加操作时需格外仔细。养猪生产中，饲料添加剂纯品在掺入基本饲料之前，应先与适当比例的载体或稀释剂混合均匀，制成预混合饲料。

第一节 维生素添加剂

一、概述

维生素又称维他命，是动物维持正常生理功能必不可少的低分子有机化合物。每一种维生素都有着其他营养物质不可替代的特殊营养生理作用，某些维生素还有一定的药理作用。

维生素具有4个特点：①它是天然食品中的一种成分，但在大部分食物中含量极微。②为维持动物正常代谢所必需的。③一旦缺乏会引起动物代谢紊乱、出现各种缺乏症。④动物本身不能足量合成来满足其生理需要，必须从日粮中获得。

维生素按其溶解性的不同，可分为脂溶性维生素和水溶性维生素两大类。脂溶性维生素包括维生素A、维生素D、维生素E、维生素K共4种，在日粮中必须添加。脂溶性维生素吸收后可在体内（脂肪）贮存，通过胆汁从粪便中排泄。水溶性维生素包括维生素B_1、维生素B_2、维生素B_3（泛酸）、维生素B_4（胆碱）、维生素B_5（烟酸、烟酸胺）、维生素B_6（吡哆醇）、维生素B_7（生物素）、维生素B_{12}、维生素C等。水溶性维生素易从肠道吸收，但机体对其贮存能力有限、每天随尿液大量排出体外，故必须每天从日粮中得到补充。

由于猪的品种、生长阶段、生产情况、生产目的的不同，其对维生素的需要量也不同。通过适当补充维生素，可以改善猪的生产性能、促进生长发育、提高繁殖能力、增强抗病能力。根据维生素的新理论，我国猪日粮中需添加9种维生素，即维生素A、维生素D_3、维生素E、维生素K_3、维生素B_2、维生素B_{12}、泛酸、胆碱和烟酸胺。

许多维生素很不稳定，很容易在饲料加工贮藏过程中被破坏，因而常制成稳定的制剂。如维生素 A、维生素 D_3 和维生素 E 见光易氧化，在生产过程中不制成结晶粉出厂，而是在液体状态用淀粉等作载体进行包裹、制成很细的微粒；或者用高分子聚合物包裹于维生素表面，形成微型胶囊（简称微囊）。为方便使用，维生素常被制成各式各样的预混剂添加于饲料，或者制成在水中可分散的制剂（俗称水溶性多维）。这些制剂有单项的，有包含各种维生素组合的多维制剂，还有一些含多种维生素、多种矿物质（电解质）、氨基酸甚至某些药物的制剂或者预混剂。开发这类多元制剂（预混剂），不仅应考虑各种维生素的稳定性，还应注意配伍禁忌，应根据各种原料的理化性质和作用特点合理配方。

维生素除用作饲料添加剂外，兽医临诊上还用于治疗维生素缺乏症或作为某些疾病的辅助用药。治疗疾病时，除可增加饲料中维生素用量或饮水中添加在水中易溶分散的制剂外，还可采用其他制剂。

各种维生素预混剂的规格、配方非常多，不在此赘述介绍，用于疾病治疗的维生素制剂将在后面加以说明。本节特列表介绍维生素的作用、缺乏症（表 11 - 1），供广大养猪生产者参考。

表 11 - 1　维生素的作用与缺乏症

	作用	缺乏症
维生素 A	促进生长，增进视力，保护上皮组织	生长停滞，生产力下降，干眼病，衰弱，供济失调
维生素 D_3	促进钙磷吸收、代谢和骨骼形成	钙磷代谢障碍，生长缓慢
维生素 E	生物抗氧化剂，协助保护生殖功能	生殖功能障碍

续表

	作用	缺乏症
维生素 K	促进凝血，参与氧化呼吸	黏膜出血，凝血过程延长
维生素 B_1（硫胺素）	参与碳水化合物、脂肪代谢	食欲降低，多发性神经炎
维生素 B_2（核黄素）	能量代谢	生长停止、食欲不振、慢性腹泻、母猪早产等
泛酸	参与蛋白质、碳水化合物、脂肪代谢	消化障碍
烟酸（维生素 PP、B_5）	参与蛋白质、碳水化合物、脂肪代谢	生长迟缓、皮裂、腹泻
吡哆醇（B_6）	参与蛋白质代谢	衰弱、贫血、痉挛
叶酸	参与蛋白质代谢，红细胞生成	生长受阻，贫血
生物素（H、B_7）	抗皮炎因子	生长迟缓、皮裂、肌软
维生素 B_{12}	参与蛋白质、碳水化合物、脂肪代谢，形成红细胞	生长受阻，贫血，胚胎死亡
胆碱（B_4）	参与脂肪代谢，传递神经信号	脂肪肝，运动失调

二、脂溶性维生素

本类维生素有维生素 A、维生素 D、维生素 E、维生素 K 等，它们都溶于油而不溶于水。在肠道内的吸收状况与脂肪的吸收状况有密切关系。当胆汁缺乏、脂肪吸收障碍或内服液体石蜡时，则吸收大为减少；饲料中含有大量钙盐时，也可影响脂肪和脂溶性维生素的吸收。吸收后可在体内（主要是在肝脏）贮存。

维生素 A

【作用用途】　维生素 A 具有维持视网膜感光的功能，参与组织间质中黏多糖的合成，参与维持正常的生理功能，促进猪的生长发育。

当维生素 A 缺乏时，会出现夜盲症、眼炎、表皮角化、耳尖干枯、食欲紊乱、下痢、消瘦、被毛无光、生长停滞。仔猪头部偏向一侧、后躯麻痹、跛行、运动失调、痉挛不安。母猪流产，产瞎眼、畸形的仔猪，仔猪体弱等。临床主要用于防治维生素 A 缺乏症。

【用法用量】

（1）胶囊，内服：2.5 万 ~ 5 万国际单位。

（2）浓鱼肝油，内服：每 100 千克体重 0.4 ~ 0.6 毫升。

（3）维生素 AD 针，肌内注射：2 ~ 4 毫升；仔猪 0.5 ~ 1 毫升。

【专家提示】 长期或大剂量使用，可发生毒性反应，表现为食欲不振，体重减轻、皮发痒，关节肿痛等，但停药一周后即可恢复，严重者出现骨骼变形以及损害机体的质膜。

维生素 D

【作用用途】 本品能调节机体内钙磷代谢，促进小肠对钙磷吸收，维持体液中钙磷浓度，促进骨骼的正常钙化；猪对维生素 D_2 和维生素 D_3 的利用率是相同的。主要用于防治维生素 D 缺乏引起的佝偻病和骨软化病；亦可用于仔猪、妊娠母猪，以促进饲料中钙磷的吸收；还用于预防母猪产后泌乳瘫痪。

【用法用量】

（1）维丁胶性钙注射液，肌内或皮下注射：每次 2 ~ 6 毫升，每天或隔天 1 次。

（2）维生素 D_3 注射液，肌内注射：每千克体重 1 500 ~ 3 000 单位。

（3）维生素 D_3 微粒，混饲：每千克饲料中维生素 D_3 的需要量为 5~90 千克体重的生长猪 120~240 国际单位；20~90 千克重的后备母猪 115~178 国际单位；妊娠母猪 270~400 国际单位。

【专家提示】 长期大剂量应用，可引起高血钙，而致大量钙盐沉积于大动脉、肾、肺、心肌等软组织上，对肾脏损害最为严重，可形成肾结石。亦可使骨脱钙变脆、变形和发生骨折。中毒猪常表现为食欲不振和腹泻、肌肉震颤、运动失调，甚至导致肾小管严重钙化产生尿毒症而死亡，故在生产中不可长期大剂量应用。

维生素 E（生育酚）

【理化性质】 本品为类白色或淡黄色透明的黏稠液体，易溶于有机溶剂，对热、酸、碱稳定，但对氧很敏感，可迅速氧化。维生素 E 与其他易被氧化的物质（如维生素 A，不饱和脂肪酸）共存时，可保护它们免遭破坏。因此，维生素 E 是一种有效的抗氧化剂。

【作用用途】 本品的作用主要是抗氧化作用。它可防止脂肪酸生成不饱和脂肪酸过氧化物，以维持细胞膜的完整功能。当猪缺乏维生素 E 时，可发生骨骼肌、心肌等肌肉萎缩、变性和坏死，还可引起肝坏死、黄脂病，母猪不孕、妊娠母猪流产、死胎或胎儿被吸收，公猪睾丸萎缩、性欲降低、精子少，仔猪肌无力、运动失调、行走困难、麻痹、贫血。

本品主要用于防治维生素 E 缺乏症及提高机体免疫抗病能力，并可促进生长发育。与硒配合可防治仔猪白肌病。

【用法用量】
（1）混饲：每千克饲料 10~20 毫克。
（2）内服：一次 60~300 毫克。
（3）肌内注射：每千克体重 5~20 毫克；仔猪一次 100~

500 毫克。

【专家提示】

（1）饲料中不饱和脂肪酸含量越高，猪对维生素 E 需要量越大。

（2）饲料中矿物质、糖的含量变化，其他维生素的缺乏等均可加重维生素 E 缺乏。

维生素 K

【作用用途】 维生素 K 的主要作用是促进肝脏合成凝血酶原，并能促进血浆凝血因子在肝脏内合成。如果维生素 K 缺乏，则肝脏合成凝血酶原和凝血因子发生障碍，引起凝血时间延长，容易出血不止。临床诊断上主要用于维生素 K 缺乏所致的出血症；防止长期内服广谱抗菌药所引起的继发性维生素 K 缺乏性出血症；治疗某些疾病，如胃肠炎、肝炎、阻塞性黄疸等导致的维生素 K 缺乏和低凝血酶原症以及猪摄食含双香豆素的霉烂变质的饲料，或由于水杨酸钠中毒所导致的低凝血酶原症等。

【用法用量】 肌内注射：每次 0.03～0.05 克，每天 2～3 次。

【专家提示】 维生素 K_3 不能和巴比妥类药物合用；临产母猪大剂量应用，可使新生仔猪出现溶血、黄疸或胆红素血症。

三、水溶性维生素

水溶性维生素主要包括 B 族维生素和维生素 C，它们在动物体内不易贮存，需不断从饲料中摄取，才能满足代谢需要，而摄入多余的量则完全由尿排出。因此，毒性较小。酵母中所含的水溶性维生素总称为 B 族维生素，包括"释放能量"的维生素（维生素 B_1、维生素 B_2、维生素 B_3、维生素 PP、维生素 H），还包括"造血"维生素（维生素 B_{11}、维生素 B_{12}），而维生素 B_6

可属于两类中任何一类。

维生素 B_1

【作用用途】　维生素 B_1 具有促进机体内糖代谢作用，并且是维持神经传导，心脏和胃肠道正常功能所必需的物质。当维生素 B_1 缺乏时，病猪可出现食欲下降，生长不良，皮肤黏膜发绀，呕吐，下痢，贫血，循环障碍，多发性神经炎、心肌炎。

本品主要用于防治维生素 B_1 缺乏症，当发热性疾病或输入大量葡萄糖时，因糖代谢率增高，对维生素 B_1 需要量也增加，要适当补给维生素 B_1。

【用法用量】

（1）内服：25～50 毫克。

（2）混饲：每千克饲料生长猪1.0～1.5毫克，后备猪1.0～2.0毫克，妊娠母猪1.4～2.5毫克。

（3）皮下、肌内或静脉注射：25～50 毫克/次。

【专家提示】

（1）避光、密封保存。

（2）维生素 B_1 与抗硫胺类药物有拮抗作用，不能同时应用。

（3）维生素 B_1 对氨苄青霉素、氯霉素、先锋霉素、多黏菌素、制霉菌素等均有不同程度的灭活作用，因此不能混合应用。

维生素 B_2

【作用用途】　维生素 B_2 是体内黄酶类的辅基，在生物氧化还原中发挥递氢作用。它还参与糖、蛋白质、脂肪代谢。维生素 B_2 缺乏时饲料转化率明显降低，主要表现生长停止、皮炎、脱毛、角膜炎、食欲不振、慢性腹泻、母猪早产等症状。因此，对母猪更要注意维生素 B_2 的补充。

本品主要用于防治维生素 B_2 缺乏症，并常与维生素 B_1 合用。

【用法用量】

（1）内服：每千克体重 0.1 ~ 0.2 毫克。

（2）混饲：每千克饲料生长猪 2.1 ~ 3.3 毫克，后备母猪 1.9 ~ 2.3 毫克，妊娠母猪 4.3 ~ 6.3 毫克。

（3）皮下或肌内注射：20 ~ 50 毫克/次。

（4）长效核黄素注射液肌内注射：150 毫克/次，每 2 ~ 3 个月注射 1 次。

【专家提示】

（1）维生素 B_2 对氨苄青霉素、先锋霉素、红霉素、四环素、金霉素、土霉素、链霉素、卡那霉素、氯霉素、林可霉素、多黏菌素等都有不同程度的灭活作用，可使制霉菌素完全丧失抗真菌活力。故维生素 B_2 不能与上述抗生素混合应用。

（2）维生素 B_2 遇硫酸亚铁、维生素 C 等还原性药物和碱性药时，其稳定性降低，也不宜混合使用。

烟酸

【作用用途】 烟酰胺在体内与核糖、磷酸、腺嘌呤构成辅酶Ⅰ和辅酶Ⅱ，两者参与机体代谢过程，以促进生物氧化还原，发挥递氢作用，并能促进组织新陈代谢。烟酸在体内变为烟酰胺，才能发挥上述作用。烟酸还有较强的外周血管扩张作用。当猪长期单喂玉米时，可发生烟酸缺乏症，出现口炎、生长迟缓、皮肤破裂、腹泻等糙皮病的症状。本品主要用于烟酸缺乏症的防治。

【用法用量】

（1）内服：每千克体重 0.2 ~ 0.6 毫克。

（2）肌内注射：仔猪每千克体重 0.3 毫克。

（3）混饲：每千克饲料 10 ~ 22 毫克。

维生素 B$_6$

【作用用途】 本品在体内与三磷酸腺苷经过酶的作用，形成有生理活性的磷酸吡哆醛和磷酸吡哆胺，是氨基酸代谢中的重要辅酶。当猪缺乏维生素 B$_6$ 时，可出现皮炎、脱毛，仔猪可出现贫血、衰弱和痉挛等症状。

本品可用于维生素 B$_6$ 缺乏症的治疗，在治疗维生素 B$_1$、维生素 B$_2$ 和维生素 PP 等缺乏时，并用维生素 B$_6$ 可以提高综合疗效。维生素 B$_6$ 还可用于治疗异烟肼、氰乙酰肼等药物中毒时所引起的胃肠道反应和痉挛等症状。

【用法用量】 皮下、肌内注射：0.5 ~ 1 克/次。内服：0.5 ~ 1 克/次。混饲：仔猪每千克饲料 2.8 毫克，生长肥育猪为 3 ~ 6 毫克，母猪为 3 毫克。

叶酸

【作用用途】 叶酸本身不具生物活性，在体内经加氢还原反应后，生成四氢叶酸才有生理活性，参与核酸代谢和核蛋白合成，与维生素 B$_{12}$ 和维生素 C 共同促进红细胞的生成和成熟。并有促进免疫球蛋白生成、提高胆碱酯酶的活性、保护肝脏等功能。

缺乏时猪生长缓慢，下痢，脱毛，被毛稀疏，贫血。母猪繁殖和泌乳功能紊乱，胎儿畸形。

【用法用量】 混饲：每千克饲料 0.3 ~ 0.6 毫克。

【专家提示】

（1）避光、阴凉、干燥处保存，保质期 3 年。

（2）叶酸在饲料中稳定，但在含氯化胆碱和微量元素的预混料中稳定性较差。

（3）长期使用抗生素和磺胺类药，易导致其缺乏，应注意添加。

（4）叶酸有黏性，一般需经预混处理。商品叶酸添加剂活性成分为 3%～4%。

泛酸

【作用用途】　泛酸是辅酶 A 的组成成分之一，参与糖、脂肪、蛋白质代谢，是体内乙酰辅酶 A 的生成和乙酰化反应等不可缺少的因子。

泛酸的缺乏常见于雏鸡，猪很少发生泛酸缺乏症，猪泛酸缺乏时，由于神经髓鞘变性，出现后腿麻痹或发生惊厥和昏迷，还表现被毛稀疏、皮屑增多、生殖障碍。

本品主要用于泛酸缺乏症。在防治其他维生素缺乏症时，同时给予泛酸可提高疗效。

【用法用量】　混饲：每 1 000 千克饲料 10～13 克。

胆碱

【作用用途】　属 B 族维生素，胆碱为机体提供甲基，与高半胱胺酸结合生成蛋氨酸，此蛋氨酸只起转甲基功能，加速蛋白质合成。胆碱参与神经冲动的传递。具有保肝、防病、解毒、提高饲料利用率、促进动物生长发育的功能。缺乏时生长不良，肝脏脂肪变性，骨骼与关节变形，步态不稳，神经过敏，死亡率增加。

本品主要用于促进生长、防止脂肪肝、贫血等。

【用法用量】　50% 氯化胆碱混饲：每 1 000 千克饲料仔猪 600 克，成猪 500 克。用于预防疾病每千克饲料添加 1～2 克。

【制剂】　本品制剂有结晶、粉剂（钙型、麸型、硅型、蛋白型）。

50%氯化胆碱粉剂为白色或黄褐色粉末，有吸湿性，有异臭味；液态氯化胆碱吸附于淀粉、脱脂米糠、玉米轴粉，无水硅酸等制成粉剂，含量为50%或60%，色泽随辅料而异；另有98%氯化胆碱晶体。

【专家提示】

（1）长期使用抗生素和磺胺类药易发生胆碱缺乏症。胆碱添加过量，会影响钙、磷的吸收。

（2）氯化胆碱的碱性很强，与维生素混合包装能破坏维生素 A、维生素 K、维生素 B_6 等，故应单独包装。

（3）宜干燥阴凉处保存。

维生素 B_{12}

【作用用途】　本品参与体内甲基转换和叶酸代谢，与糖、蛋白质和脂肪的代谢有关，对神经功能的维持及红细胞的成熟均有作用，可防治恶性贫血，提高植物性蛋白质的利用率。缺乏时生长猪食欲减退，消瘦，生长障碍，后肢疼痛、运动失调。母猪受胎率低，易流产。

本品主要用于维生素 B_{12} 缺乏所致的贫血，仔猪生长迟缓，运动失调等。在养猪生产中，常用维生素 B_{12} 或含维生素 B_{12} 的抗生素残渣喂猪，以促进生长。

【用法用量】　多数国家规定，猪每 1 千克日粮中添加 10～40 微克（仔猪和母猪用量高）。另据报道，补喂维生素 B_{12} 可节约 1/2～2/3 动物性饲料，并提高植物性蛋白质利用率 15%以上，饲料转化率亦提高 8%～10%。

【专家提示】

（1）避光、干燥处保存，避免受热和撞击。

（2）在配合饲料中稳定，其稀释剂每日效价减少 1%～2%。

（3）缺钴地区或长期使用抗生素或磺胺药的动物，易发生

维生素 B_{12} 缺乏症。

（4）维生素 B_{12} 常用商品添加剂含有 1% 氰钴胺素，也有产品标记有维生素 B_{12} – 600、维生素 B_{12} – 300 或维生素 B_{12} – 60 者，分别表示每磅（1 磅 = 0.45 千克）含有维生素 B_{12} 600、300 和 60 毫克。

生物素

【作用用途】 生物素在动物体内以辅酶的形式参与糖、蛋白质、脂肪的代谢过程。生物素是维持动物皮肤、毛、蹄、生殖和神经系统的发育所必需。还可提高饲料利用率、增重等。缺乏时，生长缓慢，繁殖障碍，出现皮炎、脱毛、皮肤角化等。猪常见皮肤溃烂，口黏膜发炎，腹泻，痉挛，蹄底裂缝并出血。本品主要用于维生素 H 缺乏所引起的病变及营养不良的辅助剂。

【用法用量】 猪对生物素的需要量与日粮中的脂肪、脂肪酸、矿物质、维生素、氨基酸、纤维素和抗生素等成分的含量有关。

混饲：每千克饲料早期断奶仔猪 100～150 微克，断奶期仔猪 50～100 微克，生长猪 30～70 微克，育肥猪 0～50 微克，母猪和公猪 150～250 微克。

【专家提示】

（1）避光、阴凉、干燥处保存。

（2）常温下稳定，每月效价损失在 1% 以下。

（3）日粮中加抗生素或磺胺药，或动物患胃肠病时，适当补加生物素。

维生素 C

【作用用途】 本品参与体内糖代谢及氧化还原过程，参与细胞间质的生成，降低毛细血管脆性，加速血液的凝固；参与解毒功能，增加机体对感染的抵抗力；能促进叶酸形成四氢叶酸；增加铁在肠道的吸收。

本品主要用于防治维生素 C 缺乏症、慢性消耗性疾病、坏血病，也可用于急慢性中毒、各种贫血、严重创伤或烧伤、急慢性感染、高热性传染病、风湿性疾病、高铁血红蛋白症（亚硝酸中毒）的辅助治疗。

【用法用量】

（1）内服：200～500 毫克/次。

（2）静脉、肌内、皮下注射：200～500 毫克/次。

（3）混饲：应用维生素 C 粉，动物体内都能合成维生素 C，但在集约化饲养及高温季节等应激引起维生素 C 合成能力下降，或因需要量大的情况下，应适当补充。猪的需要量为仔猪每千克饲料 36 毫克，生长肥育猪 30 毫克，种公猪每天喂 1～4 克维生素 C，可提高精液质量，改善繁殖性能。

【专家提示】

（1）乙酰水杨酸、四环素等，可使维生素 C 在尿中排泄显著变快，不宜配合使用。

（2）维生素 C 对氨苄青霉素、先锋霉素（Ⅰ、Ⅱ）、四环素、土霉素、强力霉素、红霉素、卡那霉素、链霉素、氯霉素、洁霉素、多黏霉素都有不同程度的灭活作用，不可混合注射。

（3）维生素 C 与磺胺类药物同时使用，可促使磺胺类药物在肾脏形成结晶，不宜同时应用。

（4）忌与铁盐、氧化剂、重金属盐、碱性较强的注射剂配合。

第二节　矿物质元素添加剂

矿物元素属营养性添加剂，在动物体内起着非常重要的作用，动物生长发育离不开矿物质元素。根据它们在猪体内含量的多少分为常量元素和微量元素。占猪体重万分之一（0.01%）以上的元素，如钙、磷、镁、钾、钠、氯、硫等，称为常量元素；占猪体重万分之一（0.01%）以下的元素称为微量元素，如铁、铜、锰、锌、硒、碘等。

常量元素归属于矿物质饲料，主要来源于天然矿物质、化学合成品与加工的动物副产品。微量元素在日粮中含量甚微，通常以每千克日粮中所含毫克数表示。含量少，但其生理功能很大，一点都不能缺乏。铁、铜不足，会导致贫血等；锰不足会使生长猪跛行、幼猪畸形短腿、母猪发情周期紊乱、产弱小仔猪、乳房发育不良、泌乳力低；锌不足会使猪生长缓慢，皮肤角化不全，并影响繁殖性能；碘不足引起甲状腺功能亢进、新生仔猪软弱裸毛、呆小症；硒不足会发生肝细胞坏死、心肌萎缩、胃溃疡和白肌病，硒缺乏还会影响维生素 E 的利用。

一、钙及其补充物

钙约占猪体内所含无机物的 70%，是齿、骨的重要组成元素。血钙维持神经肌肉的兴奋，参与血液凝固。钙对猪的生长发育和生产水平至关重要，一般配合饲料中规定的钙、磷比例为（1~1.5）:1。

植物饲料中钙常与植酸形成难以吸收的螯合物，利用率比无机钙要低，钙常与草酸结合成难于吸收的草酸盐。饲料高水平的碳水化合物可提高钙的吸收率，维生素 D 可促进饲料中钙、磷的吸收，合成氨基酸能促进钙的吸收，脂肪含量过高能降低钙的吸收。

如日粮中钙和磷的含量不足或比例失调，仔猪患佝偻病；成年猪患骨软症，易骨折，关节肿大等。

含钙补充物有：

1. 石灰石粉　含碳酸钙90%以上，含钙33%～38%，是动物补钙的常用原料，也是矿物质元素添加剂的载体和稀释剂，白色粉末，不吸潮。我国国家标准：含水分≤1.0%，重金属（以铅计）≤0.003%，砷≤0.0002%。碳酸钙不可与酸接触，应存阴凉、干燥处。

2. 方解石、白垩石、白云石　都以碳酸钙为主要成分，含钙量21%～38%。

3. 贝壳粉　含碳酸钙96.40%，折合含钙38.6%，是含钙为主的兼含其他微量元素的补充物。

二、磷及其补充物

磷几乎存在于所有细胞中，为细胞生长和分化所必需。植物性饲料如油饼、糠麸和谷物中，有近2/3的磷以植酸形式存在，利用率很低，猪利用达20%～60%。

磷的生理功能在于参加骨的组成，与能量代谢有关，调节血液酸碱度。猪日粮中磷含量过高会导致纤维性骨营养不良症。有效磷应维持在0.35%～0.4%范围内。

含磷补充物有：

1. 磷酸氢钙　为常用补磷剂，多用磷矿石制成。为二水盐和无水盐两种，二水盐的利用率最好。二水磷酸氢钙为白色粉末，我国标准含磷16.0%，含钙≥21.0%，含砷、铅和氟化物分别≤0.003%、0.002%和0.18%。

2. 骨粉　含磷酸钙，钙磷比为2:1，多用蒸制骨粉，其生物学价值比植物中的磷高。

3. 磷酸一钙及其水合物　含磷21%、钙20%，饲用产品的含氟量不得高于含磷量的1%。

磷酸三钙又名磷酸钙，含磷≥20.0%、钙≥38.7%，含氟量要求同上。

三、铜及其补充物

铜在猪体内分布于肝、心、肾、脑、肌肉、骨骼、皮肤、毛发、脾、甲状腺等处，是许多酶的成分或其活化物，参于血和骨的组成。铜的缺乏或过量都影响机体各组织、器官的正常发育，对造血、被毛、免疫系统、中枢神经系统、繁殖功能等均有很大影响。缺乏时动物表现食欲异常、被毛损伤、关节异常、仔猪跛行、贫血、腹泻和共济失调等。

饲料中含铜量较高的有各种饼粕、动物性饲料、豆类、糠麸等。

每千克干饲料中需要铜：仔猪 12～15 毫克，其他猪 6～10 毫克。治疗用硫酸铜内服：每天 1 次，仔猪 50～150 毫克，大猪 20～30 毫克，服药 2～3 周间隔 10～15 天，直至症状消失。

铜的补充物有硫酸铜和氧化铜。

1. 硫酸铜 为蓝色结晶粉末，易潮解。产品含硫酸铜≥98.0%，其中含铜≥25.5%，有不同规格。要求杂质和游离硫酸含量低，工业硫酸铜不能饲用。硫酸铜易吸湿，不易混匀，长期贮存易结块。在饲料中对多种维生素有破坏性，能使不饱和脂肪酸氧化酸败。

2. 氧化铜 为黑色或黑褐色粉末，产品含氧化铜95%，其中含铜75%。不易结块，可久存。在复合制剂中对其他营养物没有破坏作用，国外多用。

四、锌及其补充物

锌以较高的浓度分布于机体各组织器官中。在前列腺和眼中含量较高，其次是肌肉、骨、皮毛、肝、胰等。锌是猪体内许多酶、蛋白质和核糖等的组分。它参于糖、蛋白质和脂肪的代谢，且与脂溶性维生素、微量元素和激素在体内分布密切相关。

饲料中含锌量高的有鱼粉、酵母、糠麸类、饼粕类、谷实类。但一般难以满足动物的需求，应注意添加。

锌的补充物有硫酸锌、氧化锌、碳酸锌。蛋氨酸或色氨酸与锌的螯合物效价比硫酸锌高32%～48%。

1. 硫酸锌　为乳黄色或白色结晶性粉末，易溶于水。产品含硫酸锌98%，其中含锌35%。产品有含1个结晶水硫酸锌，含锌40.5%。另有含7个结晶水的硫酸锌，含锌22.7%。

2. 氧化锌　为白色粉末。无臭，稳定性好，不溶于水。产品含氧化锌89%～91%，其中含锌70%～80%。氧化锌的含锌量几乎为硫酸锌的2倍。

3. 碳酸锌　为白色结晶性粉末。不溶于水，含锌量55%～60%。

五、锰及其补充物

锰存在于猪的所有组织中，以骨骼、肝、脾、胰及脑垂体中含量最高。锰参与体内许多酶（聚合酶等）的组成，且能激活许多酶，通过酶的作用，参加蛋白质、脂肪、糖类的代谢。它对猪的生长发育、繁殖功能和构成骨骼基质的形成，具有重要作用。缺乏时动物生长停滞，运动失调，骨骼畸形，生殖功能紊乱。但锰过量，会引起生长缓慢。

每天需锰量母猪160～180毫克，仔猪50～150毫克，哺乳母猪200～250毫克。

饲料中高磷、高钙会使锰吸收降低，锰会影响铁的吸收，某些抗生素和蛋氨酸可促进锰的吸收。锰对硒代谢有明显影响，可增加硒排泄而致硒缺乏。

锰的补充物有硫酸锰、碳酸锰、氧化锰、氯化锰。

1. 硫酸锰　为白色结晶性粉末，溶于水。产品含硫酸锰98.0%，其中含锰32.5%。不宜久贮。

2. 碳酸锰　为细粉末，呈淡褐色或粉红色，难溶于水。产品含碳酸锰≥93%，其中含锰≥44.5%。

3. 氧化锰　为黑色粉末，无潮解性。产品含氧化锰≥77.7%，其中含锰≥55%，含二氧化锰不得越过总锰量的5%，否则需增加补锰量。

六、硒及其补充物

硒存在于猪的全身组织细胞中，以肾、肝和肌肉中含量较多。硒在体内通过抗氧化作用保持生物膜结构不受氧化损伤；参与辅酶A、Q的合成，对蛋白质合成、糖代谢、生物氧化都有影响；硒能促进生长发育、提高繁殖性能和各种营养物质的消化率。饲料中以鱼粉、酵母粉中含硒量较高。若每千克饲料中硒含量低于0.03毫克，即表现缺硒症状；而高于5~10毫克即出现硒中毒。

硒缺乏时临床表现生长停滞，繁殖紊乱，肌肉萎缩，心肌变性，并有微血管损伤，水肿，肝坏死。仔猪多见白肌病（营养性肌肉萎缩）。硒过量可引起中毒（日粮中超量为每1 000千克饲料中7~13克），猪表现消瘦、脱毛、脱蹄、运动失调、呼吸困难等。

预防缺硒可在每千克日粮中添加亚硒酸钠，仔猪0.3毫克，生长猪0.15~0.25毫克，育肥猪0.1毫克。治疗缺硒症用0.1%亚硒酸钠注射液：仔猪2~4毫升。

常用补硒产品有亚硒酸钠、硒酸钠、硒化钠、硒酸铜、亚硒酸钾、亚硒酸钠维生素E等。机体利用率：亚硒酸钠为100%，硒酸钠89%，硒化钠42%。硒酸钠比亚硒酸钠毒性低，化学稳定性好，但亚硒酸钠生理盐水溶液易配制，保存一年后仍有效，故广泛应用。补硒时，添加维生素E，防治效果更好。

1. 亚硒酸钠　为无色或白色粉末，稍溶于水，产品含亚硒酸钠≥98.0%，其中含硒≥44.7%，含水分≤2.0%。

2. 亚硒酸钠维生素 E 注射液　本品为亚硒酸钠与维生素 E 的灭菌溶液。含维生素 E（$C_{31}H_{5203}$）与亚硒酸钠（Na_2SeO_2）。

近年来，为了更好的预防硒缺乏症，提高硒的利用率，科学家已将亚硒酸钠转换成有机硒形态——硒代蛋氨酸和强化酵母硒等有机硒产品，已有商品上市。

七、碘及其补充物

碘存于甲状腺中，为甲状腺激素的重要成分，与动物的基础代谢密切相关。碘有调节机体新陈代谢、促进蛋白质合成、控制细胞能量代谢和氧化水平、加速机体生长发育等作用。

碘缺乏或不足引起甲状腺肿大和功能紊乱，生长发育缓慢，生产性能和繁殖能力降低，新陈代谢障碍，皮肤干，毛脆，性腺及性器官发育异常。母猪发情无规律，易流产和造成死胎。仔猪每天每头需碘量 0.07～0.14 毫克，母猪 0.5～1.0 毫克。

碘的补充物有碘化钾、碘化钠、碘酸钙。碘化钾和碘化钠能充分利用，但碘易升华，稳定性差，价格较高。碘酸钙稳定性好，水中溶解度低。

碘或碘酸盐在饲料加工或贮存中应注意防潮、防晒，不宜贮存时间过长，否则碘会大量丧失。

1. 碘化钾　为白色结晶性粉末，有苦碱味，易潮湿，易溶于水。产品含碘化钾≥99.0%，其中含碘75.7%。潮解后部分碘会形成碘酸盐，影响生物利用率。长期暴露在空气中，因释放出碘使产品成黄色。与其他金属盐混合，易释出游离碘，对复合添加剂中的抗生素、维生素等药品造成破坏。

2. 碘酸钙　为白色或黄白色粉末，不易溶于水。产品合碘酸钙≥95.0%，其中碘≥62%。可替代碘化钾、碘化钠。有防霉、防腐之功。1～10 千克体重猪，每吨饲料加 0.3 克；10～90

千克体重，加0.22克；后备母猪加0.25克；种猪加0.2克。

3. 二氢碘酸乙二胺 简称 EDDI，乳白色或乳黄色结晶性粉末，吸水性强。产品含二氢碘酸乙二胺≥99.0%，其中含碘≥80.0%，干性或液体饲料中均可添加，产品较稳定，不宜日晒。

八、钴及其补充物

钴存在于各器官，以肝、肾、肾上腺、脾脏、胰脏和胃组织中含量多，维生素 B$_{12}$ 的成分中含有4.5%的钴。钴具有激活精氨酸酶等作用，抑制细胞色素氧化酶等的活性，与碳水化合物和蛋白质的代谢有关，参于维生素 A、维生素 B、维生素 C、维生素 D 的合成。

钴缺乏症表现为消化障碍，生长停滞，精神萎靡，贫血与消瘦等，母猪有流产现象。每千克干饲料中需钴量为：怀孕和哺乳母猪0.5~2毫克，其他猪0.5~1毫克。

钴的补充物有硫酸钴、碳酸钴、氯化钴等。

1. 氯化钴 为红色或红紫色结晶性粉末。产品含氯化钴≥98.0%，其中含钴量≥24.3%。

2. 硫酸钴 有7分子结晶水的硫酸钴，红色或紫红色结晶性粉末。吸水性较低，可溶于水。产品含硫酸钴86.7%~87.2%，其中含钴32%~33%，久存易结块。

3. 碳酸钴 为粉红色或紫红色粉末。难溶于水，吸水性低。产品含碳酸钴≥92.7%~93.5%，其中含钴≥46%，可久存。

九、砷与有机砷

砷（As）主要存在于含砷矿石中，砷在自然界普遍存在，但含量甚微。生物体一般都富含砷，经甲基作用将无机砷转变成有机砷。

在当代动物营养学中，认为砷与硒、碘等相同，是必需微量元素，但它又是有害有毒元素。砷长期作为强壮剂、兴奋剂应用于瘦弱动物。据载，砷参与蛋白质和脂肪代谢，与细胞膜的磷脂有密切关系。砷是碘、汞和铅的拮抗剂。砷与抗生素、维生素B_{12}相互协同，促进机体代谢。

少量砷可抑制同化作用，使机体内轻度缺氧，基础代谢降低，表现皮下脂肪增厚，皮肤营养改善，红细胞增多。并能抑制肠道中有害细菌的繁殖，起着促生长和抗菌剂的作用。仔猪补砷可见皮肤红润，被毛光亮。但长期使用或过量使用会引起组织崩溃。

阿散酸

【理化性质】　其成分为对氨基苯胂酸。微黄色或白色结晶性粉末。含量≥98.5%，微溶于水和乙醇。干燥失重≤1.0%。细度：80目过筛。

【作用用途】　本品对猪有促生长、提高饲料利用率的作用，能使皮肤红润，被毛光亮，还可防治腹泻。

【用法用量】　每1 000千克饲料中添加量为：乳猪100克，生长猪45～90克。

洛克沙生

【理化性质】　本品化学名为3－硝基－4－羧基苯胂酸。浅黄褐色粉末，无臭，无味。含亚胂酸盐以As_2O_3计含量为≥98.5%。

【作用用途】　本品可提高饲料利用率，促进生长和色素沉积，肉色鲜美；可防治猪的细菌性肠炎、慢性呼吸道病；对仔猪贫血有特效，能显著降低高铜引起的肝损伤。洛克沙生比阿散酸在功能上更优越，粪便中排胂量仅为阿散酸的一半。

【用法用量】　每1 000千克饲料添加25～35克，治疗量为

40～50 克（以洛克沙生计）。

【专家提示】

（1）本品需连续饲喂，宰前 1 周停用。

（2）应充分供给饮水。

（3）多数国家对使用砷制剂有严格规定，有些国家已明令禁用。我国饲料卫生标准规定（GB 13078—91）：负粉、石粉和磷酸盐中含砷量分别不得高于 10 毫克/千克、2 毫克/千克和 10 毫克/千克，全价料含砷量不得高于 2 毫克/千克。

十、有机铬

有机铬为生物活性不可缺少的因子，可强化胰岛素的功能。此外，还有增强免疫、抗应激、增重、防病等效能，缺乏时造成葡萄糖、脂肪、蛋白质的代谢障碍，引起血糖升高，胆固醇不正常等。

有机铬制剂有吡啶甲酸铬、烟酸铬、酵母铬、氨基酸螯合铬及蛋白铬等。

吡啶甲酸铬

【理化性质】 本品为紫红色细小粉末，微溶于水，流动性好，常温下稳定。含吡啶甲酸铬（干物质）≥98.0%，其中含二价铬 >12.2%。

【作用用途】 本品可强化刺激糖原合成酶和胰岛素的生物活性，参与糖、脂肪和蛋白质的代谢；协调胰岛素作用下丘脑促性腺激素，促使卵巢成熟排卵，以提高产仔数；加强机体的免疫功能，提高抵抗力。

【用法用量】 本品以吡啶甲酸铬计，日粮中添加量为 1.62 毫克/千克。以 0.1% 稀释计，每 1 000 千克料加 200～210 克；以 0.05% 稀释计，每 1 000 千克料加 400～450 克。

【专家推荐】　常见矿物质元素缺乏症。

（1）钙、磷发生代谢障碍，可引起软骨症、纤维性骨营养不良、骨质疏松症和幼畜的佝偻病等。

（2）硒缺乏症，以仔猪较多发。硒缺乏症骨骼肌、心肌、肝脏等组织器官的变性、坏死性损害，乃是细胞及亚细胞结构遭受过氧化物作用所致。过量可导致动物中毒。

（3）铜的原发性缺乏是因饲料中铜含量太少，或铜摄入不足，主要表现是体内含铜酶活性下降及其相关症状；继发性缺乏是指饲料中铜含量在正常范围以内，但含有一些如钼、硫等干扰铜吸收和利用的因素，造成体内铜摄入不足或排泄过多，引起动物缺铜。机体缺铜后，引起动物贫血；运动失调，生长受阻；骨骼发育不良，软骨基质不能骨化，易发生骨折等。

（4）铁的缺乏症是指饲料中缺乏铁，动物铁摄入不足或丢失过多，引起仔猪贫血、疲劳、活力下降的症状。

（5）锰的缺乏症是由于日粮中锰供给不足或机体对锰的吸收受干扰（如饲料中钙、磷以及植酸盐含量过多，可影响机体对锰的吸收、利用）所引起的一种以生长停滞、骨骼畸形、生殖功能障碍以及新生畜运动失调为特征的疾病。表现骨骼畸形、关节肿大、骨质疏松；母畜不发情或性周期异常，不易受孕；公畜性欲下降，精子形成困难。

（6）锌的缺乏症是由饲料中锌含量绝对或相对不足所引起的，其基本特征是生长缓慢，皮肤角化不全，繁殖功能紊乱及骨骼发育异常。

（7）碘的缺乏表现为母畜繁殖功能减退，胎儿生长发育停滞，母畜产弱胎、死胎，公畜精液品质下降，影响繁殖。

第三节　氨基酸类

一、概述

猪体合成蛋白质需要20多种氨基酸，而且要求各种氨基酸之间有一个合适的比例。机体通过一定的途径产生一部分氨基酸，这部分氨基酸称为非必需氨基酸。另一部分氨基酸机体自身不能产生或产生量很少，不能满足动物的需要，必须从饲料中摄取，这类氨基酸称为必需氨基酸。成年猪需要 8 种必需氨基酸，即赖氨酸、蛋氨酸、色氨酸、苏氨酸、亮氨酸、异亮氨酸、苯丙氨酸和缬氨酸。而生长阶段的仔猪和青年猪，除上述 8 种外，还需要精氨酸和组氨酸。必需氨基酸又分成两类：一类在常用的饲料中含量较多，可以满足需要；另一类则含量较少，不能满足营养需要，后者被称为限制性氨基酸。缺乏这类氨基酸会限制其他氨基酸的利用，影响蛋白质的合成，致使生长、发育受阻，生产性能下降。不同生长阶段，不同日粮组成，限制性氨基酸的种类和限制程度也不一样，用玉米和大豆粕为主的饲料，饲喂仔猪时第一限制性氨基酸为赖氨酸，第二限制性氨基酸为色氨酸。

添加氨基酸，必须根据营养需要和基础饲料中氨基酸的含量、消化率来确定添加种类和数量。盲目添加会造成浪费，某些氨基酸的过量添加甚至会影响其他氨基酸的吸收利用。

二、用于饲料的主要氨基酸

1. L－赖氨酸盐酸盐　L－赖氨酸盐酸盐又称 L－2，6－二氨基己酸单盐酸盐，是赖氨酸的 L 型旋光异构体。含有15.3% ~ 19.1%的氮，粗蛋白质为95.8%。白色或淡黄色粉末。日本产品规定含98.5%以上的赖氨酸盐酸盐，其中含赖氨酸为78%，所以计算 L – 赖氨酸用量时，要以 78% 来计算。一般饲料中添加 0.05% ~ 0.3% 。

赖氨酸为碱性氨基酸，是饲养动物的必需氨基酸，可增强食欲，促进生长，加快骨骼钙化，提高抗病力。日粮中缺乏时动物被毛粗糙，氮代谢紊乱，生产力明显降低。生长期仔猪对赖氨酸很敏感，缺乏时生长停滞，消瘦，皮下脂肪减少，骨的钙化失常。赖氨酸吸收比其他氨基酸慢，在谷物中含量低，制定饲料配方时要添加。

2. DL – 蛋氨酸　DL – 蛋氨酸又称甲硫氨酸。白色或浅黄色结晶性粉末。略有硫化物气味，溶于水、稀碱、稀酸，难溶于醇，不溶于醚。产品含量 98.5% ~ 99% ，含氮量 9.4% ，即粗蛋白为 58.6% 。一般饲料中添加量为 0.05% ~ 0.3% ，猪日粮中也可不添加。应贮存于阴凉、干燥处，保存 1 年效价不变。

蛋氨酸是含硫氨基酸，系饲养动物的必需氨基酸。主要参与体内蛋白质的合成，可转变为胱氨酸和半胱氨酸，提高瘦肉率。缺乏后表现发育不良，肌肉萎缩，体重下降，肝、肾功能障碍，被毛粗糙等。

第四节　酶制剂

一、概述

酶是生物体活细胞产生的具有催化活性的蛋白质，是体内各种化学反应的催化剂。所有生物体内部存在酶，其中细菌、真菌等微生物是各种酶制剂的主要来源。将这些生物体产生的酶按一定的生产工艺进行加工，其产品即为酶制剂。

酶的作用具两个特点：一是专一性，一种酶只能作用于一类或一种底物；二是高催化效率，仅需微量存在就可以加速化学反应。

可用作饲料添加剂的酶类有胰酶、胃蛋白酶、淀粉酶、糖化酶和纤维素酶等。

二、常用酶制剂

近年来，很多酶已经用微生物发酵法生产。遗传工程的应用使酶的生产日趋工业化、多元化、标准化和规范化，使产量大增。其应用范围已扩大到饲料、食品等领域。目前作为饲料添加剂的主要是消化酶，现分述如下。

1. 蛋白酶类　蛋白质是重要的营养物质，也是日粮的主要成分之一。它能否被消化吸收，关键在于蛋白质大分子能否在消化道中能分解为直接吸收的氨基酸。蛋白质的降解主要依靠蛋白酶完成。蛋白酶有酸性、中性和碱性之分。由于动物胃液呈酸性，小肠液多为中性，因此起主要作用的为酸性蛋白酶，其次为中性蛋白酶，碱性蛋白酶根本不起作用。

（1）胃蛋白酶　从猪的胃黏膜中提取，能使蛋白质多肽类分解为氨基酸。酸性蛋白酶的适宜 pH 值范围为 2.5~4，在仔猪日粮中添加该酶，有利于提高饲料的可消化性，促进生长。

（2）胰蛋白酶　最适 pH 值为 8.0，能分解蛋白质为氨基酸。用于幼龄、老龄动物。

（3）菠萝蛋白酶　从菠萝中提取，最适 pH 值为 6.5~7.5。能使蛋白质分解为氨基酸，用于幼龄、老龄动物。

2. 淀粉酶类　饲料中的淀粉（碳水化合物）不能被猪直接利用，需经消化液分解为糊精后再糖化为果糖和葡萄糖，方能被动物吸收。饲料中使用的淀粉酶多为 β 型淀粉酶，添加时需加少量碳酸钠或小苏打，以中和胃酸，否则添加的淀粉酶在胃肠中很快失活。

（1）淀粉酶　从麦芽中提取，或由黑曲酶和米曲酶生产。

最适 pH 值为 5.3，分解淀粉为糊精或麦芽糖。用于幼龄、老龄等动物。

（2）液化型淀粉酶 从枯草杆菌培养液中提取。最适 pH 值为 5.4～6.0，可液化淀粉为葡萄糖。用于幼龄、老龄动物。

（3）糖化型淀粉酶 从白根霉菌培养液中提取。最适 pH 值为 4.8～5.2，可糖化淀粉为葡萄糖，用于幼龄、老龄动物。

3. 蛋白、脂肪分解酶类 常用的为胰酶，从动物胰液中提取。最适 pH 值 7.7～9.1，在偏酸或偏碱条件下活性减弱。能分解脂肪、蛋白质为脂肪酸、甘油、氨基酸。

4. 糖分解酶类 这类酶的作用是将复合糖（如乳糖、蔗糖、麦芽糖等）降解为单糖（葡萄糖）。常用的有乳糖酶，是从曲霉或酵母的培养物中提取的，最适 pH 值为 8.0。能分解乳糖为葡萄糖。该酶选择性强，用于仔猪的人工乳中，以提高乳糖利用率。

5. 酵母类 酵母素由酵母菌培养制得的菌体和酵母培养基组成的混合物。饲料添加剂用的酵母为黄褐色粉末，有奇特香味。药用酵母含粗蛋白 45%～55%，无机盐（钙、磷、镁等）7.5%～9.0%，活性型维生素（维生素 A、维生素 B_1、维生素 B_2、维生素 D 等）10 多种。尤其重要的是，酵母中含多种酶、未知生长因子和抗生素物质。

酵母菌体蛋白的营养价值比植物性饲料好，其赖氨酸含量比大豆高，接近动物蛋白。色氨酸含量比大豆高 7 倍以上。

（1）串珠酵母。将酵母菌经纸浆工业的废液培养，用加温法将酵母菌杀死、脱水、干燥制成。产品含粗蛋白低于 40%。

（2）啤酒酵母。由啤酒工业的麦汁培养物中的酵母菌体及该培养基的残渣组成，经干燥制得。产品含粗蛋白 40% 左右，且含大量 B 族维生素和磷酸钙。

（3）活性酵母。仍保存原酵母曲活力的干燥酵母菌体，具有发酵能力。每克中含 1 亿个以上的酵母活细胞。

（4）乙醇酵母。由制造乙醇培养液中的酵母菌体和发酵残渣组成，经低温浓缩干燥制成。产品含粗蛋白 40% 以上。

（5）照射酵母。在前述非活性干酵母基础上，用紫外线照射，提高产品中维生素 D 的含量，使其具有抗佝偻病的功能。

饲料酵母在一般日粮中添加为 10% ~ 15%。

6. 复合酶 目前生产厂家生产的商品酶制剂多为复合酶，由微生物合成的酶及动、植物体中提取的高活性酶组成，包括 β - 葡聚糖酶为主的复合酶；果胶酶、纤维素酶为主的复合酶；淀粉酶、蛋白酶为主的复合酶；糖化酶、果胶酶、淀粉酶、蛋白酶、纤维素酶为主的复合酶等。对饲料中营养物质降解，效果优于单一酶的作用。

复合酶为干粉微粒状制剂，有较好的稳定性，能承受饲料加工过程、胃酸性条件和内源性蛋白酶等的破坏作用。经稳定性处理的酶制剂，保存期在 6 个月以内。

三、酶制剂应用需注意的问题

酶是一种特殊蛋白质，使用时必须注意影响酶活力的各种因素。

（1）选用复合酶。酶具有严格的专一性和特异性，使用单一酶不如用两种以上的酶或复合酶。

（2）按生理特点选用。要求酶对温度和 pH 值有较宽的适应范围，猪的消化道温度为 39℃ 左右，适宜于细菌和真菌产生的纤维素酶。一般胃 pH 值 1.5 ~ 3.5，小肠 pH 值 5 ~ 7，大肠 pH 值 7，而真菌酶的最佳 pH 值 3 ~ 6，细菌酶 pH 值 5 ~ 8。不同生理阶段对酶的种类要求有差异。淀粉酶和蛋白酶适用于仔猪，每头每天用 1 克。纤维素分解酶用于育肥猪，用量 0.04%。

（3）要求耐热性好。酶很不稳定，容易在热、酸、碱、重金属或氧化剂的作用下失去活性，故要采用耐高温酶的菌种；或对酶进行稳定化处理，如将酶吸附于载体上，可提高其耐热性；或对酶采用化学修饰或基因工程处理，也可显著提高耐热性。

（4）日粮组成。在玉米含量高的日粮中使用酶制剂，对改善营养价值的效果不大。高纤维日粮中添加纤维素酶，以大麦为主的日粮添加 β – 葡聚糖酶，均可提高消化率。但使用酶制剂，在日粮中必须含有足量的营养物。

（5）添加量。酶制剂添加过量或不足都无作用。应选择最佳剂量，以改善饲料利用率和提高动物生产力。

（6）酶制剂与其他添加剂的关系。试验表明，酶制剂与微量元素、抗生素联用，能加强这类添加剂的联合正效应。

（7）使用方法。一种是将单一酶或复合酶制剂直接加入饲料中混合均匀后饲喂。另一种是将酶制剂加入饲料中，人为调控好温度、湿度和 pH 值，使酶与饲料充分酶解，最大限度地发挥酶的作用，此法避免了消化道对酶的不良影响。

第五节　抗氧化剂和防霉防腐剂

全价配合饲料的应用，大大地促进了畜牧业生产的发展，也促使饲料工业的发展。但在实践中人们发现，饲料在加工、运输和贮存过程中受某些因素的影响，使饲料中的营养成分降低，甚至发生化学变化，产生有毒物质，诱发疾病、中毒和死亡。

这些影响饲料品质的因素主要有两个方面：一方面是空气的氧和过氧化物，破坏饲料中的维生素 A、维生素 D；使不饱和脂肪酸和部分氨基酸及肽类氧化，饲料酸败，改变饲料的色、香、味，从而降低动物的采食量。另一方面是饲料中的微生物在适宜的温度和湿度下，大量繁殖，不但消耗饲料中的营养成分，而且还产生大量有害毒素，并间接危害人类健康。

因此，在饲料中添加特种保存剂，使之在加工、运输和贮存过程中质量不受或少受影响显得十分重要。本节主要介绍抗氧化剂与防霉防腐剂。

一、抗氧化剂

1. 概述 凡能阻止或延迟饲料氧化、提高饲料稳定性、延长贮存期的物质称抗氧化剂。

油脂的酸败是常见的氧化，含油脂较高的饲料在运输或贮存过程中，空气中的氧发生自动氧化或在理化因素作用下发生氧化分解，使饲料中的蛋白质、脂肪、碳水化合物、维生素等遭到破坏，这不仅降低了饲料的营养价值，而且改变了饲料的适口性，影响采食量和生产性能。最大限度地阻止饲料的氧化，除做到避光、降温、干燥、排气、密封等外，还需要使用安全性高、效果好的抗氧化剂。这些措施应贯穿于饲料加工、运输和贮存等一系列过程的始终。

饲料抗氧化剂的作用机制：一是有些抗氧化剂本身极易被氧化，与饲料中的营养成分竞争空气中的氧，以达到保护饲料免受或少受氧化的目的；二是有些抗氧化剂释放氢离子，分解油脂在自动氧化过程中产生的过氧化物，从而阻止过氧化物形成醛或酮等产物；三是有些抗氧化剂与油脂在自动氧化过程中产生的过氧化物结合，中断油脂的自动氧化过程；四是有些抗氧化剂抑制或减弱氧化酶类的活性，酶促氧化过程不能发生等。

2. 常用抗氧化剂

乙氧基喹啉（EQ）

【作用用途】 本品有较好的抗氧化作用，能有效地防止饲料中油脂和蛋白质氧化，防止维生素 A、胡萝卜素、维生素 E 氧化变质，可促进肝储备维生素 A，阻止肝和肾脂肪中蓄积的维生素 A 被硝酸盐破坏。具有替代部分维生素 A 的功能，饲料中添加本品可预防维生素 E 和叶黄素等色素因氧化而损失，有利于改善肉质。

【用法用量】　每 1 000 千克饲料中添加本品 10 ~ 15 克。

【制剂】　常用制剂有两种：一种是乙氧喹，含量为 10% ~ 70% 的粉状物，物理性能稳定，不流动，不滑润，在饲料中分布均匀，可与植物性饲料或动物性饲料粉剂均匀混合。另一种是液体添加剂，采取喷雾法用于易氧化的饲料。

二丁基羟基甲苯

【作用用途】　本品能防止饲料中多烯不饱和脂肪酸酸败，可保护维生素 A、维生素 D、维生素 E 和部分 B 族维生素不被氧化，提高氨基酸的利用率，有利于胴体的色素沉着，保持猪肉香味等。故常用于保存含油脂高的饲料，广泛添加于猪的日粮中。

【用法用量】　每 1 000 千克饲料添加本品 200 克。

丁基羟基茴香醚（BHA）

【作用用途】　本品抗氧化作用与 BHT（2，6 二叔丁基 – 4 – 甲基苯酚）相似。适用于含油脂多的饲料，如脂溶性维生素多的饲料、饼粕饲料、动物性饲料、含脂率高的谷物粉碎饲料和配合饲料等。此外，本品还有较强的抗菌力，可抑制黄曲霉生长及黄曲霉毒素的产生；并可抑制饲料中其他菌类的孢子生长。

【用法用量】　添加到饲料中，最大量为 0.2 克/千克。

维生素 E

维生素 E 广泛存在于小麦胚油、米糠油、大豆油、棉籽油等植物性饲料中，其对氧十分敏感，易被氧化，因而可保护易被氧化的物质（如维生素 A 和不饱和脂肪酸等）不被破坏，它是很有效的抗氧化利。维生素 E 与人工合成的抗氧化剂不同。化学合成的抗氧化剂仅为饲料的抗氧化剂，不能制止细胞内的过氧化，而维生素 E 既是饲料的抗氧化剂，又是机体内细胞的抗氧化剂。因此，即使饲料添加了 BHA 和 BHT 等抗氧化剂，也不能降低维生素 E 的添加量。

关于维生素 E 的使用参照本章第一节维生素添加剂部分。

3. 使用抗氧化剂应注意的问题

（1）抗氧化剂的选择。各种抗氧化剂的性能不同，EQ 的抗氧化效果比 BHT 和 BHA 好。选择的抗氧化剂要安全有效、活性高、添加量少、抗氧化力强。添加后饲料不产生异味，不着色，对动物健康及产品质量无有害影响。

（2）正确掌握添加时机。抗氧化剂能阻止氧化作用、延缓开始氧化时间，但不改变已经酸败的结果。应在饲料未被氧化或刚开始氧化时添加。

为防止抗氧化剂自身氧化，可采取如下措施：①将抗氧化剂放在避光、干燥或真空密闭条件下贮存。②将抗氧化剂与饲料稳定剂或乳化剂配合使用，加强抗氧化作用。③使用抗氧化剂时，加入具有协同作用和加强抗氧化作用的酸性物质（增效剂）。④将几种抗氧化剂联合应用，以增强抗氧化性，防止抗氧化剂失活。⑤避免抗氧化剂与金属器具（铁、铜制品）接触。

（3）正确使用剂量。维生素 E、维生素 C 等天然抗氧化剂的用量没有严格规定。人工合成的抗氧化剂一般添加 0.01% ~ 0.02%。

（4）规格。抗氧化剂的粒度要保持在国家规定范围内，以利于完全分散于饲料中，确保使用效果。

二、防霉防腐剂

1. 概述　广泛存在于自然界的霉菌一旦污染饲料，在适宜的温度、湿度、充足的氧气和能源的条件下，生长繁殖，消耗饲料中的营养物质，甚至产生霉菌毒素，造成中毒。为便于饲料保存，特别是在高温、高湿季节，在饲料中添加一种抑制霉菌繁殖、消灭霉菌、防止饲料中有机化合物的发霉变质，使用饲料防霉剂显得十分重要，市场上防霉剂有以下几种。

（1）丙酸类。丙酸：吸附于载体上，安全高效，气味大，腐蚀性强，保存期短；丙酸盐：气味较好，含水分高，添加0.3%~0.5%时效果好；混合型：增加协同作用，浓度高，效果好，但成本太高。

（2）多酸类。由多种有机酸混制，效果好，气味小，腐蚀性少，成本低，如霉敌、克霉。

（3）DMF。中国独有，分富马酸二甲酯和丙酸钙两种，防霉效果好，成本低，但均有刺激性和过敏反应，有待改进。DMF含量应在99%以上。

（4）SDA类。含双乙酸钠，有多功能作用。单一型多用作饲料添加剂，防霉效果差，成本高。复配型类似多酸类防霉剂，具有营养性，但成本高。

（5）富马酸类。单一型多作酸味剂，防霉效果差，成本高。复配型防霉效果好，且有营养性，气味温和，刺激性小，使用经济。

2. 常用防霉防腐剂

丙酸及其盐类

丙酸有腐蚀性，具强烈臭味，酸度高。丙酸盐类包括丙酸钙、丙酸钠、丙酸钾和丙酸铵。丙酸钙为白色晶状颗粒或粉末，无臭或稍有异臭味，含量98%以上。丙酸钠外观为白色结晶或颗粉状粉末，无臭味或稍有特异丙酸气味，吸湿，含量99%以上。

丙酸及其盐类均属防腐剂，也是抗真菌剂，毒性低，可抑制霉菌、细菌的繁殖。丙酸钙可供给部分钙，丙酸钠可提供一定量钠，利于机体内钙、钠、氯的平衡。使用安全，用于配合饲料的防霉防腐。丙酸钙在饲料中可添加 0.2% ~ 0.3%，丙酸钠在饲料中可添加 0.3% ~ 0.7%，添加量随饲料的含水量而增减。

霉克新星

【用法用量】 本品适用于各种全价配合饲料、浓缩料和预混料，可确保饲料 60 ~ 90 天贮存期不发霉。

建议饲料含水量低于 12.5% 时，每 1 000 千克饲料添加 300 ~ 500 克；含水量 12.5% 左右时，每 1 000 千克饲料添加 500 ~ 1 000 克；含水量 12.5% ~ 14% 时，每 1 000 千克饲料添加 1 000 ~ 1 500 克。

【专家提示】
（1）本产品有刺激性，避免与皮肤接触。
（2）贮存于干燥、通风、阴凉处，防破损。
（3）开启后剩余部分应扎紧袋口。

苯甲酸和苯甲酸钠

苯甲酸又名安息香酸，为白色叶状或针状晶体。无臭味或带安息香气味，是一种稳定化合物。因溶解度低，使用不便。

苯甲酸钠为白色颗粒或无定形结晶性粉末。无臭或略带安息香气味，味微甜，有收敛性。易溶于水，在空气中稳定，杀菌力比苯甲酸弱，含量为 99% 以上。

上述两种都是酸性防腐剂，在 pH 值低的环境中，对多数微生物有抑制作用，对产酸菌作用较弱。pH 值为 5.5 以上时，苯甲酸钠对多数霉菌的作用减弱。适用于各种饲料中添加，每 1 000 千克饲料中添加量不得超过 200 克。

富马酸及其酯类

富马酸又名延胡索酸，为白色晶粉，具水果香味，在空气中稳定，无亲水性和腐蚀性。饲料中常用有润湿剂的混合物。

富马酸二甲酯为白色结晶或粉末，不溶于水。可用异丙醇、乙醇溶解后，加入少量水和乳化剂，待溶解后用水稀释，加热去除溶剂。喷洒于饲料表面或混合于饲料中，也可用载体预混后加到饲料中，

富马酸及其酯类是酸性防腐剂，有改善气味、提高饲料利用率、广谱抗菌等作用。比丙酸和山梨酸的防腐效果好。每1 000千克饲料加本品500~800克。

山梨酸及其盐类

山梨酸为无色或白色针状结晶或结晶性粉末，无臭，无腐蚀性，吸水性强，对光、热稳定，在空气中长期存放易氧化变色、易溶于有机溶剂，含量98.6%。

山梨酸盐类包括山梨酸钾、山梨酸钠、山梨酸钙，均有商品出售。

山梨酸钾为无色或白色鳞片状结晶或结晶性粉末，无臭、易氧化变色，有吸湿性。

山梨酸及其盐可抑制霉菌、酵母和多种细菌。在动物饲料中添加无副作用，不改变饲料气味。在饲料中添加山梨酸钾0.05%~0.3%，山梨酸为0.05%~0.15%。

甲酸及甲酸钠（钙）

甲酸又名蚁酸，为无色液体，溶于水，有腐蚀性，pH值为4时，有很强的抑制梭状芽孢杆菌、革兰氏阴性菌的生长作用。

甲酸钠为白色结晶性粉末，溶于水，有轻微吸湿性。

甲酸钙为自由流动的白色结晶性粉末，有防霉、防腐、抗菌作用，为有机酸饲料添加剂。含量 99.0%，其中甲酸 69%、钙 31%，含水量低。本品熔点高，在颗粒料中不易被破坏。饲料中添加 0.9% ~ 1.5%。本品在胃内分离出甲酸，降低胃 pH 值，维持消化道酸度，防止致病菌生长，从而控制和防止与细菌感染有关的腹泻发生。微量甲酸能激活胃蛋白酶原的作用，提高饲料中有效成分的吸收；与饲料中矿物质产生螯合作用，促进矿物质的消化吸收；也可作为钙的补允物。用于仔猪预防腹泻，提高成活率；促进饲料转化，提高日增重。

对羟基苯甲酸酯类

对羟基苯甲酸酯类包括对羟基苯甲酸酯、对羟基苯甲酸丙酯、对羟基苯甲酸丁酯。

本品对细菌、霉菌、酵母有广泛的抗菌作用，特别对霉菌和酵母作用强。本品的抗菌作用比苯甲酸和山梨酸强，一般在 pH 值 4 ~ 8 的范围内效果较好。本品与淀粉共存时，会影响其效果。

双乙酸钠

【作用用途】 双乙酸钠是乙酸钠和乙酸的分子复合物，化学性质稳定。双乙酸钠会缓慢地释放出小分子有机酸——乙酸，乙酸是经典的消毒防腐剂，能抑制霉菌的生长和繁殖。

双乙酸钠在饲料中防霉保鲜，对人畜安全，无副作用，可称为绿色食品级饲料添加剂。可替代价格较高的山梨酸钾和苯甲酸等。

双乙酸钠是新型多功能饲料添加剂，可用作防霉防腐剂、酸味剂和改良剂。其能维持肠道微生物菌群平衡，防治腹泻，并增强抗病能力，降低死亡率；能改善饲料适口性，提高饲料利用率，有利于动物生产性能的发挥；能提高育肥猪的瘦肉率，提高母猪的产仔率和成活率，且可增重。

【用法用量】 仔猪添加量为 0.1%，育成猪为 0.2%，按饲料的水分含量增减。先顶混，再逐级扩大拌匀，饲料贮存期达 3 个月以上。

柠檬酸和柠檬酸钠

柠檬酸又名枸橼酸，为半透明结晶或白色结晶性粉末。味极酸，无臭。在潮湿空气中微有潮解性，干燥空气中可失去结晶水。饲料中添加有防霉防腐作用，且可调节 pH 值或为抗氧化剂的增效剂。

在仔猪料中添加 1.0% 柠檬酸，可提高采食量，降低胃肠道 pH 值，激活消化酶，提高饲料转化率，提高日增重。

柠檬酸钠又名枸橼酸钠，为无色结晶或白色结晶性粉末，饲料中添加其作为防腐剂或调味剂。

3. 防霉防腐剂应用应注意的问题

（1）严格控制原料和饲料的水分，饲料原料富有营养，是霉菌生长的优良基质。严格控制贮存条件，改善仓库结构和卫生状况，降低温度、水分、氧浓度，加速饲料周转等措施，对饲料防霉很重要。

（2）防霉剂的选择应着重考虑抗菌范围广、无副作用、在体内无残留或不向畜产品中转移，不影响饲料的适口性。

（3）饲料在自然环境中被霉菌感染后会影响防霉剂的应用效果。搞好卫生，降低霉菌对饲料的污染，可减少防霉剂用量。

（4）饲料中的防腐剂应拌匀，对易溶于水的防霉剂，可先将其溶于水，再均匀喷雾于饲料中；对难溶于水的，可用有机溶剂配成溶液，再在饲料中拌匀。

（5）防霉剂各有其作用特点，有时用两种或两种以上防霉剂，可起协同作用，比单用有效。防霉剂使用最高限量一般为每千克饲料用 1 克。

(6) 防霉剂的保存要低温（冷藏）、干燥（降低环境湿度）、控制环境卫生和严密包装（密封）。如防霉剂与饲料已混合，更应重视贮存环境。

第六节　我国饲料添加剂发展现状、问题及对策

我国饲料添加剂工业从 20 世纪 80 年代初期开始起步，目前年产量为 25 万吨以上，年产值 50 亿元，已能生产包括维生素、氨基酸、矿物元素以及其他非营养性添加剂在内的 18 大类约百种产品。批准使用的品种为 80 余个，其中国内生产并已制定标准的有 40 多个，其余是批准进口的国外产品。每年进口饲料添加剂无论从品种上、数量上与发达国家相比，差距都是很大的，远远满足不了我国饲料工业和养殖业发展的需要。

一、我国饲料添加剂生产的现状

1. 维生素类　维生素是动物维持正常生理功能所不可缺少的低分子有机化合物，用量很少，但由于它的特殊生理功能，饲效显著，在动物的生长发育、维持健康和繁育中起着重要的作用，因而是必不可少的。国外列入饲料添加剂的维生素有 16 种以上，全球用于饲料的维生素约 12 万吨，数量最大的是氯化胆碱（占 74%），也是我国近几年发展较快的产品。各地已建设了十几个生产厂，生产已趋于规模化、现代化，但由于原料供应不足，未能满负荷生产。烟酸及烟酰胺、维生素 C 等国内生产厂家也不少。

我国在发展饲用维生素中，已取得了很大的进展，目前可生产维生素 18 个品种，年产量为 0.5 万吨。由于国内生产饲用维生素产品价格偏高，直接影响了在饲料中的推广应用，每年还需

要进口一定量的饲用维生素，需要积极解决饲用维生素价格偏高的问题。

2. 氨基酸类　我国饲用氨基酸主要是蛋氨酸和赖氨酸，市场缺口较大。

（1）全球蛋氨酸产量已突破 40 万吨，用作饲料添加剂的占 60 %。日本生产蛋氨酸 90 % ~95 % 用于饲料，蛋氨酸作为饲料添加剂的用量还在继续增大。

（2）全球赖氨酸年产量 20 多万吨，其中日本生产量占世界年产量的 2/3。生产的赖氨酸 80 % ~90 % 用作饲料添加剂，大部分出口，几乎控制了整个世界市场。赖氨酸的生产增长比蛋氨酸快。

（3）色氨酸产量仅次于蛋氨酸和赖氨酸，为第三大氨基酸。色氨酸是一种动物易缺乏的氨基酸，因此潜在需要量很大。目前产销矛盾突出，价格较贵，研制最为活跃。

（4）L－苏氨酸作为第四限制性氨基酸目前正在研究，在北欧国家已用作饲料添加剂。

3. 矿物元素　矿物质饲料添加剂是用量最大、使用最普遍的一类饲料添加剂，用量约占饲料添加剂总耗量 60% 以上，其中以磷酸氢钙为主的磷酸盐类耗量最大。

4. 其他非营养性添加剂

（1）抗生素。抑菌促生长剂作为饲料添加剂应用已达半个多世纪，时间长，范围广，创效显著，争论也最多。主要有大环内脂类、氨基糖苷类、聚醚类、多肽类及四环素类。合成抗生素我国只批准使用喹乙醇，生产厂家比较多。

（2）驱虫保健剂。在高密度集约化饲养中，寄生虫品种繁多，分布广，危害重，一旦发病，传染快，导致减产以致死亡，造成严重经济损失，因而预防寄生虫病的发生很重要。驱虫药的种类多，但一般毒性大，只能在发病时作为药物短期使用，不能长期加在饲料中作添加剂使用。

（3）抗氧化剂、防霉剂。空气中的氧是造成饲料中的脂肪、蛋白质、碳水化合物及维生素等变质腐败的诱因。在饲料中添加抗氧化剂可防止饲料氧化变质。最常用的是抗氧喹（EMQ），其他品种有叔丁基羟基茴香醚（BHA）、叔丁基羟基甲苯（BHT）、没食子酸丙脂（PG）、生育酚混合浓缩物（维生素 E）。目前市面上主要是以抗氧喹为主的复合抗氧剂，进口产品较多，如珊多喹、鲜灵、抗氧安、保乐鲜、克氧等。

饲料在高温高湿条件下，容易因微生物的繁殖而产生腐败霉变，在雨季和夏季生产和贮存的配合饲料都要加入防霉剂。国内防霉剂大多用进口丙酸及丙酸盐类，其他品种还有苯甲酸、富马酸、三梨酸等产品。

5. 微生物饲料添加剂　全球都关心的一个问题是抗生素的药物残留，有可能污染肉产品，从而影响人类健康。近年来微生物产品作为新型饲料添加剂的研究工作有了很大进展。例如，英国用刚断奶的 3～4 周龄仔猪，进行微生物添加剂乳酸菌素和发酵产品对比试验，结果活性细菌培养物 A、B、C 使猪增重平均提高 4.1%，饲料利用率提高 2.6%；而活体孢子和非活性发酵产品，分别使增重下降 3.7% 和 9.7%。日本人在沸石中添加糖分和氨基酸，同时添进乳酸菌，将其混合均匀密封，可制得含乳酸菌素的添加剂，用于养猪，可使猪食欲增加、生长迅速，并使粪便中含氮量下降约 5%，臭气、二硫化碳大幅度减少。21 世纪国外的饲料产品，将以不加具有亚治疗作用的抗生素为特色，而用各种微生物添加剂、有机酸和酶制剂。

二、主要问题和差距

饲料添加剂的滞后发展，导致产品品种和数量的不足，将是中长期制约我国配合饲料生产发展的重要因素，也是饲料工业发展面临的主要问题之一。

（1）品种数量少。国内批准使用的品种约百种，而美国约有250个，日本约120个，欧共体约260~270个。此外，总产量低，很多品种，包括原料均依靠进口。

（2）资金不足、技术落后。基于饲料添加剂对于饲料工业的重要作用，发达国家将其作为高科技项目，十分重视其开发。我国经济及技术力量相对发达国家明显落后，高技术高附加值的技术密集型产品，如氨基酸、维生素、抗生素等仍未摆脱成本高、依赖进口的局面。

（3）缺少创新，仿制为主。我国目前生产的品种，主要以仿制为主，极少创新。生物工程技术产品及药物添加剂由于具有低污染、无毒广谱等特点，有较好的开发前景，我们应该在这方面开拓创造性的研究领域。

三、发展建议

（1）发展饲料药物添加剂。应开发对人畜和环境无害，不易产生耐药性，残留很少或不残留于畜禽组织中的抗菌素和驱虫保健剂。微生物添加剂和中草药添加剂无毒无副作用，也不残留，有一定的发展潜力。

（2）大力发展氨基酸工业。因国产蛋氨酸、赖氨酸年生产能力尚不足2万吨，需求量约为10万吨，缺口很大，故应大力发展氨基酸工业，扩大生产，降低成本，使产酸率和提取率有所提高。

（3）矿物元素。主要存在的问题是品种问题，国外批准的品种都在30~40个及以上，而我国至今才10个。我国批准使用的铜、铁、锌、锰都仅是硫酸盐，国外则有氧化物、氯化物、碳酸盐，更值得引起注意的是国外已越来越多地增加使用有机酸的盐类或氨基酸盐类，如柠檬酸盐、乳酸盐、烟酸盐、氨基酸螯合物。它们除了补充常量或微量元素外，还可提供营养性成分，因此扩大矿物质元素添加剂的品种是值得积极开发研究的，使得矿物元素产品向多元化方向发展。此外，矿物元素添加剂的生产必须严格质量监测，不少厂家生产或使用工业级的产品替代饲料级的产品，尽管短期内看不出问题，但日积月累，畜禽产品重金属残留量高，最终危害到人类的健康，这是一个不容忽视的问题。

（4）非营养性添加剂的发展方向。发展以乙氧喹为主的抗氧化剂品种，它的价格较低，效果较好，在国外饲料工业中使用也最普遍。在实际应用中通常是以乙氧喹为主的采用多种抗氧化剂组成有协同作用的复合抗氧化剂。

防霉剂可考虑丙酸生产的关键技术和生产能力。

发展生物工程技术，利用基因重组、细胞融合、细胞大面积培养等先进技术培育新菌种，提高饲料效果。

第十二章
健康养猪与器官系统用药

第一节　用于神经系统的药物

一、中枢兴奋药

中枢兴奋药多数为呼吸兴奋药，它有逾量易引起惊厥的特点。因此用药时应根据病猪的机能状态，严格控制剂量。用药后如有眼睑、嘴角跳动，肌肉轻度颤动等惊厥预兆出现，应立即停药。如果猪处于深度抑制，呼吸濒于衰竭时，剂量可较大；轻度抑制时，剂量宜小。中枢神经系统可较长时间被适度地抑制，但不能长时兴奋。强烈的、长时的兴奋，会使神经元衰竭和介质耗竭，使猪陷入超限抑制而死亡。为了避免中枢兴奋药的短间隔大剂量使用，除严格控制剂量外，还必须控制用药的间隔时间。

咖啡因

【理化性质】　本品由茶叶或咖啡豆中提取的生物碱，现已人工合成，为质轻、有光泽的针状结晶，常与等量苯甲酸钠制成具活性苯甲酸钠咖啡因注射液。又称安钠咖注射液。

【作用用途】　本品对中枢神经系统具广泛兴奋作用。小剂量使动物精神活泼、活动能力增强。较大剂量使呼吸加深、加快，内脏血管收缩，血压升高。特别是在药物或传染病所致的抑制状态时，作用更为明显。大剂量能兴奋心肌和血管，使心率加快，血管收缩加强。

本品用于麻醉药、镇静药、镇痛药中毒引起的呼吸抑制及感染性疾病引起的呼吸衰竭与昏迷、急性心力衰竭，还有松弛支气管与胆管平滑肌、利尿等作用。

【用法用量】 内服、皮下、肌内或静脉注射：一次 0.5～2 克。

【专家提示】

（1）忌与鞣酸、碘化物及盐酸四环素、盐酸土霉素等酸性药物配伍，以免发生沉淀。

（2）忌用于代偿性心脏病、末梢性血管麻痹、心动过速、节律不齐等。

（3）因用量过大或给药过频而发生中毒（出现惊厥）时，可用溴化物或巴比妥类药物解救，但不得用麻黄碱或肾上腺素等强心药，以免增加毒性。

尼可刹米

【理化性质】 本品为无色或微黄色黏稠液体，能与水混合，制成无色澄明注射液。

【作用用途】 本品直接兴奋延髓呼吸中枢，使呼吸加深加快。用于解救药物中毒或疾病所致的中枢性呼吸抑制、加速麻醉动物的苏醒，也用于一氧化碳中毒、初生仔猪窒息等。

【用法用量】 皮下、肌内或静脉注射：一次 0.25～1 克。

【专家提示】

（1）剂量过大可致血压升高、心律失常、肌肉震颤。中毒用短效巴比妥类药如硫喷妥钠解救。

（2）注射液色泽变黄或出现沉淀不能使用。

（3）对阿片类药物中毒所致的呼吸衰竭有效。

樟脑磺酸钠

【理化性质】　本品为由樟脑制成的磺酸钠盐，为白色晶粉，易溶于水。

【作用用途】　注射后通过刺激局部感受器反射兴奋呼吸中枢和血管运动中枢，吸收后又能直接兴奋延髓呼吸中枢，使呼吸加深、加快，换气量增加；大剂量还可兴奋大脑皮层，并有强心作用，使心缩力增强、输出量增加、血压升高等，用于治疗急性心衰、感染性疾病、中枢抑制药物中毒以及肺炎等引起的呼吸及循环抑制。

本品吸收迅速，适用于急救。

【用法用量】　皮下、肌内、静脉注射：一次0.2~1克。

【专家提示】

（1）过量中毒出现狂暴、惊厥时，可静脉注射硫酸镁和10%葡萄糖解救。

（2）不能与钙剂注射液混合使用。

（3）宰前不宜使用，以免影响肉质。

贝美格

【理化性质】　本品为白色结晶粉末或片状结晶，无臭，味苦，微溶于水和乙醇。

【作用用途】　本品对中枢兴奋作用较弱，毒性低。常用于解除巴比妥类、水合氯醛等中毒，或加速麻醉动物苏醒。对出血性休克引起的动脉低压及呼吸抑制亦有效。本品作用迅速，维持时间短。

【用法用量】　缓慢静脉注射或5%葡萄糖液稀释后静脉滴

注：每千克体重每次 11～20 毫克。

【专家提示】

（1）静脉注射时需备巴比妥，以备发生惊厥时解救。

（2）用量过大、速度过快可致中毒。显现反射活动增强、肌肉震颤、惊厥。

二甲弗林（回苏灵）

【理化性质】 本品为白色晶粉，味苦，能溶于水和乙醇。

【作用用途】 本品对延髓呼吸中枢有强烈兴奋作用，比尼可刹米等作用强。静脉注射可增加肺泡通气量，改善通气–血流比率。用于中枢抑制药中毒或其他危重病症引起的呼吸抑制。

【用法用量】 肌内、静脉注射：一次 8～16 毫克。

【专家提示】

（1）剂量过大时、能产生惊厥，可用短效巴比妥类解除。

（2）静脉注射时，以葡萄糖溶液稀释后缓慢注入，有惊厥史的病畜、孕畜慎用。

二、镇静与抗惊厥药

镇静药是指能轻度抑制中枢神经系统而使动物安静的一类药物。用于消除动物的狂躁、不安和攻击行为等过度兴奋症状，大剂量有抗惊厥作用。

溴化物

【理化性质】 此类药物有溴化钠、溴化钾、溴化铵、溴化钙。其均为白色结晶粉末，无臭，味咸，易溶于水和乙醇。

【作用用途】 本品在体内离解出溴离子，能加强中枢神经系统的抑制过程，产生镇静效果。溴化钠与咖啡因合用能同时加强大脑皮层的兴奋与抑制过程，恢复兴奋与抑制之间的平衡，有助于调节内脏功能、缓解胃肠痉挛。

本品用于癫痫、惊厥、破伤风，缓解脑炎引起的兴奋症状；解救猪食盐中毒（宜用溴化钙）。溴化钙还可治疗皮肤、黏膜的过敏反应。

【用法用量】

（1）三溴片，内服：一次 5～15 克，应稀释为 3% 以下溶液服用。

（2）安溴注射液，静脉注射：一次 0.5～1.5 克。

（3）溴化钙注射液，静脉注射：一次 0.5～1.5 克。

（4）三溴合剂，内服：一次 20～30 毫升。

【专家提示】

（1）本品排泄缓慢，长期用药产生蓄积中毒，中毒时内服食盐水或静脉注射灭菌生理盐水，以促进溴离子排泄。

（2）水肿病患兽忌用。

（3）溴化钙静脉注射时，应防止漏出血管，忌与强心苷类药物并用。

苯巴比妥

【理化性质】 本品为白色晶粉，味微苦，其钠盐易溶于水，呈碱性反应。

【作用用途】 本品可抑制中枢神经系统，特别是皮层运动区，呈镇静、催眠、抗惊厥、抗癫痫作用。苯巴比妥与解热镇痛药合用，可增强镇痛作用。体内消除缓慢，药效维持时间长。多用于缓解脑炎、破伤风、高热等疾病引起的中枢兴奋症状及惊厥，解救中枢兴奋药中毒；也用于麻醉前给药。

【用法用量】

（1）内服：每千克体重 2 毫克，每天 2 次。

（2）肌内注射：一次 0.25～1 克。

【专家提示】

（1）肝、肾功能障碍慎用。

（2）过量抑制呼吸中枢时可用安钠咖、尼可刹米等药解救。内服中毒的初期，可用1∶2 000的高锰酸钾溶液洗胃，并碱化尿液以加速本品的排除。

（3）禁止用作麻醉药，不宜短时间内连续给药，禁与酸性药物配伍使用。

硫酸镁注射液

【理化性质】　本品为无色的澄明液体，系硫酸镁的灭菌水溶液。

【作用用途】　硫酸镁注射给药主要发挥镁离子作用。镁为机体必需元素之一，对神经冲动传导及神经肌肉应激性的维持具重要作用，亦是机体多种酶功能活动不可缺少的离子。当血浆中镁离子浓度过低时，出现神经及肌肉组织过度兴奋，可致激动。当镁离子浓度升高时，引起中枢神经系统抑制，产生镇静及抗惊厥作用。

本品用于缓解破伤风、癫痫及中枢兴奋药中毒引起的惊厥，还可用于治疗膈肌、胆管痉挛。

【用法用量】　静脉、肌内注射：一次2.5~7.5克。

【专家提示】　静脉注射量过大或给药过速时，可致呼吸中枢麻痹、血压剧降而立即死亡。一旦发现中毒迹象，除应立即停药外，并静脉注射5%氯化钙注射液解救。

三、解热镇痛抗风湿药

解热镇痛药是有解热、止痛作用的药物，多数尚有消炎及抗风湿作用。

（1）解热作用：通过抑制内源性致热原——前列腺素的合

成与释放，使升高了的体温中枢的调定点恢复到正常的位置，体温下降到正常水平。在发热尚未严重影响动物的生理生化功能或疾病尚未确诊前，不宜大量或多次应用解热药。在应用解热药的同时，必须进行针对病因的治疗。

（2）镇痛作用：阻断痛觉冲动经下丘脑向大脑皮层的传递，缓解各种轻、中度疼痛，对肌肉痛、关节痛和神经痛等持续性钝痛效果较好，对一般腹痛有效，但对创伤性疼痛、剧烈腹痛及内脏平滑肌痉挛性绞痛效果较差。

（3）消炎、抗风湿作用：抑制前列腺素合成，还能抑制致炎介质的形成，发挥抗炎作用。其抗风湿作用，除解热、镇痛等因素外，主要在于消炎作用。

扑热息痛

【理化性质】　本品为白色结晶或结晶性粉末，无臭，味微苦。在热水或乙醇中易溶，在丙酮中溶解，在水中微溶。

【作用用途】　本品抑制丘脑前列腺素的合成及释放，作用较强，而抑制外周前列腺素的合成和释放作用极弱。解热效果好，与阿司匹林相似；镇痛抗炎作用较差，不如阿司匹林。

本品用作中小动物的解热镇痛药。

【用法用量】　内服：一次 1~2 克；肌内注射：一次 0.5~1 克。

【专家提示】

（1）治疗量的不良反应较少，偶见发绀、厌食、恶心、呕吐等副作用。

（2）大剂量引起肝、肾损害，可在给药后 12 小时内应用乙酰半胱氨酸或蛋氨酸以预防肝损害。肝、肾功能不全或仔猪慎用。

氨基比林

【理化性质】 本品为白色或几乎白色的结晶性粉末，无臭，味微苦，遇光渐变质，水溶液呈碱性反应，在乙醇、氯仿中易溶，在水、乙醚中溶解。

【作用用途】 内服吸收迅速，即时产生镇痛作用，其解热镇痛作用强而持久，为安替比林的 3~4 倍，亦强于非那西丁和扑热息痛。与巴比妥类合用能增强其镇痛作用。本品还有抗风湿和消炎作用，对急性风湿性关节炎的疗效与水杨酸类相仿。

广泛用于解热镇痛和抗风湿，治疗肌肉痛、关节痛和神经痛。本品是多种复方制剂的组成成分。

【用法用量】

（1）氨基比林片，内服：一次 2~5 克。

（2）氨基比林注射液，皮下、肌内注射：一次 50~200 毫克。

（3）复方氨基比林注射液，皮下、肌内注射：一次 5~10 毫升。

（4）安痛定注射液，皮下、肌内注射：一次 5~10 毫升。

安乃近

【理化性质】 本品系氨基比林与亚硫酸钠的复合物。为白色（供注射用）或略带微黄色（供口服用）的结晶或结晶性粉末，无臭，味微苦。在水中易溶，水溶液放置后渐变黄色，在乙醇中略溶，在乙醚中几乎不溶。

【作用用途】 本品作用迅速，药效可持续 3~4 小时，在解热镇痛的同时，对胃肠运动无明显影响。解热作用较显著，镇痛作用亦较强，并有一定的消炎、抗风湿作用。

临床上常用于解热、镇痛、抗风湿。

【用法用量】　内服：一次 2 ~ 5 克；皮下、肌内注射：一次 1 ~ 3 克。

【专家提示】

（1）不宜用于穴位注射，尤不适用于关节部位，以免引起肌肉萎缩及关节功能障碍。

（2）可抑制凝血酶原的形成，加重出血倾向。

（3）不能与氯丙嗪合用，以防引起体温剧降。

（4）不能与巴比妥类及保泰松合用，因其相互作用影响微粒体酶。

保泰松

【理化性质】　本品为白色或微黄色结晶性粉末，味微苦，难溶于水，性质较稳定。

【作用用途】　本品能稳定溶酶体膜及降低毛细血管的通透性，解热镇痛作用较差，而抗炎作用强，对炎性疼痛疗效较好，也有促进尿酸排泄的作用。

本品用于治疗风湿症、关节炎等。

【用法用量】　内服：一次 33 毫克，每天 3 次。

【专家提示】

（1）治疗风湿症时，须连续用药，直至病情好转。

（2）因用药出现严重胃肠道症状时，应停药。

（3）心、肾、肝病患者及血象异常的动物禁用。

乙酰水杨酸

【理化性质】　本品为白色结晶或结晶性粉末，无臭，或微带醋酸臭，味微酸，遇湿气即缓慢水解。本品在乙醇中易溶，在氯仿或乙醚中溶解，在水或无水乙醚中微溶，在氢氧化钠溶液或碳酸钠溶液中溶解，但同时分解。

【作用用途】 本品的解热、镇痛作用较好，消炎、抗风湿作用强，并可促进尿酸排泄。本品作用较强，疗效确实，还可抑制抗体产生及抗原抗体结合反应，并抑制炎性渗出，对急性风湿症有特效，抗风湿疗效确实。较大剂量时，还可抑制肾小管对尿酸的重吸收而增加排泄。

本品用于发热、风湿症和神经、肌肉、关节疼痛及痛风症的治疗。

【用法用量】 阿司匹林片，内服：一次 1～3 克。

复方阿司匹林片（APC，每片含阿司匹林 0.226 8 克、非那西丁 0.162 克、咖啡因 0.032 4 克），内服：一次 2～10 片。

【专家提示】

（1）能抑制凝血酶原的合成，连续长期使用时若发生出血倾向，可用维生素 K 防治。

（2）对消化道有刺激作用，剂量较大时，易致食欲不振、恶心、呕吐乃至消化道出血，故不宜空腹投药；胃炎、胃溃疡慎用，与碳酸钙同服可减少对胃的刺激性。

吲哚美辛

【理化性质】 本品为类白色或微黄色结晶性粉末，几乎无臭，无味。不溶于水，易溶于丙酮，略溶于甲醇、乙醇、氯仿或乙醚中。

【作用用途】 本品抗炎作用比保泰松、氢化可的松强，合并应用可减少后者用量及副作用。解热作用为氨基比林的 10 倍。但镇痛作用弱，只对炎性疼痛有明显的镇痛作用。

本品用于术后外伤、关节炎、腱鞘炎、肌肉损伤等炎性疼痛。

【用法用量】 内服：一次 2 毫克。

【专家提示】

（1）常见副作用有恶心、呕吐、腹泻、腹痛等胃肠症状，有时引起胃出血和穿孔。

（2）可引起肝脏和造血系统功能损害。

四、局部麻醉药及化学保定药

麻醉药是能使动物的感觉暂时减低，特别是使痛觉消失，以便进行外科手术的药物。

1. 局部麻醉药　局部麻醉药是用于局部、能可逆性地阻断神经冲动的传导、引起机体特定区域在一定时间内丧失感觉的药物。局部麻醉药的作用方式主要有以下几种：

（1）表面麻醉（末梢麻醉）：对黏膜穿透力较强的丁卡因、利多卡因等喷涂于黏膜表面，用于泌尿道、直肠等部位的手术。

（2）浸润麻醉：将稀浓度的普鲁卡因、利多卡因等药液注入手术部位的皮下、肌肉、浆膜等处，使被浸润区域组织的神经末梢麻醉。

（3）传导麻醉：将 1% ~ 2% 普鲁卡因、利多卡因注入有关神经干、神经丛或神经节周围，使其所支配的区域麻醉。

（4）封闭麻醉：将 0.25% ~ 0.5% 普鲁卡因溶液注入局部炎症、损伤病灶周围或神经通路，阻断局部的恶性刺激向中枢传导，改善组织的神经营养功能，缓解症状，减轻疼痛。

盐酸普鲁卡因

【理化性质】　本品为白色结晶或结晶性粉末，无臭，味微苦，随后有麻痹感。在水中易溶，在乙醇中略溶，在氯仿中微溶，在乙醚中几乎不溶。

【作用用途】　盐酸普鲁卡因皮下注射后，游离出的普鲁卡因阻断用药局部的神经冲动的传导，具有良好的局部麻醉作用，用药后1~3分钟即可出现麻醉作用。对皮肤、黏膜的穿透力较弱，不适合表面麻醉。

本品主要用于浸润麻醉、传导麻醉、硬膜外麻醉和神经封闭。

【用法用量】

（1）浸润麻醉，封闭疗法：0.25%~0.5%浓度。

（2）传导麻醉：用2%的浓度，每个注射点为2~5毫升。

（3）静脉注射：0.2~0.5克。用生理盐水配成0.25%~0.5%溶液。

【专家提示】 本品一般不引起毒性反应，但剂量过大或静脉注射时可引起中枢神经系统先兴奋，表现为出汗、脉速、狂躁、惊厥，然后转为抑制，中毒时应进行对症治疗。

盐酸利多卡因

【理化性质】 本品为白色结晶性粉末，无臭，味苦，继有麻木感。在水中或乙醇中易溶，在氯仿中溶解，在乙醚中不溶。

【作用用途】 本品麻醉作用强度在1%浓度以下时，与普鲁卡因相似；在2%以上浓度时，局麻强度可增强2倍，并有较强的穿透性和扩散性，适于表面麻醉。麻醉的潜伏期约为5分钟，麻醉作用可持续1~1.5小时，比普鲁卡因长50%。本品静脉注射能抑制心室自律性，缩短不应期。可用作控制室性心动过速，治疗心律失常。

本品主要用于表面麻醉、传导麻醉、浸润麻醉；也用于治疗心律失常。

【用法用量】

（1）表面麻醉：2%~5%溶液。

（2）浸润麻醉：0.25%~0.5%溶液。

【专家提示】 大量吸收后可引起中枢兴奋如惊厥，甚至发生呼吸抑制，必须控制用量。

2. 化学保定药　化学保定药又称制动药，是利用化学药物控制动物的活动，以达到类似外科保定的目的。用药后不影响动物的意识及感觉并使其情绪平静，可用以使性情凶猛的种猪驯服，利于对其进行诊断、治疗、捕捉、运输等。

氯琥珀胆碱

【理化性质】　本品为白色结晶性粉末，无臭，味咸，极易溶于水，水溶液显酸性，易分解。

【作用用途】　本品为超短时去极化型的肌松性化学保定药。其特点是最初的去极化作用使动物表现出短时不同步的肌内收缩和肌束颤动。由于新斯的明、毒扁豆碱可抑制血浆中假性胆酯酶活性，从而能加强和延长琥珀胆碱的作用。肌内注射本品后，2～3分钟开始作用，维持10～30分钟。用量过大，肋间肌和膈肌麻痹，动物窒息死亡。琥珀胆碱能促使唾液腺和支气管腺的分泌，用药前宜先注射少量阿托品，以防呼吸道堵塞。

本品广泛用于动物的化学保定以及各种动物的捕捉、运输及疾病诊治等方面。本品也用于配合麻醉，增加骨骼肌的松弛性。

【用法用量】　肌内或静脉注射：每千克体重2毫克。

【专家提示】

（1）由于本品的有效量与致死量较接近，为安全起见，必须精确计量。用量偏大，出现呼吸抑制或停止时，应立即将舌拉出，施以人工呼吸或输氧，同时静脉注射尼可刹米，但不可应用新斯的明、毒扁豆碱解救。

（2）体质瘦弱、患有传染性疾病以及妊娠动物应慎用或禁用。

三碘季铵酚

【理化性质】 本品为白色或淡奶酪色无定形粉末，几乎无臭，味微苦。有吸湿性，极易溶于水，稍溶于乙醇。

【作用用途】 本品为非去极化型的肌松性保定药。作用与筒箭毒碱相似，在运动神经终板的受体上竞争性地阻断乙酰胆碱的作用，使肌肉松弛。本品对多数动物无阻断神经节和释放组织胺作用，而有较强的阿托品样作用，能明显解除迷走神经的张力，使心率加快，血压轻度升高，心输出量增加。

本品在兽医临床上主要用于全身麻醉时使肌肉松弛以及捕捉野生动物等。

【用法用量】 肌内或静脉注射：每千克体重 2 毫克。

【专家提示】

（1）本品绝大部分以原形经肾排泄，故肾功能不良者禁用。

（2）中毒时可用毒扁豆碱或新斯的明解救。

五、用于传出神经末梢的药物

1. 拟胆碱药 拟胆碱药是一类与胆碱能神经递质乙酰胆碱作用相似的药物。据其作用方式，分为直接作用于胆碱受体的药物和抗胆碱酯酶药两大类。前者又可分为完全拟胆碱药（既作用于节后胆碱能神经所支配的效应器内的 M - 胆碱受体，又作用于神经节和骨骼肌上的 N - 胆碱受体）和 M - 型拟胆碱药（主要作用于 M - 胆碱受体）两种；后者不直接作用于胆碱受体，而是通过抑制胆碱酯酶而发挥拟胆碱作用。

本书只介绍直接作用于胆碱受体的药物。

氯化氨甲酰胆碱

【理化性质】 本品为白色结晶，无臭或微有脂肪胺臭，有吸湿性，易溶于水，略溶于乙醇。

【作用用途】　本品对 M－、N－受体均有兴奋作用，治疗剂量主要表现为 M－样作用。作用强而持久，对胃肠平滑肌兴奋作用最强，对膀胱、子宫平滑肌亦有较强的兴奋作用；可使唾液、胃液和肠液分泌增加；但对心、血管系统作用较弱；亦能兴奋神经节，增强骨骼肌张力。本品不易被胆碱酯酶破坏，作用强而持久，能维持 1.5~2 小时。

本品临床用于便秘、子宫弛缓、子宫蓄脓等症的治疗。

【用法用量】　氯化氨甲酰胆碱注射液，皮下注射：每次0.25~5 毫克。

【专家提示】

（1）本品不可静脉或肌内注射。

（2）中毒时可用阿托品解救。

（3）老龄、瘦弱、有心、肺疾患及肠管完全阻塞的猪禁用。

槟榔碱

【理化性质】　其氢溴酸盐为白色结晶或结晶性粉末，味苦，易溶于水和乙醇。

【作用用途】　本品能直接兴奋 M 和 N 胆碱受体，对平滑肌的作用较毛果芸香碱强，可使胃肠蠕动增强，子宫、膀胱收缩；对腺体作用强度同氯化氨甲酰胆碱；能使瞳孔缩小，眼内压降低。

本品用于胃肠弛缓、子宫弛缓、胎衣不下等，还可用于虹膜炎的治疗。此外，还有驱绦虫的作用。

【用法用量】

（1）槟榔碱片，内服：每千克体重 1~3 毫克。

（2）氢溴酸核榔碱注射液，皮下注射：0.01~0.04 克。治疗肠便秘（不全阻塞时）可将 1 次量分作两次注射，间隔 30 分钟。

毛果芸香碱

【理化性质】 其硝酸盐为无色或白色有光泽的结晶性粉末，易溶于水，略溶于乙醇。

【作用用途】 本品能直接兴奋 M – 胆碱受钵体，表现 M 样作用。对胃肠平滑肌和多种腺体有强烈的选择性兴奋作用，作用快而强。对心血管系统及其他器官的影响相对较小。

本品用于不全阻塞的肠便秘，食道阻塞等。

【用法用量】 硝酸毛果芸香碱注射液，皮下注射：每次 5 ~ 50 毫克。

新斯的明

【理化性质】 本品甲基硫酸盐为白色结晶性粉末，易溶于水及乙醇。

【作用用途】 本品能可逆性地抑制胆碱酯酶，引起全部胆碱能神经兴奋，表现出 M 样和 N 样作用。对骨骼肌和胃肠道、子宫、膀胱平滑肌兴奋作用较强，对各种腺体、支气管平滑肌、瞳孔虹膜括约肌的兴奋作用较弱，对心血管系统作用亦弱，不易透过血脑屏障，对中枢无明显作用。

本品临床上适用于膀胱弛缓引起的尿潴留，子宫收缩无力所致的胎衣不下、子宫复位延缓、重症肌无力，手术后腹胀及大剂量氨基糖苷类抗生素引起的呼吸衰竭等。

【用法用量】 甲基硫酸新斯的明注射液，皮下或肌内注射：每次 2 ~ 5 毫克。

【专家提示】

（1）瘦弱、妊娠母猪及有心肺疾病或完全的肠道便秘的猪禁用。

（2）与所有抗胆碱药均有拮抗作用。本品中毒时，可用阿托品解救。

（3）对氨基糖苷类的神经肌肉阻滞作用有一定拮抗效力，但对卡那霉素和多黏菌素引起的非竞争型肌松作用，一般无拮抗作用。

（4）本品的抗胆碱酯酶作用，能增加普鲁卡因的毒性。

2. 抗胆碱药　抗胆碱药按其对胆碱受体的选择性不同，可分为 M - 胆碱受体阻断药和 N - 胆碱受体阻断药。N - 胆碱受体阻断药在猪病临床上很少使用，故从略。本节只介绍养猪常用的 M - 胆碱受体阻断药中的阿托品、颠茄酊、氢溴酸山莨菪碱。

阿托品

【理化性质】　硫酸阿托品为白色结晶状粉末，无臭，味苦，易溶于水和乙醇。遇碱性物质可引起分解，遇光易变质。

【作用用途】　本品可松弛内脏平滑肌（对子宫平滑肌无效），对胃肠平滑肌作用较强；松弛虹膜括约肌而扩大瞳孔，升高眼内压；能抑制唾液腺、支气管腺、胃肠腺等的分泌（对乳腺无影响）；解除迷走神经对心脏的抑制作用；大剂量阿托品能扩张外周和内脏血管、小血管，改善微循环，并有明显的中枢兴奋作用。也能兴奋呼吸中枢及大脑皮层运动区和感觉区。

本品主要用于：

（1）解痉。治疗各种内脏平滑肌痉挛引起的腹痛。

（2）用于麻醉前给药。减少麻醉过程中支气管黏液的分泌，以防发生呼吸困难。

（3）扩大瞳孔，防止虹膜粘连。

（4）解毒。解救有机磷中毒的 M - 胆碱样作用的症状和中枢神经症状。解救有机磷中毒可配合特效解毒药碘解磷啶等胆碱酯酶复活剂使用。还可用于解除锑剂中毒引起的心动徐缓和传导阻滞。

（5）抢救感染中毒性休克。

【用法用量】 皮下注射：一次2~4毫克。

本品用于中毒性休克或解救有机磷中毒时，可肌内或静脉注射，可按每千克体重1毫克，必要时可重复给药。

【专家提示】

（1）大剂量用于消化道疾病时，可使胃肠蠕动显著减弱，消化液分泌减少，而全部括约肌却收缩，故易发生肠鼓气、便秘等，尤其是当胃肠过度充盈或饲料强烈发酵时，可使胃肠道过度扩张，甚至破裂。

（2）阿托品中毒的解救方法主要是对症处理，如随时导尿、防止肠膨胀、维护心脏功能等。

氢溴酸山莨菪碱

【理化性质】 本品为白色结晶性粉末，味苦，能溶于水和乙醇。

【作用用途】 本品有明显的外周抗胆碱作用。能解除平滑肌痉挛和对抗乙酰胆碱抑制心血管的作用，改善微循环。作用强度与阿托品相似或稍弱，但其抑制唾液分泌的作用、散瞳孔作用、中枢作用比阿托品弱得多。毒性与副作用较低，在体内无蓄积作用。此外，本品尚有镇痛作用。

本品主要用于严重感染所致的中毒性休克、有机磷酸酯类药物中毒及内脏平滑肌痉挛等。

【用法用量】

（1）氢溴酸山莨菪碱（654）注射液，肌内或静脉注射：用量为硫酸阿托品的5~10倍。

（2）654-2。是人工合成的山莨菪碱，药用盐酸盐，用法用量同氢溴酸山莨菪碱。

3. 拟肾上腺素药 拟肾上腺素药是指激动肾上腺素能受体的药物。其作用与交感神经兴奋的效应相似，有收缩血管、兴奋心肌、松弛支气管和胃肠道平滑肌、散大瞳孔等效应。肾上腺素能受体根据其对拟肾上腺素药及抗肾上腺素药反应的不同，可分为 α 受体和 β 受体。α 受体兴奋时，主要表现皮肤、黏膜及内脏血管收缩、瞳孔扩大；而 β 受体兴奋时主要表现为心脏兴奋、冠状血管和骨骼肌血管扩张等。

肾上腺素

【理化性质】 本品为白色或白色结晶粉末，无臭，味微苦，难溶于水及乙醇，加稀盐酸时，容易形成水溶性盐（盐酸肾上腺素）。其水溶液遇光或空气易分解变为红色，应避光密闭保存。在碱性溶液中易破坏，在酸性溶液中较稳定。

【作用用途】 对 α、β 受体都有激活作用，能使心肌收缩力加强，心率加快，心肌耗氧量增加；使外周（皮肤、黏膜）血管和内脏血管收缩，但冠状血管和骨骼肌血管则扩张。在常用剂量下，收缩压上升而舒张压不升高，当剂量增大时，收缩压和舒张压都上升；对支气管平滑肌有松弛作用，能抑制胃肠平滑肌收缩，使瞳孔扩大。

主要用途：

（1）麻醉、药物中毒等原因引起的心脏骤停的急救。

（2）抢救过敏性休克。缓解青霉素过敏等引起的过敏性休克的心跳微弱、血压下降、呼吸困难等症。

（3）治疗支气管哮喘作用快而强，但不持久。

（4）治疗荨麻疹、血清反应等。

（5）与局部麻醉药合用，可显著延长局部麻醉药的作用时间。

【用法用量】 盐酸肾上腺素注射液，皮下或肌内注射：一次 0.2～1 毫克。

用于急救时，可用生理盐水或 5% 葡萄糖注射液稀释 10 倍后做静脉注射。

【专家提示】 禁与洋地黄、氯化钙同时应用。

异丙肾上腺素

【理化性质】 其盐酸盐为白色结晶性粉末，无臭，味苦，易溶于水。

【作用用途】 本品为 β 受体兴奋药，对 α 受体几乎无作用，能增强心肌收缩力，加速心率，作用比肾上腺素强。对骨骼肌血管、肾和肠系膜动脉血管均有扩张作用，降低外周阻力。能缓解休克时的小血管痉挛，增加微循环的血流量，从而改善血液供应。对支气管和胃肠道平滑肌有强大的松疏作用，具有明显的平喘作用，主要用于感染性休克、心源性休克等症的治疗。还可用于支气管痉挛引起的喘息。

【用法用量】

（1）盐酸异丙肾上腺素注射液，皮下或肌内注射：0.1～0.2 毫克，每 6 小时 1 次。

（2）混入 5% 葡萄糖液中静脉滴注：0.2～0.4 毫克。

【专家提示】

（1）剂量过大或反复应用时可引起血压骤降，导致突然死亡。

（2）用于抗休克时，应先补充血容量，因为血容量不足时，可引起血压下降而发生意外。

去甲肾上腺素

【理化性质】 其重酒石酸盐为白色或类白色结晶性粉末，无臭，味苦，易溶于水，略溶于乙醇。

【作用用途】　本品主要兴奋 α 受体，对 β 受体兴奋作用弱，有很强的收缩血管和升高血压的作用。与肾上腺素比较，其兴奋心脏及抑制平滑肌的作用较弱。氢化可的松、氟美松等皮质激素可加强血管对去甲肾上腺素的敏感性，减少其对血管壁的不良刺激，二者可混合使用。

本品主要用于某些外周循环衰竭所引起的休克。

【用法用量】　重酒石酸去甲肾上腺素注射液，静脉滴注：一次 2~4 毫克，临用时稀释成 8~10 微克，即在 100 毫升 5% 葡萄糖液中加入本品 0.8~1 毫克，按每分钟 2 毫升速度静脉滴注。

【专家提示】

（1）本品用量不能过大，也不可长时间连续应用。

（2）静脉滴注时严防药液外漏，以免引起局部组织坏死。更不能做皮下或肌内注射。出血性休克禁用。

（3）本品为酸性，不宜与青霉素 G 钾等配伍静脉滴注，以免发生混浊或效价降低。

第二节　用于血液循环系统的药物

一、止血药

止血药是指能促进血液凝固和制止出血的药物。止血药的作用机制可分为三大类：①促进凝血因子活性的（如维生素 K 等，见上一章节）。②抗纤维蛋白溶解的（如止血芳酸等）。③作用于血管、血小板的（如止血敏等）。

止血敏

【理化性质】　本品为白色结晶或结晶性粉末，无臭，味苦，能溶于水、怕热和光。

【作用用途】 本品能促进血小板的生成，增强血小板的功能，缩短凝血时间；能够增加毛细血管的抵抗力，降低其通透性，防止血液外渗。止血作用快，毒性低，无副作用。

主要用于防治各种出血性疾病，如胃肠道出血、子宫出血及外科手术出血等。

【用法用量】 肌内或静脉注射：一次2~4毫升。用于一般出血性疾病，每天用药2~3次，预防手术出血，应于手术前15~30分钟注射。必要时2小时后再注射1次。

止血芳酸

【理化性质】 本品为白色结晶性粉末，无臭，味微苦，溶于水，是酸碱两性化合物，在碱性或酸性溶液中均能溶解。

【作用用途】 本品多用于纤维蛋白溶解过程亢进所致的出血，对非纤维蛋白溶解所致的出血无效。其止血作用机制是抑制纤维蛋白溶解酶原的激活酶，使之不能被激活转变成纤维蛋白溶解酶，从而阻断纤维蛋白的溶解，保护伤口处血凝块的生成。也可防止血浆中纤维蛋白等因子受到破坏。

本品主要用于外科手术出血、产科出血、肺及消化道出血。

【用法用量】 对羧基苄胺注射液，静脉注射：0.1~0.3克，与生理盐水混合后缓慢滴注。

6 - 氨基己酸

【理化性质】 本品为白色或黄白色结晶性粉末，无臭，无味，能溶于水，其3.52%水溶液为等渗溶液。

【作用用途】 本品能抑制纤维蛋白溶酶原的激活因子，从而减少纤维蛋白的溶解，达到止血作用；高浓度时对纤维蛋白溶酶有直接抑制作用。适用于纤维蛋白溶解所致的出血。如外科手术出血、子宫出血、肺出血及消化道出血等。因子宫、肺及脏器存在大量纤维蛋白溶酶原的激活因子，这些脏器损伤或手术时，激活因子便大量释放出来，使血液不易凝固，此时，使用本品抑制纤维蛋白溶酶原的激活因子以达到止血的目的。本品作用时间短、排出快、需给予维持量。

【用法用量】　6－氨基己酸注射液，静脉滴注：首次量 4～6 克（加入 100～200 毫升生理盐水或葡萄糖溶液中），维持量 1～1.5 克，每小时 1 次。

止血环酸

【理化性质】　本品为白色结晶性粉末，能溶于水，不溶于乙醇。

【作用用途】　本品与 6－氨基己酸、对羧基苄胺的作用和用途相同，但止血效力比 6－氨基己酸、对羧基苄胺高 5～6 倍，对创伤性出血效果较显著，适应症同 6－氨基己酸。

【用法用量】　凝血酸注射液，静脉注射：一次 0.25～0.75 克，加入葡萄糖溶液或生理盐水中，缓慢静脉注射或滴注。

明胶海绵

【理化性质】　本品为白色或微黄色质轻软的多孔性片状物，有很强的吸水性，在水中不溶，在胃蛋白酶溶液中能完全消化。

【作用用途】　本品为局部止血药，其特点具有纤维多孔的物质，血液进入后，血小板被破坏，可促进血浆凝血因子的激活，加速血液凝固。

本品可用于外伤出血及手术时的止血，其在止血部位经 4～6 周即可被完全吸收。

【用法用量】　按出血创面的大小，将本品切成所需大小，轻揉后敷于创口渗血处，再用纱布按压即可止血。

安络血

【理化性质】　本品为橘红色结晶性粉末，易溶于水。

【作用用途】　本品能降低毛细血管的通透性，增加毛细血管断裂端的回缩作用。

本品主要用于毛细血管出血，如胃肠出血、血尿、子宫出血等。

【用法用量】　安络血注射液，肌内注射：一次 2~4 毫升，每天 2~3 次。

二、抗贫血药

抗贫血药又称补血药，是指能够补充造血物质、促进造血功能、用于防治贫血的药物。

葡聚糖铁钴注射液

【理化性质】　本品为右旋糖酐与三氯化铁及微量氯化钴制成的胶体注射液，呈暗褐色，有黏性。

【作用用途】　本品具有铁和钴的抗贫血作用，钴有兴奋骨髓造红细胞功能的作用，能改善机体对铁的利用。

本品主要用于仔猪贫血及其他缺铁性贫血。

【用法用量】

（1）铁钴注射液，深部肌内注射：仔猪出生后 4~10 日龄注射 2 毫升。

（2）牲血素，本品为有机铁络合物，棕黑色胶体注射液，无臭，每毫升含铁量为 150 毫克，是预防治疗仔猪缺铁性贫血的新型药。加硒型牲血素每毫升含硒化物 1 毫克，于仔猪出生后 72~76 小时内肌内注射，每头 1 毫升。用于大、中猪缺铁性贫血时，用量和次数酌情增加。

硫酸亚铁

【理化性质】 本品为淡绿色结晶粉末或颗粒，易溶于水，不溶于乙醇。

【作用用途】 本品主要用于缺铁性贫血。

【用法用量】 内服：一次 0.5 ~ 2 克，或配成 0.2% ~ 1% 溶液剂、饲料添加剂内服。

饲料中添加铁的数量，可按每 1 000 千克饲料含铁 140 克减去基础饲料中含铁量、其差值即为添加量。

枸橼酸铁胺

【理化性质】 本品为透明棕红色小片、颗粒或粉末，无臭，味咸，溶于水，不溶于乙醇，遇光易变质。

【作用用途】 同硫酸亚铁。本品为 3 价铁制剂，不易吸收，但无刺激性和腐蚀性，作用缓和。

【用法用量】 一般配成 10% 溶液内服，用量同硫酸亚铁。

维生素 B_{12}

【理化性质】 本品是一类含钴的化合物，为深红色结晶性粉末，无臭，无味，引湿性强，能溶于水。

【作用用途】 维生素 B_{12} 是体内重要的辅酶，它参与核酸、蛋白质的合成及脂肪、糖的代谢，能维持骨骼的正常造血机能和机体生长发育。

本品主要用于维生素 B_{12} 缺乏所致的贫血，仔猪生长迟缓，运动失调等。在养猪生产中，常用维生素 B_{12} 或含维生素 B_{12} 的抗生素残渣喂猪，以促进生长。

【用法用量】

（1）注射液，肌内注射：一次 0.3 ~ 0.4 毫克。

（2）粉剂、片剂，饲料添加，每千克饲料中添加维生素 B_{12} 的量：生长猪 0.01～0.024 毫克，后备母猪 0.01 毫克，妊娠母猪 0.02～0.033 毫克。

【专家提示】

（1）本品遇日光、氧化还原性物质（如维生素C）、重金属盐类及微生物均能引起失效，故应在无菌条件下避光贮存。

（2）本品对缺铁性贫血无效。

（3）与新霉素、对氨水杨酸钠等合用会减少肠道对维生素 B_{12} 的吸收，应避免配伍。

三、体液补充药

体液补充药是调节机体水、电解质和酸碱平衡的药物。

补充体液的原则：

（1）根据病情确定补充的体液品种。补充体液既要纠正体液丧失的量，更要注重纠正体液质的变动。常用的药物有：①晶体液（电解质溶液）：葡萄糖盐水、生理盐水等，主要起调节渗透压作用。②胶体溶液：全血、右旋糖酐等，主要起扩充血容量作用。③碱性液体：5%碳酸氢钠或11.2%乳酸钠，用以纠正酸中毒。

（2）补液程序与速度：①在确定补液程序时应先扩容，后调整电解质和酸碱平衡；扩容时先用晶体溶液后用胶体溶液。②补液速度，宜先快后慢。通常每分钟60滴，相当于250毫升每小时，心、脑、肾功能障碍者补液及补钾时速度应慢，动物休克时速度应快。

葡萄糖

【理化性质】 本品为无色或白色结晶性粉末，无臭，味甜，易溶于水。

【作用用途】　本品具有供能、解毒、强心、利尿、补液等作用。不同浓度的灭菌水溶液，作用也不相同。5%溶液为等渗液，用于腹泻、大失血、脱水等症，以补充体液，5%～10%溶液有解毒作用，静脉注射用于各种急性中毒，以增强解毒能力，促进毒物排泄；10%的溶液有供能作用，静脉注射多用于低血糖症，营养不良等；25%～50%高渗葡萄糖溶液有强心、利尿、脱水作用，静脉注射用于心力衰竭、肺水肿等的辅助治疗。

【用法用量】

（1）5%葡萄糖注射液，静脉注射：250～500毫升。

（2）10%葡萄糖注射液，静脉注射：100～500毫升。

（3）25%葡萄糖注射液，静脉注射：100～500毫升。

（4）50%葡萄糖注射液，静脉注射：20～60毫升。

（5）葡萄糖氯化钠注射液（糖盐水，含5%葡萄糖和0.9%氯化钠），静脉注射：250～500毫升。

氯化钠

【理化性质】　本品为无色透明的立方体结晶或白色结晶性粉末，无臭，味咸，有引湿性，易溶于水。

【作用用途】　本品能够调节细胞外液的渗透压和容量，参与酸碱平衡的调节，维护神经肌肉的兴奋性。

本品临床主要用于防治各种原因引起的低钠综合征，如大量呕吐、腹泻等。对各种缺钠性脱水症及时输入生理盐水是极为重要的治疗措施。

生理盐水也可用于洗眼、洗鼻及冲洗伤口等，还可用于稀释其他注射液。

【用法用量】

（1）生理盐水（0.9%氯化钠注射液），静脉注射：200～500毫升。

（2）复方氯化钠注射液（林格氏液），含 0.85% 氯化钠、0.03% 氯化钾、0.033% 氯化钙的灭菌水溶液。常用于补盐，静脉注射：250～1 000 毫升。

【专家提示】

（1）肺水肿病例禁用本品。

（2）生理盐水较体液相对为酸性，对已有酸中毒倾向的病猪，大量输入生理盐水，可引起高氯性酸中毒。防止的办法是采用碳酸氢钠－生理盐水（1.25% 碳酸氢钠注射液加生理盐水 2份），同时还可纠正酸中毒。

碳酸氢钠

【理化性质】 本品为白色结晶性粉末，易溶于水，水溶液放置稍久、振摇、加热时，均能分解出二氧化碳，而转变成碳酸钠，使碱性增强。

【作用用途】 内服或静脉注射本品后，能直接增加机体的碱贮备，主要用于防治代谢性酸中毒。此外，本品还具有碱化尿液，防止磺胺类药物对肾脏的损害，也可增强庆大霉素对泌尿系统感染的疗效，中和胃酸、健胃等作用。

【用法用量】 5% 碳酸氢钠注射液，静脉注射：一次 40～120 毫升。

【专家提示】 本品溶液呈弱碱性，对局部组织有刺激性，注射时切勿漏出血管外；应用过量时可致代谢性碱中毒。本品忌与酸性药物配伍使用。

右旋糖酐

【作用用途】 右旋糖酐又称葡聚糖，为白色粉末，无臭、无味，易溶于水，其水溶液为稍带黏稠澄明液体。本品静脉注射后，能提高血浆渗透压，扩大血容量；自肾脏排出时还可产生渗透性利尿作用。中分子右旋糖酐扩充血溶量作用维持时间较长（约 12 小时），主要用于预防或治疗烧伤、手术、外伤出血等原因引起的血容量不足性休克。小分子右旋糖酐在体内作用维持时间短（约 3 小时），低分子和小分子右旋糖酐能改善微循环，防止弥散性血管内凝血。

中分子右旋糖酐主要用于改善血容量不足性休克。低分子右旋糖酐主要用于救治中毒性休克、创伤性休克和弥散性血管内凝血，也可用于血栓性静脉炎。

【用法用量】

（1）右旋糖酐氯化钠注射液（含右旋糖酐 30 克、氯化钠 4.5 克，静脉注射：一次 250～500 毫升。

（2）右旋糖酐葡萄糖注射液（含右旋糖酐 30 克、葡萄糖 25 克），静脉注射：一次 250～500 毫升。

（3）低分子右旋糖酐注射液（为 10% 右旋糖酐的等渗氯化钠溶液）和小分子右旋糖酐注射液（为 12% 小分于右旋糖酐的等渗氯化钠溶液），静脉注射：一次 1 000～3 000 毫升。

【专家提示】

（1）本品连续或大剂量应用可能影响血小板功能，引起凝血障碍和出血倾向，故血小板减少症和出血性疾病禁用。

（2）心、肾功能不全及严重脱水的病猪，慎用或禁用。

氯化钾

【理化性质】　本品为无色长棱形或立方形结晶或白色结晶性粉末，无臭，味咸涩，易溶于水，不溶于乙醇。

【作用用途】　钾为细胞内主要阳离子，是维持细胞内渗透压的重要成分，并通过与细胞外的氢离子交换，参与酸碱平衡的调节和糖、蛋白质的合成以及二磷酸腺苷转化为三磷酸腺苷的能量代谢。钾还参与神经及其所支配的器官之间、神经之间的兴奋传导过程和神经末梢递质（乙酰胆碱）的合成。心肌细胞内、外钾浓度对心肌的自律性、传导性和兴奋性都有影响。缺钾时心肌兴奋性增高，出现心律失常；钾过多时则抑制心肌自律性、传导性和兴奋性。钾还可以对抗洋地黄对心肺的毒性作用。

本品主要用于纠正各种原因（如病猪食欲废绝、患肠炎或大量使用利尿药时）引起的钾缺乏症或低血钾症。还可用于强心苷中毒和使用肾上腺皮质激素时的辅助用药（补充钾）。

【用法用量】

（1）10%氯化钾注射液，用于防治低血钾和洋地黄等强心苷中毒所致的心律不齐。静脉滴注时必须用生理盐水或5%~10%葡萄糖注射液稀释成0.1%~0.3%的浓度，以小剂量连续使用。静脉滴注：一次5~10毫升。

（2）复方氯化钾注射液（含氯化钾0.28%、氯化钠0.42%、乳酸钠0.63%），用于补钾和纠正一般的酸中毒。静脉注射：一次200~500毫升。

【专家提示】

（1）对肾功能不全、尿少或闭尿的病猪，慎用或禁用。急性肾功能障碍时，如在脱水、外周循环衰竭、休克等情况，钾的排泄受到影响，此时补钾，也易引起高钾症。因此，在补钾之前，必须了解肾脏的排尿功能，在尿量很少或闭尿未得到改善之前，严禁使用钾盐。

（2）内服氯化钾对胃肠道刺激性较强，最好用低浓度溶液于喂饲后灌服，以减轻刺激性。

（3）静脉注射时，须先用生理盐水或5%~10%葡萄糖注射液稀释成0.1%~0.3%的浓度，滴注速度宜慢（每分钟15毫升），否则不但对静脉的刺激性大，更严重的是由于钾盐浓度过高，滴速过快，可使血浆内钾离子浓度短时间内显著上升，抑制心肌收缩，甚至心脏突然停博，如果出现高血钾征象，可用葡萄糖、胰岛素和钙盐解救。

口服补液盐（ORS）

本品含氯化钠3.5克、氯化钾1.5克、碳酸氢钠2.5克、葡萄糖20克，加水1 000毫升，灌服或自饮。

本品用于治疗或预防猪的胃肠炎、腹泻、仔猪副伤寒、仔猪黄白痢等引起的脱水。少量多次饮用。

【专家推荐】 体液的相关生理知识。

（1）水和电解质平衡。水不仅是一种营养物质，而且是物质运输的介质，各种代谢反应的溶媒，体温调节系统的主要组成部分。肾、肺、皮肤、胃肠等排泄体内多余的水和电解质。水和电解质的关系极为密切，两者在体液中以恰当比例存在时才能维持正常的渗透压。渗透压的平衡对维持体内各个部分的体液容量起决定作用。

（2）酸碱平衡。动物正常血液 pH 值一般为 $7.24\sim7.54$，维持血液酸碱平衡的主要途径是：①血液缓冲系统。最重要的缓冲对是 HCO_3^-/H_2CO_3，二者之比为 $20:1$，体内产酸多时，由 HCO_3^- 中和；产碱多时，由 H_2CO_3 中和。②肺调节。通过增减 CO_2 排出量来调节血中的 H_2CO_3 浓度，当 H_2CO_3 浓度增高时，呼吸加深加快，加速 CO_2 排出；反之亦然。③肾调节。肾有较强的排酸能力。具体途径一是靠 H^+ 与 Na^+ 的交换和 $NaHCO_3$ 的重吸收；二是分泌 NH_4^+ 以排出 H^+；三是直接排出 H_2SO_4 和 HCl 等。

第三节　用于呼吸系统的药物

呼吸系统疾病是猪的常发病，其主要症状是积痰、咳嗽、气喘。作用于呼吸系统的药物可分为祛痰、镇咳和平喘三类。

氯化铵

本品内服后，主要刺激胃黏膜，反射性地引起支气管黏液大量分泌，使痰液被稀释后，易于咳出。用于急慢性支气管炎、肺部感染等呼吸道炎症初期，痰液黏稠而不易咳出的病例。本品还有利尿、酸化尿液作用，也可用于代谢性碱中毒。内服：一次1～2克，每天2次。

【专家提示】

（1）有酸中毒症状的病猪禁用。

（2）胃、肝、肾功能异常的患猪慎用。

（3）不宜与磺胺类药物配伍，因为磺胺类药物在酸性尿液中溶解度降低、易析出结晶，发生泌尿道损害。

（4）忌与碳酸氢钠等碱性药物配合应用。

碘化钾

本品内服刺激胃黏膜，反射性地增加支气管腺的分泌；吸收后部分从呼吸道腺体排出，刺激呼吸道黏膜，使支气管腺体分泌增加，把痰液稀释，呈祛痰作用。本品刺激性较强，不适于治疗急性支气管炎。主要用于治疗痰液黏稠不易咳出的亚急性支气管炎后期和慢性支气管炎。碘化钾片，内服：一次1～3克。

远志制剂

【理化性质】　远志制剂包括远志酊、远志流浸膏，均为棕色的液体，与水振摇有多量泡沫。

【作用用途】　本品内服对胃黏膜有刺激作用，反射地引起支气管腺体分泌增加，使痰液变稀，并能使支气管黏膜上皮纤毛运动加强，有祛痰、镇咳作用。

本品常与其他药物配合治疗急慢性支气管炎、支气管肺炎。

【用法用量】

（1）远志酊。含远志流浸膏20%，内服：一次10~20毫升。

（2）远志流浸膏。每毫升相当于远志1克，内服：一次3毫克。

桔梗制剂

【理化性质】　桔梗制剂包括桔梗酊、桔梗流浸膏，均为棕色液体。

【作用用途】　祛痰作用与氯化铵相似而稍强。内服后刺激胃黏膜，反射性地引起支气管腺的分泌增加，使痰液被稀释，还可保护黏膜，减轻咳嗽，有祛痰、止咳作用。

常与其他药物配伍应用，适用于治疗急慢性支气管炎。

【用法用量】

（1）桔梗流浸膏。每毫升相当于桔梗1克，内服：一次8~20毫升。

（2）桔梗酊。含桔梗流浸膏20%，内服：一次10~30毫升。

杏仁水

【理化性质】　本品为无色澄明液体。其有效成分为杏仁苷，以氢氰酸计约0.1%。

【作用用途】　本品内服后被酶水解为氢氰酸和苯甲醛，微量的氢氰酸不致引起中毒，而对呼吸中枢、咳嗽中枢都有抑制作用，可使呼吸运动趋于平静而镇咳、平喘。但剂量过大有发生中毒的危险。

本品主要用于支气管炎引起的咳嗽、气喘等，对无痰或少痰而咳嗽频繁的最为适用。

【用法用量】　杏仁水，内服：一次5~10毫升，每天3次。

甘草

【理化性质】 本品为豆科植物甘草的根和根状茎，味甘。

【作用用途】 本品具有祛痰止咳、解毒、抗胃酸及肾上腺皮质激素样作用。

（1）祛痰止咳。能抑制咳嗽中枢，并能促进支气管的分泌，有镇咳祛痰作用。还能保护咽部黏膜，减少异物刺激，减轻咳嗽。

（2）解毒作用。所含甘草甜素对药物、食物中毒，体内代谢毒物及细菌毒素、蛇毒等均具解毒作用。

（3）抗胃酸作用。甘草有缓解胃肠平滑肌痉挛的作用。甘草流浸膏能保护胃黏膜，有抑制胃酸分泌作用。

（4）肾上腺皮质激素样作用。甘草能促进水、钠在体内的潴留和钾离子的排出，并能显著增强和延长可的松的作用，与可的松同用，作用互补。此外，甘草还有抗炎及抗变态反应作用。

甘草制剂常与其他镇咳祛痰药配伍，用于急、慢性支气管炎引起的咳嗽等。

【用法用量】

（1）甘草粉。内服：一次 5～15 克，每天 2～3 次。

（2）复方甘草片。由甘草流浸膏、氯化铵（或阿片粉）、酒石酸锑钾、樟脑、苯甲酸、八角茴香油等组成。为深棕色片剂，内服：一次 3～6 克，每天 3 次。

（3）复方甘草合剂。由甘草流浸膏 12%、酒石酸锑钾 0.024%、复方樟脑酊 12%、亚硝酸乙酯醑 3%、甘油 12%、蒸馏水适量制成。为棕色液体，有香气、味甜。内服：一次 10～30 毫升，每天 3 次。

（4）甘草流浸膏。为深棕色黏稠液体，含甘草酸 7%，内服：一次 6～15 毫升，每天 3 次。

咳必清

本品主要对咳嗽中枢有抑制作用，内服吸收后，部分药物经呼吸道分泌排出，对呼吸道黏膜有轻度的局部麻醉作用，兼有外周性镇咳作用。此外，本品还有阿托品样的平滑肌解痉挛作用，大剂量时可松弛支气管平滑肌、降低呼吸阻力。

本品主要用于治疗急性呼吸道炎症引起的干咳，常与氯化铵合用。也常与祛痰药配合用于伴有剧咳的呼吸道炎症。内服：一次 0.05~0.1 克，每天 3 次。

氨茶碱

本品能直接松弛支气管平滑肌，解除支气管平滑肌痉挛和间接抑制组织胺等过敏物质的释放，缓解支气管黏膜充血和水肿。本品主要用于缓解气喘症状。

（1）氨茶碱片，内服：一次 0.4~2 克。

（2）氨茶碱注射液，肌内注射：一次 0.25~0.5 克。

麻黄素

本品有舒张支气管平滑肌、收缩血管、兴奋心脏及中枢的作用，平喘作用较肾上腺素弱而持久。内服用药作用缓慢而温和，维持时间较长。连续应用易产生快速耐药性，作用迅速减弱，甚至无效。本品主要用于支气管哮喘，以减弱支气管痉挛。

（1）盐酸麻黄碱片，内服：一次 20~50 毫克。

（2）盐酸麻黄碱注射液，肌内注射：一次 20~50 毫克。

第四节 用于消化系统的药物

消化系统疾病是猪的常发病，若不及时治疗或治疗不当，常可引起病猪死亡。

作用于消化系统的药物根据其功能可分为健胃药、助消化药、泻药和止泻药等。

一、健胃药

健胃药是指能增进唾液、胃液的分泌和胃的蠕动，提高食欲的药物。

龙胆

【理化性质】 本品为龙胆科植物龙胆的根和根茎，味甚苦，有效成分为龙胆苦苷。

【作用用途】 本品有清泻肝胆湿热，除下焦湿热，增进食欲的功效。口服时刺激味觉感受器，反射地引起胃液分泌增加，促进食欲，改善消化功能。本品对胃黏膜无直接刺激作用，也无明显的吸收作用，是苦味药的代表药物，常与其他健胃药物配合应用，用于治疗食欲不振，消化不良。

【用法用量】

（1）龙胆末（散剂或煎剂），内服：2~4克，每天2~3次。

（2）龙胆酊，由100克龙胆末、40%乙醇1 000毫升浸制而成，为澄明褐色（黄棕色）液体。内服：一次3~8毫升，每天2~3次。

（3）复方龙胆酊，由龙胆末100克、陈皮末40克、草豆蔻末10克、60%乙醇适量浸制成1 000毫升褐色透明的液体。内服：一次3~8毫升，每天2~3次。

【专家提示】

（1）最好用散剂、酊剂或舔剂经口服用，使其与味觉感受器接触后发挥作用，不可直接投入胃内，以免降低疗效。

（2）宜在饲喂前30分钟给药，用量过大或采食后服用反使消化功能减退，胃液分泌减少，甚至引起呕吐。

（3）不得反复多次应用、以免产生适应性，影响疗效。

陈皮

【理化性质】 本品为芸香科植物柑桔成熟果实的干燥果皮，未成熟果皮称青皮，味芳香而略苦，含挥发油、川皮酮、橙皮苷、肌醇及维生素 B_1 等。

【作用用途】 本品有理气健脾、燥湿化痰之功能。其味芳香能反射性地促进胃液分泌，增进食欲；内服后能刺激消化道黏膜，促进胃肠分泌和蠕动，有助于胃肠积气的排除和食物的消化，同时还有轻微的防腐制酵作用。此外，所含挥发油吸收后，经呼吸道排出时，能刺激呼吸道黏膜，使分泌增多，有祛痰作用。

本品主要用于食欲不振、消化不良、胃肠轻度发酵和积食、气胀、咳嗽痰多等。

【用法用量】

（1）陈皮末，内服：一次 6 ~ 12 克，每天 2 ~ 3 次。

（2）陈皮酊，由陈皮末 100 克，60% 乙醇适量制成 1 000 毫升的橙色液体，有香气，味苦。内服：一次 10 ~ 20 毫克，每天 3 次。

桂皮

【理化性质】 本品为樟科植物肉桂的干燥树皮。气香浓烈，味甜、辣，含 1% ~ 2% 挥发油及鞣质，黏液质、树脂，油的主要成分为桂皮醛。

【作用用途】 桂皮油对胃肠有缓和的刺激作用，能增强消化功能，排出消化道积气，缓解胃肠痉挛；同时有中枢及末梢性扩张血管的作用，增强血液循环。

本品常用于消化不良、胃肠臌气、产后虚弱。

【用法用量】 桂皮酊,由桂皮 200 克,60% 乙醇加至 1 000 毫升浸制而成,为黄色液体,有香气。内服:10 ~ 20 毫升,每天 2 ~ 3 次。

【专家提示】 妊娠母猪慎用,以免流产。

小茴香

【理化性质】 本品为伞形科植物茴香的干燥成熟果实,粉末为黄绿色或棕色,具特异香味。含挥发油 3% ~ 8%,其中主要成分为茴香醚、小茴香酮等。

【作用用途】 本品对胃肠黏膜具温和的刺激作用,能增强消化液的分泌,促进胃肠蠕动,减少胃肠气胀。对胃肠痉挛或肌肉挫伤痛有一定的缓解作用。与氯化铵配合,可增强其祛痰作用。

本品常用于消化不良、积食、胃肠胀气、腹痛和痰液浓稠、干咳等。

【用法用量】

(1) 小茴香末,内服:一次 6 ~ 9 克。

(2) 小茴香酊,由 20% 小茴香末、60% 乙醇加至 1 000 毫升浸制而成。内服:1 次 5 ~ 30 毫升,每天 2 ~ 3 次。

(3) 芳香氨醑,由碳酸氢钠 30 克、浓氨液 60 毫升、枸橼油 5 毫升、八角茴香油 3 毫升、90% 乙醇 750 毫升加蒸馏水至 1 000 毫升制成。本品为几乎无色的澄明液体,久置即渐变为黄色,有芳香性、氨臭和刺激性。忌与酸性药物和含生物碱类的药物配伍应用。

本品用于祛风、止酵、健胃、祛痰。内服:一次 4 ~ 12 毫升,每天 3 次。用时加水 4 ~ 5 倍稀释。

人工盐

【理化性质】　本品为白色粉末，易溶于水。

【作用用途】　内服小剂量能刺激胃肠分泌和蠕动、中和胃酸；大剂量具有缓泻作用。此外，还有利胆作用。

本品常用于消化不良、早期大肠便秘、胆囊炎等。

【用法用量】　人工盐含干燥硫酸钠 44%，碳酸氢钠 36%，氯化钠 18%，硫酸钾 2%。用于健胃内服：一次 10～30 克；用于缓泻内服：一次 50～100 克。

碳酸氢钠

有关碳酸氢钠，详见本章第三节。

（1）小苏打片，内服：一次 2～5 克。

（2）大黄苏打片，每片含大黄末和碳酸氢钠各 0.15 克，具有制酸和健胃作用，用于治疗食欲不振、消化不良。内服：一次 5～10 克。

二、助消化药

助消化药多为消化液中的成分，它能补充消化液中某些成分的不足，恢复消化功能。

稀盐酸

【理化性质】　本品为无色的澄明液体，无臭，含盐酸 10%，呈强酸性反应。置玻璃塞瓶中密封保存。

【作用用途】　本品内服后可增加胃中酸度，使幽门括约肌松弛，胃内食糜易达到十二指肠，有利于胃内排空，起助消化作用；同时还能使胃蛋白酶原转变为胃蛋白酶，并保证胃蛋白酶发挥作用所需要的酸性环境，有利于蛋白质的消化；使小肠上部食糜呈酸性，也有利于钙、铁等盐类的溶解和吸收；还能抑制发酵过程。

本品主要用于盐酸缺乏引起的消化不良、胃内积食、发酸和碱中毒等。也可用于其他疾病引起的消化不良的辅助治疗。

【用法用量】 10%稀盐酸，内服：一次1~2毫升，临用时加水50倍稀释成0.2%浓度方可服用。

【专家提示】

（1）本品遇有机酸盐（如安钠咖等）产生沉淀。

（2）应用时，用水稀释50倍左右，用量不宜过大，以免产生不良反应。

乳酶生

【理化性质】 本品为活乳酸杆菌的干制剂，白色或淡黄色粉末，无臭，无味。难溶于水，受热则效力降低。

【作用用途】 内服后，在肠内分解糖类生成乳酸，使肠内酸度增高，从而抑制腐败菌生长繁殖，制止蛋白发酵，减少产气。

本品用于消化不良、腹胀、仔猪腹泻等。亦可用于长期使用抗生素所致二重感染的辅助治疗。

【用法用量】 乳酶生片，有效期一般为18个月。内服：一次2~4克。

【专家提示】

（1）由于本品为活菌制剂，不宜与磺胺类药物或抗生素配伍使用，以免失效或减效。必须应用时，应分开服用（间隔2~3小时）。

（2）也不能与铋剂、鞣酸、活性炭、酊剂等合用，以免抑制、吸附或杀灭乳酸杆菌。

（3）制剂超过有效期，不宜再用。

（4）本品一般应于饲喂前服用。

干酵母

【理化性质】　本品为淡黄色或淡黄棕色的薄片、颗粒或粉末，有发酵物特殊臭味，味微苦。

【作用用途】　本品内含多种 B 族维生素，含有肌醇、转化酶、麦芽糖等。这些都是体内酶系统的重要组成物质，参与体内糖、蛋白质、脂肪等的代谢过程和生物氧化过程，因而能增强消化吸收，促进机体各系统、器官的功能。

本品常用于食欲不振、消化不良和维生素 B 缺乏所引起的多发性神经炎等疾病。

【用法用量】

（1）干酵母片，内服：一次 30~60 克。

（2）食母生片，每片含酵母粉 0.2 克、碳酸钙 0.04 克、蔗糖 0.11 克。内服：一次 30~60 克。

【专家提示】

（1）本品用量过大可致腹泻。

（2）本品有拮抗磺胺类药物的作用，不宜联合应用。

胃蛋白酶

【理化性质】　本品为白色或淡黄色粉末，有吸湿性，易溶于水，其水溶液呈酸性反应，易变质，应密闭保存。

【作用用途】　本品为一种蛋白分解酶，水解蛋白能力强，能使凝固的蛋白质分解成蛋白胨和蛋白胨，亦能水解多肽。但不能更进一步将其消化分解成氨基酸。本品在 0.2%~0.4% 盐酸的酸性环境中消化力最强。

本品用于胃液分泌不足所引起的消化不良和仔猪消化不良及久病消化功能减退等。

【用法用量】

（1）胃蛋白酶粉，有效期1年，内服：一次1~2克，每天2次。于饲喂前灌服，临用时先将稀盐酸加水稀释50倍，然后加入胃蛋白酶同服。

（2）多酶片，每片含胃蛋白酶0.4克、胰酶0.12克、淀粉酶0.12克。内服：一次2~5片，每天2次，饲喂前喂服。

【专家提示】

（1）剧烈搅拌可减低效力；加热至70℃以上时凝固变性失效。

（2）在碱性溶液中易被破坏失效；在中性及强酸性时消化力较弱；在含0.2%~0.4%盐酸时消耗力最强。

（3）水溶液遇鞣酸、重金属盐发生沉淀。

三、泻药

泻药是能促进胃肠蠕动，增加肠内容物或润滑肠腔，软化粪便，从而促进排便的一类药物。按其作用机制可分为容积性泻药、刺激性泻药和润滑性泻药三类。

常用的容积性泻药（又称盐类泻药）有硫酸钠、硫酸镁；刺激性泻药有大黄、蓖麻油等；润滑性泻药（也称油类泻药）有液状石蜡、植物油等。

1. 常用的泻药

硫酸钠（芒硝）

【理化性质】 本品为无色透明的柱形结晶或颗粒性粉末，易溶于水，无臭，味苦咸，经风化则成白色粉末，失去结晶水（又称元明粉）。

【作用用途】 本品的作用与剂量大小有关，内服小剂量时，能轻度刺激消化道黏膜，使胃肠的分泌和蠕动稍有增加，起健胃作用。内服大剂量时，则不易被肠壁吸收，增加肠壁内渗透压，阻止肠内水分的吸收，从而保持大量水分，使肠内容积增加，肠蠕动加快；能稀释肠内容物及软化粪便，而引起下泻。

常用于大肠便秘、配成4%～6%溶液灌服，并与大黄等药物配合使用，也可用于清除肠内毒物或辅助驱虫药物排除虫体。10%～20%溶液可外用于化脓创伤的冲洗。

【用法用量】　内服。健胃：一次3～10克；泻下：一次25～50克。用时加水配成4%～6%溶液。

【专家提示】　本品液体遇钙盐、汞盐沉淀；怀孕母猪禁用。

硫酸镁

【理化性质】　本品为无色细小的针状结晶，无臭，味苦咸，易溶于水，易风化。

【作用用途】　同硫酸钠相似。

【用法用量】　同硫酸钠。

【专家提示】　液体遇碳酸盐、水杨酸盐、氯化钙等发生沉淀；怀孕母猪禁用。

大黄

【理化性质】　本品为蓼料植物掌叶大黄、大黄及唐古特大黄的干燥根茎。气清香特殊，味苦微涩。本品主要成分是蒽醌衍生物，如大黄素、大黄酚等，以苷的形式存在于生药中。

【作用用途】　大黄味苦性寒，有泻实热、破胃肠积滞、行瘀血之功效。其作用与其使用剂量大小有关，小量内服有苦味健胃作用；中等量内服有收敛止泻作用；大剂量内服后，蒽醌苷刺激大肠壁的感受器，增加肠蠕动，减少黏膜对水和电解质的重吸收，引起下泻。其作用部位在大肠，一般需经过12～24小时，方能出现下泻作用。单用大黄下泻作用慢而不确实，由于鞣酸的作用，有时于排便后可引起便秘。因此，多与硫酸钠配合应用，可使泻下力增强而且快速。

实验证明，大黄具有广谱抗菌作用，对金黄色葡萄球菌、大肠杆菌、链球菌、痢疾杆菌、绿脓杆菌等多种细菌有抑制作用。大黄还有利胆、利尿、增加血小板、降低胆固醇等作用。

外用：大黄末与石灰粉（2∶1）配合，撒布于创伤表面，有抗菌、消炎、促进创伤愈合的功效。大黄末与地榆末等量配合调油外敷，可治疗烧伤、烫伤等。

【用法用量】

（1）大黄末，用于健胃内服：一次1～5克；用于止泻内服：一次5～10克；用于下泻内服（与硫酸钠配合）：仔猪2～5克。

（2）大黄流浸膏，为棕色液体，1毫升相当于原药1克。用于健胃内服：一次1～5毫升。

（3）大黄酊，1毫升相当于原药0.2克。用于健胃内服：一次5～10毫升。

（4）复方大黄酊，每100毫升含大黄末10克、豆蔻2克、橙皮2克、甘油10毫升、60%乙醇适量。健胃内服：一次10～30毫升。

（5）大黄苏打片，每片含大黄和碳酸氢钠各0.15克，具有制酸、健胃的作用，用于治疗食欲不振、消化不良。内服：一次5～10克。

【专家提示】

（1）因本品味苦，不宜长期给药。

（2）妊娠母猪、体质虚弱、胃虚血弱者慎用或忌用。

石蜡油

【理化性质】　本品为无色透明油状物，无臭，无味，呈中性反应，不溶于水和乙醇，能与多数油类随意混合。

【作用用途】　内服后，在肠道不吸收，只是对肠道起润滑和保护作用，软化粪便而不刺激肠道，是一种比较安全的泻药。怀孕母猪也可应用。用于小肠阻塞、便秘等。

【用法用量】　内服：一次 50～100 毫升。

【专家提示】　本品不宜长期使用，因其可阻碍脂溶性维生素及钙磷的吸收。

2. 选用泻药的原则　泻药主要用于便秘或排出肠内有害物质，临床应用时，首先应确诊便秘部位、粪块大小、粪块硬度，再视病猪的体质、病状、病程等合理选药。

（1）大肠便秘早、中期，一般首选盐类泻药，如硫酸钠。为加强导泻作用可配合大黄，也可加入适量油类泻药，为防止肠内异物发酵，可加制酵药。用药后应给予大量饮水或补充体液，以防脱水。

（2）小肠便秘早、中期，多用液状石蜡、植物油或蓖麻油。

（3）便秘后期（因局部可能有炎症发生）、妊娠母猪、体弱病猪忌用盐类泻药，尤其是肾功能不全的病猪更不能应用盐类泻药。

（4）肠管蠕动微弱的不完全阻塞性便秘，也可选用新斯的明等拟胆碱药。但粪块坚硬、肠音废绝时禁用，以防肠管过强收缩而破裂。

四、止泻药

止泻药是指能制止腹泻的药物。止泻药大都具有保护肠黏膜、吸附有毒物质和收敛消炎的作用。腹泻是许多疾病的一种症状，临床应在对因治疗的基础上，合理选用止泻药，止泻、消炎、止酵同步进行。

腹泻初期一般不宜止泻，多在腹泻的后期，以防脱水及电解质紊乱才用。对急性腹泻可先行补液，再用止泻药。

鞣酸蛋白

【理化性质】 本品为淡棕色或淡黄色粉末、含鞣酸50%，不溶于水和乙醇。

【作用用途】 鞣酸蛋白是一种非活性制剂，内服后在胃内不分解，到达小肠时，在碱性肠液中分解出鞣酸而起收敛保护作用。由于其作用缓和持久，并能作用于肠管后段，因此，主要用于急性肠炎、非细菌性腹泻等。

【用法用量】 内服：一次2~5克。

【专家提示】

（1）本品不宜与胃蛋白酶、乳酶生等同服，因鞣酸可使其失去活性。也不能与硫酸亚铁等铁剂同服。

（2）治疗细菌性肠炎，应先控制感染。

（3）大量服用可引起便秘。

（4）不能与氨基比林、洋地黄类药物同时应用，因这些药物遇鞣酸即发生沉淀，妨碍吸收，影响疗效。

次碳酸铋

【理化性质】 本品为白色或黄白色粉末，无臭，无味，不溶于水及乙醇。

【作用用途】 本品内服后一般不被吸收，大部分附着于肠黏膜表面，减少刺激，起保护作用。可用于肠炎、腹泻。

【用法用量】 内服：一次2~6克。

【专家提示】

（1）大剂量长时间服用，可引起便秘。

（2）铋剂可降低乳酸杆菌活力，故不宜与乳酶生并用。

（3）铋剂在肠道内形成保护膜，妨碍抗菌药发挥作用；四环素还可与铋离子起络合反应，减少四环素的吸收，故不宜并用。

（4）治疗细菌性肠炎，应先控制感染后再使用。

药用碳

【理化性质】 本品为黑色微细的粉末，无臭无味，不溶于水，但潮湿后药效降低，应干燥保存。

【作用用途】 内服本品到肠后，能使肠蠕动减弱，呈现止泻作用。还能吸附胃肠内多种有害物质，但也能吸附营养物质。用于吸附毒物时，必须用盐类泻药促其排出。

本品主要用于肠炎、腹泻、毒物中毒等。

【用法用量】 内服：一次10~25克。

【专家提示】 本品能吸附维生素、抗生素、磺胺类药物、乳酶生、激素等，对胃蛋白酶等的活性亦有影响，故不宜合用；本品还能影响营养物质的消化吸收，不宜反复使用。

促菌生

【理化性质】 本品为需氧芽孢杆菌的干燥活菌制剂，呈干燥粉状，不溶于水，高温可使其灭活。

【作用用途】 本品内服后可在消化道内迅速生长繁殖，消耗大量氧气，造成厌氧环境，有利于正常厌氧菌群的生长。厌氧菌生长过程中分解糖及脂肪，使肠道中挥发性脂肪酸的数量增多，从而抑制病原菌的生长繁殖。本品安全、无毒、无蓄积作用。

本品主要用于仔猪肠炎、仔猪黄白痢等。

【用法用量】 促菌生片，每片含5亿活菌，内服：一次10~15片，每天1~2次。

【专家提示】 本品为活菌制剂，忌与抗菌药物同时应用。

第五节 用于泌尿系统与子宫的药物

一、利尿药

利尿药是一类影响肾脏功能的药物,使钠和水的排出增加,从而增加尿量,达到减轻或消除水肿的目的。

双氢氯噻嗪

【理化性质】 本品为白色结晶性粉末,无臭,味微苦,不溶于水,溶于碱性溶液,但易水解。

【作用用途】 本品主要抑制肾髓袢升支皮质部和远曲小管起始部,抑制钠离子的再吸收,从而促进肾脏对氯化钠、水及钾的排泄而产生利尿作用。具有消除水肿和促进某些毒物自体内排出的作用。

本品用于心性、肝性及肾性等类型的水肿和高尿钙血症。

【用法用量】 内服:一次 0.05 ~ 0.2 克。

【专家提示】

(1) 长期应用可出现低血钾症,必须注意补钾 (可同服氯化钾:1 ~ 2 克)。

(2) 遮光、密闭保存。

呋喃苯胺酸 (速尿)

【理化性质】 本品为白色或类白色的结晶性粉末,无臭,几乎无味,溶于乙醇,不溶于水。

【作用用途】 本品属强效利尿药,药效出现快,但维持作用时间较短。内服 20 ~ 30 分钟开始利尿,1 ~ 2 小时达最高峰,持续 6 ~ 8 小时。静脉注射后 2 ~ 5 分钟排尿,30 ~ 90 分钟作用达高峰，持续 4~6 小时。

本品用于对各种水肿的治疗，尤其对肺水肿及尿道上部结石的排出有较好的疗效，也用于预防急性肾功能衰竭。

【用法用量】

（1）内服：每千克体重一次 2 毫克，每天 2 次。

（2）静脉或肌内注射：每千克体重一次 1~2 毫克，每天 1~2 次。

【专家提示】

（1）长期、大量用药，可出现低血钾、低血氯及脱水，应补充钾盐或与保钾性利尿药配伍应用。

（2）遮光、密闭保存。

依他尼酸（利尿酸）

【理化性质】　本品为白色结晶性粉末，不溶于水，溶于有机溶剂，利尿酸钠溶于水。

【作用用途】　本品可抑制肾小管对氯、钠、钾的再吸收，从而产生显著的利尿排盐作用，属强效利尿药。

本品用于各种原因引起的全身水肿和组织水肿及其他利尿剂使用无效的严重水肿。内服后 30 分钟内发挥利尿作用，约 2 小时达高峰，维持 6~8 小时；静脉注射其钠盐很快出现利尿作用，1~2 小时达高峰，维持 2~6 小时。

【用法用量】

（1）内服：每千克体重一次 0.5~1 毫克，每天 2 次。

（2）肌内或静脉注射：每千克体重一次 0.5~1 毫克，每天 2 次，以 5% 葡萄糖或灭菌生理盐水稀释后缓慢注射。

【专家提示】

（1）毒性较大，慢性肾功能不全慎用。

（2）不宜与青霉素、氯霉素配伍。

（3）遮光，密闭保存。

氯噻酮

【理化性质】 本品为白色或近白色结晶性粉末，微溶于水，溶于乙醇。

【作用用途】 本品利尿作用与双氢氯噻嗪相似，主要抑制肾髓袢升支皮质部对氯离子、钠离子、钾离子的再吸收。服药后2小时左右出现利尿，能维持48～60小时，属长效利尿药，且毒性小，用于各种类型水肿。

【用法用量】 内服：一次 0.2～0.4 克，每天 1 次。

【专家提示】 长期大量服用，容易引起低血钾，应加服氯化钾；孕畜忌用。

布美他尼

【理化性质】 本品为白色结晶性粉末，无臭味，略苦。

【作用用途】 本品属强效利尿药，主要抑制髓袢升支对氯离子的主动重吸收，使钠离子、氯离子排出量增多。内服后约30分钟出现作用，1～2小时达高峰，能持续4～6小时。静脉注射几分钟内起作用，能维持2小时左右。

本品用于各种类型的顽固性水肿及急性肺水肿。

【用法用量】 内服：每千克体重 0.05 毫克。

二、脱水药

脱水药性质稳定，静脉注射后能提高血浆渗透压，引起组织脱水。在肾小管中使尿液渗透压升高，增加尿量。主要用于消除脑水肿，减轻神经症状，也用于脊髓外伤性水肿及其他组织水肿。

甘露醇

【作用用途】　渗透性利尿药。脱水和利尿作用较强，静脉注射后迅速使血浆形成高渗压，使组织间液、脑脊液或房水向血管内转移而产生脱水作用。经肾小球过滤后，在肾小管内不被重吸收，形成高渗压，直接影响水和电解质的再吸收，从而产生利尿作用。但内服不易吸收，利尿效果较差。

用于治疗脑水肿，亦用于脊髓外伤性水肿、肺水肿、大面积烧伤引起的水肿，并可防治急性肾功能衰竭及用于休克抢救等。

【用法用量】　静脉注射：一次 100 ~ 250 毫升，每天 2 ~ 3 次。

【专家提示】

（1）应用本品时不可与高渗盐水合用。

（2）静脉注射时不可太快，以防组织严重脱水，慢性心功能不全病畜忌用。

（3）保存时应密闭。

山梨醇

【理化性质】　本品为白色结晶性粉末，无臭，味略甜，易溶于水。

【作用用途】　本品作用与甘露醇相似，但较弱。静脉注射高渗溶液（25%）后，大部分以原形经肾排出，小部分在肝脏转化为果糖。因形成血液高渗，周围组织及脑实质脱水，水分随药物经尿排出，消除水肿。本品也用于心、肾功能正常的水肿少尿。

【用法用量】　静脉注射：一次 100 ~ 250 毫升，每天 2 ~ 3 次。

三、尿道消毒药

乌洛托品

【作用用途】 本品自身无抗菌作用,吸收后大部分以原形经尿路排出,在酸性尿液中能分解甲醛和氨而产生抗菌作用。

本品主要用于尿路感染,如尿道炎、肾盂肾炎和膀胱炎等。

【用法用量】

(1)内服:一次 5 ~ 10 克。

(2)静脉注射:一次 5 ~ 10 克。

四、子宫收缩药

子宫收缩药是一类能选择性地兴奋子宫平滑肌的药物,常用于分娩时子宫收缩力微弱、催产、产后出血、排除死胎、胎衣不下及产后子宫复原。

缩宫素(催产素)

【作用用途】 本品小剂量使用时,能选择性增强妊娠末期子宫体节律性收缩,使收缩力加强,收缩频率、子宫平滑肌、张力增加,可用于催产、胎衣不下、排出死胎;大剂量使用时,可引起子宫平滑肌的强直性收缩,压迫肌纤维间血管而止血,可用于产后止血。本品持续时间短,对子宫体兴奋作用大,对子宫颈兴奋作用小。

此外,本品还能促进排乳和有利于乳汁蓄积;分点注射于子宫肌内可使脱垂的子宫收缩复位。

【用法用量】 注射液,每支 1 毫升:5 国际单位、10 国际单位,5 毫升:50 国际单位。皮下、肌内或静脉注射:一次 10 ~ 50 国际单位。治疗子宫出血时,用生理盐水或 5% 葡萄糖注射液稀释后,缓慢静脉滴注。

【专家提示】　用于催产时，胎位不正、产道狭窄、宫颈口未开放时禁用。使用时严格掌握剂量，以免引起子宫强直性收缩，造成胎儿窒息或子宫破裂。

马来酸麦角新碱

【作用用途】　本品能直接作用于子宫平滑肌（包括子宫颈），作用强而持久，稍大剂量时可使子宫肌强直性收缩，从而压迫子宫壁血管制止出血。

本品常用于产后出血、产后子宫复旧不全及胎衣不下等。

【用法用量】　马来酸麦角新碱注射液，肌内或静脉注射：一次 0.5~1 毫克。

【专家提示】

（1）不宜用于催产，在临产时或胎儿未分娩前禁用，以免造成胎儿窘迫或子宫破裂。

（2）产后胎盘尚未完全排出时禁用，以免胎盘嵌顿在子宫内。

（3）本品不应与催产素合用。

（4）本品极量与中毒量较接近，超量使用可产生中毒。

垂体后叶素

【作用用途】　本品由牛、猪脑垂体后叶中提取，主要含催产素和加压素（又称抗利尿素），作用同缩宫素。肌内注射小剂量，用于子宫颈口已开放、子宫收缩乏力的催产；大剂量用于产后子宫出血和胎衣不下等，但本品有升高血压的副作用。

【用法用量】　皮下、肌内注射：一次 10~50 国际单位。治疗子宫出血时，用生理盐水或 5% 葡萄糖注射液 500 毫升稀释后，缓慢静脉滴注。

【专家提示】

（1）本品内服无效。

（2）产道阻塞、胎位不正、骨盆狭窄等临产母猪忌用。

（3）无分娩预兆时，催产无效。

（4）要正确掌握剂量，催产时剂量宜小，产后有疾病时可适当增加剂量。

（5）应遮光、密闭、在凉暗处保存。

益母草

【理化性质】 本品为唇形科植物益母草的全草。

【作用用途】 能直接兴奋子宫平滑肌，增加子宫收缩力和收缩频率，提高其紧张力，但作用较弱，主要用于产后子宫出血、子宫复旧不全和胎衣不下。

【用法用量】

（1）益母草流浸膏，内服：一次 10~20 毫升，每天 2 次。

（2）益母草粉，内服：一次 15~30 克。

第十三章

健康养猪与植物药物

第一节 概　述

　　健康养猪是一个综合性系统理念，它不仅包括了畜禽场隔离、防疫、消毒、用药以及良好饲养管理所应采取的一切措施，还要求生产出绿色安全的动物性食品和避免对人类生存环境的污染。植物药是我国的文化瑰宝，在当前世界各国越来越强调食品安全，呼唤绿色、生态的大背景下，推广应用植物药进行猪病的预防和控制具有十分重要的现实意义。

　　植物药资源丰富，品种多，多取自天然植物，所含成分保持了天然性及生物活性，经精制和科学配伍可长期使用，可起到防治疾病和改善生长的效果。因植物药的绿色性，使其具有广源性和协同性，没有传统所用抗生素和化学合成类药物引起抗药性的弊病。

一、植物药防治猪病的作用机制

　　1. 抗菌、抑菌及抗毒素作用　在细菌感染性疾病中，兽医临床中主要使用抗生素类药物。目前的试验研究表明，中兽医药中的许多植物药和方剂具有抗菌或抑菌作用，并且具有抗菌谱广、毒副作用小、效果良好和不易产生耐药性的特点。对于一些已对抗生素产生耐药性的细菌，植物药对其仍然有良好的效果。微生物产生的毒素在感染性疾病中可引起多种病理和组织损伤，对于一些细菌性疾病如大肠杆菌病，采用抗菌素可抑制或者杀灭病原微生物，但是不能消除细菌生长或者死亡后释放出的毒素对机体的损伤。采用植物药能对抗多种病原微生物毒素以及阻止毒素对机体的损害作用。

2. 调节动物机体免疫功能　中兽医学认为"正气存内，邪不可干"，充分体现了机体免疫力在动物抵抗疾病中的重要性，同时也体现了疾病的发生同动物机体内因密切相关。现已发现植物药中的多糖类（黄芪多糖、花粉多糖等）、有机酸（马兜铃酸等）、生物碱（小檗碱等）、苷类（人参皂苷等）和挥发油类（大蒜素等）有增强免疫的作用，可以作为饲料添加剂使用。

3. 抗病毒作用　病毒是严重危害人类生命和畜牧业安全的重要病原体，西药抗病毒药疗效不确实，采用抗病毒植物药进行防治和控制具有重要意义。当前研究中发现许多植物药具有抗病毒作用，尤其是植物药活性成分的研究将成为新药研究主要方向。如黄芪多糖具有内外双重抑杀入侵病毒功效。一方面可直接阻断病毒的核酸合成，从而杀灭病毒；另一方面可促进抗体的形成，并能增强巨噬细胞对病原体的吞噬作用，进而杀灭病原体。金丝桃素，是连翘提取物再配以绿原酸，清热解毒，止咳平喘，对病毒引起的感冒发热、咳嗽、喘气、流鼻液、排黄白色水样稀便等有独特疗效。

4. 诱导干扰素产生　干扰素具有免疫监视、免疫自身稳定和免疫防御，且可用于肿瘤、免疫缺陷性疾病以及细菌病毒感染性疾病的治疗。目前研究表明，植物药作为具有生物活性的药物可通过诱导机体产生干扰素，从而增强动物机体免疫力和对疾病的抵抗力。如植物药党参、白术、茯苓多糖、猪苓多糖以及甘草等可以促进单核细胞的吞噬功能，并可诱生α－干扰素；黄芪、人参等可促进抗体的产生，激活 B 淋巴细胞，同时黄芪可诱生β－干扰素；黄芩、黄连、生地、金银花以及蒲公英等植物药可以激活 T 淋巴细胞功能，可提高淋巴细胞的转化率，并能诱生α－干扰素。

5. 提高生长速度，改善畜产品品质　植物药一般均含蛋白质、糖、脂肪、淀粉、维生素、矿物质等营养成分，虽然含量较低，甚至是微量的，但其确实能起到一定的营养作用，并能补充动物机体所需的物质。研究发现，用植物药饲料添加剂能显著提高断奶仔猪的生长速度，提高育肥猪的生产性能。

6. 提高畜禽的繁殖力　植物药本身不是激素，但是可以起到与激素相似的作用，并能减轻或防止、消除外源性激素的毒副作用。现已发现，香附、当归、甘草、蛇床子等具有雌激素样作用；人参、虫草、淫羊藿等具有雄激素样作用。用益母草、淫羊藿等配成的"催情散"可促进母畜发情，治疗母畜不孕症，提高公猪的配种能力。

二、植物药中主要化学成分及药理作用

1. 生物碱　生物碱是一类存在于生物体中的碱性含氮有机化合物，能与酸结合成盐，是植物药成分中生物活性最强的一类成分。它们的种类繁多，广泛存在于生物界，大多存在于植物体内，故又名"植物碱"，但也存在于少数动物体中，如蟾蜍中的蟾蜍碱。目前生物碱结构已搞清楚的有几千种。生物碱具有多种多样的生理活性，如镇痛、镇静、麻醉、兴奋脊髓、解痉、镇咳、驱虫等。目前有 30 多种生物碱作为药物应用于临床。

2. 苷类　苷原名甙、配糖体，是一类由糖和非糖部分组成的化合物。苷类物质存在于植物的根、茎、叶、花和果实中，尤以果实、树皮和根含量最多。苷类的生物活性仅次于生物碱，因

此它也是植物药所含的一类重要化学成分。

苷的种类很多，按苷元的性质和医疗效用，常见有以下几类。

（1）黄酮苷。黄酮苷的苷元为黄酮类化合物，黄酮苷常有显著的抗菌消炎、抗病毒、利尿、抗辐射、抗氧化、增强肾上腺素、维持血管正常的渗透压、防止毛细血管变脆和出血、祛痰、镇咳、平喘等作用。

（2）蒽醌苷。蒽醌苷类成分主要具有泻下作用和苦味健胃作用。此外如大黄酸、大黄素尚有广谱抗菌作用及抗肿瘤、利尿作用。

（3）皂苷。皂苷具有多方面的生物活性。有祛风湿、解热、镇静、止咳、抗菌消炎、止痛、促肾上腺皮质激素样作用；还具有明显的促进血清、肝脏、骨髓、睾丸等的核糖核酸、去氧核糖核酸、蛋白质、脂质和糖等的生物合成作用并能提高机体的免疫力。因此，含皂苷的某些药物可以作为添加剂中的免疫增强剂。

（4）强心苷。强心苷对心脏有强烈的作用，剂量适当，能使衰弱的心脏功能改善，多用于治疗心脏功能不全以及原发性心动过速等症。

3. 挥发油　挥发油也称精油，是一类具有芳香气味的油状液体。因在常温下能够挥发，更容易随水蒸气蒸馏，所以称为挥发油。挥发油多以游离状态存在于植物体中。很多植物药都含挥发油，如橘、藿香、薄荷、紫苏、荆芥、香薷、丁香、肉桂、桂枝、乌药、小茴香、当归、羌活、独活、白芷等。

多数挥发油对黏膜有一定的刺激性，能促进血液循环，具有发汗解表（薄荷油等）、理气止痛（木香油等）、祛痰止咳（陈皮油等）、抗菌消炎（丁香油、桉叶油等）、芳香健胃（豆蔻油等）等作用；有些挥发油具有强心、利尿、镇痛、驱虫等作用。含挥发油的植物药在饲料添加剂中一般作为健胃剂和矫味剂使用。

4. 鞣质　鞣质又叫单宁或鞣酸，含于植物的皮、根、茎、叶和果实中，木材中亦含有，但很少存在于花中。含有缩合鞣质的植物药有儿茶、虎杖、钩藤等；含可水解鞣质的植物药有五倍子、大黄、石榴皮等。

由于鞣质能与蛋白质形成不溶性的鞣酸蛋白而具有使蛋白质沉淀的作用，对细菌有抑制作用。将鞣质水溶液涂在机体的创面上，可形成一层鞣酸蛋白薄膜，能减少分泌物，促进创面结痂，起到止血和抗菌消炎作用。内服鞣质具有收敛止泻作用，可用作收敛药治疗肠炎和痢疾。

5. 有机酸　有机酸（不包括氨基酸）是含有羧基的酸性有机化合物，广泛存在于植物细胞液中，酸味的和未成熟的果实中含量较多。含有机酸的植物药有缬草、柠檬、白芍、垂柳、四季青、金银花、女贞、马齿苋等。动物药如地龙、斑蝥等亦含有。

大多数有机酸无明显医疗作用，但某些有机酸却有一定医疗价值，如缬草酸有镇静作用，柠檬酸有抗凝血作用，苯甲酸能祛痰、防腐，水杨酸能解热止痛，异绿原酸、原儿茶酸能抗菌，齐墩果酸有强心利尿作用，抗坏血酸有止血、降血脂等作用，丁二酸能止咳平喘，斑蝥素有抗肝癌等作用。

6. 氨基酸、蛋白质和酶　酶是由活细胞合成的蛋白质，在动物体内可使蛋白质、碳水化合物、脂肪降解成可被动物体吸收利用的有营养价值的单体，如糖、氨基酸、游离的脂肪酸等。酶类既可以分解饲料中的营养物质，又可以作为一种营养物质被动物体利用。

含氨基酸的植物药很多，而且一味植物药往往含有多种氨基酸。研究证明使君子氨基酸是使君子驱虫的有效成分；南瓜子氨基酸能抑制血吸虫、绦虫、蛲虫的生长；天门冬素有止咳、平喘作用，蔓荆子、槲寄生中所含的 γ - 氨基丁酸有降压作用等。

含蛋白质或酶的植物药有刀豆、蓖麻、天花粉、雷丸、麦芽等。蛋白质或酶具有一定医疗价值的成分，如刀豆素、蓖麻毒蛋白有抗癌作用；天花粉蛋白质可用于胎衣不下、人工引产，治疗绒毛膜上皮癌、恶性葡萄胎等，雷丸蛋白分解酶可破坏绦虫、蛔虫虫体，淀粉酶能帮助淀粉类食物的消化。

7. 糖类 糖类化合物在自然界中分布很广，是植物药中最常见的成分，可分为单糖、低聚糖和多聚糖三类以及它们的衍生物树胶和黏液质等。多糖包括植物多糖、动物多糖以及微生物多糖三大类，都具有免疫促进作用，而从植物药中提取的植物多糖尤为重要。在灵芝、蜂胶、芦荟、黄芪、蜂花粉等高等植物及菌类中发现有显著增强疫苗免疫作用的多糖。

8. 油脂和蜡 油脂多存在于植物的种子和果实中，蜡主要存在于植物果实、茎、幼枝和果实的表面，

含油脂的植物药很多，如火麻仁、芝麻、杏仁、蓖麻仁、巴豆、薏苡仁、大枫子、鸦胆子等。一般可用作润肠通便药，如火麻仁、芝麻、杏仁等；蓖麻仁、巴豆油为刺激性泻药。有的脂肪油还有特殊的疗效，如大枫子油可以治疗麻风，薏苡仁油能抗癌，鸦胆子油能腐蚀赘疣，鱼肝油可以预防维生素 A、维生素 D 缺乏症等。

9. 无机成分 植物药的无机成分主要为钾、钠、钙、镁、铝、硫、磷等。无机盐具有一定的医疗效用。如夏枯草的钾盐有降压、利尿作用，马齿苋所含氯化钾等钾盐有兴奋子宫的作用，附子的磷脂酸钙与其强心作用有关。植物药所含的微量元素有铁、铜、锌、锰、钴、铬、硒、碘、镍、钼、锡、硅、砷等。近年来的研究表明，可用植物药中的微量元素调整体内由于微量元素变化而引起的紊乱。

第二节 常用植物药

麻 黄

麻黄为麻黄科植物草麻黄、中麻黄或木贼麻黄的干燥草质茎。除去木质茎、残根及杂质，切段，生用或蜜炙用。主产于山西、内蒙古、河北等地，以山西大同产者为佳。

【功效】 发汗散寒，宣肺平喘，利水消肿。

【主治】

（1）本品发汗作用较强，是辛温发汗的主药，适用于外感风寒引起的恶寒战栗、发热无汗等，常与桂枝相须为用，以增强发汗之力，如麻黄汤。

（2）能宣畅肺气，有较强的平喘作用。用于感受风寒、肺气壅遏所引起的咳嗽、气喘，常与杏仁、甘草等同用；对于热邪壅肺所致的咳嗽、气喘，则常与石膏、杏仁等配伍。

（3）又能利水，适用于水肿实证而兼有表证者，常与生姜、白术等同用。

【用量】 猪 3~10 克。

【禁忌】 表虚多汗、肺虚咳嗽及脾虚水肿者忌用。

荆 芥

荆芥为唇形科植物荆芥的全草或花穗。切段生用、炒黄或炒炭用。主产于江苏、浙江、江西等地。

【功效】 祛风解表，止血。

【主治】

（1）本品轻扬、芳香而散，既能发汗解表，又能祛风，其作用较为缓和，无论风寒、风热均可应用。如配防风、羌活等，治风寒感冒；配薄荷、连翘等，治风热感冒。

（2）炒炭能入血分而有止血作用，可用于衄血、便血、尿血、子宫出血等，常配伍其他止血药。

【用量】 猪 5～10 克。

菊 花

菊花为菊科植物菊的干燥头状花序。烘干或蒸后晒干入药。本品主产于浙江、安徽、河南、四川、山东等地。

【功效】 疏风清热，清肝明目，解毒。

【主治】

（1）本品体轻达表，气清上浮，性凉能清热，但疏风力较弱，而清热力较佳。治风热感冒，多配桑叶、薄荷等，如桑菊饮。

（2）清肝明目。无论因风热或肝火所致的目赤肿痛，均可使用，常与桑叶、夏枯草等同用。

（3）有较强的清热解毒作用，为外科之要药。主要用于热毒疮疡、红肿热痛等症，对疮黄肿毒更为适宜，既可内服，又可外敷，常与金银花、甘草等配合应用。

【用量】 猪 5～15 克。

柴 胡

柴胡为伞形科植物柴胡或狭叶柴胡的干燥根。前者习称北柴胡，后者习称南柴胡。切片生用或醋炒用。北柴胡主产于辽宁、甘肃、河北、河南等地；南柴胡主产于湖北、江苏、四川等地。

【功效】 和解退热，疏肝理气，升举阳气。

【主治】

（1）本品轻清升散，退热作用较好，为和解少阳经之要药。常与黄芩、半夏、甘草等同用，治疗寒热往来等症。

（2）性善疏泄，具有良好的疏肝解郁作用，是治肝气郁结的要药。配当归、白芍、枳实等，治疗乳房肿胀、胸胁疼痛等。

（3）长于升举清阳之气，适用于气虚下陷所致的久泻脱肛、子宫脱垂等，常配伍黄芪、党参、升麻等，如补中益气汤。

【用量】 猪5~10克。

知 母

知母为百合科植物知母的干燥根茎。切片生用，盐炒或酒炒用。本品主产于河北、山西及山东等地。

【功效】 清热，滋阴，润肺，生津。

【主治】

（1）本品苦寒，既泻肺热，又清胃火，适用于肺胃有实热的病证。常与石膏同用，以增强石膏的清热作用，如白虎汤；若用于肺热痰稠，可配黄芩、瓜蒌、贝母等。

（2）滋阴润肺，生津。用于阴虚潮热、肺虚燥咳、热病贪饮等。清虚热，常与黄柏等同用，如知柏地黄汤；润肺燥，常与沙参、麦冬、川贝等同用；用治热病贪饮，常与天花粉、麦冬、葛根等配伍。

【用量】 猪5~15克。

【禁忌】 脾虚泄泻者慎用。

栀 子

栀子为茜草科植物栀子的干燥成熟果实。生用、炒用或炒炭用。产于长江以南各地。

【功效】 清热泻火，凉血解毒。

【主治】

（1）本品有清热泻火作用，善清心、肝、三焦经之热，尤长于清肝经之火热。多用于肝火目赤以及多种火热证，常与黄连等同用。

（2）清三焦火而利尿，兼利肝胆湿热。常用于湿热黄疸，尿液短赤，多与茵陈、大黄同用，如茵陈蒿汤。

（3）凉血止血。适用于血热妄行，鼻血及尿血，多与黄芩、生地等配伍。

【用量】 猪 5～10 克。

芦 根

芦根为禾本科植物芦苇的新鲜或干燥根茎。切段生用。各地均产。

【功效】 清热生津。

【主治】

（1）善清肺热，用于肺热咳嗽、痰稠、口干等，常与黄芩、桑白皮等同用。尚能清胃热以止呕吐，用于胃热呕逆，可与竹茹等配伍。治肺痈常与冬瓜仁、薏苡仁、桃仁同用，如苇茎汤。

（2）生津止渴，用于热病伤津、烦热贪饮、舌燥津少等。常与天花粉、麦冬等同用。

【用量】 猪 10～20 克。

白头翁

白头翁为毛茛科植物白头翁的干燥根。生用。主产于东北、内蒙古及华北等地。

【功效】 清热解毒，凉血止痢。

【主治】 本品既能清热解毒，又能入血分而凉血，为治痢的要药，主要用于肠黄作泻、下痢脓血、里急后重等。常与黄连、黄柏、秦皮等同用，如白头翁汤。

【用量】 猪 6～15 克。

【禁忌】 虚寒下痢者忌用。

黄 连

黄连为毛茛科植物黄连、三角叶黄连或云连的干燥根茎。生用，姜汁炒或酒炒用。主产于四川、云南及我国中部、南部各地。

【功效】 清热燥湿，泻火解毒。

【主治】

（1）本品为清热燥湿要药。凡属湿热诸证，均可应用，尤以肠胃湿热壅滞之证最宜，如肠黄作泻，热痢后重等。治肠黄可配郁金、诃子、黄芩、大黄、黄柏、栀子、白芍，如郁金散。

（2）清热泻火作用较强，用治心火亢盛、口舌生疮、三焦积热和衄血等。治心热舌疮，可与黄芩、黄柏、栀子、天花粉、牛蒡子、桔梗、木通等同用，如洗心散。

（3）善于清热解毒，用治火热炽盛，疮黄肿毒，常配黄芩、黄柏、栀子，如黄连解毒汤。

【用量】 猪 5～10 克。

【禁忌】 脾胃虚寒，非实火湿热者忌用。

黄 柏

黄柏为芸香科植物黄檗或黄皮树的干燥树皮。前者习称关黄柏，后者习称川黄柏。切丝生用或盐水炒用。产于东北、华北、内蒙古、四川、云南等地。

【功效】 清湿热，泻火毒，退虚热。

【主治】

（1）本品具有清热燥湿之功。其清湿热作用与黄芩相似，但以除下焦湿热为佳，用于湿热泄泻、黄疸、淋证、尿短赤等。治疗泻痢，可配白头翁、黄连，如白头翁汤。

（2）退虚热，用治阴虚发热，常与知母、地黄等同用，如知柏地黄汤。

【用量】 猪5~10克。

秦 皮

秦皮为木犀科植物白蜡树、苦枥白蜡树、宿柱白蜡树或尖叶白蜡树的干燥树皮。切丝生用。主产于陕西、河北、河南、辽宁、吉林等地。

【功效】 清热燥湿，清肝明目。

【主治】

（1）本品能清热燥湿，可治湿热泻痢，常与白头翁、黄连等同用，如白头翁汤。

（2）清肝明目，用治肝热上炎的目赤肿痛、睛生翳障等，常与黄连、竹叶等配伍。

【用量】 猪5~10克。

黄 芩

黄芩为唇形科植物黄芩的干燥根。切片生用或酒炒用。主产于河北、山西、内蒙古、河南及陕西等地。

【功效】 清热燥湿，泻火解毒，安胎。

【主治】

（1）本品长于清热燥湿，主要用于湿热泻痢、湿温、黄疸、热淋等。治泻痢，常配伍大枣、白芍等；治黄疸，多配伍栀子、茵陈等；治湿热淋证，可配伍木通、生地等。

（2）清泻上焦实火，尤以清肺热见长。用于肺热咳嗽，可与知母、桑白皮等配伍；用泻上焦实热，常与黄连、栀子、石膏等同用；用治风热犯肺，与栀子、杏仁、桔梗、连翘、薄荷等配伍。

（3）亦能清热解毒，常与金银花、连翘等同用，治疗热毒疮黄等。

（4）还能清热安胎，常与白术同用，治疗热盛，胎动不安。

【用量】 猪 5 ~ 15 克。

【禁忌】 脾胃虚寒，无湿热实火者忌用。

金银花

金银花为忍冬科植物忍冬、红腺忍冬、山银花或毛花柱忍冬的干燥花蕾。生用或炙用。除新疆外，全国均产，主产于河南、山东等地。

【功效】 清热解毒。

【主治】

（1）本品具有较强的清热解毒作用，多用于热毒痈肿，有红、肿、热、痛症状属阳证者，常与当归、陈皮、防风、白芷、贝母、天花粉、乳香、穿山甲等配伍，如真人活命饮。

（2）兼有宣散作用，可用于外感风热与温病初起，常与连翘、荆芥、薄荷等同用，如银翘散。

（3）治热毒泻痢，常与黄芩、白芍等配伍。

【用量】 猪 5 ~ 10 克。

【禁忌】 虚寒作泻，无热毒者忌用。

连 翘

连翘为木犀科植物连翘的干燥成熟果实。生用。主产于山西、陕西、河南等地，甘肃、河北、山东、湖北亦产。

【功效】 清热解毒，消肿散结。

【主治】

（1）本品能清热解毒，广泛用于治疗各种热毒和外感风热或温病初起，常与金银花同用，如银翘散。

（2）既能清热解毒，又可消痈散结，常用于治疗疮黄肿毒等，多与金银花、蒲公英等配伍。

【用量】 猪 10～15 克。

蒲公英

蒲公英为菊科植物蒲公英、碱地蒲公英或同属数种植物的干燥全草。生用。各地均产。

【功效】 清热解毒，散结消肿。

【主治】

（1）本品清热解毒的作用较强，常用治痈疽疔毒、肺痈、肠痈、乳痈等。治痈疽疔毒，多与金银花、野菊花、紫花地丁等同用；治肺痈，多配鱼腥草、芦根等；治肠痈，多与赤芍、紫花地丁、牡丹皮等配伍；治乳痈，可与金银花、连翘、通草、穿山甲等配伍，如公英散。

（2）兼有利湿作用。用治湿热黄疸，多与茵陈、栀子配伍；用治热淋，常与白茅根、金钱草等同用。

【用量】 猪 15～30 克。

【禁忌】 非热毒实证不宜用。

板蓝根

板蓝根为十字花科植物菘蓝的干燥根。切片生用。主产于江苏、河北、安徽、河南等地。

【功效】 清热解毒，凉血，利咽。

【主治】

（1）本品有较强的清热解毒作用，用治各种热毒、温疫、疮黄肿毒、大头黄等，常与黄芩、连翘、牛蒡子等同用，如普济消毒饮。

（2）能凉血，用治热毒斑疹、丹毒、血痢肠黄等，常与黄连、栀子、赤芍、升麻等同用。

（3）兼有利咽作用，用治咽喉肿痛、口舌生疮等，多与金银花、桔梗、甘草等配伍。

【用量】　猪 15～30 克。

【禁忌】　脾胃虚寒者慎用。

大青叶

大青叶为板蓝根的干燥叶片，生用。功效与板蓝根基本相似。大青叶能清热解毒，凉血消斑。用治各种热毒痈肿、温疫、斑疹等，常与黄连、栀子、赤芍、金银花等同用。

芒　硝

芒硝为硫酸盐类矿物芒硝族芒硝，经精制而成的结晶体。主产于河北、河南、山东、江西、江苏及安徽等地。

【功效】　软坚泻下，清热泻火。

【主治】

（1）本品有润燥软坚、泻下清热的功效，为治里热燥结实证之要药。适用于实热积滞、粪便燥结、肚腹胀满等，常与大黄相须为用，配木香、槟榔、青皮、牵牛子等治马属动物结症，如马价丸。

（2）外用，清热泻火，解毒消肿。用治热毒引起的目赤肿痛、口腔溃烂及皮肤疮肿。如玄明粉配硼砂、冰片，共研细末，为冰硼散，用治口腔溃烂。

【用量】　猪 25～50 克。

【禁忌】　孕畜禁用。

大　黄

大黄为蓼科植物药用大黄、掌叶大黄或唐古特大黄的干燥根及根茎。生用，或酒制、蒸熟、炒黑用。主产于四川、甘肃、青海、湖北、云南、贵州等地。

【功效】 攻积导滞，泻火凉血，活血祛瘀。

【主治】

（1）本品善于荡涤肠胃实热，燥结积滞，为苦寒攻下之要药。用治热结便秘、腹痛起卧、实热壅滞等，多与芒硝、枳实、厚朴同用，如大承气汤。

（2）既能泻下，又可泄热。用治血热妄行的出血，以及目赤肿痛、热毒疮肿等属血分实热壅滞之证，常与黄芩、黄连、牡丹皮等同用。

（3）活血祛瘀。适用于瘀血阻滞诸证，常与黄芩、黄连、牡丹皮等同用。用治跌打损伤，瘀阻肿痛，可与桃仁、红花等配伍。

此外，大黄又可清化湿热而用治黄疸，常与茵陈、栀子同用，如茵陈蒿汤；还可作烫伤、热毒疮疡的外敷药，以清热解毒；如与陈石灰炒至桃红色，去大黄后研末为桃花散，撒布伤口，能治创伤出血等。

【用量】 猪6～12克。

山 楂

山楂为蔷薇科植物山楂或山里红的成熟干燥果实。生用或炒用。主产于河北、江苏、浙江、安徽、湖北、贵州、广东等地。

【功效】 消食健胃，活血化瘀。

【主治】

（1）本品能消食健胃，尤以消化肉食积滞见长，用治食积不消、肚腹胀满等，常与行气消滞药木香、青皮、枳实等同用。治食积停滞，配神曲、半夏、茯苓等，如保和丸。

（2）活血化瘀，用治瘀血肿痛、下痢脓血等。如治瘀滞出血，可与蒲黄、茜草等配伍。

【用量】　猪 10 ~ 15 克。

【禁忌】　脾胃虚弱无积滞者忌用。

槟　榔

槟榔为棕榈科植物槟榔的干燥成熟种子，又称玉片或大白。切片生用或炒用。主产于广东、台湾、云南等地。

【功效】　杀虫消积，行气利水。

【主治】

（1）能驱杀多种肠内寄生虫，并有轻泻作用，有助于虫体排出。驱除绦虫、姜片虫疗效较佳，尤以猪、鹅、鸭绦虫最为有效，如配合南瓜子同用，效果更为显著。对于蛔虫、蛲虫、血吸虫等也有驱杀作用。

（2）消积导滞，兼有轻泻之功。用治食积气滞、腹胀便秘、里急后重等，多与理气导滞药同用。

（3）行气利水，常与吴茱萸、木瓜、苏叶、陈皮等同用。

【用量】　猪 6 ~ 12 克。

【禁忌】　老弱气虚者禁用。

王不留行

王不留行为石竹科植物麦蓝菜的干燥成熟种子。生用或炒用。主产于东北、华北、西北等地。

【功效】　活血通经，下乳消肿。

【主治】

（1）有活血通经作用，适用于产后瘀滞疼痛，常与当归、川芎、红花等同用。

（2）下乳消肿，用治产后乳汁不通，常与穿山甲、通草等配伍，如通乳散；还可用于治痈肿疼痛、乳痈等，常与瓜蒌、蒲公英、夏枯草等配伍。

【用量】 猪 15~30 克。

【禁忌】 孕畜忌用。

黄　芪

黄芪为豆科植物膜荚黄芪或蒙古黄芪的干燥根。生用或蜜炙用。主产于甘肃、内蒙古、陕西、河北及东北、西藏等地。

【功效】 补气升阳，固表止汗，托毒生肌，利水退肿。

【主治】

（1）黄芪为重要的补气药，适用于脾肺气虚、食少倦怠、气短、泄泻等，常与党参、白术、山药、炙甘草等同用；对气虚下陷引起的脱肛、子宫脱垂等，常与党参、升麻、柴胡等配伍，如补中益气汤。

（2）固表止汗。用于表虚自汗，常与麻黄根、浮小麦、牡蛎等配伍；用于表虚易感风寒等，可与防风、白术同用。

（3）补益元气而托毒，多用于气血不足、疮疡脓成不溃或溃后久不收口等。如用于疮痈内陷或久溃不敛，可与党参、肉桂、当归等配伍；用于脓成不溃，可与白芷、当归、皂角刺等配伍。

（4）益气健脾，利水消肿。适用于气虚脾弱、尿不利、水湿停滞而成的水肿，常与防己、白术同用。

【用量】 猪 5~15 克。

【禁忌】 阴虚火盛、邪热实证不宜用。

甘　草

甘草为豆科植物甘草、胀果甘草或光果甘草的干燥根及根茎。切片生用或炙用。主产于辽宁、内蒙古、甘肃、新疆、青海等地。

【功效】 补中益气，清热解毒，润肺止咳，缓和药性。

【主治】

（1）本品炙用则性微温，善于补脾胃，益心气。治脾胃虚弱证，常与党参、白术等同用，如四君子汤。

（2）生用能清热解毒，常用于疮痈肿痛，多与金银花、连翘等清热解毒药配伍；治咽喉肿痛，可与桔梗、牛蒡子等同用；此外，还是中毒的解毒要药。

（3）有甘缓润肺止咳之功，用治咳嗽喘息等，常与化痰止咳药配伍，因其性质平和，肺寒咳喘或肺热咳嗽均可应用。

（4）能缓和某些药物峻烈之性，具有调和诸药的作用，许多组方常配伍本品。

【用量】　猪 3～10 克。

南 瓜 子

本品为葫芦科植物南瓜的干燥成熟种子。研末生用。主产于我国南方各地。

【功效】　驱虫。

【主治】　本品用于驱杀绦虫，可单用，但与槟榔同用，疗效更好。也可用于血吸虫病。

【用量】　猪 60～90 克。

石 榴 皮

石榴皮为安石榴科植物石榴的干燥果皮。生用。我国大部分地区均有栽培。

【功效】　杀虫，止泻。

【主治】

（1）能驱杀蛔虫、绦虫、蛲虫，可与槟榔配伍。

（2）涩肠止泻，适用于久泻久痢、便血及脱肛等。用治久泻、脱肛，常与黄芪、白术、升麻等同用；用治久痢而湿热邪气未尽者，应配黄连、黄柏等，清热燥湿，以免留邪。

【用量】 猪 10 ~ 15 克。

大 蒜

大蒜为百合科植物蒜的鳞茎。去皮捣碎用。各地均产。

【功效】 驱虫健胃，化气消胀，消疮。

【主治】 内服解毒，杀虫，主要用以驱杀蛲虫、钩虫，但须与槟榔、鹤虱等配伍；用治痢疾、腹泻。可单用，亦可 5% 浸液灌肠。

【用量】 猪 12 ~ 30 克。

附 子

附子为毛莨科植物乌头的子根加工品。主产于广西、广东、云南、贵州、四川等地。

【功效】 温中散寒，回阳救逆，除湿止痛。

【主治】

（1）本品辛热，温中散寒，能消阴翳以复阳气。凡阴寒内盛之脾虚不运、伤水腹痛、冷肠泄泻、胃寒草少、肚腹冷痛等，应用本品可收温中散寒、通阳止痛之效。

（2）又能回阳救逆，用于阳微欲绝之际。对于大汗、大吐或大下后，四肢厥冷，脉微欲绝或大汗不止，或吐利腹痛等虚脱危证，急用附子回阳救逆，如四逆汤、参附汤均用于亡阳证。

（3）并有除湿止痛作用，用于风寒湿痹、下元虚冷等，常与桂枝、生姜、大枣、甘草等同用，如桂附汤。

【用量】 猪 3 ~ 10 克。

干 姜

干姜为姜科植物姜的干燥根状茎。切片生用。炒黑后称炮姜，主产于四川、陕西、河南、安徽、山东等地。

【功效】　温中散寒，回阳通脉。

【主治】

（1）本品善温暖胃肠，脾胃虚寒、伤水起卧、四肢厥冷、胃冷吐涎、虚寒作泻等均可应用。治胃冷吐涎，多配桂心、青皮、益智仁、白术、厚朴、砂仁等，如桂心散；治脾胃虚寒，常配党参、白术、甘草等，如理中汤。

（2）回阳通脉。本品性温而守，善除里寒，可协助附子回阳救逆。用治阳虚欲脱证，常与附子、甘草配伍，如四逆汤。

此外还有温经通脉之效，用于风寒湿痹证。

【用量】　猪3～10克。

肉　桂

肉桂为樟科植物肉桂的干燥树皮。生用。主产于广东、广西、云南、贵州等地。

【功效】　暖肾壮阳，温中祛寒，活血止痛。

【主治】

（1）本品暖肾壮阳。用治肾阳不足，命门火衰的病证，常与熟地黄、山茱萸等同用，如肾气丸。

（2）又能温中祛寒，益火消阴，大补阳气以祛寒。用治下焦命门火不足，脾胃虚寒，伤水冷痛，冷肠泄泻等病证，常配附子、茯苓、白术、干姜等。

（3）活血止痛，又通血脉。用治脾胃虚寒、肚腹冷痛、风湿痹痛、产后寒痛等症，常与高良姜、当归同用。

此外，用于治疗气血衰弱的方中，有鼓舞气血生长之功效，如十全大补汤。

【用量】　猪5～10克。

苍 术

苍术为菊科植物茅苍术或北苍术的干燥根茎。晒干，烧去毛，切片生用或炒用。主产于江苏、安徽、浙江、河北、内蒙古等地。

【功效】 燥湿健脾，发汗解表，祛风湿。

【主治】

（1）本品气香辛烈，性温而燥。用治湿困脾胃、运化失司、食欲缺乏、消化不良、胃寒草少、腹痛泄泻，常配厚朴、陈皮、甘草等，如平胃散。

（2）辛温发散而解表，又能祛风湿。用治关节疼痛、风寒湿痹，常配独活、秦艽、牛膝、薏苡仁、黄柏等。此外，尚可用治眼科疾病。

【用量】 猪9～15克。

厚 朴

厚朴为木兰科植物厚朴或凹叶厚朴的干燥干皮、根皮或枝皮。切片生用或制用。主产于四川、云南、福建、贵州、湖北等地。

【功效】 行气燥湿，降逆平喘。

【主治】

（1）本品能除胃肠滞气，燥湿运脾。用治湿阻中焦、气滞不利所致的肚腹胀满、腹痛或呃逆等，常与苍术、陈皮、甘草等药配伍应用，如平胃散。用治肚腹胀痛兼见便秘属于实证者，常与枳实、大黄等药配伍，如消胀汤。

（2）降逆平喘。因外感风寒而发热者，可与桂枝、杏仁配伍；属痰湿内阻之咳喘者，常与苏子、半夏等同用。

【用量】 猪5～15克。

枳　实

枳实为芸香科植物酸橙及其栽培变种或甜橙的干燥幼果。切片晒干生用、清炒、麸炒及酒炒用。主产于浙江、福建、广东、江苏、湖南等地。

【功效】　破气消积，通便利膈。

【主治】

（1）用治脾胃气滞，痰湿水饮所致的肚腹胀满、草料不消等，常与厚朴、白术等同用。

（2）用治于热结便秘、肚腹胀满疼痛者，常与大黄、芒硝等配伍，如大承气汤。

【用量】　猪5~10克。

木　香

木香为菊科植物木香的干燥根。切片生用。主产于云南、四川等地。

【功效】　行气止痛，和胃止泻。

【主治】　木香长于行胃肠滞气，凡消化不良、食欲减退、腹满胀痛等症，皆可应用。配砂仁、陈皮，用治脾胃气滞的肚腹疼痛、食欲缺乏；配枳实、川楝子、茵陈，用治胸腹疼痛；配黄连等，用治里急后重的腹痛；配白术、党参等，用治脾虚泄泻等。

【用量】　猪9~15克。

川　芎

川芎为伞形科植物川芎的干燥根茎。切片生用或炒用。主产于四川，大部分地区也有种植。

【功效】　活血行气，祛风止痛。

【主治】

（1）活血行气。用治气血瘀滞所致的难产、胎衣不下，常与当归、赤芍、桃仁、红花等配伍，如桃红四物汤；用治跌打损伤，可与当归、红花、乳香、没药等同用。

（2）祛风止痛。用治外感风寒，多与细辛、白芷、荆芥等同用；用治风湿痹痛，常与羌活、独活、当归等配合。

【用量】 猪 3～10 克。

红　花

红花为菊科植物红花的干燥花。生用。主产于四川、河南、云南、河北等地。

【功效】 活血通经，祛瘀止痛。

【主治】

（1）本品为活血要药，应用广泛，主要用治产后瘀血疼痛、胎衣不下等，常与桃仁、川芎、当归、赤芍等同用，如桃红四物汤。

（2）用于跌打损伤、瘀血作痛，可与肉桂、川芎、乳香、草乌等配伍，以增强活血止痛作用。亦可用于痈肿疮疡，常与赤芍、生地黄、蒲公英等同用，以活血消肿。

【用量】 猪 3～10 克。

【禁忌】 孕畜忌用。

五味子

五味子为木兰科植物五味子和南五味子的干燥成熟果实。生用或经醋、蜜等拌蒸晒干。前者习称北五味子，为传统使用的正品，主产于东北、内蒙古、河北、山西等地；南五味子主要产于西南及长江以南地区。

【功效】 敛肺，滋肾，敛汗涩精，止泻。

【主治】

（1）本品上敛肺气，下滋肾阴，用治肺虚或肾虚不能纳气所致的久咳虚喘，常与党参、麦冬、熟地黄、山萸肉等同用。

（2）生津止渴、敛汗。用治津少口渴，常与麦冬、生地黄、天花粉等同用；治体虚多汗，常与党参、麦冬、浮小麦等配伍。

（3）益肾固精，涩肠止泻。用治脾肾阳虚泄泻，常与补骨脂、吴茱萸、肉豆蔻等同用，如四神丸；治滑精及尿频数等，可与桑螵蛸、菟丝子同用。

【用量】　猪 3～10 克。

党　参

党参为桔梗科植物党参、素花党参或川党参的干燥根。生用或蜜炙用。野生者称野台党，栽培者称潞党参。主产于东北、西北、山西及四川等地。

【功效】　补中益气，健脾生津。

【主治】　本品为常用的补气药。用于久病气虚、倦怠乏力、肺虚喘促、脾虚泄泻等，常与白术、茯苓、炙甘草等同用，如四君子汤；用于气虚下陷所致的脱肛、子宫脱垂，常配黄芪、白术、升麻等同用，如补中益气汤；用于津伤口渴、肺虚气短，常与麦冬、五味子、生地黄等同用。

【用量】　猪 5～10 克。

当　归

当归为伞形科植物当归的干燥根。切片生用或酒炒用。主产于甘肃、宁夏、四川、云南、陕西等地。

【功效】　补血和血，活血止痛，润肠通便。

【主治】

（1）本品善能补血，又能活血，用于体弱血虚证，常与黄芪、党参、熟地黄等配伍。

（2）活血止痛，多用于跌打损伤、痈肿血滞疼痛、风湿痹痛等。治损伤瘀痛，可与红花、桃仁、乳香等配伍；治痈肿疼痛，可与金银花、牡丹皮、赤芍等配伍；治产后瘀血疼痛，可与益母草、川芎、桃仁等同用；治风湿痹痛，可与羌活、独活、秦艽等祛风湿药配伍。

（3）润肠通便，多用于阴虚或血虚的肠燥便秘，常与麻仁、杏仁、肉苁蓉等配伍。

【用量】 猪 10～15 克。

枸杞子

枸杞子为茄科植物宁夏枸杞的干燥成熟果实。生用。主产于宁夏、甘肃、河北、青海等地。

【功效】 养阴补血，益精明目。

【主治】

（1）本品为滋阴补血的常用药，对于肝肾亏虚、精血不足、腰膝乏力等，常配菟丝子、熟地黄、山萸肉、山药等同用。

（2）益精明目，用于肝肾不足所致的视力减退、眼目昏暗、瞳孔散大等，常与菊花、熟地黄、山萸肉等配伍，如杞菊地黄丸。

【用量】 猪 10～15 克。

第三节　常用方剂

荆防败毒散

【组方】 荆芥 45 克、防风 30 克、羌活 25 克、独活 25 克、柴胡 30 克、前胡 25 克、枳壳 30 克、茯苓 45 克、桔梗 30 克、川芎 25 克、甘草 15 克、薄荷 15 克。

以上 12 味，粉碎，过筛，混匀，即得。

【功效】 辛温解表，疏风祛湿。

【主治】 风寒感冒，流感。

【用量】 猪 40～80 克。

白头翁散

【组方】 白头翁 60 克、黄柏 30 克、黄连 45 克、秦皮 60 克。

以上 4 味，粉碎，过筛，混匀，即得。

【功效】 清热解毒，凉血止痢。

【主治】 热毒血痢。证见里急后重，泻痢频繁，或大便脓血，发热，渴欲饮水，舌红、苔黄，脉弦数。

【用量】 猪 35～40 克。

止咳散

【组方】 知母 25 克、枳壳 20 克、麻黄 15 克、桔梗 30 克、苦杏仁 25 克、葶苈子 25 克、桑白皮 25 克、陈皮 25 克、石膏 30 克、前胡 25 克、射干 25 克、枇杷叶 20 克、甘草 15 克。

以上 13 味，粉碎，过筛，混匀，即得。

【功效】 清肺化痰，止咳平喘。

【主治】 肺热咳喘。

【用量】 猪 45～60 克。

止痢散

【组方】 雄黄 40 克、滑石 150 克、藿香 110 克。

以上 3 味，粉碎，过筛，混匀，即得。

【功效】 清热解毒，化湿止痢。

【主治】 仔猪白痢。证见里急后重，粪稀量少，味腥臭，其色灰暗或灰黄，并混有胶冻样物等。

【用量】 仔猪 2～4 克。

大承气散

【组方】 大黄 60 克、厚朴 30 克、枳实 30 克、玄明粉 180 克。

以上 4 味，粉碎，过筛，混匀，即得。

【功效】 攻下热结，破结通肠。

【主治】 结症，便秘。证见粪便秘结，腹部胀满，二便不通，口干、舌燥，苔厚，脉沉实。

【用量】 猪 60～120 克。

小柴胡散

【组方】 柴胡 45 克、黄芩 45 克、姜半夏 30 克、党参 45 克、甘草 15 克。

以上 5 味，粉碎，过筛，混匀，即得。

【功效】 和解少阳，扶正祛邪，解热。

【主治】 少阳证，寒热往来，不欲饮食，口津少，反胃呕吐。

【用量】 猪 30～60 克。

银翘散

【组方】 金银花 60 克、连翘 45 克、薄荷 30 克、荆芥 30 克、淡豆豉 30 克、牛蒡子 45 克、桔梗 25 克、淡竹叶 20 克、甘草 20 克、芦根 30 克 。

以上 10 味，粉碎，过筛，混匀，即得。

【功效】 辛凉解表，清热解毒。

【主治】　风热感冒，咽喉肿痛，疮痈初起。

【用量】　猪 50 ~ 80 克。

麻杏石甘散

【组方】　麻黄 30 克、苦杏仁 30 克、石膏 150 克、甘草 30 克。

以上 4 味，粉碎，过筛，混匀，即得。

【功效】　清热，宣肺，平喘。

【主治】　肺热咳喘。

【用量】　猪 30 ~ 60 克。

清肺止咳散

【组方】　桑白皮 30 克、知母 25 克、苦杏仁 25 克、前胡 30 克、金银花 60 克、连翘 30 克、桔梗 25 克、甘草 20 克、橘红 30 克、黄芩 45 克。

以上 10 味，粉碎，过筛，混匀，即得。

【功效】　清泻肺热，化痰止咳。

【主治】　肺热咳喘，咽喉肿痛。

【用量】　猪 30 ~ 50 克。

清暑散

【组方】　香薷 30 克、白扁豆 30 克、麦冬 25 克、薄荷 30 克、木通 25 克、猪牙皂 20 克、藿香 30 克、茵陈 25 克、菊花 30 克、石菖蒲 25 克、金银花 60 克、茯苓 25 克、甘草 15 克。

以上 13 味，粉碎，过筛，混匀，即得。

【功效】　清热祛暑。

【主治】　伤热，中暑。

【用量】　猪 50 ~ 80 克。

驱虫散

【组方】 鹤虱 30 克、使君子 30 克、槟榔 30 克、芜荑 30 克、雷丸 30 克、贯众 60 克、炒干姜 15 克、制附子 15 克、乌梅 30 克、诃子肉 30 克、大黄 30 克、百部 30 克、木香 25 克、榧子 30 克。

以上 14 味，粉碎，过筛，混匀，即得。

【功效】 驱虫。

【主治】 胃肠道寄生虫病。

【用量】 猪 30~60 克。

冰硼散

【组方】 冰片 50 克、朱砂 60 克、硼砂 500 克、玄明粉 500 克。

共为极细末，混匀，吹撒患部。

【功效】 清热解毒，消肿止痛，敛疮生肌。

【主治】 舌疮、蹄部溃烂。

承气治僵散

【组方】 大黄 500 克、芒硝 500 克、枳实 500 克、厚朴 500 克、甘草 500 克、氯化锌 3 克、氯化钴 3 克、硫酸铜 5 克、硫酸镁 5 克、碘化钾 5 克。

以上 10 味，粉碎，过筛，混匀，即得。

【功效】 健胃消食，促进生长。

【主治】 僵猪。

【用量】 按 0.1% 量拌料饲喂。

肥猪散

【组方】　绵马贯众 30 克、何首乌（制）30 克、麦芽 500 克、黄豆（炒）500 克。

以上 4 味，粉碎，过筛，混匀，即得。

【功效】　开胃，驱虫，补养，催肥。

【主治】　食少，瘦弱，生长缓慢。

【用量】　猪 50～100 克。

胃肠活

【组方】　黄芩 20 克、陈皮 20 克、青皮 15 克、大黄 25 克、白术 15 克、木通 15 克、槟榔 10 克、知母 20 克、玄明粉 30 克、六神曲 20 克、石菖蒲 15 克、乌药 15 克、牵牛子 20 克。

以上 13 味，粉碎，过筛，混匀，即得。

【功效】　理气，消食，清热，通便。

【主治】　消化不良，食欲减少，便秘。

【用量】　猪 20～50 克。

健猪散

【组方】　大黄 400 克、玄明粉 400 克、苦参 100 克、陈皮 100 克。

【功效】　消食导滞，通便。

【主治】　消化不良，粪干便秘。

【用量】　猪 15～30 克。

益母生化散

【组方】　益母草 120 克、当归 75 克、川芎 30 克、桃仁 30 克、干姜（炮）15 克、甘草（炙）15 克。

以上 6 味，粉碎，过筛，混匀，即得。

【功效】 活血祛瘀，温经止痛。

【主治】 产后恶露不行，血瘀腹痛。

【用量】 猪 30～60 克。

通乳散

【组方】 当归 30 克、王不留行 30 克、黄芪 60 克、路路通 30 克、红花 25 克、通草 20 克、漏芦 20 克、瓜蒌 25 克、泽兰 20 克、丹参 20 克。

以上 10 味，粉碎，过筛，混匀，即得。

【功效】 通经下乳。

【主治】 产后乳少，乳汁不下。

【用量】 猪 60～90 克。

清热散

【组方】 大青叶 60 克、板蓝根 60 克、石膏 60 克、大黄 30 克、玄明粉 60 克。

以上 5 味，粉碎，过筛，混匀，即得。

【功效】 清热解毒，泻火通便。

【主治】 发热，粪干。

【用量】 猪 30～60 克。

催情散

【组方】 淫羊藿 6 克、阳起石（酒淬）6 克、当归 4 克、香附 5 克、益母草 6 克、菟丝子 5 克。

以上 6 味，粉碎，过筛，混匀，即得。

【功效】 催情。

【主治】 不发情。

【用量】 猪 30 ~ 60 克。

柴胡注射液

本品为柴胡制成的注射液，每毫升相当于原生药材 1 克。

【功效】 解热。

【主治】 感冒发烧。

【用量】 猪 5 ~ 10 毫升。

黄连素

本品是从中草药黄连中提取的。为黄色结晶性粉末，无臭，味极苦，微溶于水，但可溶于热水。

【作用用途】 本品抗菌范围广，对大肠杆菌、痢疾杆菌、肺炎球菌、金黄色葡萄球菌、链球菌、炭疽杆菌等革兰氏阳性菌和革兰氏阴性菌均有抑菌作用。对各种流感病毒、某些钩端螺旋体、皮肤真菌等也有抑制作用。

本品在体内外可增强白细胞的吞噬作用，促进淋巴细胞转化。还具有解热、利胆、抗肾上腺素、松弛血管平滑肌、支气管平滑肌等功能。

本品主要用于胃肠炎、肺炎、仔猪副伤寒、仔猪白痢、腹泻等。

【用量】 内服：一次量 0.5 ~ 1 克。

穿心莲注射液

【理化性质】 本品为黄棕色澄明液体（系从中草药穿心莲中提取而得）。

【作用用途】 穿心莲对肺炎球菌、链球菌、金黄色葡萄球菌、变形杆菌、绿脓杆菌、大肠杆菌和钩端螺旋体均有抑杀作用。并具有促进白细胞吞噬金黄色葡萄球菌的作用及解热、抗炎、镇静作用。

本品用于肠道细菌性感染（如腹泻、细菌性痢疾、仔猪白痢、胃肠炎）、呼吸道感染（肺炎、肺疫）、感冒发热、过敏性皮炎、疮疗等。

【用量】 肌内注射：10～20毫升/次。

板蓝根注射液

【理化性质】 本品为黄棕色澄明液体。

【作用用途】 本品对金黄色葡萄球菌、大肠杆菌、沙门杆菌、溶血性链球菌等革兰氏阳性菌和革兰氏阴性菌均有抗菌作用。对流感病毒、钩端螺旋体等也有一定作用。

本品主要用于细菌性感染、败血症、肺炎、肠炎、血痢、流感等。

【用量】 肌内注射：5～10毫升/次，每天2次。

鱼腥草注射液

【理化性质】 本品为无色澄明或微显乳白荧光液体，具有鱼腥草特臭气味。

【作用用途】 本品抗菌谱广，对金黄色葡萄球菌（包括青霉素耐药菌株）、肺炎球菌、溶血性链球菌等革兰氏阳性菌有较强的抑制作用；对革兰氏阴性菌，特别对流感杆菌、伤寒杆菌的抑制作用较强；对某些致病性真菌也有一定的抑制作用。

本品还具有增强机体免疫能力的功能，能增强机体网状内皮系统的功能，增强白细胞的吞噬能力。还有一定的镇痛、止血、止咳、抑制浆液渗出、促进组织增生及利尿作用。

本品主要用于肺炎、支气管炎、流感、乳腺炎、尿路感染、肠炎下痢等。

【用法用量】 肌内注射：5～15毫升，每天2次。

【专家推荐】　植物药添加剂在养猪业的应用。

植物药是纯天然物质，无毒害、无残留、无耐药性，安全可靠，而且兼有营养和药效双重功能，因而受到我国畜牧工作者的重视。我国地域辽阔，植物药资源十分丰富，因而在发展植物药饲料添加剂方面有巨大的潜力。随着我国畜牧业由传统粗放型向现代化集约型生产经营的转变，以防病保健、促进生长、无耐药性等优势为生产绿色食品创造了极高效应的植物药饲料添加剂替代原有的抗生素及化学制剂，是发展的必然趋势。

1. 植物药添加剂的作用机制

（1）补充营养成分。植物药含有多种营养成分及活性物质，加入饲料中可补充营养成分，促进消化吸收功能，提高饲料利用率和生产性能。

（2）增强免疫功能。资料表明，近200种植物药具有免疫活性，植物药免疫有效活性成分主要有多糖、苷类、生物碱、挥发性成分和有机酸。许多植物药能够提高猪免疫力，增强抗病力，常用于猪病防治。

（3）抑菌抗菌作用。近年来研究发现，某些植物药具有抑制有害菌繁殖，促进有益菌生长作用。研究者发现植物药具有抗仔猪腹泻作用，主要是其中的生物活性物质，能直接抑菌、杀菌，驱除体内有害寄生虫，而且能调节机体免疫功能，具有非特异性抗菌免疫作用。

2. 植物药在养猪业的应用　养猪业中植物药添加剂的应用有理气消食、益脾健胃、驱虫除积、活血化瘀、扶正祛邪、清热解毒、抗菌消炎、镇静安神、清凉消暑、增膘越冬等药理作用。健胃植物药神曲、麦芽、山楂、陈皮等具有一定的香味，能提高饲料的适口性，促进猪的唾液、胃液和肠液分泌，促进机体对营养的吸收。贯众、槟榔等具有驱虫作用，对猪蛔虫、绦虫等寄生虫有驱除作用。当归、益母草、五加皮等，利于气血运行，使猪代谢旺盛、机体强健、膘肥体壮。金银花、野菊花、蒲公英等能够预防外邪入侵。远志、松针粉、酸枣仁养心安神，使猪在肥育阶段安神熟睡、催肥长膘、提高饲料利用率。马齿苋含烟酸皂苷、蹂酸、草酸、维生素 A、维生素 B、维生素 C，有促进猪食欲、加速生长、止痢等作用。

（1）植物药促进猪的生长。

1）促生长功能植物药含有丰富的氨基酸、矿物质和维生素等营养成分，可通过补充猪饲料中营养参与机体新陈代谢而发挥促生长作用。据报道：在猪的日粮中加入 2%～3% 艾叶粉，日增重可提高 5%～8%、可节省饲料 10%；加入 3%～7% 槐叶粉，日增重提高 10%～15%，节省饲料 10% 以上；加入 4% 薄荷叶粉，日增重提高 16%。麦芽、山楂、陈皮、枳实、五味子、松针、甜叶菊等属于理气消食、益脾健胃功效的药物，能够改善饲料的适口性、增加动物食欲，提高饲料转化率及猪肉的质量。远志、山药、鸡冠花、松针粉、五味子、酸枣仁、茴香、薄荷等药物可促进和加速猪的增重和育肥。

2）提高猪肉品质。研究表明，一些植物药添加剂可改善育肥猪胴体特性和肉品质。植物药可提高背膘厚度，增大眼肌面积，提高猪肉瘦肉率，对肉质及风味有一定的改善作用。此外，植物药中的天然植物色素，还能改善猪肉色泽，提高猪的商品价值。

3）提高繁殖性能。激素样作用剂可对猪体起到类似于激素的调节作用。香附、当归、甘草、蛇床子等具雌激素样作用；淫羊藿、人参、虫草具雄激素样作用；细辛、五味子具有肾上腺样作用；水牛角、穿心莲、雷公藤具有促肾上腺皮质激素样作用。

（2）植物药防治猪病。

1）保健功效。植物药的许多有效成分可以提高机体免疫力，有预防和治疗疾病的功效。其中有效活性成分如生物碱、挥发油等可以通过调节动物机体的免疫系统，达到增强免疫的效果；香菇多糖、茯苓多糖、灵芝多糖等都具很好的免疫刺激作用；黄芩多糖还可促进淋巴细胞转化，提高免疫球蛋白含量，抑制病毒的繁殖。同时，通过调整阴阳、扶正祛邪，调节机体的抗病功能，增强抵御病菌侵害的能力。

2）抗菌、抗病毒、驱虫功效。有些植物药本身就有抗菌作用。如金银花、连翘、蒲公英、大青叶具有广谱抗菌作用；板蓝根、射干、金银花有抗病毒作用；苦参、土槿皮、白鲜皮具抗真菌作用；茯苓、虎杖、黄柏、青蒿可抗螺旋体。有些具有增强猪体抗寄生虫侵害能力及驱虫作用，如槟榔、贯众、硫黄、百部对蛔虫、姜片吸虫有驱虫作用。

3）抗应激、抗氧化、改善肠道菌群功效。猪只在长期应激状态下，会出现食欲降低、消瘦、贫血、免疫力下降等现象。植物药可全面协调猪体的生理代谢，通过抗应激作用促进动物的生长。如柴胡、水牛角、黄芩可以起到抗击热源的作用；刺五加、人参能提高猪体抵抗力；党参和黄芪可阻止或减轻应激反应。另外，植物药中的多糖、皂苷和黄酮等化合物可直接或协同维生素C发挥抗氧化作用。植物药能很好地调节肠道微生态平衡，减少有害肠杆菌的数量，增加有益菌。

4）治病功效。一直以来，植物药单方、复方在兽医临床实践中应用较为普遍。如百部、蛇床子、大蒜、石榴皮具有润肺化痰的作用；当归、益母草、夏枯草、月季花、红花等可以活血化瘀、扶正祛邪。在治疗母猪乳房炎时，可用蒲公英、金莲花、连翘、浙贝母、瓜蒌、大青叶、当归、王不留行组成的公英散。治疗消化类疾病时，可用黄芩、陈皮、青皮、槟榔、六神曲组成的健胃散，理气消食、清热通便。

3. 植物药添加剂在养猪不同阶段的应用

（1）哺乳及断乳仔猪。植物药添加剂能够降低哺乳仔猪发病率，提高成活率，增强消化吸收功能，促进生长发育，如黄芪、党参、茯苓、白术、甘草、马齿苋、当归、神曲、山楂、麦芽等。

（2）保育猪。植物药添加剂能降低腹泻率，提高保育猪采食量，提高日增重和饲料报酬，如黄芪、大蒜素、神曲、黄芪、党参、茯苓、白术、陈皮等。

（3）育肥猪。植物药能够提高育肥猪胴体瘦肉率，降低胴体脂肪，改善胴体品质和肉质特性，如陈皮、白术、苍术、葛根、甘草、松针等。

4. 植物药对猪常见传染病的防治作用

（1）猪瘟。据廖斌发等报道，采用贯众、双花、板蓝根、犀牛角等几十味中草药精制而成的根瘟灵注射液，经过20多年的临床使用，并通过许多单位兽医临床实践证实，对治疗早期、中期疑似猪瘟的疗效分别是 95.4% 和 50.5%。李锦宇等认为猪瘟临床治疗应以清热解毒凉血化斑养阴生津为法，方用"清瘟败毒散"加减（水牛角、生地、石膏、知母、黄连、黄芩、黄柏、玄参、柏子仁、丹皮、赤芍、桔梗、金银花、牛蒡子、连翘、荆芥、鲜芦根、甘草）；口渴甚者加麦冬，重用鲜芦根、玄参等；便中带血多者加槐花、侧柏叶等；抽搐重者加钩藤、天麻等；便秘者，应重用生地、玄参，适当加大黄、芒硝等（不可泻下太过，以免耗气伤津）；腹泻者，因腹泻为热毒之邪引起，故不可固涩太过，以防闭门留寇。

（2）猪繁殖与呼吸综合征及圆环病毒病。胡梅、崔保安等报道，利用 Marc–145 细胞体外培养系统，通过观察细胞病变效应来评价黄芪、板蓝根等中药活性提取物成分体外抑制猪繁殖与呼吸综合征病毒对细胞的感染作用，并通过改变加药方式（先加药物后接种病毒、先接种病毒后加药物、药物与病毒同时加入），初步探讨中药活性提取物的抗病毒机制。结果表明，在安全浓度范围内，板蓝根水提取物对 PRRSV 具有显著的直接杀灭作用。连翘、黄芪水提取物及黄芪多糖体外对 PRRSV 均具有明显的阻断和抑制作用。为筛选抗 PRRSV 中药制剂提供了理论依据。现在市场上有许多预防控制猪繁殖与呼吸综合征及其他免疫抑制性疫病的中药制剂，大多数配方内含有具有扶正祛邪、清热解毒、抗毒杀菌、提高机体免疫力的成分，如黄芪多糖或其他植物活性多糖、板蓝根、大青叶、陈皮、金银花、甘草、党参、白术、当归等；或金银花、大青叶、石膏、生地黄、丹参、苇茎、黄芩、知母、麦冬、黄连、苍术、白术、黄芪、陈皮、焦三仙、甘草等。

（3）猪咳喘病的植物药防治。断乳 10～80 日龄的猪咳喘病，在春、秋、冬三个季节最为严重，发病率为 20%～45% 不等，发病猪只的死亡率一般在 30%，患猪体温 40.5～41.5℃，皮毛粗乱、患猪下痢并发呼吸道症状、神经症状、严重消瘦、衰竭死亡。用西药治疗易反复。大群用辛凉宣泄、清肺平喘、清泻肺热、化痰止咳的纯植物药拌料效果明显。

1）金银花、连翘、黄芪、桔梗各 10 克，瓜蒌、苏子、陈皮、甘草各 6 克，共研细末，混料喂服，连用 3 天。

2）金银花、大青叶、葶苈子、远志各 10 克，瓜蒌、杏仁、枇杷叶、川贝、地龙各 5 克，马兜铃、紫苏、甘草各 3 克，共研细末，混料喂服，连用 3 剂。

3）金银花 40 克，葶苈子、麻黄、瓜蒌、麻黄各 25 克，桑叶、白芒各 15 克，白芍、茯苓各 10 克，甘草 25 克。水煎灌服，每天 1 剂，连用 2～3 剂。

4）石膏、知母、元参、柴胡、黄芩、金银花、连翘各 30 克、寸冬 25 克、桔梗、当归、赤勺、甘草各 20 克均匀粉碎，拌于 50 千克饲料中，连用 10 天，本方对胸膜炎放线菌、金黄色葡萄球菌、肺炎球菌均有较强的抗菌和抑制作用，同时还具有抗流感病毒、防治仔猪下痢的作用。

（4）猪传染性胃肠炎。范绪和自 1980 年以来，试用"三黄加白汤"加减治疗猪传染性胃肠炎百余例，取得较满意疗效。"三黄加白汤"组方为黄连、黄芩、黄柏、白头翁、枳壳、猪苓、泽泻、连翘、木香、甘草，若腹泻剧烈且粪便黏液较多者，加地榆炭、大黄炭；粪中带血者加侧柏炭、炒槐花；腹痛剧烈者加郁金或元胡；里急后重加酒大黄；口渴贪饮者加沙参、麦冬、花粉；热毒炽盛而舌绛者加二花、赤芍、牡丹皮；大肠邪火犯肺并发肺痈而咳喘者酌加黄芩，并加栀子、知母、贝母；体弱或产后母猪加阿胶等，朱建强采取以中药为主，辅以西药对症治疗，药用白头翁、黄柏、黄芩、金银花、泽泻、木通、山楂各 10 克，大黄、滑石粉、苍术、白术、陈皮、甘草、麦芽各 5 克（以上为 20 千克猪的用量）。

（5）植物药防治仔猪下痢。刘素洁报道，选择 35 日龄体重相近的 30 头断乳仔猪，采用 3 种不同中草药方剂和一种高效西药抗生素（利高霉素）对早期断乳仔猪进行促生长和防腹泻作用的试验，结果显示，中草药方剂有促生长和防腹泻的效果。方剂：白头翁 50 克、黄连 30 克、黄柏 50 克、秦皮 50 克、金银花 30 克、连翘 30 克，均匀粉碎，开食的每头仔猪每天 10 克，连用 7 天。没有开食的仔猪在哺乳母猪的饲料中每天添加一剂，连用 3 天，可收到很好的疗效。

综上所述，植物药添加剂在养猪业上具有广阔的应用前景，应该加强研究工作，研究开发作用广泛、取材方便、价格合理的猪用中草药添加剂，以期早日取代目前广泛应用的抗生素和化学类药物添加剂，以达到无公害生猪养殖的目的。

附　录

附录1　兽药配伍禁忌表

分类	药物	配伍药物	配伍使用结果
青霉素类	青霉素钠、钾盐；氨苄西林类；阿莫西林类	喹诺酮类、氨基糖苷类（庆大霉素除外）、多黏菌素类	效果增强
		四环素类、头孢菌素类、大环内酯类、氯霉素类、庆大霉素、利巴韦林、培氟沙星	相互颉颃或疗效相抵或产生副作用，应分别使用、间隔给药
		维生素C、维生素B、罗红霉素、维生素C多聚磷酸酯、磺胺类、氨茶碱、高锰酸钾、盐酸氯丙嗪、B族维生素、过氧化氢	沉淀、分解、失败
头孢菌素类	头孢系列	氨基糖苷类、喹诺酮类	疗效、毒性增强
		青霉素类、洁霉素类、四环素类、磺胺类	相互颉颃或疗效相抵或产生副作用，应分别使用、间隔给药
		维生素C、维生素B、磺胺类、罗红霉素、氨茶碱、氯霉素、氟苯尼考、甲砜霉素、盐酸强力霉素	沉淀、分解、失败
		强利尿药、含钙制剂	与头孢噻吩、头孢噻呋等头孢类药物配伍会增加毒副作用

分类	药物	配伍药物	配伍使用结果
氨基糖苷类	卡那霉素、阿米卡星、核糖霉素、妥布霉素、庆大霉素、大观霉素、新霉素、巴龙霉素、链霉素等	抗生素类	本品应尽量避免与抗生素类药物联合应用，大多数本类药物与大多数抗生素联用会增加毒性或降低疗效
		青霉素类、头孢菌素类、洁霉素类、TMP	疗效增强
		碱性药物（如碳酸氢钠、氨茶碱等）、硼砂	疗效增强，但毒性也同时增强
		维生素C、维生素B	疗效减弱
		氨基糖苷同类药物、头孢菌素类、万古霉素	毒性增强
	大观霉素	氯霉素、四环素	颉颃作用，疗效抵消
	卡那霉素、庆大霉素	其他抗菌药物	不可同时使用
大环内酯类	红霉素、罗红霉素、硫氰酸红霉素、替米考星、吉他霉素（北里霉素）、泰乐菌素、替米考星、乙酰螺旋霉素、阿奇霉素	洁霉素类、麦迪霉素、螺旋霉素、阿司匹林	降低疗效
		青霉素类、无机盐类、四环素类	沉淀、降低疗效
		碱性物质	增强稳定性、增强疗效
		酸性物质	不稳定、易分解失效
四环素类	土霉素、四环素（盐酸四环素）、金霉素（盐酸金霉素）、强力霉素（盐酸多西环素、脱氧土霉素）、米诺环素（二甲胺四环素）	甲氧苄啶、三黄粉	稳效
		含钙、镁、铝、铁的中药如石类、壳贝类、骨类、矾类、脂类等，含碱类，含鞣质的中成药、含消化酶的中药如神曲、麦芽等，含碱性成分较多的中药如硼砂等	不宜同用，如确需联用应至少间隔2小时
		其他药物	四环素类药物不宜与绝大多数其他药物混合使用

分类	药物	配伍药物	配伍使用结果
氯霉素类	氯霉素、甲砜霉素、氟苯尼考	喹诺酮类、磺胺类、呋喃类	毒性增强
		青霉素类、大环内酯类、四环素类、多黏菌素类、氨基糖苷类、氯丙嗪、洁霉素类、头孢菌素类、维生素 B 类、铁类制剂、免疫制剂、环林酰胺、利福平	拮抗作用，疗效抵消
喹诺酮类	砒哌酸、"沙星"系列	青霉素类、链霉素、新霉素、庆大霉素	疗效增强
		洁霉素类、氨茶碱、金属离子（如钙、镁、铝、铁等）	沉淀、失效
		四环素类、氯霉素类、呋喃类、罗红霉素、利福平	疗效降低
		头孢菌素类	毒性增强
磺胺类	磺胺嘧啶、磺胺二甲嘧啶、磺胺甲噁唑、磺胺对甲氧嘧啶、磺胺间甲氧嘧啶、磺胺噻唑	青霉素类	沉淀、分解、失效
		头孢菌素类	疗效降低
		氯霉素类、罗红霉素	毒性增强
		TMP、新霉素、庆大霉素、卡那霉素	疗效增强
	磺胺嘧啶	阿米卡星、头孢菌素类、氨基糖苷类、利卡多因、林可霉素、普鲁卡因、四环素类、青霉素类、红霉素	配伍后疗效降低或产生沉淀
抗菌增效剂	二甲氧苄啶、甲氧苄啶（三甲氧苄啶 TMP）	其他抗菌药物	与许多抗菌药物用可起增效或协同作用，其作用明显程度不一，使用时可摸索规律。但并不是与任何药物合用都有增效、协同作用，不可盲目合用
洁霉素类	盐酸林可霉素（洁霉素）、盐酸克林霉素（氯洁霉素）	氨基糖苷类	协同作用
		大环内酯类、氯霉素	疗效降低
		喹诺酮类	沉淀、失效

分类	药物	配伍药物	配伍使用结果
多黏菌素类	多黏菌素	磺胺类、甲氧苄啶、利福平	疗效增强
	杆菌肽	青霉素类、链霉素、新霉素、金霉素、多黏菌素	协同作用、疗效增强
	恩拉霉素	喹乙醇、吉他霉素、恩拉霉素	拮抗作用、疗效抵消，禁止并用
抗病毒类	利巴韦林、金刚烷胺、阿糖腺苷、阿昔洛韦、吗啉胍、干扰素	抗菌类	无明显禁忌，无协同、增效作用。合用时主要用于防治病毒感染后再引起继发性细菌类感染，但有可能增加毒性，应防止滥用
		其他药物	无明显禁忌记载
抗寄生虫药	苯并咪唑类（达唑类）	长期使用	此类药物一般毒性较强，应避免长期使用
		同类药物	毒性增强，应间隔用药，确需同用应减小用量
	其他抗寄生虫药	其他药物	容易增加毒性或产生颉颃，应尽量避免合用
中和失效助消化与健胃药	乳酶生	酊剂、抗菌剂、鞣酸蛋白、铋制剂	疗效减弱
	胃蛋白酶	中药	许多中药能降低胃蛋白酶的疗效，应避免合用，确需与中药合用时应注意观察效果
		强酸、碱性、重金属盐、鞣酸溶液及高温	沉淀或灭活、失效
	干酵母	磺胺类	拮抗、降低疗效
	稀盐酸、稀醋酸	磺胺类	沉淀、失效
	人工盐	酸类	中和、疗效减弱
	胰酶	强酸、碱性、重金属盐溶液及高温	沉淀或灭活、失效
	碳酸氢钠（小苏打）	镁盐、钙盐、鞣酸类、生物碱类等	疗效降低或分解或沉淀或失效
		酸性溶液	中和失效

分类	药物	配伍药物	配伍使用结果
平喘药	茶碱类（氨茶碱）	其他茶碱类、洁霉素类、四环素类、喹诺酮类、盐酸氯丙嗪、大环内酯类、氯霉素类、呋喃妥因、利福平	毒副作用增强或失效
		药物酸碱度	酸性药物可增加氨茶碱排泄、碱性药物可减少氨茶碱排泄
维生素类	所有维生素	长期使用、大剂量使用	易中毒甚至致死
	B族维生素	碱性溶液	沉淀、破坏、失效
		氧化剂、还原剂、高温	分解、失效
		青霉素类、头孢菌素类、四环素类、多黏菌素、氨基糖苷类、洁霉素类、氯霉素类	灭活、失效
	C族维生素	碱性溶液、氧化剂	氧化、破坏、失效
		青霉素类、头孢菌素类、四环素类、多黏菌素、氨基糖苷类、洁霉素类、氯霉素类	灭活、失效
消毒防腐类	漂白粉	酸类	分解、失效
	乙醇（酒精）	氧化剂、无机盐等	氧化、失效
	硼酸	碱性物质、鞣酸	疗效降低
	碘类制剂	氨水、铵盐类	生成爆炸性的碘化氮
		重金属盐	沉淀、失效
		生物碱类	析出生物碱沉淀
		淀粉类	溶液变蓝
		龙胆紫	疗效减弱
		挥发油	分解、失效
		氨水、铵盐类	生成爆炸性的碘化氮
	高锰酸钾	氨及其制剂	沉淀
		甘油、乙醇	失效

续表

分类	药物	配伍药物	配伍使用结果
消毒防腐类	过氧化氢（双氧水）	碘类制剂、高锰酸钾、碱类、药用炭	分解、失效
	过氧乙酸	碱类如氢氧化钠、氨溶液等	中和失效
	碱类（生石灰、氢氧化钠等）	氨及其制剂	
	氨溶液	酸性溶液	中和失效
		碘类溶液	生成爆炸性的碘化氮

附录2　中华人民共和国农业部公告第560号

为加强兽药标准管理，保证兽药安全有效、质量可控和动物性食品安全，根据《兽药管理条例》和农业部第426号公告规定，现公布首批《兽药地方标准废止目录》（见附件，以下简称《废止目录》），并就有关事项公告如下：

一、经兽药评审后确认，以下兽药地方标准不符合安全有效审批原则，予以废止。一是沙丁胺醇、呋喃西林、呋喃妥因和替硝唑，属于我部明文（农业部193号公告）禁用品种；卡巴氧因安全性问题、万古霉素因耐药性问题会影响我国动物性食品安全、公共卫生以及动物性食品出口。二是金刚烷胺类等人用抗病毒药移植兽用，缺乏科学规范、安全有效试验数据，用于动物病毒性疫病不但给动物疫病控制带来不良后果，而且影响国家动物疫病防控政策的实施。三是头孢哌酮等人医临床控制使用的最新抗菌药物用于食品动物，会产生耐药性问题，影响动物疫病控制、食品安全和人类健康。四是代森铵等农用杀虫剂、抗菌药用作兽药，缺乏安全有效数据，对动物和动物性食品安全构成威胁。五是人用抗疟药和解热镇痛、胃肠道药品用于食品动物，缺乏残留检测试验数据，会增加动物性食品中药物残留危害。六是组方不合理、疗效不确切的复方制剂，增加了用药风险和不安全因素。

二、本公告发布之日，凡含有《废止目录》序号 1～4 药物成分的所有兽用原料药及其制剂地方质量标准，属于《废止目录》序号 5 的复方制剂地方质量标准均予同时废止。

三、列入《废止目录》序号 1 的兽药品种为农业部 193 号公告的补充，自本公告发布之日起，停止生产、经营和使用，违者按照《兽药管理条例》实施处罚，并依法追究有关责任人的责任。企业所在地兽医行政管理部门应自本公告发布之日起 15 个工作日内完成该类产品批准文号的注销、库存产品的清查和销毁工作，并于 12 月底将上述情况及数据上报我部。

四、对列入《废止目录》序号 2～5 的产品，企业所在地兽医行政管理部门应自本公告发布之日起 30 个工作日内完成产品批准文号注销工作，并对生产企业库存产品进行核查、统计，于 12 月底前将产品批准文号注销情况（包括企业名称、批准文号、产品名称及商品名）及产品库存详细情况上报我部，我部将于年底前汇总公布。

五、列入《废止目录》序号 2～5 的产品自注销文号之日起停止生产，自本公告发布之日起 6 个月后，不得再经营和使用，违者按生产、经营和使用假劣兽药处理。对伪造、变更生产日期继续从事生产的，依法严厉处罚，并吊销其所有产品批准文号。

六、阿散酸、洛克沙肿等产品属农业部严格限制定点生产的产品，自本公告发布之日起，地方审批的洛克沙肿及其预混剂、氨苯肿酸及其预混剂不得生产、经营和使用。企业所在地兽医行政管理部门应在 12 月底前完成该类产品批准文号注销工作，并将有关情况上报我部。

七、为满足动物疫病防控用药需要并保障用药安全，促进新兽药研发工作，在保证兽药安全有效，维护人体健康和生态环境安全的前提下，各相关单位可在规定时期内对《废止目录》中的部分品种履行兽药注册申报手续。其中，列入《废止目录》序号 3 的品种 5 年后可受理注册申报，列入序号 2、4、5 的品种自本公告发布之日起可受理注册申报。

2005 年 10 月 28 日

兽药地方标准废止目录

序号	类别	名称/组方
1	禁用兽药	β－兴奋剂类：沙丁胺醇及其盐、酯及制剂 硝基呋喃类：呋喃西林、呋喃妥因及其盐、酯及制剂 硝基咪唑类：替硝唑及其盐、酯及制剂 喹噁啉类：卡巴氧及其盐、酯及制剂 抗生素类：万古霉素及其盐、酯及制剂
2	抗病毒药物	金刚烷胺、金刚乙胺、阿昔洛韦、吗啉（双）胍（病毒灵）、利巴韦林等及其盐、酯及单、复方制剂
3	抗生素、合成抗菌药及农药	抗生素、合成抗菌药：头孢哌酮、头孢噻肟、头孢曲松（头孢三嗪）、头孢噻吩、头孢拉啶、头孢唑啉、头孢噻啶、罗红霉素、克拉霉素、阿奇霉素、磷霉素、硫酸奈替米星（netilmicin）、氟罗沙星、司帕沙星、甲替沙星、克林霉素（氯林可霉素、氯洁霉素）、妥布霉素、胍哌甲基四环素、盐酸甲烯土霉素（美他环素）、两性霉素、利福霉素等及其盐、酯及单、复方制剂 农药：井冈霉素、浏阳霉素、赤霉素及其盐、酯及单、复方制剂
4	解热镇痛类等其他药物	双嘧达莫（dipyridamole 预防血栓栓塞性疾病）、聚肌胞、氟胞嘧啶、代森铵（农用杀虫菌剂）、磷酸伯氨喹、磷酸氯喹（抗疟药）、异噁唑啉酮（防腐杀菌）、盐酸地酚诺酯（解热镇痛）、盐酸溴己新（祛痰）、西咪替丁（抑制人胃酸分泌）、盐酸甲氧氯普胺、甲氧氯普胺（盐酸胃复安）、比沙可啶（bisacodyl 泻药）、二羟丙茶碱（平喘药）、白细胞介素－2、别嘌醇、多抗甲素（α－甘露聚糖肽）等及盐、酯及制剂
5	复方制剂	（1）注射用的抗生素与安乃近、氟喹诺酮类等化学合成药物的复方制剂 （2）镇静类药物与解热镇痛药等治疗药物组成的复方制剂

附录3 兽药休药期表

药物类别	药物名称	休药期/天	使用指南
抗微生物	青霉素钾	0	肌内注射，2 万~3 万单位/千克体重，每天 2~3 次，连用 2~3 天。1 毫克 =1 598 单位
抗微生物	青霉素钠	0	肌内注射，2 万~3 万单位/千克体重，每天 2~3 次，连用 2~3 天。1 毫克 =1 670 单位
抗微生物	普鲁卡因青霉素	7	肌内注射，2 万~3 万单位/千克体重，每天 1 次，连用 2~3 天。1 毫克 =1 011 单位
抗微生物	注射用苄星青霉素	10	肌内注射，3 万~4 万单位/千克体重，必要时 3~4 天重复 1 次
抗微生物	苯唑西林钠	3	肌内注射，10~15 毫克/千克体重，每天 2~3 次，连用 2~3 天
抗微生物	氨苄西林钠	15	肌内、静脉注射，10~20 毫克/千克体重，每天 2~3 次，连用 2~3 天
抗微生物	头孢噻呋	0	肌内注射，3~5 毫克/千克体重，每天 1 次，连用 3 天
抗微生物	硫酸链霉素	0	内服，仔猪 0.25~0.5 克，每天 2 次。肌内注射，10~15 毫克/千克体重，每天 2~3 次，连用 2~3 天
抗微生物	硫酸卡那霉素	0	肌内注射，10~15 毫克，每天 2 次，连用 2~3 天
抗微生物	硫酸庆大霉素	40	肌内注射，2~4 毫克/千克体重，每天 2 次，连用 2~3 天
抗微生物	硫酸新霉素	3	内服，10 毫克/千克体重，每天 2 次，连用 3~5 天

药物类别	药物名称	休药期/天	使用指南
抗微生物	硫酸阿米卡星	0	皮下、肌内注射，5~10 毫克/千克体重，每天 2~3 次，连用 2~3 天
抗微生物	盐酸大观霉素	21	内服，仔猪 10 毫克/千克体重，每天 2 次，连用 3~5 天
抗微生物	硫酸安普霉素	21	混饲，80~100 克/1 000 千克饲料，连用 7 天
抗微生物	土霉素	20	静脉注射，5~10 毫克/千克体重，每天 2 次，连用 2~3 天
抗微生物	盐酸四环素	5	内服，10~25 毫克/千克体重，每天 2~3 次，连用 3~5 天。静脉注射，5~10 毫克/千克体重，每天 2 次，连用 2~3 天
抗微生物	盐酸多西环素	5	内服，3~5 毫克/千克体重，每天 1 次，连用 3~5 天
抗微生物	乳糖酸红霉素	0	静脉注射，3~5 毫克/千克体重，每天 2 次，连用 2~3 天
抗微生物	吉他霉素	3	内服，20~30 毫克/千克体重，每天 2 次，连用 3~5 天
抗微生物	泰乐菌素	14	肌内注射，9 毫克/千克体重，每天 2 次，连用 5 天
抗微生物	酒石酸泰乐菌素	0	皮下、肌内注射，5~13 毫克/千克体重，每天 2 次，连用 5 天
抗微生物	磷酸泰乐菌素	0	混饲，400~800 克/1 000 千克饲料
抗微生物	磷酸替米考星	14	混饲，200~400 克/1 000 千克饲料
抗微生物	杆菌泰锌	0	混饲，4 月龄以下 4~40 克/1 000 千克饲料
抗微生物	硫酸黏菌素	7	内服，仔猪 1.5~5 毫克/克体重。混饲，仔猪 2~20 克/1 000 千克饲料。混饮，40~100 克/升水

药物类别	药物名称	休药期/天	使用指南
抗微生物	硫酸多黏菌素 B	7	肌内注射，1 毫克/千克体重
抗微生物	恩拉霉素	7	混饲，猪饲料中添加量为 2.5~20 毫克/千克
抗微生物	盐酸林可霉素	5	内服，10~15 毫克/千克体重，每天 1~2 次，连用 3~5 天 混饮，40~70 毫克/升水。混饲，44~77 克/1 000 千克饲料 肌内注射，10 毫克/千克体重
抗微生物	延胡素酸泰妙菌素	5	混饮，45~60 毫克/1 升水，连用 3 天。混饲，40~100 克/1 000 千克饲料
抗微生物	黄霉素	0	混饲，育肥猪饲料中添加量为 5 毫克/千克，仔猪为 20~25 毫克/千克
抗微生物	弗吉尼亚霉素	1	NULL
抗微生物	赛地卡霉素	1	混饲，75 克/1 000 千克饲料，连用 15 天
抗微生物	磺胺二甲嘧啶	0	内服，首次 0.14~0.2 克/千克体重，维持量 0.07~0.1 克/千克体重，每天 1~2 次，连用 3~5 天。静脉、肌内注射，50~100 毫克/千克体重，每天 1~2 次，连用 2~3 天
抗微生物	磺胺噻唑	0	内服，首次 0.14~0.2 克/千克体重，维持量 0.07~0.1 克/千克体重，每天 2~3 次，连用 3~5 天。静脉、肌内注射，50~100 毫克/千克体重，每天 2 次，连用 2~3 天
抗微生物	磺胺对甲氧嘧啶	0	内服，首次量 50~100 毫克/千克体重，维持量 25~50 毫克/千克体重，每天 1~2 次，连用 3~5 天
抗微生物	磺胺间甲氧嘧啶	0	内服，首次量 50~100 毫克/千克体重，维持量 25~50 毫克/千克体重，连用 3~5 天 静脉注射，50 毫克/千克体重，每天 1~2 次，连用 2~3 天

药物类别	药物名称	休药期/天	使用指南
抗微生物	磺胺氯哒嗪钠	3	内服，首次量 50~100 毫克/千克体重，维持量 25~50 毫克/千克体重，每天 1~2 次，连用 3~5 天
抗微生物	磺胺多辛	0	内服，首次量 50~100 毫克/千克体重，维持量 25~50 毫克/千克体重，每天 1 次
抗微生物	磺胺脒	0	内服，0.1~0.2 克/千克体重，每天 2 次，连用 3~5 天
抗微生物	琥磺噻唑	0	内服，0.1~0.2 克/千克体重，每天 2 次，连用 3~5 天
抗微生物	酞磺噻唑	0	内服，0.1~0.2 克/千克体重，每天 2 次，连用 3~5 天
抗微生物	酞磺醋酰	0	内服，0.1~0.2 克/千克体重，每天 2 次，连用 3~5 天
抗微生物	吡哌酸	0	内服，40 毫克/千克体重，连用 5~7 天
抗微生物	恩诺沙星	10	内服，仔猪 2.5~5 毫克/千克体重，每天 2 次，连用 3~5 天。肌内注射，2.5 毫克/千克体重，每天 1~2 次，连用 2~3 天
抗微生物	盐酸二氟沙星	0	内服，5 毫克/千克体重，每天 1 次，连用 3~5 天
抗微生物	诺氟沙星	0	内服，10 毫克/千克体重，每天 1~2 次
抗微生物	盐酸环丙沙星	0	静脉、肌内注射，2.5 毫克/千克体重，每天 2 次，连用 3 天
抗微生物	乳酸环丙沙星	0	肌内注射，2.5 毫克/千克体重，每天 2 次。静脉注射，2 毫克/千克体重，每天 2 次
抗微生物	甲磺酸达诺沙星	5	肌内注射，1.25~2.5 毫克/千克体重，每天 1 次

药物类别	药物名称	休药期/天	使用指南
抗微生物	马波沙星	2	肌内注射，2毫克/千克体重，每天1次 内服，2毫克/千克体重，每天1次
抗微生物	乙酰甲喹	0	内服，5~10毫克/千克体重，每天2次，连用3天 肌内注射，2~5毫克/千克体重
抗微生物	卡巴氧	0	混饲，促生长10~25克/1000千克饲料，预防疾病50克/1000千克饲料
抗微生物	喹乙醇	35	混饲，1000~2000克/1000千克饲料
抗微生物	呋喃妥因	0	内服，6~7.5毫克/千克体重，每天2~3次
抗微生物	呋喃唑酮	7	内服，10~12毫克/千克体重，每天2次，连用5~7天 混饲，2000~3000克/1000千克饲料
抗微生物	盐酸小檗碱	0	内服，0.5~1克/千克体重
抗微生物	乌洛托品	0	内服，5~10克/千克体重 静脉注射，5~10克/千克体重
抗微生物	灰黄霉素	0	内服，20毫克/千克体重，每天1次，连用4~8周
抗微生物	制霉菌素	0	内服，50万~100万单位，每天2次
抗微生物	克霉唑	0	内服，0.75~1.5克/千克体重，每天2次
抗寄生虫	噻本达唑	30	内服，50~100毫克/千克体重
抗寄生虫	阿苯达唑	10	内服，5~10毫克/千克体重
抗寄生虫	芬苯达唑	5	内服，5~7.5毫克/千克体重
抗寄生虫	奥芬达唑	21	内服，4毫克/千克体重
抗寄生虫	氧苯达唑	14	内服，10毫克/千克体重

药物类别	药物名称	休药期/天	使用指南
抗寄生虫	氟苯达唑	14	内服，5 毫克/千克体重 混饲，30 克/1 000 千克饲料，连用 5~10 天
抗寄生虫	非班太尔	10	内服，20 毫克/千克体重
抗寄生虫	硫苯尿酯	7	内服，50~100 毫克/千克体重
抗寄生虫	左旋咪唑	28	皮下、肌内注射，7.5 毫克/千克体重
抗寄生虫	噻嘧啶	1	内服，22 毫克/千克体重
抗寄生虫	精致敌百虫	7	内服，80~100 毫克/千克体重
抗寄生虫	哈乐松	7	内服，50 毫克/千克体重
抗寄生虫	伊维菌素	18	皮下注射，0.3 毫克/千克体重
抗寄生虫	阿维菌素	18	内服，0.3 毫克/千克体重
抗寄生虫	多拉菌素	24	皮下、肌内注射，0.3 毫克/千克体重
抗寄生虫	越霉素 A	15	混饲，5~10 克/1 000 千克饲料
抗寄生虫	越霉素 B	15	混饲，10~13 克/1 000 千克饲料
抗寄生虫	哌嗪	0	内服，0.25~0.3 克/千克体重
抗寄生虫	枸橼酸乙胺嗪	0	内服，20 毫克/千克体重
抗寄生虫	硫双二氯酚	0	内服，75~100 毫克/千克体重
抗寄生虫	吡喹酮	0	内服，10~35 毫克/千克体重
抗寄生虫	硝碘酚腈	60	皮下注射，10 毫克/千克体重
抗寄生虫	硝硫氰酯	0	内服，15~20 毫克/千克体重
抗寄生虫	盐霉素钠	0	混饲，25~75 克/1 000 千克饲料
抗寄生虫	地美硝唑	3	混饲，200 克/1 000 千克饲料
抗寄生虫	二嗪农	14	喷淋，250 毫克/1 000 毫升水
抗寄生虫	溴氰菊酯	21	药浴、喷淋，30~50 克/1 000 升水
抗寄生虫	氰戊菊酯	0	药浴、喷淋，80~200 毫克/升水
抗寄生虫	双甲脒	7	药浴、喷洒，0.025%~0.05% 溶液

参 考 文 献

[1] 中华兽药大典编辑委员．中华兽药大典．北京：中国农业出版社，2005．

[2] 中国兽药典委员会．中华人民共和国兽药典（二部）．北京：化学工业出版社，2000．

[3] 中国兽药典委员会．兽药手册．北京：中国农业出版社，1994．

[4] 胡功政，等．新全实用兽药手册．2 版．郑州：河南科学技术出版社，2002．

[5] 易本驰，等．猪病诊治与合理用药．郑州：河南科学技术出版社，2013．

[6] 王立芳，等．养猪场应如何消毒．中国养猪，2011（9）．

[7] 周庆安，等．抗生素及其代品的研究、应用及发展方向．饲料广角，2002（16）．

[8] 张国红，等．动物抗病毒药物的开发与应用．中国牧业通讯，2000（12）．

[9] 程忠刚，等．动物抗病毒药物的应用研究进展．兽医导刊，2010（8）．

[10] 施志国，等．中草药添加剂在养猪业的应用．福建畜牧兽医，2012（2）．